Christian Schäfer
Xenophanes von Kolophon

Beiträge zur Altertumskunde

Herausgegeben von
Ernst Heitsch, Ludwig Koenen,
Reinhold Merkelbach, Clemens Zintzen

Band 77

Springer Fachmedien Wiesbaden GmbH

Xenophanes von Kolophon

Ein Vorsokratiker zwischen Mythos und Philosophie

Von

Christian Schäfer

Springer Fachmedien Wiesbaden GmbH 1996

Die Deutsche Bibliothek – CIP-Einheitsaufnahme

Schäfer, Christian:
Xenophanes von Kolophon: ein Vorsokratiker zwischen
Mythos und Philosophie / von Christian Schäfer.
(Beiträge zur Altertumskunde; Bd. 77)
Zugl.: Regensburg, Univ., Diss., 1995
ISBN 978-3-663-12459-7   ISBN 978-3-663-12458-0 (eBook)
DOI 10.1007/978-3-663-12458-0

NE: GT

Vorwort:

Die vorliegende Arbeit zu Xenophanes von Kolophon entstand zunächst aus einer eher begrenzten theologischen bzw. religionsgeschichtlichen Fragestellung und sollte vor allem die Tatsache ins Auge fassen, daß mit Xenophanes erstmals – und vielleicht gleichzeitig letztmals bis zur christlichen Theologie – eine personhafte Gottheit zum Gegenstand philosophischer Überlegung wird. Wie sich schon sehr bald zeigte, ließ sich das Problem jedoch aus vielerlei Gründen nicht isoliert behandeln. So kennt Xenophanes selbst noch keine philosophischen Einzeldisziplinen, und seine Gotteslehre bildet daher einen keineswegs zusammenhanglosen und vom Ganzen seiner Lehre abtrennbaren Aspekt seines Denkens. Aus diesem Grund verwies die Frage nach der personalen Gottheit unmittelbar weiter auf andere: Wie steht es z.B. mit dem bei Aristoteles und den Doxographen belegten „Pantheismus" des Xenophanes, und wie lassen sich seine bisweilen kuriose Kosmologie und prima facie stark empiristische Gnoseologie mit seinen theologischen Erkenntnissen in Übereinstimmung bringen? Nicht zuletzt blieb aber die Frage nach den philosophischen und vorphilosophischen Voraussetzungen für die Erkenntnistheorie, Mythenkritik und Gotteslehre des Kolophoniers offen und bedurfte der Klärung.

Mit einem Wort wurde aus der ursprünglich geplanten Studie schon bald eine Gesamtdarstellung stark philosophiegeschichtlicher Orientierung zu Xenophanes.

Daß ich diese hier vorlegen kann (und trotz ihres sehr konventionellen Charakters und mancher sprachlicher Unebenheit überhaupt vorzulegen wage), verdanke ich der Hilfe und freundschaftlichen Ermunterung vieler, v.a. aber meinem Doktorvater Uwe Meixner und dem Zweitgutachter Franz von Kutschera, an dessen Lehrstuhl an der Philosophischen Fakultät I der Universität Regensburg diese Arbeit im Sommersemester 1995 als Dissertation eingereicht wurde. Für fleißiges Korrekturlesen und dienliche Hinweise danke ich Markus Janka und Joachim Lischka. Ernst Heitsch zeigte schon während der Entstehungszeit ermutigendes Interesse an der Arbeit. Ihm ist auch ihre Aufnahme in die „Beiträge zur Altertumskunde" zu verdanken. Ich will außerdem nicht unerwähnt lassen, daß die Universität Regensburg mein Promotionsstudium durch ein Stipendium gefördert hat. Danken möchte ich aber nicht zuletzt meinen Eltern, deren liebevoller Unterstützung ich mir während der langen Jahre des Studiums stets sicher sein durfte, und die mir über so viele mut- und einfallslose Zeiten hinweggeholfen haben.

Regensburg, im Oktober 1995   C.S.

Inhaltsübersicht:

Abkürzungsverzeichnis:

DK: H. Diels/W. Kranz: Die Fragmente der Vorsokratiker

Fil.Pre.: L. Eggers Lan/V.E. Julia: Los Filósofos Presocráticos, Vol.I

HGPh: W.K.C. Guthrie: A History of Greek Philosophy

HuH: W. Schadewaldt: Hellas und Hesperien, Band I

HWPh: Historisches Wörterbuch der Philosophie

MXG: (Pseudo-Aristoteles:) De Melisso Xenophane Gorgia

KRS: G.S. Kirk/J.E. Raven/M. Schofield: The Presocratic Philosophers

RAC: Reallexikon für Antike und Christentum

RE: Realencyclopädie der classischen Altertumswissenschaften

Vorsokr.: J. Mansfeld: Die Vorsokratiker, Band 1

1. VORBEMERKUNGEN

Der griechische Dichter und Philosoph Xenophanes hat in gewisser Hinsicht seinem Namen mit der Zeit alle Ehre gemacht: heute mehr denn je erscheint er uns als fremdartig und fern. Fremd in seinen oft in naiver Weise genialen kosmologischen Spekulationen, fremdartig auch in seiner Sprache und der Auswahl seiner Beispiele, fremdartig schließlich in seinen Versuchen der Kritik und Ehrenrettung des griechischen Mythos, dessen damals noch lebendige geistige Welt für Xenophanes offenbar Fragen und Probleme aufwarf, die aus späterer Perspektive oft kaum noch nachvollziehbar sind.

Doch auch seinen Zeitgenossen dürfte Xenophanes in vielerlei Hinsicht als Fremdkörper in ihrer geistigen Welt erschienen sein: Der vielgewanderte Kolophonier legte es geradezu darauf an, bestehende und für sicher gehaltene Meinungen als kulturrelativ zu werten, für unumstößlich angesehene Autoritäten in polemischster Weise anzugreifen und eine neue Art des Denkens zu propagieren, das den meisten seiner Mitlebenden unbekannt und nicht leicht zu entschlüsseln gewesen sein muß. Andererseits war Xenophanes aber ebenso in vielerlei Hinsicht ein durchaus „konservativer" Geist, der neben seiner Mythenkritik auch den Versuch der Umsetzung und Bewahrung mythischer Gedanken in seiner Gegenwart unternahm, und dessen polemische Tiraden gegen die „Fabelreden der Alten" vor allem einem zutiefst moralischen Empfinden und der Verpflichtung konventionellen ethischen Werten gegenüber entsprang. Nirgendwo begegnet Xenophanes als ein in letzter Konsequenz radikaler Umwerter aller Werte. Genau diese Spannung der xenophanischen Schriften zwischen Übernahme und Innovation, zwischen Aufnahme kultureller Vorgaben und selbständiger philosophischer Umsetzung und Weiterverarbeitung derselben, will sich die vorliegende Arbeit zum Gegenstand machen. Sie unternimmt somit auch den Versuch, Xenophanes in seine geistige Umgebung sinnvoll einzuordnen und auf diese Weise die Schwierigkeit zu lösen, der jede philosophiehistorische Arbeit zu Xenophanes gegenübersteht: Welcher Motivationshintergrund muß für die Lehren des Xenophanes angenommen werden? Wie ist der Kolophonier in die griechische Philosophiegeschichte und ihre Problementwicklung richtig einzugliedern? Als noch vorphilosophischer Dichter und Wegbereiter wissenschaftlichen Denkens? Als „Sturmvogel der Aufklärung" (Capelle), als primitiver Eleate oder, wie Diogenes Laertios (IX,18) mutmaßte, als von anderen geistigen Strömungen gänzlich unabhängiger Einzelgänger? Und spricht überhaupt aus seinen Lehren mehr als nur vorwissenschaftliche „Weltfrömmigkeit" (Jaspers)?

Der schwierige Weg vom mythischen zum philosophischen Denken in der Vorsokratik ist in neuerer Zeit immer wieder Gegenstand zahlreicher Untersuchungen zur antiken Philosophie geworden (und somit schon beinahe zu einer Art „Modethema" der Philosophiegeschichte). Dieser Übergang von einer Denkform zur anderen materialisiert sich aber geradezu in den Schriften des Xenophanes, der, wie Ernst Heitsch es ausgedrückt hat, wenn überhaupt einer, ein „Mann zwischen den Zeiten" gewesen ist[1]. An diesem Xenophanes also, dem „Übersetzer" größtenteils nichtphilosophischer Vorlagen in philosophisches Denken hinein, soll in dieser Arbeit paradigmatisch diese Transition mit all ihren Schwierigkeiten, aber auch mit ihren gewinnbringenden und oft erstaunlichen Erkenntniserfolgen dargestellt werden.

---

[1] E.Heitsch, Xenophanes und die Anfänge kritischen Denkens, p.24.

1.1. Zur Vorgehensweise und dem Umgang mit dem Material

Die inzwischen beinahe zur Unüberschaubarkeit angewachsene Bibliographie zur Vorsokratik zeigt eine klare Tendenz, Fragen und Probleme oft eher unter philologischen als philosophischen oder philosophiehistorischen Gesichtspunkten zu betrachten und zu behandeln. Diese Tendenz scheint insofern auch gerechtfertigt, als schon Aristoteles und die ihm nachfolgenden Doxographen, die eine vergleichbar geringe zeitliche Distanz von der vorplatonischen Ausdrucks- und Vorstellungswelt trennte, angesichts gewisser Begrifflichkeiten des archaischen Vokabulars mehrmals ihre Ratlosigkeit eingestehen mußten, falls sie überhaupt noch einer eingetretenen Verschiebung oder Verfremdung des Aussageinhalts der Begriffe gewahr wurden. Dabei macht Aristoteles seine Verständnisschwierigkeiten und Vermutungen in den meisten Fällen immerhin durch ein eingeschobenes „vielleicht", „es scheint", ein „φησίν" oder „λέγεται" deutlich[2]. Andere wiederum, wie zum Beispiel Plotin (etwa Enneade IV 8,3) oder Theophrast und Simplicius in DK 12 A9, versuchen, ihre Unsicherheit mit der ihrer Meinung nach noch allzu vorphilosophischen, „dichterischen" Ausdrucksweise (ποιητικωτέροις ὀνόμασιν λέγων) der frühen Philosophen, „die unverständlich lallen" (ψελλίζεται λέγων, Met.985a 4), zu entschuldigen. Und doch hatten die antiken Philosophen die Schriften ihrer Vorgänger meist im originalen Wortlaut und wohl auch vergleichsweise leicht zugänglich zur Hand[3], während die heutige

---

[2] Vgl. etwa DK 11 A22; zum durchaus nicht unkomplizierten Verhältnis Aristoteles-Vorsokratiker sh. außerdem noch H.F.Cherniss, Aristotle's Criticism of Presocratic Philosophy, p.347 und öfter, Fil.Pre. pp.26ff, u.a. Erhellend ist desweiteren des Aristoteles Einschätzung der vorsokratischen Philosophie z.B. in DK 59 A58.

[3] Zur Verbreitung vorsokratischer Werke und ihrer erstaunlichen preislichen Erschwinglichkeit im 4. Jahrhundert v.Chr. vgl. die berühmte Stelle in Platons Apologie 26d. Im 6. Jhdt.

Forschung im wesentlichen auf spärliche und ihres ursprünglichen Zusammenhangs beraubte doxographische Paraphrasen der Hauptgedanken vorsokratischen Schrifttums angewiesen ist.

Die moderne Betrachtung der Vorsokratik krankt somit zu einem gewissen Grade am „pathologischen Zustand" der sensorischen Aphasie, also der weitgehenden Unfähigkeit, richtig vernommene Worte und Sätze auch mit Begriffen verbinden zu können. Aus jahrtausendelanger Distanz erweist sich die ehrgeizige und häufig wiederholte (wittgensteinsche) Forderung, den Gebrauch jedes einzelnen Wortes in seinem Gebrauch in der Sprache zu untersuchen, eben als mit unsäglichen Schwierigkeiten verbunden.

Fast alle derzeit greifbaren Vorsokratikerzitate sind, sofern sie sich nicht bei Platon oder Aristoteles selbst finden, zumeist in spätantiken Werken und zahlreichen patristischen Verweisen überliefert, die ihrerseits in der Mehrheit (wenn auch keineswegs alle und schon gar nicht alle unmittelbar) auf die „Φυσικῶν δόξαι" des Aristotelesschülers Theophrast, das leider verlorengegangene hellenistische Standardwerk über die Lehren der Vorsokratik, zurückgreifen[4]. Allein schon dieses Werk war trotz oder gerade wegen seiner unbestreitbaren Bedeutung, eine Quelle zahlloser Probleme, da es die gesamte frühere Philosophie unter dem Gesichtspunkt der Aristotelik darstellte, und diese Sichtweise vielfach auch an die nachfolgenden Doxographen weitervererbt hat. Es ist im übrigen anzunehmen, daß Theophrast selbst bereits die ebenfalls verschollene ältere „Συναγωγή" verwendete, ein wissenschaftliches Zitatenkompendium des Sophisten Hippias von Elis, sozusagen des ersten „Philosophiehistorikers", von der auch Platon und Aristoteles

---

n.Chr. dagegen waren Simplicius nach seinen eigenen Angaben die Schriften der Vorsokratiker nicht mehr ohne weiteres zugänglich, da sie ziemlich rar geworden waren; sh. dazu z.B. auch J.Mansfeld, Vorsokr. p.28, Fil.Pre. p.24 u.a. Xenophanes' Werke dürften vielleicht bereits seit Ciceros Zeiten verschollen gewesen sein (vgl. Guthrie, HGPh Bd.I, p.367), spätestens aber nach der frühen Kaiserzeit, als mit der Wiederentdeckung des Platonismus eine Parmenidesrenaissance einsetzt und Xenophanes im Interessenspektrum der Philosophen ganz von Parmenides verdrängt wird (sh. K.Deichgräber, Xenophanes περὶ φύσεως, p.4).

[4] Vgl. dazu u.a. Fil.Pre. pp.27f sowie KRS pp.4ff, wo auch auf antike Quellen aufmerksam gemacht wird, die sich nicht, auch nicht mittelbar, dem Werk Theophrasts verdanken. Gegen ein „theophrastisches Monopol" in der Vorsokratikerüberlieferung wendet sich auch ganz entschieden J.Mansfeld, Aristotle, Plato and the Preplatonic Doxography and Chronography, p.7. Mansfeld zeigt zudem (in „Theophrastus and the Xenophanes Doxography", pp.293f), daß zahlreiche Xenophaneszitate, v.a. diejenigen, die seine kosmologischen Spekulationen betreffen, ganz unabhängig von Theophrast und dem Peripatos sind, und sich vielleicht älteren, voraristotelischen Überlieferungen verdanken.

Gebrauch zu machen scheinen, wenn sie aus dem Gedankengut ihrer Vorläufer zitieren[5].

Hermann Diels hat versucht, in seinen „Doxographi Graeci" stufenweise die Grundzüge der Φυσικῶν δόξαι des Theophrast aus der Fülle späthellenistischer Zitate so getreu wie möglich zu rekonstruieren. Die aus dieser Arbeit entstandene und bis heute weitgehend maßgebliche Fragmentensammlung zur Vorsokratik, die auch der vorliegenden Arbeit größtenteils als Textgrundlage dient, versuchte teils aus späteren Paraphrasen des ursprünglichen vorsokratischen Gedankens (diese Testimonien gingen als sogenannte „A"-Zitate in die Sammlung ein), teils aus als Direktzitate sensu stricto erkannten Bruchstücken („B"-Fragmente) so weit wie möglich den originalen Wortlaut der vorsokratischen Werke und die Entwikklungsgeschichte ihrer Überlieferung wiederzugewinnen. Im folgenden wird, da unmöglich auf alle überlieferten Zitate der behandelten Philosophen eingegangen werden kann, vornehmlich auf diese „B"-Fragmente rekurriert werden (von denen es zu Xenophanes als erstem unter den Vorsokratikern glücklicherweise vergleichbar viele gibt), außer in den Fällen, in denen keine Direktzitate vorliegen, oder spätere Testimonien wichtige, sonst nicht greifbare Informationen herbeizubringen in der Lage sind. Ich folge damit dem bewährten Prinzip Hermann Fränkels, daß alle doxographischen Berichte solange unbestimmt sind, als nicht originaler Wortlaut hinzukommt, denn „wo wir keine originalen Texte von Vorsokratikern besitzen, da bleibt trotz aller bezeugten Lehre des Betreffenden durch antike Berichterstatter der eigentliche Gedanke äußerst blaß"[6].

Eine Vielzahl der im folgenden behandelten Texte liegt also nur in einer mehrfach gebrochenen Perspektive vor, die die philosophische Untersuchung traditionell durch einen methodischen Zweischritt zu überkommen sucht: Zuerst bemüht sie

---

[5] Zur Überlieferungsgeschichte der vorsokratischen Schriften vgl. z.B. W.Schadewaldt, Die Anfänge der Philosophie bei den Griechen, p.16, sowie A.Patzer, Der Sophist Hippias als Philosophiehistoriker. Patzer zufolge war Hippias' Vorhaben der Entwurf einer systematischen Geschichte der gesamten bisherigen Wissenschaft in einem einzigen enzyklopädischen Sammelwerk. Nicht zu Unrecht nimmt daher F.Jacoby den Hippias in seine Sammlung der „Fragmente der griechischen Historiker" auf; die einschlägigen Fragmente und Testimonien sh. (neben DK) auch dort. Vgl. desweiteren H.F.Cherniss, The Characteristics and Effects of Presocratic Philosophy, p.2. Außerdem zur groben Orientierung W.Capelle, Die Vorsokratiker, pp.17f, sowie ibid. die Tabelle im Anhang und die mehr oder weniger eindeutigen antiken Verweise DK 59 A41 und 79 B6. Der Doxographie und ihrer Geschichte hat sich in jüngerer Zeit v.a. J.Mansfeld in mehreren wissenschaftlichen Beiträgen angenommen.

[6] T.Buchheim, Die Vorsokratiker, p.14. Zu Fränkels „Methodensatz" sh. U.Hölschers Einleitung zu „Anfängliches Fragen". Daß sich dieser methodische Vorbehalt Fränkels auch weiterhin durchsetzt, zeigt z.B. auch seine Wiederaufnahme in KRS p.6.

sich, zu einer klaren Verstehbarkeit der doxographischen Schriften und der Blickwinkel und Absichten ihrer Verfasser durchzudringen; in einem zweiten Schritt kann dann erst an der Befreiung des eigentlichen vorsokratischen Gedankens von doxographischer Kontextbindung und möglicher Verfälschung oder Interpretation gearbeitet werden[7].

Die Aufgabe einer philosophischen Annäherung an die Vorsokratik geht jedoch immer auch über die einer rein philologischen Interpretation hinaus: Jenseits der „historischen Rekonstruktion“ des *Gesagten*, die mit sprachwissenschaftlichen Mitteln zu eruieren sucht, was ein Denker zu seiner Zeit gesagt hat oder gesagt haben kann, also die ipsissima verba der Vorsokratiker unter Fortlassung aller späteren Umrahmung isolieren will, tut die philosophische Auslegung den unsichereren Schritt hin zu einer zusätzlichen sogenannten „rationalen Rekonstruktion“[8] des *Gemeinten*, zur Übersetzung des Gesagten in eine uns geläufige und verstehbare Diktion und Denkweise, vergleichbar einem im Gerichtswesen sich bewährenden Verfahren einer interpretatio ex nunc, die die interpretatio ex tunc ergänzen soll. So etwa, wenn im Verlauf der vorliegenden Arbeit die Gotteslehre des Xenophanes in eine „negative“ und „positive Theologie“ differenziert wird,

---

[7] Als richtunggebend für diese Vorgehensweise wird oftmals M.Heideggers 1922 verfaßter und erst in jüngerer Zeit wiederentdeckter Aufsatz „Phänomenologische Interpretationen zu Aristoteles“ (Dilthey-Jahrbuch 6, 1989, pp.235-274) zitiert. Dieser schlägt zur Heilung des Bruchs, den die „Entfremdung“ der Begriffe in der Geschichte mit sich bringt, einen schrittweise „abbauenden Rückgang“ zur ursprünglichen Motivation der Begriffsbildung und zu durch späteren Sprachgebrauch „verschütteten Sinnschichten“ von „Schlüsselwörtern“ im Griechischen vor. Hinweisen möchte ich in diesem Zusammenhang auch auf G.Wolfart, Also sprach Herakleitos, eine sorgfältige neuere Untersuchung zu Heraklit, die vom vorsokratischen Text gerne als „Palimpsest“ (eine m.E. durchaus nicht unglückliche Benennung des Sachverhalts) spricht, der unter der Oberfläche der ersten „Sinnschicht“ mehrere andere „überschriebene“ aufweist. Daneben hat es in letzter Zeit auch wieder Ansätze gegeben, die ipsissima verba der Vorsokratiker ausschließlich im Kontext ihrer doxographischen Einbettung verstehen zu wollen (so v.a. C.Osborne, Rethinking Early Greek Philosophy). Grundlegender Gedanke ist hier (ähnlich übrigens wie bei neueren Ansätzen der „kanonischen Bibelexegese“ und vielleicht sogar in Anlehnung an diese vorzustellen) die Überzeugung der inhaltlichen Untrennbarkeit des überlieferten Gedankens vom Überlieferungsrahmen (vgl. ibid., p.183). Zur Besprechung dieses und ähnlicher Ansätze, die ich hier nicht weiter verfolge, vgl. J.Barnes' Rezension zu Osborne in Phronesis 34.

[8] Die Termini „historical“ und „rational reconstruction“ übernehme ich von R.Rorty, The Histography of Philosophy, sowie aus S.Makin, How can we find out what Ancient Philosophers said?. Soweit bislang abzusehen, scheinen sich beide Begriffe relativ widerstandslos (und nicht zu Unrecht, wie ich meine) in der Vorsokratikerforschung einzubürgern. Auch die Soziologie kennt übrigens eine die „deskriptive Rekonstruktion“ ergänzende „interpretative Rekonstruktion“ und wendet sie teilweise mit gutem Erfolg an.

eine Unterscheidung, die dem Kolophonier selbst fremd war, der Sache nach aber rechtens mit unseren Mitteln im Dienste einer besseren Aneignungsmöglichkeit des Gemeinten so getroffen werden kann[9].

Die Geschichtlichkeit des Denkens und das Verstehen auch des Einmaligen, nicht nur des Überzeitlichen seines Gehaltes, soll daher den festen Ausgangspunkt der vorliegenden Untersuchung darstellen: Auf der Grundlage der eben skizzierten Methodik der Annäherung an das frühe griechische Denken soll – praemissis praemittendis – die Entwicklung vom mythischen zum philosophischen Welt-verständnis im sechsten vorchristlichen Jahrhundert an Leben und Werk des Dichter-Philosophen Xenophanes von Kolophon festgemacht und die beachtliche Wirkungsgeschichte dieses ersten Schrittes vom Mythos zum philosophischen Logos, an dem Xenophanes wesentlichsten Anteil hat, erläutert werden. Die Emphase, die hierbei auf dem Entwicklungscharakter des Denkens und der Kon-tinuität in Diskontinuität dieser Entwicklung liegt, soll gleichzeitig einer einseitigen Überbetonung des Antagonismus von Mythos und Philosophie entgegenwirken, die geraume Zeit in den einschlägigen Untersuchungen dominierte. Das Ganze dient dem Versuch, die organische Abhängigkeit der ersten philosophischen Regungen von mythischen Vorstellungen und Bildern so in angemessener Weise heraus-zustellen.

Xenophanes' in vielen Beziehungen innovative Lehre kann deshalb auch nicht isoliert dargelegt werden. Nach Klärung der nötigen Präliminarien wird daher zunächst die Entwicklung philosophischen Denkens bis auf Xenophanes über-blicksartig umrissen und Xenophanes' eigene Lehre, die in einem weiteren Abschnitt das Kernstück dieser Arbeit bilden soll, auf diese Weise aus ihren historischen Fundamenten heraus entwickelt und somit als Teil eines über-greifenden Prozesses verständlich gemacht werden. Vorhaben eines abschließenden Kapitels ist es dann, aufzuzeigen, wie die zunächst durchaus unscheinbar anmutenden xenophanischen Entwürfe eine bemerkenswerte Wirkungsgeschichte in der Antike und, wenn auch verformt und ihren Urheber kaum mehr verratend, vielleicht sogar noch darüber hinaus erfahren haben.

---

[9] Ähnlich wird man sich die Motivation des Aristoteles (so man ihm wohl gesonnen ist) zu denken haben, wenn er vorsokratische Philosophie mit seinem Begriffsapparat darzustellen versucht. Einer allzu strengen Verurteilung der aristotelischen Verfälschung seiner Vor-gängerphilosophien möchte ich mich in dieser Hinsicht im Gegensatz zum Tenor der neueren Untersuchungen nicht unbedingt anschließen.

1.2. Die Vorsokratikerfrage und das Problem der Lehrtraditionen

Es ist zur guten, wenn auch mittlerweile vielleicht etwas überbeanspruchten Tradition geworden, daß sich viele Arbeiten über die Vorsokratiker zunächst allgemein der Frage nach der Legitimität des Begriffes „Vorsokratik" stellen. Sie tun das meist je ausführlicher, desto besser, denn mit der Besprechung des Problems fallen bereits wichtige Voraburteile über die philosophiegeschichtliche Einordnung, die geistesgeschichtliche Bedeutung und letztlich auch den Wert, der der vorsokratischen Philosophie als ganzer sowie ihren Vertreten im einzelnen zugesprochen wird[10].

Der Begriff „Vorsokratik" und der Umgang mit ihm hat der Forschung deshalb von jeher erhebliche Schwierigkeiten bereitet. Ob er nun zuerst von Schleiermacher[11] (der als „Wortschöpfer" gelten dürfte) oder von Nietzsche definitiv sanktionierend in die Philosophiegeschichte hereingetragen wurde, fest steht, daß ihn bereits Zeller und Diels als philosophiehistorischen Topos übernommen haben. Im Anschluß daran behält auch die vorliegende Arbeit die Begriffe „vorsokratisch" und (als Synonym dazu) „vorplatonisch" bei, und zwar unter anderem aus folgenden Gründen:

---

[10] So wird im folgenden zu sehen sein, daß ich mich auf seiten derer stelle, die die Meinung vertreten, man solle, trotz einer gewissen Kontinuität, die die vorplatonischen Denker mit ihren mythographischen Vorläufern einerseits, und den „nachsokratischen" Denkern andererseits verbindet, die Vorsokratik als eine (wenn auch nicht immer homogene) Einheit ansehen. Freilich mangelt es nicht an Gegenstimmen zu dieser Annahme.

[11] Vgl. dazu die Vorbemerkung zu M.Capasso (ed.), Studi di Filosofia Preplatonica. Der Begriff „vorsokratische Philosophie" taucht m.W. erstmals in Schleiermachers Vorlesungen über die Geschichte der Philosophie (1819-1823) auf (sh. p.19 der in der Bibliographie zitierten Ausgabe).

Zunächst stellt sich das rein technische Problem, daß es bislang allen Bemühungen zum Trotz nicht gelungen ist, einen befriedigenderen alternativen Ausdruck für „Vorsokratik" zu finden. Alle gutgemeinten Neologismen und Umschreibungen wie „frühes griechisches Denken" oder „archaische Philosophie" bleiben blaß und unzureichend. Desweiteren scheint das Unbehagen am Begriff „vorsokratisch" auf zwei Gründen zu beruhen, die nicht unbedingt als zwingend erachtet werden müssen. Es handelt sich dabei einerseits um die geschichtliche Tatsache, daß viele der sogenannten „vor"-sokratischen Philosophen Sokrates um etliche Jahre überlebt haben und noch philosophierten, als Sokrates bereits lange Zeit tot war. Andererseits spielt die Sorge, das Präfix „vor-" könnte nicht nur im temporalen, sondern vielmehr im wertenden Sinn eines „noch nicht" verstanden werden und auf diese Weise zu einer Degradierung der Philosophie vor Sokrates führen, eine nicht unbedeutende und berechtigte Rolle. Des Wortschöpfers eigene und wohl geraume Zeit maßgebliche Definition der Vorsokratik in bezug auf den Neuanfang mit Sokrates hat diesen Ängsten sicherlich in mancher Hinsicht Vorschub geleistet.

Anstatt die mittlerweile geradezu beängstigende Vielzahl moderner Theorien und Diskussionen über die philosophiegeschichtliche Vertretbarkeit der Bezeichnung „Vorsokratik" um eine weitere Theorie zu bereichern, will ich versuchen, so gut es geht auf das Verständnis der Antike zurückgreifen, die bereits spätestens zu Aristoteles' Zeiten eine „vorsokratische Philosophie" zwar nicht unbedingt dem Wort, wohl aber der Sache nach vom Denken des Sokrates und seiner Nachfolger zu unterscheiden wußte.

Tatsächlich ging bereits das Altertum davon aus, daß die Philosophie mit Sokrates eine andere Richtung nahm, ohne gleichzeitig die früheren philosophischen Bemühungen unbedingt abwerten zu wollen. So behauptet Cicero in den Academica (I,4,15), eine Neuorientierung der Philosophie mit Sokrates sei „allgemein anerkannt". Berühmt und geradezu zum locus classicus geworden ist auch der Ausspruch Ciceros, Sokrates habe als erster die Philosophie vom Himmel herabgerufen, das heißt wohl: von vorrangig kosmologischen, „physikalischen" Spekulationen abgewendet, und in die Häuser der Menschen getragen, um sie mit der Frage nach Gut und Böse zu beschäftigen, ihr also eine eher ethisch orientierte Tendenz verliehen[12]. Ähnlich, jedoch deutlicher wertend, urteilt geraume Zeit vor

---

[12] „Socrates autem primus philosophiam devocavit e caelo et in urbibus conlocavit et in domus etiam introduxit et coegit de vita et moribus rebusque bonis et malis quaerere" (Cicero, Tuscul., V,10.). Ganz ähnlich urteilen auch schon Aristoteles (Part.an. 642a) und dann Diogenes Laertios

dem Römer auch Xenophon (Memorabilien I, 1,1-16): Sokrates habe die bisherige „Naturphilosophie" als zu dogmatisch und vor allem als für die Beantwortung der dringlichen Fragen des tagtäglichen Lebens unbrauchbar verworfen[13].

Man wird vielleicht dieser etwas zu stark simplifizierenden Sicht nicht mehr unbedingt zustimmen können oder wollen. Die doxographische Überlieferung gibt zweifelsohne ein verzerrtes Bild von den frühgriechischen Philosophen, ihren Lehren und Vorstellungen, die keineswegs nur kosmologischen oder physikalischen Überlegungen galten. Gerade bei Xenophanes wird zu sehen sein, in wie hohem Maße ethische Probleme ihren Einfluß auf diese frühen Denker ausübten[14]. Doch Cicero und Xenophon sprechen hier auch eher von einer generellen Tendenz, die sich zu Sokrates' Zeiten in der Philosophiegeschichte bemerkbar macht: Die Wirklichkeit, so sollte man es also vielleicht treffender ausdrücken, wird in den Augen unserer antiken Gewährsmänner mit Sokrates nicht mehr von der Welt, sondern vom Menschen her erklärt und plausibel gemacht[15].

Doch, so könnte man argumentieren, ist der Ansatz beim Menschen als Ausgangspunkt jeder Forschung keineswegs typisch sokratisch, denn er taucht, wie zum Beispiel Bruno Snells Untersuchungen zur Sprache Heraklits deutlich machen konnten, und wie später die Interpretation des anaximandrischen Apeiron beiläufig zeigen wird, auch bei den Vorsokratikern auf. Was also ist das spezifisch Neue bei Sokrates und das, weswegen man tatsächlich, wie Guthrie meint, zu Recht behauptet, daß der „neue Geist" der Philosophie in Sokrates seinen ersten „echten" Vertreter fand?

---

in DK 60 A1: Archelaos sei der letzte „Physiker" gewesen, danach habe Sokrates die Ethik eingeführt; sh. dagegen aber auch KRS pp.385f.

[13] Sh. dazu auch Aristoteles Met. 987 b: Σωκράτους δὲ περὶ μὲν ἐθικὰ πραγματευομένου περὶ δὲ τῆς ὅλης φύσεως οὐδέν.

[14] Insbesondere Forscher wie J.-P.Vernant und R.Mondolfo haben als Gegengewicht zur bis noch vor kurzem vorherrschenden rein „kosmologischen" Interpretationsrichtung immer wieder auf die humane, ethische und kulturelle Seite vorsokratischen Denkens hingewiesen. Vgl. dazu auch z.B. (wenn auch vielleicht mit einigen Vorbehalten) H.Fränkel, Heraklit über Gott und Erscheinungswelt, in: Wege und Formen frühgriechischen Denkens, p.237; ähnlich urteilt W.Jaeger, Die Theologie der frühen griechischen Denker, p.16; speziell zu Xenophanes vgl. DK 21 B1 sowie 21 B11, worauf später allerdings noch ausführlicher eingegangen werden muß. Nebenbei bemerkt hat im Griechischen die Kosmologie von sich aus und auch der Wortbedeutung (κόσμος= „Ordnung" oder „Gebühr") nach durchaus schon eine entfernt ethische Konnotation; sh. dazu z.B. R.M.Hare, Platon, pp.20f sowie U.Hölscher, Das existentiale Motiv der frühgriechischen Philosophie, in: Das nächste Fremde, pp.137-148..

[15] So auch F.M.Cornford, Before and after Socrates, pp.29ff; er sieht im großen und ganzen des Sokrates *„shift of interest* from external Nature to man" (eigene Kursivsetzung) als *die* Zäsur zwischen vor- und nachsokratischem Denken.

20

Deutlicher wird die Sache vielleicht bei Platon, dessen Sicht der „sokratischen Wende" das Testimonium Xenophons und Ciceros besser erläuternd ergänzt. In seinem philosophischen Bios des Sokrates im Phaidon (96a ff) läßt Platon den Sokrates erzählen, wie er beim Studium der Vorsokratiker ein Ungenügen in der Begründung der Naturphänomene empfand, da diese Begründung rein kausal-mechanistisch verfahre, oder vielmehr: ausschließlich jene Begründungsweisen bemühe, die man in aristotelischen Termini als Material- und Wirkursache bezeichnen würde (Phaidon 98cd). Demgegenüber setzt Sokrates den Zweck als inwendige Begründung an: den Grund dafür also, daß etwas so oder so sei, biete allein der Umstand, daß es so am besten sei (98e-99a). Die Tatsache, daß Sokrates diese Erkenntnis vom „Besseren" oder „Bestfall" als Begründung eines Zustands zunächst einer rein menschlichen, ethischen Fragestellung entnimmt, um sie dann auf die Erklärung der Wirklichkeit als ganzer zu übertragen, bestätigt in gewisser Weise die Überlieferung Xenophons, Ciceros und anderer, bei Sokrates beginne sich das Weltverständnis stärker von der Warte tagtäglicher Probleme und aus den menschlichen Dingen heraus zu entwickeln. Auch Aristoteles (De part. animalium 642a 28 und Met. 987b 1ff und 1078 b17) wertete die „Erfindung" der Finalursache durch Sokrates als *die* große Wende in der Philosophie. Es ist mit einiger Berechtigung gemutmaßt worden, daß Aristoteles genau erkannt hatte, wie mit Sokrates die „philosophia e caelo devocata" auch ein ganz neues methodisches Gesicht bekommt: Das ethische „hinführende" Fragen (ἐπακτικοὶ λόγοι) hat Sokrates über das Problem universaler Gültigkeit zum Universalienproblem geführt und somit schließlich zum Postulat allgemeingültiger Definitionen (das ὁρίζεσθαι καθ' ὅλου), das er ja dann in die Wissenschaft einbrachte[16].

Es ist für unseren Zusammenhang auch wichtig, daß Sokrates seine teleologische Erklärungsmöglichkeit der Welt[17] mit einer grundsätzlich alles, auch

---

[16] Vgl. Guthrie, HGPh III, pp.422ff. Zum Phaidon und der teleologischen Welterklärung des Sokrates z.B. D.J.Furley, The Greek Cosmologists, pp.9ff, insbesondere pp.13ff. Auch für Platon bedeutete die Entdeckung dieser teleologischen Welterklärung den letzten und wichtigsten Schritt hin zur zusammenfassenden Erklärung aller Kausalweisen in der Ideenlehre und somit den Durchbruch zu einem vollständigen System weltkonstituierender Ursachen. Ich möchte ergänzend darauf hinweisen, daß man in der Tat, wie etwa Spaemann/Löw in ihrem teleologischen Plädoyer „Die Frage Wozu", die gesamte klassische griechische und abendländische Philosophie bis in die Nachscholastik hinein gewissermaßen unter dem einen Gesichtspunkt der Teleologie bündig zusammenfassen kann. So gesehen hatte die „sokratische Wende" wirklich eine so ungeheuere Langzeitwirkung, daß eine Scheidung in vor- und nachsokratische Philosophie durchaus zu rechtfertigen ist.

[17] Τέλος wäre hier mit „Ziel" (und „teleologisch" mit „zielgerichtet") eigentlich nicht ganz richtig übersetzt. Bei den Philosophen (und insbesondere im vorliegenden Fall des platonischen

sich selbst hinterfragenden Radikalität angehen wollte (das Definitionsproblem weist bereits darauf hin), die nicht bei der ontischen Ebene der Dinge und Beispiele stehenbleiben durfte, und die den Vorsokratikern noch weitgehend unbekannt war. Vielmehr beginnt Sokrates immer (wie exemplarisch in Apologie 21ff, dem wohl ältesten sokratischen Bios beschrieben) bei der „tabula rasa" selbsteingestandenen Nichtwissens, das erst die Möglichkeitsbedingung einer letzten elenchischen Radikalität im methodisch angewandten Zweifeln stellt; Platon sah also (zwar nicht unbedingt in allen Einzelheiten, aber doch im wesentlichen) zu Recht dank dieses Postulats des Beiseiteräumens allen Vorwissens, auch allen philosophischen Vorwissens, sowie in der Reflexivität und der eindeutigen Wendung hin aufs Prinzipielle (was Platon in seiner Lehre die „Ideen" nannte) in Sokrates' Fragestellung einen philosophischen Neuanfang[18]. Unter diesen Vorzeichen muß also (im Rahmen der antiken Philosophiegeschichte) jener Denker als vorsokratisch gelten, der diese auf letzte Radikalität bedachte „teleologische Wende" in der prinzipiellen Erklärung der Wirklichkeit aus welchen Gründen auch immer noch nicht mitvollzogen hat, mag er nun Sokrates kurzzeitig überlebt haben oder nicht. Kaum zufällig dürften sich später insbesondere die hellenistischen Philosophenschulen auf diese zwei Aspekte philosophischer Lehre, den ethischen und den erkenntniskritischen, konzentriert haben. Es läßt sich jedenfalls feststellen, daß auf lange Sicht die Philosophie (wie auch alle anderen Wissenschaften, die sich dieses

---

Phaidon, wo der Ist-Zustand der Welt ohne explizite evolutive oder zeitliche Implikation erklärt werden soll) bedeutet τέλος nahezu immer „Zweck" oder „Hinsicht" (vgl. Spaemann/Löw, ibid., Anm.33 zu p.48). Auch Aristoteles bezeichnet mit τέλος das, was der φύσις gemäß ist (Met.1065 a 26f). Zur ganzen Frage der teleologischen Naturauffassung vgl. z.B. H.G.Schmitz, Die teleologische Textur, v.a. pp.197ff.

[18] Diesen Erklärungsversuch des sokratischen · Neubeginns aus der Radikalität des sokratischen Zweifels übernehme ich u.a. aus W.Jordan, Ancient Concepts of Philosophy, pp.60-66, einer ansonsten nicht allzu gelungenen Abhandlung. Daneben möchte ich auf T.Buchheim, Die Vorsokratiker, pp.9f sowie nochmals auf Guthries Bemerkungen zur methodischen Innovation bei Sokrates verweisen (HGPh Bd.III, pp.424ff), insbesondere auf die sokratische Anwendung von Definition und Induktion. Im selben Zusammenhang sei dabei an Aristoteles' Würdigung des Sokrates in Met.1078b erinnert. Den gleichen Weg des Abstreichens philosophischen Vorwissens hatte übrigens – mit weniger radikalem Anspruch – Parmenides eingeschlagen, was auch ihn in gewissem Maße zu einem Wendepunkt antiker Philosophie machte (vgl. dazu weiter unten das entspechende Kapitel über Xenophanes und Parmenides). Ich möchte außerdem dafürhalten, daß die sokratisch-platonische Wende hin aufs Prinzipielle der Wirklichkeit als ihrem vornehmlichen Gegenstand der Philosophie erstmals eine eigene Stellung und Abgrenzung innerhalb der Wissenschaften einräumte, mit denen sie sich ja größtenteils vorher noch vermengt vorfand: Der Kosmologie und „Physik" vor allem, aber auch den „belles lettres" der Zeit.

kritische Denken zu eigen machten) nicht mehr an dieser „sokratischen Wende" vorbeiarbeiten konnte, so daß unter diesem Aspekt der Begriff „Vorsokratik" durchaus gerechtfertigt und beibehaltenswert erscheint.

Freilich kannte auch die Antike ganz massive Kritik an der Vorsokratik, und gerade Aristoteles bietet streckenweise ein gutes Beispiel dafür; allerdings vor allem eben deshalb, weil Aristoteles doch noch immer eher Philosoph als Doxograph ist und daher gerne auf der Basis seiner eigenen Philosophie alles Vorherige zu verwerfen tendiert, solange er darin nicht eine wie auch immer geartete Vorstufe seiner eigenen Überlegungen erkennen kann. Offenbar hing Aristoteles der Auffassung an, daß die menschliche Suche nach der Wahrheit in sich immer erneuernden Zirkeln verlaufe. Die Wahrheit sei daher im Laufe der Geschichte bereits mehrmals auf verschiedenste Weise entdeckt und wieder verloren worden, wobei sich in Fund und Verlust jeweils wieder ein geschichtlicher Kreis schloß[19]. Nun war aber, und das läßt sich aus Aristoteles' Schriften als Selbsteinschätzung ihres Verfassers durchaus plausibel herauslesen, der Stagirite der Meinung, sein eigenes Denken sei der Kulminations- und Endpunkt eines dieser „Kreise" und mithin der Punkt, an dem sich der Zirkel der Wahrheit am dichtesten angenähert habe. Cicero wußte noch um diese aristotelische Ansicht, die Philosophie werde unmittelbar bevorstehend zur Vollendung gebracht werden[20].

Unter dieser geschichtsphilosophischen Betrachtungsweise der Philosophie mußte nun freilich Aristoteles davon ausgehen, daß alle weiteren Denker, die in diesem „Kreis" der Wahrheitsfindung eine Rolle gespielt hatten, tatsächlich nur Vorstufen seines eigenen sie insgesamt subsumierenden Systems waren: Sie waren unter Einrechnung des Sokrates und vielleicht sogar Platons in der Tat alle nur Vor-Aristoteliker[21]. Aristoteles war also an modernen Maßstäben gemessen gewiß

---

[19] J.Mansfeld, Myth, Science, Philosophy, p.53 bestreitet obendrein, Aristoteles habe geglaubt, die Philosophie verweise auf Vorläufer in mythischen Wahrheiten zurück. Vielmehr seien diese halbverschüttete Reminiszenzen der Philosophie eines dem unseren vorausgegangenen Weltzyklos, und also leite sich der Mythos in seinen Wahrheitsmomenten von der Philosophie her, nicht umgekehrt. Zur philosophiegeschichtlichen Perspektive des Aristoteles ganz allgemein vgl. H.Cherniss, Aristotle's Criticism of Presocratic Philosophy, sowie die einschlägige Besprechung zu Cherniss' Arbeiten in Fil.Pre., pp.28ff.

[20] „Itaque Aristoteles veteres philosophos accusans, qui existumavissent philosophiam suis ingeniis esse perfectam, ait eos aut stultissimos aut gloriosissimos fuisse; sed se videre, quod paucis annis magna accessio facta esset, brevi tempore philosophiam plane absolutam fore" (Tuscul. Disp. III,69).

[21] Vgl. dazu neben H.F.Cherniss, The History of Ideas and Ancient Greek Philosophy, auch Fil.Pre., pp.28-33, wo sich nicht nur Cherniss' Standpunkt plausibel erklärt findet, sondern auch

kein Philosophiegeschichtler, und so würde den Vorsokratikern Gewalt angetan werden, wollte man die Untersuchung ihrer Philosophie ausschließlich aufgrund der aristotelischen Vorgaben betreiben, auch wenn diese in vielen Einzelfällen – um mit Guthrie zu sprechen[22] – eine zunächst einsichtige „thumbnail version" nicht-aristotelischer Philosophie in aristotelischen Ausdrücken bieten können. Das Wissen um das Aspekthafte und die geschichtsphilosophische Vorbelastung der aristotelischen Einschätzung ihres Denkens sollte immer Interpretationshintergrund bleiben, namentlich bei der Untersuchung des von Aristoteles wenig geschätzten Xenophanes[23].

Mit Hilfe seines geschichtsphilosophischen Blickpunkts auf die Philosophie-geschichte war es für Aristoteles dann auch ein leichtes, mit Thales den ersten Denker in der Geschichte zu benennen, der seiner Meinung nach die Wahrheitsfindung „im gleichen Kreis", das will heißen: mit gleicher oder doch zumindest ähnlicher Zielsetzung und Methode wie er selbst, betrieb. Und in der Tat erkennt Aristoteles (etwa in Met.983b) als erster einen deutlichen Bruch zwischen mythischem und philosophischem Denken – Platon und Hippias hatten dagegen die Kontinuität zwischen kosmologischer Dichtung und Naturphilosophie verteidigt –, eine Beobachtung, die dann in der Philosophiegeschichte große Karriere machte. Bei der Frage nach der Legitimität dieser rückwirkenden chronologischen Eingrenzung des Kandidatenkreises in der Suche nach dem dem aristotelischen Endpunkt ent-gegengesetzten Ausgangspunkt läßt uns die Mehrzahl der modernen Unter-suchungen nun leider oft allein. Und das ist mehr als schade, denn schwieriger noch, und ebenso umstritten wie die so eingehend diskutierte zeitliche und in-haltliche Scheidung in „vor-" und „nachsokratisch", ist die Abgrenzung dessen, was man unter „Vorsokratik" verstehen soll, wenn man nach ihren Anfängen fragt.

---

noch ein erhellender Blick auf die Diskussion zwischen ihm, Jaeger und Guthrie zum Thema der aristotelischen „Vereinnahmung" voraristotelischen Gedankenguts geworfen wird.

[22] HGPh Bd.III, p.425.

[23] J.G.Stevenson, der in „Aristotle as Historian of Philosophy" H.F. Cherniss' Ansichten im allgemeinen verteidigt, weist zudem sehr richtig auf das lediglich Punktuelle der aristotelischen Untersuchung der Vorsokratik hin: „Nowhere was Aristotle trying to write a history of philo-sophy. He was always looking at his predecessors with with definite questions in mind, and that he is doing so is usually quite obvious and explicit" (ibid., p.139). Daß Aristoteles den Kolophonier durchgehend mit gewisser Verachtung behandelt, ist eine Ansicht, die ich mit Guthrie HGPh Bd.I, p.366 und (um ein jüngeres Beispiel zu nennen) W. Pleger, Die Vorsokratiker, p.83, und vielen anderen teilen möchte. Auf dieser Unterbewertung des Xenophanes fußt wohl auch diejenige der modernen Interpreten seit Hegel, der in seiner Einschätzung des Kolophoniers von Aristoteles abhängig ist (vgl. dazu M. Eisenstadt, The Philosophy of Xenophanes of Colophon, pp.174-181).

Dieses Problem reicht jedoch bereits tief in den Themenbereich hinein, den sich die vorliegende Arbeit zum Hauptgegenstand ihrer Untersuchungen macht: Die Abnabelung des philosophischen Logos von allen vorausgehenden, insbesondere mythischen Denktraditionen. Daher dazu nur kurz folgendes: Unbestreitbar gab es vor Sokrates viele und bedeutende Denker. Doch nicht alle können selbst bei großzügiger Beurteilung zu den Philosophen gezählt werden. Freilich gibt es hier im Rückblick, gerade durch das Fehlen einer eindeutigen Definition von „Philosophie", was ja anfänglich und noch bis in Sokrates' Zeiten hinein nahezu jeder Art und Weise der Geistesbildung und der „belles lettres" als Bezeichnung dienen konnte[24], einige Grauzonen. Doch sollte man die orphische Dichtung und ihr ähnliche, sicherlich äußerst interessante und wichtige, aber eben doch noch nicht philosophische Denkformen genauso wenig unter die Vorsokratik zählen wie, was Schadewaldt vorschlägt[25], Homer und Hesiod, wenn auch bei beiden vielleicht durchaus ansatzweise „Philosophisches" vorgefunden werden kann. Die Schwierigkeiten ergeben sich größtenteils wohl auch daraus, daß eine klare Trennung der Wissenschaften, die ja eine rechte Zuordnung erst ermöglichte, zum ersten Mal von Platon, Xenokrates und schließlich Aristoteles vollzogen wird, was nebenbei gesagt ein weiteres auffälliges Unterscheidungsmerkmal zwischen vor- und nachsokratischem Denken ausmacht[26].

Das Problem der nachträglichen Abgrenzung des Anfangs der Philosophie von Dichtung und Mythos hat unbestreitbar seinen Grund auch in der Selbsteinschätzung der frühesten Philosophen: Die die Philosophie in ihrer erstmals rechtermaßen so zu bezeichnenden „Reinform" vorbereitende Epoche ist angefüllt

---

[24] Vgl. dazu z.B. E.Zeller, ibid., pp.1ff. Erläuternd für den ursprünglichen Sprachgebrauch sind die ibid. angeführten Zitate aus Herodots (I,30) und Thukydides' (II,40) Geschichtswerken. Auch Aristoteles kritisiert ja im ersten Buch der Met., daß, wenn man wie Hippias auch Dichter und „Schamanen" unter die Philosophen rechne, die Definition von Wissenschaft zu sehr ausgeweitet würde. Zum selben Problem vgl. auch Mansfeld, Aristotle, Plato, and the Preplatonic Doxography and Chronography, p.23. Bei Platon endlich deckt der Begriff „Philosophie" auch gleichzeitig Fächer wie Geometrie (Theait. 143d) und Musik (Timaios 88c) ab; und so kann Platon in diesem Sinne auch von einer Vielzahl von „φιλοσοφίαι" reden (Theait. 172d). Zum ganzen Problemkreis verweise ich schließlich auf M. Kranz' Art. „Philosophie" im HWPh (574f).

[25] Vgl. W.Schadewaldt, ibid., pp.47ff und 82ff. Übrigens rechnet schon Platons Protagoras 316d (ähnlich wie es vielleicht Platons Quelle getan haben mag) Homer und Hesiod unter die Philosophen, näherhin unter die Sophisten (wobei aber auch platonische Ironie im Spiel sein mag).

[26] Eine klare und stringent aufgebaute Unterscheidung der Wissenschaftsbereiche wird erstmals von Platon, Resp.521d-541b getroffen. Zur Leistung des oftmals unterschätzen Platonschülers Xenokrates hinsichtlich der Differenzierung der Wissenschaften sh. z.B. J.Mansfeld, Myth, Science, Philosophy, p.49.

mit Namen mythologischer, halbmythologischer, halbgeschichtlicher und letztlich auch geschichtlich greifbarer Weisheitslehrer, die den Übergang vom „Schamanen" zum Gelehrten und Philosophen kennzeichnen[27]. Vielleicht gehören mythische Gestalten wie Salmoxis dazu, sicherlich aber Männer wie Orpheus, Epimenides, Pherekydes (von dem Aristoteles Met.1091b ausdrücklich sagt, er sei einer von denen, die in der Mitte zwischen Mythos und Philosophie stehen) und mehrere derjenigen, deren Namen unter den sieben Weisen des sechsten Jahrhunderts genannt werden. Insbesondere Pythagoras soll hier aber das Augenmerk gelten: Sein legendenumrankter Lebenslauf, seine semireligiösen Praktiken und die Gründung seines monastischen Zirkels sowie dessen Ordensregel zeigen ihn uns letztendlich eher als eine Art „Schamane", Prophet oder Religionsstifter. Doch ist gerade von ihm überliefert, er habe als erster sich selbst als einen „Philosophen" bezeichnet[28]. Das Wort „philosophisch" wird im Anschluß an Platons Auslegung gewöhnlich mit „weisheitsliebend" übersetzt. Mit Rücksicht auf die Tatsache, daß viele der frühen Philosophen als Dichter oder inspirierte Theologen auftreten und den älteren Gelehrtentypus des Sehers oder „Schamanen" bewußt imitieren, und auch gerade deshalb, weil es eben Pythagoras war, der sich erstmals Philosoph nennt, würde aber für die Übersetzung eine andere Bedeutung von φίλος naheliegen: Bei Homer und den frühen lyrischen Dichtern ist φίλος wie ein Possessivpronomen gebraucht, und zeigt überhaupt den Besitz in besonderem Maße an[29]. Auch kann der φίλος der

---

[27] Sh. dazu F.M.Cornford, Principium Sapientiae, p.89ff sowie pp.107ff das Kapitel „The philosopher as successor of the seer-poet". E.R.Dodds, The Greeks and the Irrational, p.140f gibt eine genauere Definition des „Schamanentums", seiner Wurzeln und seiner Funktion im antiken Griechenland, auf die ich hier (wenn auch nur vorsichtig) ebenso verweise wie auf seine Charakterisierung des Epimenides und des Pythagoras pp.141ff; KRS pp.229f bestreiten dagegen eine „schamanistische" Tradition in Griechenland.

[28] Vgl. z.B. Diogenes Laertios VIII,8; diese Anekdote der Selbstbezeichnung des Pythagoras findet sich daneben auch bei Cicero und Iamblichos. Die älteste Quelle freilich, in der das Wort φιλόσοφος vorkommt, ist das Fragment B35 des Heraklit. Die Diskussion darüber, ob das Wort hier genuin herakliteisch (d.h. vielleicht die bewußt polemisierende Aufnahme eines von Pythagoras geprägten Wortes?), oder aber dem Doxographen Clemens von Alexandrien (aus dessen Stromateis V,140 das Fragment entnommen ist) zuzuschreiben ist (wie es W.Burkert, Plato oder Pythagoras?, pp.173ff im Anschluß an ähnliche Vorschläge Wilamowitz' und Reinhardts sichergestellt haben will), ist noch nicht abgeflaut; für die Echtheit des Wortes bereits bei Heraklit spricht neuerdings gegen Burkert u.a. J.Pòrtulas, Heráclito y los *maîtres à penser* de su tiempo, v.a. pp.167ff.

[29] Il.II,261 etwa kann φίλα εἵματα nicht heißen „die lieben Kleider", sondern es muß „deine Kleider" bedeuten. Gänzlich grotesk würde Il.IX,555 die Übersetzung „lieb" oder „freund" sein: μητρὶ φίλῃ Ἀλθαίῃ χωόμενος κῆρ heißt „im Groll auf die leibliche Mutter", niemals „liebe Mutter". Vgl. auch Pindars φίλον ἦτορ (Olymp.I,4) oder Theognis Frgm. 1067 und 1229 φίλε θύμε. H.Frisks „Griechisches etymologisches Wörterbuch" weist auf die Verwandtschaft von

Verwandte oder in engster Weise, etwa durch Ehe, Verbundene sein (z.B. Il.IX,146 und Od.XV,22). Der Philosoph wäre also – zumindest in der Frühphase der Philosophie – derjenige, der die σοφία faktisch hat, besitzt, oder dem sie wie auch immer gehört oder angehört, sein Denken steht mit der σοφία in einem gesicherten Naheverhältnis. Die neue Bezeichnung „Philosoph" für den Gelehrten will daher eher eine Verwirklichung der Nähe zur Weisheit bekunden als eine bloße Liebe zur σοφία[30], und also weniger einen Bruch mit den ihm vorausgehenden Typen des inspirierten Weisen aufzeigen, als sich vielmehr in betonter und engster Weise an diesen anlehnen und den Anspruch der vorphilosophischen Weisen, Besitzer und Sachwalter der Weisheit zu sein, für den Philosophen nachhaltig festigen und neubegründen[31]. Diese Voraberkenntnis wird sich vor allem beim Studium des

---

φίλος mit lydisch *bilis*, „sein, ihr" hin, und vermutet die Grundbedeutung „eigen, vertraut" für das griechische Wort. Ergänzend sei hier noch auf die Beispiele und Untersuchungen W.Burkerts (ibid., pp.172ff) zur Verwendung von φίλος in griechischen Nominalkomposita hingewiesen.

[30] Die Verständnisvariante des Weisheitsliebenden, der die Weisheit aber nicht besitzt, wurde von Platon (v.a. durch Symposion 204a ff) geprägt, ein locus classicus, der sie kanonisierte. Auch „im Lysis heißt es pointiert, wer weise sei, also das Wissen habe, philosophiere nicht mehr". Jedoch: „Eine solche Zuspitzung entsprach nicht dem damals üblichen Wortverständnis, nach dem gerade die Weisen (σοφοί) ... 'philosophierten'"; und „so war es für die Zeitgenossen im Gegenteil der neue Philosophiebegriff Platons, der Befremden auslöste und auch zu seinen Lebzeiten bei keinem von ihm unabhängigen Schriftsteller akzeptiert war" (M.Kranz, Art. „Philosophie" in HWPh, 573 und 577; dort auch die antiken Belegstellen). Allerdings polemisierte Platons Philosophiebegriff wohl v.a. gegen die sophistische Auffassung, der Philosoph besitze seine σοφία wie der Händler seine Ware – eine Überspitzung des ursprünglichen vorsokratischen Philosophieverständnisses, die von Platon mit Recht bekämpft wurde. Zu Platons Interpretation siehe auch W.Burkert, ibid., p.175f. Es sei an dieser Stelle noch darauf aufmerksam gemacht, daß Burkert in φιλόσοφος keine pythagoreische Wortbildung erkennen will, sondern die Begriffsschöpfungsanekdote (die sicherlich in ihrer uns vorliegenden Ausformung platonisierend ist, soviel sei Burkert zugestanden) in ihrer Gesamtheit als eine Erfindung des Platonschülers Herakleides Pontikos hält (ibid., pp.159f und 175f), die den platonischen Wortgebrauch in die „Gründerzeit" der Philosophie rückspiegelt. Ich sehe meine Interpretation des Wortes in seiner anfänglichen Bedeutung dadurch allerdings kaum gefährdet: Wenn es bereits bei Heraklit, spätestens aber bei Herodot (und bei ihm ganz sicher) vorkommt, so in einer Epoche, die Platons *zu seiner Zeit innovativer* Wortauslegung weit vorausliegt; zudem hat Burkert zwar (mit Recht!) Endredaktion und Sprachstil der Anekdote als platonisch erwiesen, der Kern der Geschichte, i.e. die Wortschöpfung „φιλόσοφος" durch Pythagoras, bleibt dadurch aber weitgehend unberührt. Schließlich sei noch erwähnt, daß auch das Wort σοφία eine enge Bindung an die althergebrachte vorphilosophische Vorstellung von Gelehrsamkeit nahelegt, die sich wesentlich vom neueren platonisch-aristotelischen Wissensbegriff der ἐπιστήμη unterscheidet.

[31] Auch Herodot I,30 bescheinigt das φιλοσοφεῖν zunächst einmal einem, der bereits als weise angesehen wird, nämlich dem σοφός Solon (vgl. dazu auch M.Kranz' Art. „Philosophie" in HWPh, 573). H. Stephanus' „Thesaurus Graecae Linguae" nennt dementsprechend als zulässige gebräuchliche Übersetzungsmöglichkeit für „φιλόσοφος" neben „qui sapientiam expetit" und „sapientiae studio deditus" auch schlicht „sapiens". Erhellend ist weiterhin auch Ciceros Kon-

Xenophanes, der als Dichter auf die vorphilosophischen Lehren ausgiebig zurückgreift, gleichzeitig aber die Möglichkeit sicherer Erkenntnis verneint, im Hinblick auf die Selbsteinschätzung seiner Philosophie als interessant erweisen.

Aristoteles nennt bekanntermaßen im Zusammenhang mit der Frage nach den Anfängen der Philosophie Thales von Milet als deren ersten Vertreter. Es ist gezeigt worden, auf welchen Grundlagen diese Auffassung gewachsen war. Und doch wird man sich auch ohne die Übernahme des oben beschriebenen geschichtsphilosophischen aristotelischen Apriori der aristotelischen Ansicht in diesem Punkt wohl anschließen müssen aus Gründen, die im entsprechenden Kapitel dieser Arbeit über Thales' denkerischen Neuansatz noch zu diskutieren sein werden.

Eine letzte Bemerkung zum Themenbereich „Vorsokratik": Es ist problematisch und auffallenderweise nie zur Gänze zufriedenstellend, die vorsokratischen Denker in „Schulen" zusammenfassen zu wollen, insbesondere wenn man dabei eine vom Hellenismus und der Spätantike genormte Sicht philosophischer Schulen oder übergreifender Strömungen wie der Stoa, der Akademie oder der epikureischen Schule zugrundelegt[32]. Der falsche Eindruck einer frühen Schulenbildung in der Vorsokratik mag vor allem auch dadurch entstehen, daß unsere doxographischen Gewährsmänner im Dienste einer ökonomischeren und „griffigeren" Darstel-

---

trastierung des Philosophiebegriffes vor und nach Sokrates; danach gilt vor Sokrates: „omnis rerum optimarum cognitio atque in iis exercitatio philosophia nominata est" (De oratore III,16), während sich danach zunehmend im Anschluß an Platons Definitionsversuch der Wortgebrauch wandelt, und allgemeiner gilt: „Sapientiam qui expetunt igitur φιλόσοφοι nominantur" (De officiis II,2). Zum Ganzen schließlich auch F.J.Weber, Platons Apologie des Sokrates, pp.6ff.

[32] Long/Sedley geben in „The Hellenistic Philosophers", Vol.1, pp.5f eine m.E. brauchbare allgemeine Definition dessen, was unter einer antiken Philosophenschule zu verstehen ist; ich übernehme sie in Anwendung auf unseren vorliegenden Zusammenhang: „not, in general, a formally established institution, but a group of like-minded philosophers with an agreed leader and a regular meeting-place, sometimes on private premises but normally in public. School loyalty meant loyalty to the founder of the sect – Zeno for the Stoa, Epicurus for the Garden, Socrates and Plato for the Academy – and it is in that light that the degree of intellectual independence within each school must be viewed. ... The virtually unquestioned authority of the founder within each of the schools gave its adherents an identity as members of a 'sect' (αἵρεσις), readily recognizable by their labels 'Stoic', 'Epicurean', 'Academic', or 'Pyrrhonist'." Wie man sieht, finden sich Elemente dieser Definition auch in vorsokratischen Zusammenschlüssen; wirklich identifizieren ließe sich aber kein vorplatonischer Philosophenkreis (mit eventueller Ausnahme der Eleaten) aus dieser Beschreibung. Übrigens wird meist zu Recht zwischen der Schule als Institution (σχολή bzw. διατριβή) und als Lehrtradition (αἵρεσις) differenziert. In erster Bedeutung lassen sich in der Vorsokratik keine Schulen im späteren Sinn ausmachen. Nur in zweiterer werden sich im nachhinein vielleicht hier und da schulähnliche Traditionen entdecken lassen.

lungsweise versuchten, möglichst viele alte Denker, die sich zu mehreren Gegenständen mitunter äußerst disparat zu Wort gemeldet hatten, unter einigen wenigen Leitgedanken übersichtlich nacheinander abzuhandeln, also thematische Affinitäten in der Form historischer Zusammenstellungen zu erklären[33].

Friedrich Nietzsche hatte sehr früh (und leider unbeachtet) vor der Rückspiegelung der Schulenschematisierung aus dem Hellenismus in die Vorsokratik hinein gewarnt[34]. Am gerechtfertigsten wäre eine derartige Klassifizierung in „Schulen" vielleicht noch bei der auch oftmals so genannten „Eleatischen Schule", weniger vertretbar bereits bei den Pythagoreern, die eher einen mystisch-esoterischen Religionsbund bilden, und ganz unzutreffend etwa bei den Milesiern, die keinesfalls eine eigene „Milesische Schule" darstellen und auch nicht schlagwortartig mit der zweifelhaften Sammelbezeichnung „Hylozoisten" etikettiert werden sollten: Die Lehrer-Schüler-Verhältnisse in der vorsokratischen Welt kommen, als ein weiterer bemerkenswerter Unterschied zwischen vor- und nachsokratischer Philosophie, nicht so sehr in Schulen zustande. Vielmehr lehrt jeder Denker (einige spätere, ganz offensichtlich eklektisch arbeitende vielleicht ausgenommen), gleich einem „Pfadfinder des Geistes", und das mag Nietzsche (von dem dieses Wort stammt) und viele andere in den Bann besonders der frühen Vorsokratiker gezogen haben, Eigenes, kaum einmal Nach-Gedachtes oder mit einer Gruppe in erkennbaren direkten Nachfolge- oder Abhängigkeitsverhältnissen Stehendes, und mit keiner Schule je unmittelbar Identifizierbares. Es dominiert in jener Epoche der Philosophiegeschichte noch das für die jeweilige Zeit Bahnbrechende, bislang Ungedachte und allenfalls durch fremdes Gedankengut mittelbar oder durch persönlichen, „privaten" Umgang, nicht aber durch Vermittlung einer Institution Inspirierte. Auch Diogenes Laertios' fast schon stereotypes καθηγήσατο („war Lehrer" oder „leitete", „erzog") will, sofern es sich im Einzelfall dann

---

[33] Ähnlich W.K.C.Guthrie über Aristoteles' philosophiegeschichtliche Zusammenstellungen: „Aristotle is an invaluable source of information on his predecessors provided that allowances are made for his known habits of mind. One of these is a tendency to regard earlier philosophers as forming a linear progression, trying one after the other to solve the same problems on much the same basic assumptions" (HGPh Bd.V, p.421).

[34] F.Nietzsche, Die διαδοχαί der Philosophen; Bruchstück 1873 oder 1874. Philologica III, Werke XIX p.305ff. Die endgültige Klassifizierung der Vorsokratiker in Schulen sowie überhaupt die absolute Chronologie der Philosophen nach Olympiaden wurde ohnehin erst im zweiten Jahrhundert v.Chr. von den beiden Alexandrinern Sotion und Apollodor vorgenommen, wenn auch frühzeitig ähnliche Chronologisierungsvorschläge (durch Hippias oder Platon) vorgelegen haben mögen. Zur Kritik an der Schulenschematisierung (insbesondere im Gegensatz zu Diels' Schrift über „Die ältesten Philosophenschulen der Griechen") sei auch verwiesen auf Mansfeld, Aristotle, Plato, and the Preplatonic Doxography and Chronography, p.2f.

überhaupt rechtfertigen läßt, wahrscheinlich eher an eine persönliche Verbindung, vergleichbar vielleicht denen in den Sukzessionen der Propheten im alten Israel, als an eine schulische Vermittlung erinnern.

Zur vorsichtigen Beurteilung der Schulenschematisierungen mahnen unter anderem nicht zuletzt die nachvollziehbar großen Schwierigkeiten, die spätere Doxographen damit hatten, rückblickend angebliche Lehrer-Schüler-Verhältnisse zwischen vorsokratischen Denkern zu *konstruieren*. Sollte es nach ihnen gehen, so wäre etwa auch Parmenides der direkte Meister des Anaximenes (eine Kombination, die verwundern macht), Xenophanes der des Heraklit, Anaximander der des Parmenides, und so weiter[35], was aber alles als durchaus unhaltbar erwiesen sein dürfte. Augenscheinige oder vermutete Ähnlichkeiten im Gedanken oder in den Formulierungen lassen zu jener Zeit nicht zwingend auf „schulische" Abhängigkeiten schließen. Die Vorsicht, die hier walten sollte, kann grundsätzlich, und auch was die Methodik der vorliegenden Arbeit betrifft, erst für die klassische griechische Philosophie zum Großteil, für die nachklassische dann wohl fast gänzlich fallengelassen werden.

---

[35] DK 22 A1, 28 A3 u.a. Daß Xenophanes als philosophischer Einzelgänger betrachtet werden muß, hat auch J. Mansfeld, Vorsokr., p.204 herausgestellt, und daß Heraklit „niemands Schüler" war, belegten wohl die meisten den Doxographen ursprünglich vorliegenden Quellen: vgl. DK 22A1, A1a etc. Diogenes Laertios weist sogar zwei Mal auf den unabhängigen Sonderstatus von Xenophanes und Heraklit hin (VII,91 und IX,20), und stellt sie deswegen in einem eigenen Abschnitt seines Werks dar. Jede detailliertere Betrachtung stellt die direkten Lehrer-Schüler-Kombinationen nahezu jedes Mal als unhaltbar fest. Als Beispiel sei hier S.Zeppi, Senofane antiionico e presofista, in: Studi sulla filosofia presocratica, pp.25-47, angeführt, der eine – zeitlich wie thematisch eigentlich unproblematisch erscheinende, und auch in der Forschung lange als opinio communis geltende – Verbindung von Anaximander und Xenophanes als großenteils nicht nachvollziehbar und letztlich falsch erweist.

1.3. Über Mythologie und Philosophie

„Das Altertum ist der langwierige, beschwerliche, aber notwendige Umweg über die Natur zum Geist", schreibt Egon Friedell im Vorwort zu seiner „Kulturgeschichte des Altertums"[36]. Verstanden wurde und wird bisweilen noch heute dieser „Umweg" als solcher von der kindlichen Unmittelbarkeit der Naturerfassung im mythischen unüberprüfbaren Fabulieren zur Entstehung des spekulativen Logos in der Philosophie und den sich aus ihr ausdifferenzierenden Einzelwissenschaften mit ihrer methodisch sauberen und verifizierbaren Erfassung der Natur.

Dieser Sicht der Dinge und Entwicklungen gegenüber steht die Ambivalenz der antiken Philosophenkritik am Mythos: Einerseits lehnt jene zwar ebenfalls diesen gerne als bloße und meist unverbürgte Erfindung ab, andererseits kennt sie ihn aber auch als rechtermaßen so zu bezeichnendes ehrwürdiges Vehikel der Wissensvermittlung ab antiquo. Allein in erstgenannter Funktion wird der Mythos von den Alten abgelehnt, in der zweiten aber als eine wichtige und legitime Quelle der Philosophie anerkannt[37]. Dieses Zweigesichtige der Mythenkritik wird sich insbesondere bei Xenophanes feststellen lassen, der den Mythos mit gleicher Intensität polemisch attackiert wie in seinen Inhalten für sein philosophisches Denken ausgiebig und gewinnbringend übernimmt.

---

[36] E.Friedell, Kulturgeschichte des Altertums Bd.1, p.82.

[37] E.Ridone, Rapporti tra ΜΥΘΟΣ e ΛΟΓΟΣ: Senofane di Colofone, führt diese ambivalente Haltung der philosophischen Mythenkritik in extenso aus, und wendet sie (durchaus erfolgreich) auf Xenophanes an, worin ihm auch die vorliegende Arbeit im wesentlichen folgen wird. Platon (z.B Timaios 22c) und Aristoteles (Met.1047b) sahen ja ebenfalls noch im Mythos altehrwürdiges Wissen bewahrt.

Es bleibt letztlich insbesondere zu beachten, daß die Kategorien „Mythos" und „Philosophie" in ihrer heutigen Verwendung eher moderner Lust an klarer Differenzierung entspringen, und daß die scharfe Grenzziehung zwischen beiden dem antiken Denken in der Frühzeit der Philosophie weitgehend fremd war, ja daß ein Bewußtsein der grundlegenden Verschiedenheit beider Bereiche nur mit der Zeit und vollständig vielleicht erst bei Aristoteles aufkommt. Selbst bei Platon tauchen, trotz vorangeschrittener Unterscheidung von Mythos und argumentativem Diskurs, beide Darstellungsformen fast noch gleichberechtigt nebeneinander auf: So läßt etwa sein Protagoras im gleichnamigen Dialog den Gesprächspartnern die Wahl, ob sie einen bestimmten Sachverhalt lieber in mythischer Rede oder λόγῳ behandelt hören wollen, ihm sei es gleich (Prot.320e). Dabei bleibt Protagoras aber im folgenden noch nicht einmal bei der zunächst als „angenehmer" gewählten mythischen Form der Darlegung: Vielmehr hat er keine Probleme damit, anschließend die Darstellungsweise zu wechseln und seinen Gedankengang in argumentativer Form, in Hypothesen und Beweisverfahren zu Ende zu bringen (342e). Auffällig ist auch, daß diese Hypothesen und Beweise sich dann durchaus inhaltlich mit den Lehren des vorhergehenden Mythos decken (so etwa 324e-325c mit 322d). Das Wissen um die Überlappung von Philosophie und mythischem Denken in den ersten Jahrhunderten der Philosophiegeschichte wird also für die anschließenden Untersuchungen den Interpretationshintergrund bilden müssen[38].

---

[38] D.J.Furley, The Greek Cosmologists, p.16, bemerkt zum Überlappen von philosophischem und mythischem Weltbild in der Vorsokratik: „We must not exaggerate the difference between Thales and his predecessors, as if suddenly, conscious of what he was doing, he built and launched a new kind of boat and sent it off to pick up Plato, Aristotle, Kant, and Wittgenstein". Interessant auf diesem Hintergrund ist auch die Kontrastierung von Mythos und wissenschaftlicher Erklärung des „Weltbrands" in Platons Timaios 22c f.

1.3.1. Definitionsversuche

Es ist nicht leicht auszumachen und bis heute in der Forschung leidenschaftlich umstritten, was unter den Begriffen, die hier im folgenden besprochen werden sollen, zu verstehen sei. Trotz bestehender Schwierigkeiten ist es aber für die Thematik nicht nur dieses Kapitels unerläßlich, sich hier in Definitionsversuchen einer Klärung der Begriffe „Wissenschaft", „Philosophie", „Mythos" und „Religion" zumindest soweit als als Arbeitsgrundlage dienlich anzunähern.

Am einfachsten und eindeutigsten scheint für unseren Zusammenhang und Behandlungszeitraum vielleicht eine brauchbare allgemeine Deutung von „Wissenschaft" gegeben werden zu können[39]: Es wird darunter meist ein System methodisch erworbener und nachprüfbarar Feststellungen begriffen sowie der Weg und die Mittel, es zu gewinnen[40]. Die Methode, in der dabei begründete Aussagen erarbeitet werden, zeichnet sich dadurch aus, das ohnehin vorliegende oder gesammelte Material zu ordnen, Regelmäßigkeiten aufzudecken, daraus resultierend „Gesetze" abzufassen, wobei zuvor eine brauchbarer Begriffsapparat erstellt wurde, und schließlich dadurch, die Ergebnisse zu systematisieren. Wissenschaft setzt in diesen

---

[39] Und das, obwohl das Griechische eigentlich kein Wort für „Wissenschaft" kennt: ἱστορία und ἐπιστήμη nehmen nur in bestimmten Zusammenhängen die Bedeutung von „Wissenschaft" in dem uns gewohnten Sinne an (sh. G.E.R. Lloyds Vorwort zu „Early Greek Science"). Zum folgenden vgl. z.B. U.J.Jensens Art. „Wissenschaft" in der „Europäischen Enzyklopädie zu Philosophie und Wissenschaften" Bd.IV, 911-922, F.von Kutschera, Wissenschaftstheorie I und II sowie A.Diemer, Was heißt Wissenschaft, pp.20ff (dort auch pp.76ff zum Verhältnis Wissenschaft-Philosophie, worin ich Diemer allerdings nur teilweise folge).

[40] Ich nehme damit die allgemeinste für den antiken Zusammenhang zu gebende Bestimmung von „Wissenschaft" nach M.Clagett, Greek Science in Antiquity, p.4, auf: „The orderly and systematic comprehension, description and/or explanation of natural phenomena" sowie „the tools necessary for that undertaking".

methodischen Schritten einen Abstraktionsprozeß voraus, mit dessen Hilfe eine möglichst adäquate Repräsentation der Realität gewonnen werden soll – eine Komponente wissenschaftlichen Denkens, die sich bei Xenophanes (vor allem in seiner Kosmologie) schon erstaunlich fortentwickelt vorfinden läßt. Die wissenschaftliche Forschung ist hierbei auch in der Antike durchaus als fortschreitende Entwicklung zu sehen, in der jeder Erkenntnisgewinn neue Probleme aufwirft und der Wissenschaft ihre Lösung zur Aufgabe macht.

Im Gegensatz zu den einzelnen Erfahrungswissenschaften, deren Anliegen die Besprechung bestimmter Bereiche der Wirklichkeit ist, versteht sich die Philosophie im allgemeinen eher als „Grundwissenschaft" ohne klar umrissenen Gegenstand. Zwar kennt auch die Philosophie Einzeldisziplinen mit eigenen Aufgabenbereichen, ihre Endabsicht geht aber über die erfahrungsmäßige Wirklichkeit hinaus und zielt auf die Totalität der Bedingungsmöglichkeiten der Wirklichkeit ab. Diese radikalere Reflexion, die nicht beim Faktum stehen bleibt und in ihrer *prinzipiellen* Betrachtungsweise den Bereich der Unmittelbarkeit verläßt, geht dabei aber von der oben dargestellten wissenschaftlichen methodischen Verfahrensweise des Erkenntnisgewinns aus. Denn die Philosophie will argumentativ einsehbar (das heißt nachvollziehbaren Denkgesetzen gehorchend) fortschreiten, sowohl in ihrer abstrahierenden Tätigkeit des erklärenden Rückschritts vom Konkreten auf dessen Prinzipien, als auch in dem sich daran anschließenden deduktiven Schritt von den Prinzipien zurück auf die konkrete Wirklichkeit und deren Erklärung[41].

Gänzlich kontrovers wird seit jeher die Diskussion um Bedeutung und Funktion mythischen Denkens geführt[42]. Formal läßt sich der Mythos als gattungsindifferente narrative (nicht nur sprachliche, sondern durchaus auch bildliche oder liturgische) Darstellung einer Götter- oder Heroengeschichte definieren[43]. Eine inhaltliche Bestimmung des (hier vor allem ins Auge gefaßten griechischen) Mythos wird viel-

---

[41] Ich halte mich hier vorsätzlich etwas in der Nähe der im platonischen „Höhlengleichnis" (Resp. 514a-521b) gegebenen Darstellung philosophischer Aufgabe und Tätigkeit, um keinen Zweifel darüber aufkommen zu lassen, daß die hier gegebene Definition von „Philosophie" auch antikem Denken keine Gewalt antun würde und durchaus auch auf den Behandlungszeitraum der vorliegenden Arbeit anwendbar ist.

[42] Eine knappe Definition des Mythenbegriffs muß daher auch fast notwendigerweise unsachgerecht verkürzen. Im allgemeinen will ich mir hier den Geist von K.Kerényis religions-wissenschaftlichen Werken (v.a. des Sammelbandes „Antike Religion") zu eigen machen, wenn ich ihm auch in der gedrängten Zusammenfassung nicht immer ungeteilt und bis ins letzte folgen kann. Trotzdem weise ich hier ausdrücklich auf Kerényis Arbeiten hin.

[43] Mit dieser allgemeinsten formalen Definition nehme ich die ähnlichlautenden F.Pfisters, Die Religion der Griechen und Römer, p.146f, auf.

leicht durch den Blick auf die Genese des Mythischen am deutlichsten[44]: Der Mythos entsteht meist als Zusammenfassung von „heiligen Überlieferungen" (ἱεροὶ λόγοι) als göttlich anerkannter Machterweise aus einer stets gegenwärtigen und eigentlich zeitlos-paradigmatischen Ur-Zeit der Ahnherren in geschlossenen Geschichten. Diese einzelnen Geschichten werden im Mythos zu einem System vereinigt (etwa in Sagenkreise oder Stammbäume), aus dem eine Welterklärung abgeleitet werden kann. Der Gegenstand der Mythen ist dabei so heterogen wie die Machterweisüberlieferung selbst; dennoch lassen sich zwei große Komplexe mythischen Erzählens ausmachen: der „geschichtliche" Heroenmythos, der die Eigenwelt der Sippen und des Stammesbewußtseins erklärt, und der „philosophischere" kosmogonische und kosmologische Mythenkomplex, der das Wie und Woher der gesamten Welt begreifbar machen will[45]. Unter dieser Perspektive ist also tatsächlich gewissermaßen „jeder Mythos, solange er Mythos ist, eine Antwort, auch ohne (explizit) aitiologisch zu sein"[46]. In ihrer prinzipiellen erklärenden Absichtshaltung überschneiden sich Mythos und Philosophie bereits vielfach und konkurrieren auf vielen Gebieten. Während aber der wissenschaftliche Logos „absichtlich und bewußt zergliedert und verbindet"[47], ist der Mythos anzusehen als undifferenzierte, statt begrifflich und nomothetisch vielmehr personalisierend und hypostasierend arbeitende „Methode, die Welt anzuschauen, die sich der Denkgesetze nicht in der uns gewohnten Weise bedient", doch den Griechen „die Grundlage des Weltbilds geschaffen hat"[48]. Mit einem Wort ist das Mythische eine gestaltende Denkform „von primärer Selbständigkeit unter den schöpferischen Betätigungen des Men-

---

[44] Das folgende schließt sich in vielem P.Grimaldis Art. „Mythos" im Lexikon der Alten Welt, Bd.II, 2046-50 sowie U. von Wilamowitz, Der Glaube der Hellenen, an.

[45] Auch Heyne unterschied diese zwei „genera mythorum", sah allerdings nur im „philosophischen" kosmologischen Genus Wahrheitselemente der Welterklärung, was aber sicher falsch ist (sh. HWPh, 288). Daß der kosmogonische Mythos „philosophisch" sei, war danach spätestens seit E.Zeller ein Gemeinplatz der Forschung. In Wirklichkeit ist aber eher umgekehrt die Philosophie des Anfangs relativ unverhohlen „mythisch" – es wird davon noch die Rede sein müssen. Vorerst genüge hierzu der Verweis auf H.Schwabls Art. „Weltschöpfung" in RE, der sich mit der Problematik auseinandersetzt. Auf Ausgrenzungen „falscher" (d.h. politisierender, parodierender oder „romantisierender") Mythen wie sie z.B. K.Kerényi vorgenommen hat, möchte ich nachdrücklich verweisen.

[46] A.Wolf, Art. „Mythos" (RE), 1378 (die Formulierung dort im übrigen im Anschluß an André Jolles).

[47] W.Nestle, Vom Mythos zum Logos, p.1.

[48] A.Wolf, ibid., 1376 (im Anschluß an Formulierungen Diltheys). Auch Platon sieht im Mythos die φήμη, also eine Art sich breitmachendes „Gerücht", das sich allgemeiner Akzeptanz im Volk erfreut und dessen Weltbild dominiert (Resp.415d). Vgl. dazu auch J.-P.Vernant, Vorwort zu „La Grèce ancienne", p.11.

schen, neben der Dichtung, Wissenschaft und Musik" und in seinen Eigenheiten durch keine andere Denkform hinreichend zu ersetzen[49], was übrigens auch einen Hauptproblempunkt für Xenophanes bilden wird, der ja desöfteren die Gedankenwelt mythischer Vorlagen in der neuen Denkform der Philosophie zum Ausdruck zu bringen versucht.

Einen gewissen Sonderfall stellt – zumindest was den griechischen Kulturraum betrifft – die Schwierigkeit der Bestimmung von Religion dar: Das Griechische selbst kennt eigentlich kein Wort für „Religion" und wohl auch keinen wirklich äquivalenten Begriff[50]. Natürlich hat es andererseits durchaus sehr konkret eine Grundhaltung gegeben, die unter die allgemeinverbindlichste formale Bestimmung von „Religion" als von Fall zu Fall mehr oder weniger systematisiertem existentiell betreffenden menschlichem Verhalten einer Gemeinschaft gegenüber dem Göttlichen fällt. Aber insbesondere im griechischsprachigen Bereich sticht ins Auge, wie sehr diese religiöse Grundhaltung vom Mythos und seinen Vorgaben abhängt. Die mythische Denkform erst erschloß dem griechischen Menschen einen Zugang zum Göttlichen und ein inneres Verhältnis zu ihm, wie vor allem die Arbeiten Karl Kerényis zu Mythos und Religion in der Antike gezeigt haben: Man denke vor allem an das Beispiel des anthropomorphistischen Gottesbilds, das der Mythos an die Religion weitergab und das dem griechischen Menschen erst eine Annäherung zum und eine gewisse Identifizierung mit dem (nicht mehr amorph-unvorstellbaren, sondern eben menschennahen und sinnlich zugänglichen) Göttlichen ermöglichte. – Dies gilt zumindest für die klassische griechische Religion wie wir sie kennen und wie sie im folgenden auch hauptsächlich Gegenstand unserer Untersuchung zu Xenophanes sein wird. Primitivere magische oder dämonische Weltbilder, wie sie

---

[49] K.Kerényi, Vorwort zu „Antike Religion", p.10. In seinem Aufsatz „Was ist Mythologie" (ibid., p.19) zitiert Kerényi als Beispiel dieser Eigenheit und unersetzbaren Selbständigkeit mythischen Denkens den englischen Ethnologen Georges Greys, der die Erfahrung machen mußte, daß die neuseeländischen Ureinwohner „in Wort und Schrift, zur Erklärung ihrer Ansichten und Absichten Bruchstücke alter Dichtungen und Sprichwörter zitierten oder Anspielungen machten, die auf ein altes mythologisches System begründet waren; und obwohl die wichtigsten Teile ihrer Mitteilungen in diese bildliche Form gekleidet waren, versagten die Dolmetscher und konnten nur selten (wenn überhaupt) die Dichtungen übersetzen oder die Anspielungen erklären".

[50] Σέβας und seine Komposita sprechen zwar durchaus eine innere menschliche Haltung gegenüber dem Göttlichen an, bleiben aber allgemein auf der Ebene dessen, was wir „Frömmigkeit" nennen würden. Die Einordnungsschwierigkeiten, die die griechische Religion („an orphan cut off from its Indo-European roots, barred from the terrain of interpretation with which it should be possible to reconcile it") insbesondere auch der vergleichenden Religionswissenschaft macht, hat J.-P. Vernant herausgestellt (Greek Religion, Ancient Religions, in: Mortals and Immortals, pp. 274ff).

vor Homers Zeiten existierten (und sicherlich noch eine Zeitlang im Volksglauben weiterwirkten) bleiben hier zunächst unbeachtet.

Es ist also falsch, daß, wie C.M. Bowra behauptet hat, „dieses gesamte anthropomorphistische System in keiner Beziehung zu wirklicher Religion steht"[51]. Eric Dodds hat richtig erkannt, daß die Mißachtung des massiven Einflusses mythischen Denkens auf die griechische Religion (einer Beeinflussung, die bis in die Neuzeit niemals ernstlich bestritten worden war) und der gegenseitigen Befruchtung beider darauf fußt, daß für allzu viele Forscher „the expression 'real religion' means the kind of thing that enlightened Europeans or Americans of to-day recognise as being religion"[52].

Freilich kennt die griechische Religion auch vom Mythos nicht unmittelbar abhängige Ausprägungen, wie etwa die (oftmals offenbar prähellenischen) mantischen Praktiken sowie gewisse ekstatische und orgiastische Elemente. Dennoch blieb es im wesentlichen das Mythische, das dem religiös empfindenden Menschen die Augen öffnete, durch die er die Welt und das Göttliche sah. Er dachte bei nahezu allen religiösen Erfahrungen in mythischen Kategorien[53]. Xenophanes' Mythenkritik muß also, das soll hiermit vorweg angedeutet sein, gleichzeitig als ein direkter Angriff auf die Volksreligion seiner Zeit gewertet werden.

Jedoch, um es lieber einmal zu oft als zu wenig gesagt zu haben: Die griechische Geistesgeschichte setzte sich jahrhundertelang immer wieder über die eben aus arbeitstechnischen Gründen getroffenen Abgrenzungen von Mythos, Religion, Wissenschaft und Philosophie hinweg. Zumindest für die Zeit des Xenophanes gilt daher: „Das Bewußtsein der Eigengesetzlichkeit solcher 'autonomer' Teilbezirke des Geistes war den Griechen noch fremd"[54]. Die ersten Philosophen und Naturwissenschaftler dachten noch vielfach in mythischen Kategorien, religiöse Scheu bremste oft genug ihr Vordringen auf gewissen Gebieten, traditionelles und neues wissenschaftlich erworbenes Weltbild vermengten sich bis hinein in die Schriften der spätantiken Philosophie immer wieder und durchaus nicht immer erfolglos, was

---

[51] C.M.Bowra, Tradition and Design in the Iliad, p.222. Zum Streit darüber, ob die Religion nun im engeren Verhältnis zum Mythos stehe und über die prominentesten Hauptvertreter beider Seiten in dieser Diskussion vgl. u.a. A.Wolf, ibid. 1375 oder auch G.S.Kirk, Myth, pp.9ff. Aufschlußreich auch E.R.Dodds, The Greeks and the Irrational, p.2.

[52] E.R.Dodds, ibid., vgl. J.-P. Vernant, ibid.

[53] Wie sehr allerdings auch diese religiösen Kult- und Opferbräuche in Griechenland von mythischen Vorgaben abhängen konnten, zeigen z.B. J.P. Vernant, ibid., pp.278ff und W. Burkert, Griechische Religion der archaischen und klassischen Epoche, pp.287ff.

[54] W.Jaeger, Die Theologie der frühen griechischen Denker, p.108. Vgl. auch z.B. K.Gloy, Das Verständnis der Natur, pp.73ff.

die Loslösung des einen vom anderen noch erschwert haben mag. Wir haben es also für den uns in der Xenophanesfrage interessierenden Zeitraum nicht mit Reinformen von mythischem, wissenschaftlichem und philosophischem Denken zu tun. Diese kristallisieren sich erst im Laufe der Zeit deutlicher heraus in einer Entwicklung, zu deren Beurteilung die eben gegebenen Begriffsbestimmungen sich hoffentlich als hilfreich erweisen werden (so wird gerade bei Xenophanes zu sehen sein, wie sich nicht nur mythisches und philosophisches Denken auszudifferenzieren beginnen; auch die Loslösung religiösen Denkens aus der mythischen – anthropomorphistischen, metaphorischen, „literarischen" und moralisch weitgehend indifferenten – Perspektive wird, wenn vielleicht auch unbewußt, eine treibende Rolle in den Lehren des Kolophoniers spielen).

Zunächst aber dominiert ein kompliziertes In- und Übereinander von Welterklärungsmodellen, Methoden und Denkformen, die wir heute als klar getrennt und selbständig arbeitend zu behandeln allzu sehr gewohnt sind. Die Differenzierung von „Mythos" und „philosophischem Logos" – wie die die Forschung nach Wilhelm Nestle lange Zeit beherrschende begriffliche Antithese hieß – ist daher auch keineswegs leicht zu vollziehen: Tatsächlich bedeutet „Mythos" in seiner ersten und ursprünglichen Bedeutung das gesprochene Wort, die Rede und Erzählung, alles Ausgesprochene und Aussprechbare, und steht somit der Erstbedeutung von „Logos", aber auch von „Epos" sehr nahe, die ja ebenfalls beide zunächst Tätigkeit und Inhalt des Sprechens meinen. Auf alle drei trifft in gewissem Maße die „platonische" Definition des Logos als „eine in Buchstaben darstellbare Stimme, die imstande ist, alles, was es gibt, zu sagen"[55] zu. Der Logos als sprachlich jüngstes Glied dieser „Synonym"-gruppe erfuhr dabei im Laufe der Zeit die positivste Entwicklung, da ihm das Prädikat der Widerspruchsfreiheit und Nachprüfbarkeit seines Wahrheitsgehalts (ἔλεγχος!) in immer stärkerem Maße zuwuchs, während „Epos" ganz auf die formale Bestimmung erzählender Dichtung eingeschränkt wurde, und der Mythos dank einer Entwicklung, an der zahlreiche Vorsokratiker und insbesondere Xenophanes wesentlichen Anteil hatten, in den Geruch des ethisch Mangelhaften, Widersprüchlichen, Unwahrscheinlichen und Unverbürgten

---

[55] Λόγος φωνὴ ἐγγράμματος, φραστικὴ ἑκάστου τῶν ὄντων. Zitiert aus „Platons" Ὅροι 414d2; vgl. dazu auch F.Preisigkes Art. „Logos" in RE. Zur Unterscheidung Μῦθος-Ἔπος-Λόγος sh. zudem K.Wegenasts Art. „Logos" im „Kleinen Pauly", E.Peters Art. „Mythos" im historischen Lexikon „Greek Philosophical Terms" sowie J.-P.Vernants Vorwort zu „La Grèce ancienne", p.10. Als Belegstellen für Platons Unterscheidung von Mythos und Logos können beispielsweise die Passagen Timaios 26e und Phaidon 61b gelten. Daneben erkennt z.B. auch Aristoteles Met. 982b und 1074b an, daß sich Philosophisches und Mythisches gerne überlappen.

geriet, ähnlich dem des deutschen „Märchens". Besonders die Überprüfbarkeit des Gedankens und die Möglichkeit einer aktiven kritischen Auseinandersetzung mit seinen Inhalten macht hier für die antiken Denker den fundamentalen Unterschied: οὐκ ἔχει ἔλεγχον beschwert sich Herodot über mythische Erklärungen der Nilschwemme und entscheidet sich daher für eine andere Erklärung, die er, da sie nachprüfbar sei, als wissenschaftlich (im Sinne der ἱστορίη) bezeichnet (Herodot II, 23; ähnlich übrigens Thukydides I,21)[56]. Als der hartnäckige elenchtische „Prüfer" Sokrates und seine Nachfolger den „Logos" endgültig für die Philosophie zu sanktionieren begannen, waren die Bedeutungsinhalte von Mythos und Logos schon so weit auseinandergetreten, daß sie meist als antipodal empfunden wurden. Aristoteles' und der Späteren Einschätzung des Mythischen fußt auf diesen Grundlagen.

Doch ist der „Logos" nicht zwingendermaßen ein absoluter Wertbegriff im Sinne der platonischen und aristotelischen Einschätzung. Vielmehr hat sich bereits in der Antike gerechtfertigterweise immer mehr die formalere Bestimmung des Logos als „Wahrheitsdarstellung in geordneter, gegliederter und überlegter Form" durchgesetzt[57]. Unter diesem eher *formalen Aspekt* des Logos als nachvollziehbarer innerer Strukturierung des Wahrheit beanspruchenden Ausgesagten wird daher der Logos in der Folgezeit immer eigenständiger und setzt sich also vor allem was sein methodisches Vorgehen betrifft vom Mythos ab.

Aristoteles stellt gleich zu Anfang seiner Metaphysik (Met.980a) eine Behauptung über die Funktionsweisen des menschlichen Erkennens auf, die ganz und gar auf die philosophisch-wissenschaftliche Art von Erkenntnis, die ἐπιστήμη abzielt:

> „Alle Menschen streben von Natur aus nach Erkenntnis. Zeichen dafür ist die Vorliebe für die Sinne; denn über ihre Nützlichkeit hinaus werden sie auch um ihrer selbst willen geschätzt, und mehr als alle anderen dabei der visuelle Sinn. In der Tat ziehen wir nicht nur im Tätigsein, sondern auch, wenn wir gerade

---

[56] Nur das wissenschaftliche, nicht das mythische Denken macht sich sich selbst zum Thema, und nur hier gibt es also echte Re-flexion (vgl. dazu weiter unten den Abschnitt über Xenophanes' Erkennktiskritik; Xenophanes scheint tatsächlich der erste Denker zu sein, der sich sein eigenes Denken zum Gegenstand eingehender Überlegungen macht). Nach T.Buchheim, Die Vorsokratiker, p.48 definiert sich der Mythos geradezu als „die Art von weltverstehender Rede, der die Pflege des Mißtrauens gegen die eigene Einsicht nicht obliegt ... . Der Mythos also spricht das wahr Erscheinende ohne Mißtrauen gegen sich selbst aus und wendet sich damit zugleich an den der entsprechenden Einsicht geneigten Hörer (den *xynetos*)".

[57] K.Wegenast, ibid., 711. Auf dieser Definition des Logos fußt ja auch später weitestgehend die Entwicklung der Logik, dessen also, was Platon ἡ περὶ τοὺς λόγους τέχνη (Phaidon 90b) bzw. ἡ τῶν λόγων μέθοδος (Sophistes 227a) nennt. Zur Beziehung von Logos und Logik vgl. z.B. P. Natorp, Platons Logik, in: K.Gaiser (ed.), Das Platonbild, pp.70ff.

nichts tun wollen, den Sehsinn, um es so auszudrücken, allen anderen Sinnen vor. Der Grund dafür ist, daß von allen Sinnen dieser es ist, der uns am meisten erkennen läßt und uns viele Unterscheidungen lehrt (αἴτιον δ'ὅτι μάλιστα ποιεῖ γνωρίζειν ἡμᾶς αὔτη τῶν αἰσθήσεων καὶ πολλὰς δηλοῖ διαφοράς)."[58]

Besonders der letzte Satz läßt hier aufhorchen: Das Differenzieren also ist, in Analogie zum primären Weltzugang des Schauens, die Grundlage der geistigen Erkenntnis in Philosophie und Wissenschaft. Nicht die Gesamtsicht der Wirklichkeit, sondern deren Komplexität schaffende Unterscheidung und Einteilung setzt Aristoteles als zentral für wissenschaftliche Betätigung an; es geht ihm, überspitzt formuliert, um das Postulat einer cognitio clara et distincta als Voraussetzung aller ἐπιστήμη, also um ein Prinzip, auf das sich ähnlich auch später das cartesianische Wissenschaftsverständnis stützt[59]. Unter diesen Vorzeichen müssen mythische Welterschließung und auch zum guten Teil die Vorsokratik in aristotelischer Sicht natürlich allenthalben versagen – οὐδὲν διεσαφήνισεν, wirft Aristoteles dem Xenophanes vor (Met.986b 22f), das heißt, er kläre nicht durch Unterscheidungen.

Der Mythos versuchte eine drängende existentielle Fragen beantwortende Annäherung an die Wirklichkeit, wobei es ihm immer darauf ankam, das für den existentiellen Lebensvollzug als wichtig empfundene Ganze eben als Ganzes und auf einen Schlag zu erklären. Dabei konnte es dann sogar durchaus im Verhältnis der Einzelaspekte innerhalb des als *Sinnganzen* stimmigen Ganzen zu gewissen Widersprüchen kommen. Gegenüber wissenschaftlichen Ansprüchen wie kritischer Objektivitätsforderung und methodisch begründender Aussagegewinnung durch Differenzierung, Begriffsklärung und strenger, logischen Gesetzen gehorchender Widerspruchslosigkeit mußte der Mythos jedoch zu kurz greifen. Man erinnere sich in diesem Kontext aber auch daran, daß der Rückgriff vor die platonische Philosophie zum Beispiel für Friedrich Nietzsche gleichbedeutend mit der Wiederentdeckung und -verwertung des Mythischen gewesen war. Und tatsächlich muß man Nietz-

---

[58] Es ist diese nur eine von vielen Stellen, in denen Aristoteles die Paradigmatik des Sehens und seiner vornehmlichen Funktionsweise des Differenzierens für menschliches Denken vertritt; noch ausführlicher wird diese Beziehung von ihm z.B. in der Analytica posteriora (99b ff) geschildert. Auch Platon lehrte, zur Klarheit des λόγος dadurch durchzustoßen, daß man begrifflich abgrenzte, also durch die Methode der 'Einteilung'; vgl. z.B. Resp.534bc sowie R.M.Hare, Platon, p.79f.

[59] Descartes hatte zur Erlangung von Klarheit und Deutlichkeit in der Erkenntnis als zweiten methodischen Schritt vorgeschlagen: „Diviser chacune des difficultés que j'examinerais, en autant de parcelles qu'il se pourrait, et qu'il serait requis pour les mieux résoudre" (Discours de la méthode, p.18).

sche hierin Recht geben: Wenn auch unsere heutigen Begriffsbestimmungen klar zwischen Mythos, Philosophie und Wissenschaft sowie religiösem Denken unterscheiden, so kann man doch andererseits geschichtlich ein verwirrendes ineinander Übergreifen mythischen Vorstellens und wissenschaftlichen Erkenntnisgewinns sowie von philosophischem und religiösem Denken feststellen; und dies wahrscheinlich nirgendwo so offensichtlich wie in der Vorsokratik. Denn die Philosophie der Anfangszeit übernahm nicht nur Einzelbegriffe wie „Gott", „Seele", „Schicksal", „Gesetz", „Kosmos" oder „Wahrheit" aus dem Mythos und der Religion – Begriffe übrigens, die ja erst langsam in den rationalen Diskurs eingebracht und ihm nur mit der Zeit angepaßt werden konnten[60]; sondern sie ererbte mit dieser Übernahme auch zunächst einmal die mythische Zielrichtung auf die Erklärung der gesamten Welt, weitgehend unabhängig von Ausdifferenzierungen ihrer Teilaspekte, geschweige denn derer abgrenzenden Einzelbetrachtung (und wirklich kennt die Vorsokratik ja eigentlich keine philosophischen Einzeldisziplinen): Die erste Frage, der wir in der Geschichte der Philosophie begegnen, verschreibt sich dieser mythischen Absichtshaltung und bestätigt sie vollauf: Was ist die ἀρχή der Welt, das heißt: der eine gemeinsame Nenner der gesamten Welt? Und tatsächlich ist ja die Frage nach dem einen „Ursprung von allem" eine mythisch ererbte (vgl. Theog.117ff sowie Il.XIV,200f). Nicht Differenzierung oder Spezialisierung in einem bestimmten Teilgebiet, sondern die Bedeutung einer alles subsummierenden Sicht bildet den Ausgangspunkt bei diesem Ansatz. Und nicht selbstkritische Überprüfung des Gedachten steht dabei im Vordergrund, sondern, wie ein neuerer Interpret es ausgedrückt hat, das Ziel, sich „einen ein- für allemal zufriedenstellenden Reim auf die Welt" machen zu können[61]. Die fast schon über jeden zweiten vorso-

---

[60] Zu diesem komplizierten und schmerzvollen Prozeß der Substituierung einer Denkform durch eine andere sh. auch F.M.Cornfords Vorwort zu „From Religion to Philosophy. A Study in the Origins of Western Speculation". Die Vorsokratik als ganze wäre also als Versuch der philosophischen Explikation vorliegender religiöser Denkmuster (und mithin als eigene Denkform im Spannungsfeld von Mythos und philosophischem Logos, nicht nur als reine Vorform klassischer Philosophie) zu verstehen, ähnlich wie die Scholastik im christlichen Bereich (freilich unter ganz anderen Vorzeichen) den Versuch rationaler Durchleuchtung des Glaubens unternahm; ein Erklärungsversuch, dessen Zielrichtung ich mich zumindest im allgemeinen anschließen möchte. Auch Guthrie (HGPh Bd.I, p.2f) spricht von den „mythical, magical or proverbial origins of some of the principles which they (scil. die ersten Philosophen) accepted without question (...). Examples of these axioms in Greek thought are the assumption of the earliest school in Miletus that reality is one, the principle that like is drawn to, or acts upon, like (...) and the (...) conviction of the primacy and perfection of circular shape and motion which affected astronomy until the time of Kepler".

[61] T.Buchheim, ibid., p.9.

kratischen Denker vorliegende doxographische Nachricht, er habe ein Werk namens „Περὶ φύσεως", „Über die Natur (scil. der Welt)" verfaßt, wird sich aus dieser mythisch inspirierten Problemstellung der ersten Philosophen in Verbindung mit der Hilflosigkeit der Doxographen, zu deren Zeit die Philosophie bereits die „Todsünde" (Popper) der Spezialisierung begangen hatte und größtenteils in Einzeltraktaten über mehr oder weniger isolierte Problembereiche handelte, gegenüber dem vorsokratischen Weltzugang erklären lassen[62]. Und so muß sich bezeichnenderweise gerade der von der Dichtung herkommende Xenophanes, der sich, wie man sehen wird, in seinem philosophischen Denken oftmals bewußt an Fragestellung und Antworten des Mythos anlehnt (in der Tat gibt es nahezu kein Fragment des Xenophanes, das sich nicht mit den großen Dichtern und Mythologen Griechenlands in Beziehung setzen ließe), von Aristoteles in Met.986b vorwerfen lassen, seine Einheitserklärung der Welt sei undifferenziert – ein Vorwurf, der gemessen an aristotelischen Wissenschaftlichkeitsforderungen durchaus als berechtigt gelten muß.

---

[62] F.M.Cornford bemerkt dazu: „The great pre-Socratic thinkers of this type have not, each of them, two distinct visions of the universe - a religious one for Sundays and a scientific one for weekdays. Each has a single, unitary vision, embracing all that he believes about reality, all that he would call wisdom" (Principium Sapientiae, p.109). Auch M.Heidegger, Der Spruch des Anaximander, p.327f, sieht im Undifferenzierten des vorsokratischen Ansatzes zu Recht den Stein des Anstoßes für manche spätere Mißinterpretation der frühen Philosophie. Es sei hier am Rande allerdings auch noch darauf verwiesen, daß selbst Platon bei aller seiner Freude an Differenzierung, Einteilung und unterscheidender Strukturierung ein eindringliches Plädoyer für die Zusammenschau (σύνοψις) der Dinge halten kann (und hierin vielleicht auch vorsokratischen Ansätzen folgt). Besonders für die Kunst der Dialektik sei die Zusammenschau unabdingbar: ὁ μὲν γὰρ συνοπτικὸς διαλεκτικὸς, ὁ δὲ μὴ οὔ (Resp.537c).

1.3.2. Mythologische und Philosophische Sprachwelt

> *Because, if abstract shortness, if τό brevity is our object, then the shortest of all tours would seem, with submission — never to have left London.*
>
> Th. DeQuincey, The English Mail-Coach

Das Griechische, so hat man gerne gesagt, philosophiert schon von selbst[63]. Das soll und kann nicht heißen, daß jeder griechisch ausgedrückte Gedanke bereits Philosophie ist. Aber in der Sprache auch der vorphilosophischen griechischen Schriften wird bereits präformiert, was später als philosophisch ans Tageslicht tritt. So vermeinte in Umkehrung des Sachverhalts noch ein so hervorragender Gelehrter wie Zeller, verführt von eben dieser bereits anfänglichen „Seinsadäquatheit" (Schadewaldt) des Griechischen, in den mythischen Kosmogonien und ihrem Vokabular so viel „Philosophisches" vorzufinden, daß er sie als relativ spät entstanden und vom philosophischen Denken bereits weitgehend beeinflußt sehen wollte[64].

Auf alle wesentlichen Unterschiede, die die griechische Sprache gegenüber anderen Sprachen ausweisen und sie zum Nährboden für die Entstehung der Philosophie machten, kann an dieser Stelle unmöglich eingegangen werden. Zwei

---

[63] Es ist hier nicht der Ort, Beweise für diese Behauptungen anzuführen. Für das nachstehende sei lediglich verwiesen auf W.Schadewaldt, ibid., pp. 122ff und 471ff sowie auf B.Snell, Die Entdeckung des Geistes, pp.205ff.

[64] Zur diesbezüglichen Kritik an Zeller sh. u.a. H. Schwabls sehr zu Recht vielgelobten Artikel „Weltschöpfung", in: RE Suppl.IX, 1513-1532. Mit dem wenig schönen (und hier eher des Bekanntheitsgrads wegen belassenen) Wort „Seinsadäquatheit" bezeichnet Schadewaldt ganz allgemein die Fähigkeit, die Wirklichkeit möglichst adäquat zu durchdringen und wiederzugeben.

entscheidende und mit Recht immer wieder vorgetragene Eigentümlichkeiten, die das Griechische gegenüber vielen anderen Sprachen auszeichnen, sollten hier allerdings doch erwähnt werden, weil sie im Verlauf der vorliegenden Arbeit in bezug auf Xenophanes von einiger Bedeutung sein und dann stillschweigend vorausgesetzt werden.

Zunächst einmal ist für unseren Zusammenhang wichtig, daß die griechische Grammatik ein Neutrum kennt, das heißt Dinge nicht mit Weiblichem oder Männlichem assoziieren muß, und somit aus einem rein anthropomorphen Verständnis der Wirklichkeit ausbrechen kann. Das ist besonders für Xenophanes, wie für die Möglichkeit einer jeden Mythenkritik und Philosophie überhaupt, von eminenter Wichtigkeit. Doch das Neutrum kann noch mehr: Durch die Emanzipation von anthropomorphistischen Assoziationsmustern gibt es als Kehrseite der Medaille den Dingen sozusagen gleichzeitig ihre Dinghaftigkeit zurück. Das heißt, die Sache kann nun gesehen werden, als das, was sie ist, nämlich als Sache und nichts anderes, ne-uter. Man hat hier vom „Es-Selbst" der Dinge gesprochen, das erst durch das Neutrum ganz begreiflich wird und das von jeher die griechische Philosophie dominiert hat: Die platonische Ideenlehre etwa wäre ohne die Möglichkeit, das essentielle „Das, was" der Dinge auszudrücken, vollkommen undenkbar.

Ein zweiter Faktor von größter Bedeutung ist der Gebrauch des bestimmten Artikels im Griechischen[65]. Der Artikel, der, ähnlich wie vielen anderen indogermanischen Sprachen, der griechischen zunächst und bis zu Homers Zeiten noch weitgehend unbekannt war (in den homerischen Epen hat er auf einer Art vorletzten Entwicklungsstufe noch die Funktion eines Demonstrativpronomens), erfüllte zusehends das Bedürfnis, auf eine bestimmte Sache abgrenzend von anderen und somit konkretisierend hinzuweisen, vergleichbar dem Hindeuten mit dem Finger auf etwas. Das Einzelne wird mit Hilfe dieses deiktisch gebrauchten

---

[65] Zur Funktion des Artikels im Griechischen (auch etwa in seiner pronominalen Verwendung bei Homer) möchte ich auch und besonders auf die „Syntaxis" des Apollonios Dyskolos, I,43 und 44, I,111 und II,32 verweisen, wo auf dem Hintergrund durchaus philosophischen, nicht nur rein philologischen Interesses, mit zahlreichen Beispielen und feineren Differenzierungen, als sie ein sehr vereinfachender Überblick bieten könnte, gearbeitet wird. Ich führe Apollonios hier u.a. auch deshalb an, weil seine Schrift wichtige Aufschlüsse über das Selbstverständnis des Griechen bezüglich seiner Sprache vermittelt, und weil Apollonios die sprachlichen Funktionen des Griechischen ausnahmslos „immanent", also ohne auf den Vergleich mit anderen Sprachen zu rekurrieren, zu erklären sucht. Zum philosophischen Hintergrund des Apollonios sh. in der in der Bibliographie angegebenen Ausgabe der Syntaxis von V.Bécares Bocas u.a. pp.33-48 der Einleitung.

Artikels aus der amorphen Masse hervorgehoben und dadurch erst zum Einzelnen im vollen Sinne. Etwa gleichzeitig mit den Anfängen philosophischen Überlegens bekommt der Artikel dann eine zweite, neue, und seiner ersten Funktion überraschenderweise diametral entgegengesetzte Bedeutung: War er früher rein deiktisch, so kommt ihm immer mehr auch eine stark generalisierende oder abstrahierende Funktion zu (heute in der Logik gerne „Abstraktionsoperator" genannt). Es ist nicht ganz leicht nachzuvollziehen, wie es zu dieser revolutionären Teilkehrtwendung kam, aber es kann festgehalten werden: Ungefähr zu jener Zeit beginnt der Artikel auch das Generelle, oder besser: das Essentielle der Dinge zu bezeichnen: „*der*" Mensch etwa, womit man das benennen will, was den Menschen in seinem Menschsein wesentlich ausmacht. Und vor allem in der Verbindung des Artikels mit dem Neutrum gewinnt die Sprache nun auf einmal die Fähigkeit, Adjektive, also Bezeichnungen von Seinsweisen, zu verwesentlichen, und somit Konzepte wie „*das* Gute" zum Ausdruck zu bringen[66]. Der auf diesem Hintergrund genauso geniale wie im nachhinein vielleicht naheliegende Gedanke schließlich einer Verbindung des Artikels mit dem Hilfszeitwort „sein" in seiner partizipialen Form, wie sie als erster Parmenides in seiner Rede vom Seienden, τὸ ἐόν, für seine Zwecke gebraucht, wird oftmals als die Geburtsstunde nicht nur der Ontologie, sondern nachgerade der Philosophie überhaupt gewertet. Diese Verwesentlichung der Dinge durch den bestimmten Artikel war jedenfalls für die gesamte Philosophie der Griechen, die ja im großen und ganzen immer Wesensphilosophie blieb, auf Jahrhunderte hinaus bestimmend. Platon war keineswegs ihr Erfinder, sondern eher ihr Vollender.

Die Verwendung des Artikels als generalisierender und deiktischer unterstreicht nur das, was bereits vorher in gewisser Weise vom Neutrumgebrauch hätte gesagt werden können: Die griechische Sprache sucht einen Weg zum Wirklichkeitsverständnis, der zwischen Abstraktion und Konkretion hindurchführt und beiden gerecht zu werden sucht. Es war, soviel darf vorausgeschickt werden, ein nicht wieder gutzumachendes Defizit der Ausdrucksmöglichkeiten des Mythos, zu sehr der Konkretion und Tradition verhaftet geblieben zu sein, in einer Zeit, in der das griechische Denken immer weiter auf diesen (um das Wort nochmal zu verwenden) „seinsadäquateren" Mittelweg hinstrebte.

---

[66] Apollonios Dyskolos, ibid., II,32 äußert in diesem Zusammenhang, daß der so verwendete Artikel das „Was" (τί) der Dinge anspricht. Der Alexandriner nähert sich somit dem schadewaldtschen „Es-Selbst" an, und tatsächlich ergänzen sich Neutrumgebrauch und bestimmter Artikel gerade in diesem Punkt der „Essentialisierung" des Gesagten am auffälligsten.

Vergleicht man auf der Grundlage dieser wenigen, aber markanten Beispiele die Sprache des Mythos und der Philosophie, so ist zunächst festzuhalten, daß beide, Philosophie wie Mythos, Medium des Weltverständnisses des Menschen sein wollen: sie situieren ihn im Kontext der ihn umgebenden Wirklichkeit und machen ihm diese Wirklichkeit und seine Teilhabe an ihr plausibel[67]. Der griechische Mythos bedient sich dabei, um sich dem Menschen verständlich zu machen, der Sprache der Dichtung, besonders der epischen. Das ist keine schlechte Lösung, und selbst die Philosophie greift, trotz des von Platon gerne so bezeichneten „uralten Streits der Philosophen und Dichter" (Nomoi 607 b5) noch lange auf die Dichtung als brauchbares kommunikatives Instrument zurück: Xenophanes, Parmenides, Empedokles und später noch Lukrez haben in Versen philosophiert. Aristoteles weist zwar mit einigem Recht darauf hin, daß diese metrischen Philosophien nur noch das Versmaß beibehalten, lediglich der Form nach also Dichtung sind (Aristoteles beklagt ja ohnehin, daß die Definition dessen, was als Dichtung gelte, zu seiner Zeit nur noch formalen Gesichtspunkten gehorche). Inhaltlich behandelten diese aber keineswegs mehr poetische Stoffe, weshalb es auch richtig sei, diese Philosophen sehr viel eher „Naturforscher" denn Dichter zu nennen: „Homer und Empedokles haben indessen nichts Gemeinsames außer dem Versmaß. So wäre es richtig, den einen als Dichter, den anderen aber eher als Naturforscher zu bezeichnen" (Poetik 1147b). Alles in allem bleibt auch in der sprachlichen Untersuchung festzustellen, daß die Evolution des griechischen Gelehrten vom Dichter zum Philosophen langwierig war, und Überschneidungen beider Wissensbereiche und Ausdruckswelten begegnen daher – auch, wie im Fall des Xenophanes, in einer Person vereint – über Jahrhunderte hinweg immer wieder[68].

Andererseits gewinnt mit dem Aufkommen der Philosophie die Prosa als Stilform graduell an Gewicht und ist bald die mehr oder weniger kanonisierte Form, in der Philosophisches abgefaßt wird. Vor allem der Anspruch auf Faktizität des Gesagten wird in der Philosophie wie in der frühen Geschichtsschreibung durch die gewollte Abkehr von der Dichtung unterstrichen, zugleich das Vorgetragene seiner Feierlichkeit größtenteils entkleidet, und durch diese Ernüchterung der Diktion der Akzent stärker auf den Inhalt des Dargelegten verschoben. Die Grenzen sind indes auch hier fließend; so arbeitet der prosaschreibende Heraklit etwa sehr viel mehr mit dem „dichterischen" Mittel der etymologischen Suggestion und der Metapher

---

[67] Ein gutes Beispiel für die Art und Weise, wie der Mythos die Welt erklärt und den Menschen in sie hinein situiert, bietet die homerische sogenannte „Schildbeschreibung" in Il.XVIII, 478ff. Ausführlich besprochen ist sie z.B. bei Schadewaldt, ibid., p.48ff zu finden.

[68] Zu dieser Entwicklung vgl. z.B. E. Heitsch, Das Wissen des Xenophanes, pp.193ff.

als zum Beispiel ungefähr gleichzeitig Xenophanes und Parmenides in ihren Lehrgedichten. Doch weniger die formale Bindung der Sprache macht den Unterschied (die Form mag zum Teil auch durchaus geographisch variierenden eher zufälligen Präferenzen gehorcht haben[69]). Der Unterschied liegt vielmehr im Ausdruck des Gedachten: Der Mythos denkt anthropomorphistisch. Er kann sich Gegenstände und Naturerscheinungen, ja sogar Gefühlsregungen und Gedanken oftmals nur in Verbindung mit einer Gottheit vorstellen und nur mit Hilfe anthropomorpher Bilder und Konnotationen sprachlich fassen. Gewässer sind nun einmal „männlich" wie der dahinter sich verbergende Gott, Bäume werden ebenso „weiblich" gedacht und benannt wie die sie latent bedingende Gottheit – eine Art und Weise die Wirklichkeit anzusehen und zu beschreiben, die Xenophanes zu kritisieren zu einer seiner Hauptaufgaben macht (so etwa in DK 21 B32). Es gibt für den Mythos keine Erscheinung der Wirklichkeit, die nicht Hypostase einer Gottheit wäre, ein Gedanke, der freilich auch noch tief in die Philosophie hineingewirkt und sie nachhaltig beeinflußt hat; man vergleiche etwa Thales' Vorstellung, „alles sei voll von Göttern". Es sind allerdings mehr die hypostatischen Gottheiten der theogonischen Systeme aus dem geistigen Umkreis Hesiods als die vorsätzlich menschengestaltig gedachten Olympier Homers, die solchen frühen „pantheistischen" Entwürfen zugrunde liegen[70].

Natürlich beginnen schon im Mythos, und zumal bei Hesiod, die oben besprochenen abstrahierenden und verwesentlichenden Funktionen des Neutrums und vielleicht auch schon des generalisierenden Artikels zu wirken. Es gibt keinen Zweifel darüber, daß es auch im Mythos ein, wie der Anfangssatz der aristotelischen Analytica Posteriora es ausdrückt, auf wissenschaftliches Verstehen ausgerichtetes „präexistentes Vorwissen", oder, wie Nietzsche meint, eine „mythische Vorstufe der Philosophie" gegeben hat[71], eine Vorstufe, die manch

---

[69] Mansfeld, Vorsokr. p.27, macht auf die Bevorzugung der Prosaform in Ionien bei der Abfassung von Epigrammen u.ä. aufmerksam, als deren Entsprechung im philosophischen Bereich die Wahl der Prosaform durch die Milesier angesehen werden könnte.

[70] Vgl. DK 11 A22. Sh. dazu u.a. auch die Untersuchung H.Dillers, Hesiod und die Anfänge der griechischen Philosophie, in: Antike und Abendland Bd.II, p.145f und p.151.

[71] F.Nietzsche, Die vorplatonischen Philosophen, p.134. Auch Aristoteles hatte in den ersten beiden Kapiteln des ersten Buchs seiner Met. dargelegt, Philosophie sei das Resultat einer natürlichen Entwicklung anderer menschlicher Geistestätigkeiten (der Künste etc.); sh. dazu Mansfeld, Myth, Science, Philosophy, p.47. Vgl z.B. auch Aristoteles' „Sophistische Widerlegungen" (172a 30ff): „Das (wissenschaftliche) Argumentieren wird bis zu einem gewissen Grad nichtkunstmäßig schon von allen unternommen". Zu den Ansätzen eines neuen Denkens bei Hesiod vgl. auch E.Heitsch, ibid., p.199f. KRS bringen eine genauso umfang- wie aufschlußreiche Diskussion der Thematik pp.7-49.

Philosophisches vorwegnimmt und auf Jahrhunderte hinaus beeinflußt. So etwa abzulesen an der mythischen Grundvorstellung der Ausdifferenzierung der Wirklichkeit aus einem einzigen göttlichen Urprinzip, ein Gedanke aus Hesiods Kosmogonie, der aber erst in der Philosophie und in ihr schließlich mit Plotin seine letzte Blüte und ganze Tragkraft erfährt.

Doch gerade etwa aus der Bindung Einzelding - Gottheit kann sich der Mythos nicht lösen, ohne sich selbst aufzugeben, und gerade daher konnte er das „Es-Selbst" der Dinge nie zum Ausdruck bringen wollen. Eine Tendenz hin zu dem, was später „philosophisches Denken" genannt wird, ist bei Hesiod schon überraschend evident und hat viele Interpreten immer wieder dazu veranlaßt, ihn bereits unter die Philosophen im weiteren Sinne einzureihen; doch konnte diese Tendenz nie mehr sein als eben nur Tendenz, solange sie nicht aus den sich selbst auferlegten Limitationen des dem Mythischen eigenen „Sprachspiels" auszuscheren gewillt oder auch nur in der Lage war.

Vielleicht beginnt also die Dekadenz des Mythischen und das gleichzeitige Aufkommen der Philosophie sogar zuerst bei der Sprache, als die Ausdruckswelt und narrative Form des Mythos als nicht mehr ausreichend zur Wirklichkeitsinterpretation erachtet wurde und eine diskursive Neuformulierung der Wahrheiten, die der Mythos nicht mehr zeitgemäß in Worte zu kleiden und mitzuteilen imstande war, notwendig wurde[72]. Dabei konnte es aber nicht bei einer rein sprachlichen Abnabelung bleiben. Schon der erste Denker, der uns in der Geschichte als Philosoph entgegentritt, spricht nicht nur anders als die Mythologen, er denkt auch schon anders.

Die Philosophie verlegte sich darauf, die Frage nach der Wahrheit und ihrer Nachprüfbarkeit zu stellen, und diese Wahrheitsfrage schließt immer schon einen Zweifel mit ein: Die Milesier begannen als erste eine Tradition kritischer Diskussion zur Auseinandersetzung mit der Wirklichkeit, was, wie auch Herodot (II,22f) aufgefallen war, der Mythos dem griechischen Denken niemals bieten konnte, und eröffneten so einen Weg sich mit der Zeit überbietender Erkenntniserfolge „by way of conjectures and refutations"[73]. Pythagoras und

---

[72] Es ist nicht auszuschließen, daß die Zurückdrängung des mythischen Denkens mit der Krise der es hauptsächlich tragenden epischen Stilform in enger Beziehung steht. Hinweise darauf und auf die Weitervererbung epischer Elemente in der frühen Philosophie gibt u.a. A.Bernabé Pajares, Fragmentos de Epica Griega Arcáica, p.9f.

[73] So Popper öfter in „Back to the Presocratics". Diese Methode des trial and error kann natürlich von vielen anderen Seiten als fragwürdig aufgewiesen werden, war aber im vorliegenden Kontext kosmologischen Denkens sowie im sich daran anschließenden naturwissenschaftlichen Diskurs bis auf den heutigen Tag außerordentlich erfolgreich.

Xenophanes leiteten bald darauf erfolgreich den „überregionalen Export" dieser innovativen Art von Wissen ein.

Sobald der Mythos einmal als unzureichend in seiner Begrifflichkeit erkannt worden war, mußte sich auch seine Autorität, die die Autorität zunächst allgemein anerkannter heiliger Traditionen war, der kritischen Prüfung eines neuen Denkens unterwerfen, dessen Maßstab eben nicht die Überlieferung, sondern der Wirklichkeitswert von Sprache und Vorstellung des Mythos waren. Methodik und sprachliche Fassung der Wirklichkeitsbewältigung treten daher zunächst in den Vordergrund der vorsokratischen Philosophie und bilden auch im nun folgenden den Einstieg dieser Arbeit in das vorsokratische Denken.

2. MYTHENKRITIK UND PHILOSOPHIE VOR XENOPHANES

Mythenkritik ist keineswegs ein auf Griechenland beschränktes Phänomen in der Geschichte. Die Mängel des jeweiligen traditionellen Mythenkanons wurden in verschiedenen Kulturen immer wieder zum Gegenstand versteckter oder expliziter Kritik auf der Basis politischer, religiöser, ethischer, historischer oder sonstiger weltanschaulicher Verbesserungsvorschläge, die die Unzulänglichkeiten der überlieferten Mythologie zu überkommen suchten. Ein gutes Beispiel hierfür bietet unter anderem auch die Kritik, die, ungefähr gleichzeitig zu vergleichbaren, wenn auch ganz anderen Vorgaben entwachsenen Strömungen in Griechenland, in Israel auf der Grundlage einer sich immer stärker durchsetzenden monolatrischen bis monotheistischen Tendenz in der Gottesverehrung die Mythologie der angrenzenden Völker erfährt. Ohne hierbei die Parallelität gewisser Entwicklungen über Gebühr strapazieren zu wollen, wird daher die biblische Mythenkritik auch im folgenden noch ab und an als anschauliches Ergänzungs- und Vergleichsbeispiel zur vorsokratischen und in erster Linie auch zur xenophanischen Mythenkritik und Theologie herangezogen werden.

Bei den Griechen war Xenophanes zwar der vielleicht auffälligste, aber keineswegs der erste Denker, der auf der Basis eines neuen Verstehens die überkommenen religiösen Vorstellungen kritisierte und durch den Entwurf eines eigenen, philosophischen Weltmodells zu entkräften versuchte. Auch die frühesten Anfänge der Philosophie im ionischen Milet und ihre ersten Vertreter lebten geradezu von dieser Art einer neue Wege eröffnenden Abgrenzung vom Mythos. Obwohl die methodischen Ansätze und die Absichtshaltung dieser ersten Philosophen nicht ganz den xenophanischen entsprechen, soll ihnen daher trotzdem zunächst einmal eingehendere Beachtung geschenkt werden, bevor die Philosophie des Xenophanes selbst, die doch in vielerlei Hinsicht auf ihnen aufbaut, in Augenschein genommen werden kann.

Zu einem besseren Verständnis dessen, was Mythenkritik bedeutet, sollte man zwei grundsätzliche Formen derselben zu unterscheiden wissen: Soweit der Behandlungszeitraum der vorliegenden Arbeit betroffen ist, kann man in der Philosophie eine implizite, das heißt vorwiegend auf der Basis eines widerlegenden oder verbessernden philosophischen Gegenentwurfs, der den Mythos nicht direkt, oder doch zumindest nicht namentlich attackiert oder korrigiert, arbeitende Art der Kritik von einer expliziten polemischen, die traditionellen religiösen Vorstellungen direkt herausfordernden Form abgrenzen. Erstgenannte Möglichkeit nahmen die milesischen Philosophen in Anspruch, der zweite Weg wurde unwesentlich später von Xenophanes und dann auf seinen Spuren von vielen weiteren namhaften Philosophen beschritten[1]. Diese beiden Vorgehensweisen begegnen auch ganz ähnlich in anderen Kulturkreisen, namentlich etwa in der israelitischen Religionsgeschichte, einerseits in der bewußt polemischen Offensive der Prophetenbücher gegen die polytheistische altorientalische Mythenwelt, andererseits in der stillschweigenden Korrektur und Reinigung von mythischen Elementen, die die Bibel zum Beispiel den priesterschriftlichen Überarbeitungen gewisser älterer mythischer Vorstellungen verdankt. Von beidem wird im folgenden noch aus gegebenem Anlaß zu sprechen sein. Eines aber ist allen Formen der Mythenkritik gemeinsam: sie gehen Hand in Hand mit der Genese einer neuen Art zu denken und die Welt zu betrachten, ja sie bedingen diese neue Denk- und Anschauungsweise sogar, handle es sich bei ihr, wie im Falle Israels, um den langsam aufkommenden Monotheismus, oder, wie im griechischen Kulturbereich, um die neu entstehende Philosophie[2].

---

[1] Dagegen bestreitet etwa H.-D.Voigtländer (Der Philosoph und die Vielen, p.55) eine Kritik oder auch nur eine Berücksichtigung des Mythos bei den Milesiern und stellt bei ihnen lediglich einen in sich schlüssigen nicht mythischen Weltentwurf fest. Das Wissen und die gewollte Abgrenzung vom Mythischen in der Philosophie der Milesier aufzuzeigen, soll aber gegen Voigtländer im folgenden versucht werden. Einen gewissen Mittelweg stellt die später populäre allegorische Mythenauslegung dar, die die Mythologeme direkt aufgreift, aber auf dem Hintergrund neuen Verstehens erläutert.

[2] Die philosophische Kritik am Mythos war dabei keineswegs ganz voraussetzungslos. Es waren zunächst die Mythologen selbst, die Kritik üben. Als prominente Beispiele können hier vor allem Homer und Hesiod dienen, deren Schriften Xenophanes ja hauptsächlich im Blick hat. Die Dichter kennen in ihren Mythen ganz massive Kritik an den Olympiern, vor allem etwa an der Hartherzigkeit der Götter (so etwa Il.III,365; XXIV,33ff; Od.V,118 und öfter; ob man jedoch grundsätzlich davon ausgehen kann, daß Homer seine Götter vorsätzlich in ihren Unzulänglichkeiten karikiert, wie z.B. A.Toynbee, The Greeks and their Heritages, p.42; W.Bröcker,

Theologie der Ilias, sowie W.Nestle, ibid., pp.55ff erkannt haben wollen, ist zumindest zweifelhaft). Vielleicht impliziert schon die Beschreibung der Götter als einer Art „ewiger Menschen" (vgl. Met.997 b11), die gelegentlich listig hintergangen und getäuscht werden können, eine gewisse Kritik; jedenfalls sieht sich Homer selbst zur Verteidigung seiner Götter in einer eingehenderen Theodizee gezwungen (Od.I,32ff). Andererseits liegt bei Homer und Hesiod aber auch schon eindeutig erkennbar vor, was später nachgerade zu einem Erkennungsmerkmal philosophischen Denkens wird: Das immer wiederkehrende Fragen nach dem Ursprung und nach dem legitimierenden Grund, sei es der Menschen, der Götter oder der Dinge, und letztlich nach dem „Ursprung von allem" (Il.XIV,246). Diese Ursprungsfrage wird dann zunächst bei Hesiod und anderen kosmogonischen Epikern zu einer detailliert ausgearbeiteten Genealogie des Kosmos und seiner hypostatischen Gottheiten ausgebaut. Bei ihnen (und v.a. auch im Menschenalter vor Thales, etwa bei Archilochos) fällt auch der zunehmend metonymische Gebrauch der Götternamen auf, der eine Modifikation der anthropomorphen Gottesvorstellungen zumindest teilweise voraussetzt. Theogonie und Kosmogonie sind hier so gut wie eins.

Und noch etwas hat z.B. Hesiod mit den frühen Philosophen gemeinsam: Sein Gottesbild, und somit sein gesamtes mythisches Gebäude, wird an ethischen Maßstäben, zumal am Maßstab der Gerechtigkeit, der δίκη, gemessen und beurteilt (so z.B. Theog.389-453; Erg.11ff; 220ff und öfter). Hier liegt im Keim der ethische Ansatzpunkt der Mythenkritik des Xenophanes vorgegeben. Hesiod steht aber nicht alleine da. Auch etwa sein jüngerer Zeitgenosse Peisandros gilt als Beispiel für das strukturierende, rationalisierende und kreative Eingreifen der Epiker in das überkommene epische und theologische Traditionsgut (sh. dazu u.a. A.Bernabé Pajares, Fragmentos de Epica Griega Arcáica, pp.297f).

2.1. Thales' rationaler Neuansatz

Es ist bemerkenswert, daß sich die Anfänge der Philosophie eher in den ionischen Kolonien finden lassen als im offenkundig stärker traditionell denkenden griechischen Mutterland[3]. Man erinnert in diesem Zusammenhang immer wieder an

---

[3] Eine ebenso brauchbare wie wohltuend knappe Zusammenfassung des geschichtlichen Hintergrundes Ioniens zur Entstehungszeit der Philosophie findet sich z.B. bei J.B. Wilbur, The Worlds of the Early Greek Philosophers, pp. 2-15; vgl. auch: J.-P.Vernant, The Individual within the City-State, in: Mortals and Immortals, pp.318-333 sowie P.Vidal-Naquet, La raison greque et la cité, in: La Grèce ancienne (insbesondere pp.249ff). Hervorheben möchte ich hier als Bedingungsmerkmale v.a. das Poliswesen als sich durchsetzende Lebensform der Gemeinschaft (πόλις ἄνδρα διδάσκει, stellt Simonides Frgm.95 fest) sowie der zuzeiten stark normative Einfluß altorientalischer, insbesondere ägyptischer Weisheit und Wissenschaft auf das griechische Denken: Vgl. dazu Ch.C.Starr, Individual and Community, p.74. Interessant auch KRS pp.7ff und 11ff mit zahlreichen bibliographischen Verweisen zum Thema der „orientalischen Ursprünge". Unangetastet durch diese Vorlagen bleibt aber die originäre Leistung der Griechen, denn „die sozialen, politischen und kulturellen Entwicklungen, die dem Entstehen der Philosophie vorangingen, waren nur notwendige, keineswegs hinreichende Bedingungen für dieses Entstehen" (J.Mansfeld, Vorsokr.p.13). Eine dritte Einflußquelle wird oft – und wohl auch zu Recht – in der Orphik und ihr verwandten religiösen Strömungen vermutet. Ich möchte aber im allgemeinen A.Bernabé Pajares, Fragmentos de Epica Griega Arcáica, p.330 in der vorsichtigen Beurteilung orphischer Einflüsse auf die vorsokratische Philosophie folgen. Sicher gab es solcher Zwischenverbindungen viele und nachhaltige, aber es bleibt auch zu bedenken, daß die Orphik sich erst relativ langsam zum einflußreichen System konstituiert. Mansfeld, Vorsokr., weist (z.B. Anm.4 zu p.100) wie viele andere wiederholt darauf hin, daß sich aus dem Konglomerat pythagoreisierender, orphischer und bakchischer Strömungen, das sich dem heutigen Betrachter dank der eher prekären Quellenlage als äußerst kompakt darstellt, oft kaum noch „rein Orphisches" isolieren läßt. „Orphik" heißt daher hier wie im folgenden als Überbegriff immer auch solches, was sich dem Gesamt dieser „orphisierenden" mysterienreligiösen Tendenzen im Griechentum des Behandlungszeitraums zuordnen läßt. W.A.Heidel (Hecataeus and Xenophanes, p.258) will übrigens festgestellt haben, daß die Orphik im strengen Sinn wohl

die Schwierigkeiten, die skeptische Ablehnung und lebensgefährliche Opposition, auf die Anaxagoras noch im perikleischen Athen stieß, als er und seine neue philosophische Art der Weltdeutung mit der der (zumindest äußerlich noch) stark altgläubigen athenischen Bürgerschaft kollidierte[4]. Diese bisweilen heftige Reaktion der Festlandgriechen mag vielleicht auch damit in Zusammenhang stehen, daß, wie manche behaupten, das Mutterland sich in seinen epischen Traditionen eher den kosmo- und theogonischen Mythen verschrieben hatte, die ja durch die konkurrierende philosophische Welterklärung unmittelbarer betroffen waren, als der Heldenepik homerischen Stils, wie sie etwa im ionischen Küstenstreifen Bevorzugung fand. Ähnliches mag für die Historiographie gelten: Es ist auffällig, daß die frühen mutterländischen Geschichtsschreiber, also etwa Akusilaos von Argos oder Pherekydes von Athen, sehr viel „konservativer" in der Behandlung mythischer Stoffe gewesen zu sein scheinen als etwa gleichzeitig die unter dem Vorbehalt der Wahrscheinlichkeit arbeitenden, stets eher mythenkritischen ionischen Historiographen. Eine gewisse Abneigung gegen „physikalische" Spekulation ist den griechischen Kernlanden jedenfalls stets geblieben: Bereits mit Xenophanes und Pythagoras, jener ersten Philosophengeneration also, die nicht mehr im kleinasiatischen Ionien lehrte, sondern auch geographisch neue Wege geht, beginnt die allmähliche Abkehr von der Kosmologie milesischer Machart. Dennoch läßt sich aber allgemein behaupten, daß die griechische Kultur als ganze sich dort, wo sie die Entwicklung der Philosophie nicht explizit begünstigte, diese zumindest nicht aktiv behinderte und, von prominenten, den Regelfall eher bestätigenden Ausnahmen abgesehen, insgesamt tolerierte[5].

Das kosmopolitische Milet der ausgehenden Kolonisationszeit, die „Zierde Ioniens" (Herodot V,27), verknüpfte als politisch wie weltanschaulich früh unab-

---

ohnehin eher in Großgriechenland als in Ionien daheim war; es gab jedoch auch in Kleinasien weitverbreitete Kultbunde.

[4] Vgl. u.a. DK 59A1 und A17. Diogenes Laertios und Plutarchs Periklesvita deuten allerdings unmißverständlich an, daß der Anaxagorasprozeß über den Philosophen den „Schüler" Perikles selbst treffen wollte, der Prozeß also rein „parteipolitischen" Motiven gehorcht haben mag. Allerdings waren die Grundlagen dieses Prozesses, d.h. der Antrag des Atheners Diopeithes auf Verfolgung von Asebie, auch Ausgangspunkt für viele andere, unter anderem auch des Asebieprozesses gegen Sokrates.

[5] Ich möchte an dieser Annahme gegen E.R.Dodds, The Greeks and the Irrational, und andere festhalten; Dodds hatte im vierten Kapitel seines vielbeachteten Werks darzustellen versucht, daß es eine massive weltanschauliche und politisch „reaktionäre" Gegenbewegung zur philosophischen Welterklärung gegeben habe. Seine These sieht sich aber letztlich auf einige wenige (und keineswegs immer historisch abgesicherte) Beispiele gestützt, die sich allein auf Athen und den Zeitraum zwischen 432 und 399 v.Chr. beschränken.

hängige und fortschrittliche Kolonie mit einem kulturell sicherlich förderlichen karisch-lydischen Hinterland viele für das Denken fruchtbare Entwicklungslinien. Es ist daher zwar nicht zwingend, aber doch kaum erstaunlich, daß die Philosophie gerade hier ihre Wiege fand.

Einen prominenten Sohn dieser Stadt pflegt die Philosophiegeschichte im Anschluß an die für sie seit jeher normativ bestimmenden Aussagen des Aristoteles den ersten Philosophen zu nennen: Thales von Milet. Als Fixpunkt seiner Biographie gilt die Sonnenfinsternis vom 28. Mai 585, die er nach übereinstimmender Quellenlage erfolgreich voraussagte (DK 11 A5; Apollodor berechnete Thales' Lebenszeit unter anderem daraus auf etwa 624-546 v.Chr.). Folgt man Jaap Mansfeld[6], so war diese Vorhersage zwar eher zufällig erfolggekrönt, aber jedenfalls dennoch die große Sensation, die Thales' Art der Naturauslegung in gewisser Weise sanktionierte und popularisierte: Vielleicht war also der Zufall die Hebamme der Philosophie. Andererseits kann die Berechnung dieser Sonnenfinsternis auch als guter Einstieg in ein tieferes inhaltliches Verständnis von Thales' Philosophie dienen. Deren Untersuchung bietet nun zunächst die Schwierigkeit, daß von Thales nichts schriftlich überliefert ist, und daß wahrscheinlich schon Platon und Aristoteles keine Kenntnis mehr von einer Schrift des Milesiers hatten. Doch auch wenn er selbst keine Schrift hinterlassen hat, so war doch seine Wirkungsgeschichte bemerkenswert, und zwar deshalb, weil er eine neue und ungeheuer folgenreiche Art der Weltbetrachtung entdeckt hatte. Die Voraussage der Sonnenfinsternis bietet ein brauchbares Beispiel für die Erläuterung seiner neuen Perspektive: Während für die Welt des Mythos Sonne und Mond Lebewesen, Gottheiten und somit in gewisser Weise Persönlichkeiten und eigene Willenszentren darstellen oder doch zumindest als gottgelenkt gedacht werden (so z.B. unter anderem in Il.XVIII,239 oder Od.XXIII,241ff), betrachtet sie Thales unter dem Aspekt ihrer konstanten, periodischen und daher quantifizierbaren gesetzmäßigen Bewegung. Auffallend ist, daß Thales dabei seine Wissenschaft keineswegs nur um ihrer selbst willen zu betreiben scheint, sondern vor allem auch unter dem Aspekt der Brauchbarkeit des Wissens. Fast alle Thalesanekdoten, die Herodot und Aristoteles zu erzählen wissen, deuten darauf hin, daß das Denken dieses „Archegeten der Philosophie" oft noch eher „Lebensklugheit" als θεωρία im strengen Sinn war[7]. Die englischsprachige Forschung bezeichnet diese Art von

---

[6] Sh. J. Mansfeld, Vorsokr., p.41.

[7] Vgl. C.J Classen, Thales, 930-947, v.a. aber auch 931f und 936. Daneben DK 11 A4, 11 A6 und 11 A10. Es ist aber auffällig, wie schnell sich nach Thales der „Brauchbarkeitsaspekt" in der griechischen Philosophie wieder zu verlieren scheint. Zu Recht hat daher X.Zubiri, Naturaleza,

Wissen und seiner Ausübung gerne als „lore", was im Grunde genauso unübersetzbar wie treffend ist und sich tatsächlich Thales' Denkweise begrifflich eher annähert als die Wiedergabe seiner σοφία mit „Weisheit".

Philosophischeres im gebräuchlicheren Sinn findet sich aber erst in den (neben den mathematischen, vielleicht gar nicht von Thales selbst stammenden) wohl berühmtesten Lehrsätzen des Thales, die besagen, daß die Erde vergleichbar einem Stück Holz schwimmend auf dem Wasser ruhe, das überhaupt der Ursprung, die ἀρχή von allem sei[8]. Mit „Ursprung", das ist inzwischen ein Gemeinplatz der wissenschaftlichen Kontroverse, ist nicht die ἀρχή im aristotelischen Sinn gemeint. Falls Thales die Vokabel ἀρχή jemals wirklich gebraucht haben sollte[9], so wahrscheinlich nur im Sinne von „Urzustand" (und zwar durchaus temporal verstanden), aus dem sich alles entwickelt(e), und noch nicht von „substratum" und οὐσία ὑπομένουσα wie bei Aristoteles. Spätere Doxographen fühlten sich daher immer genötigt, den archaischen Gebrauch von ἀρχή in einem Zusatz als στοιχεῖον, als „Element", zu konkretisieren und zu erklären (DK 12 A9). Sie taten dies im Anschluß an Aristoteles, der selbst bereits darauf hinwies, daß das ἐξ οὗ des milesischen Weltprozesses, also die „Materialursache" der ersten Naturphilosophen immer eine spezielle konkrete Ausformung der Materie meint[10], insbesondere fast immer eines der vier στοιχεῖα, und noch nicht die qualitätslose den Elementen zuvorliegende ὕλη, wie Aristoteles selbst den Begriff gemeinhin zu verwenden gewohnt war. Zudem vermißt Aristoteles in der milesischen Kosmogonie eine die Materialursache (die zwar notwendiger, aber noch nicht hinreichender Grund der Weltentstehung ist) ergänzende Wirkursache, die den

---

Historia, Dios, p.101, bemerkt: „La sophía como actitud mental, se ha desarrollado en oriente por su dimensión operativa. En Grecia, en cambio, se adscribió al mero conocimiento"; vgl. auch C.J. de Vogel, Greek Philosophy, Vol.I, p.1 zum Selbstverständnis der Philosophie bei den Griechen.

[8] Vgl. DK 11 A12, 11 A14, 11 A15.

[9] Wogegen u.U. DK 12 A9 spräche. Vgl. dazu Guthrie HGPh Bd.I, p.77, dort aber auch Anm.4.

[10] Vielleicht mit Ausnahme des Anaximander, auf dessen Philosophie auch das folgende nur mit Einschränkungen angewendet werden kann. Aristoteles bemerkt in Met.983 b7 f, die Naturphilosophen hätten die ἀρχή nur ἐν ὕλης εἴδει, in bestimmten Erscheinungsweisen oder Ausformungen des Stofflichen, erkannt: in Wasser (wie Thales), in der Luft oder im Feuer (wie Anaximenes und Heraklit) oder gleich in allen vier elementaren Erscheinungsweisen der Materie (wie Empedokles). Wenn auch diese Einschätzung des Aristoteles im wesentlichen richtig ist, so darf nicht übersehen werden, daß sie über das historische Interesse hinaus einen für seine Zwecke der Erklärung der Entstehungsgeschichte der vier αἰτίαι seines eigenen Systems mehr oder weniger paßgenau bearbeiteten Baustein bilden sollte: Den ersten Schritt der Entdeckung der „Materialursache".

Weltprozeß aus dem homogenen materiellen Urzustand der ἀρχή hervorgehen läßt (Met.984a). Tatsächlich berührt es seltsam, daß die Milesier nirgends eine causa efficiens erwähnen: Es geht Thales offenbar weniger um die Frage nach der Ursache als nach der Ur-Sache, und mehr um die nach dem materiellen Sitz als nach dem treibenden Grund des kosmogonischen Geschehens. Es muß für Thales eine nicht geringe Rolle gespielt haben, daß es ihm diese Fragerichtung ermöglichte, dem Einheitsgedanken Rechnung zu tragen, denn wenn es auch vielleicht viele Ursachen oder zusammenspielende Arten von Ursachen geben kann, so doch plausiblerweise nur eine Ur-Sache. Die rückblickende reductio ad unum als im wahrsten Wortsinne ein-fachstes Erklärungsprinzip ist übrigens einer der Grundgedanken des Mythos, den Thales hier übernimmt. Für ihn subsumiert augenscheinlich die Materialursache per se bereits ein inneres Antriebsmoment, das die Annahme einer zweiten hinzukommenden Wirkursache überflüssig oder zumindest der Erwähnung nicht wert erscheinen läßt, denn wie selbstverständlich ist hier die ἀρχή „diejenige Form von Anfang, die nicht zufällig am Anfang steht, sondern über den weiteren Fortgang entscheidet: 'das meiste nämlich vermag die Geburt' (Hölderlin)"[11]. Das gilt im übrigen auch uneingeschränkt für die unmittelbaren Nachfolger des Thales. Doch kann man trotz aller offenen Fragen immerhin festhalten: Thales hat den Versuch unternommen, sich die Anfänge der Welt zum Thema zu machen, und hat am Beginn von allem das Wasser gesehen.

---

[11] R.Spaemann/R.Löw, Die Frage Wozu, Anm.4 zu p.47. Zur Hochschätzung der ἀρχή als normierendem Anfang vgl. z.B. auch Platons Nomoi 753e. Den Milesiern ist das Wort ὕλη übrigens unbekannt; es taucht in seiner Verwendung als „Materie" erst bei Aristoteles auf. Gänzlich unbekannt ist Thales auch die aristotelische Vorstellung einer „ersten" und „zweiten" Materie, einer πρώτη und δευτέρα ὕλη. Insbesondere die Auffassung einer vollkommen qualitäts- und formlosen materia prima im Sinne von reiner metaphysischer Möglichkeit dürfte ihm fremd gewesen sein. Die Ur-Sache der Milesier, die stoffliche Grundlage, auf die die Welt zurückgeht, muß nach dem oben Gesagten als in irgendeinem Sinne lebendig vorgestellt werden. Eine gute Vergleichsmöglichkeit für so eine Ur-Sache bildet in der orphischen Kosmogonie das „Weltei", das den Kosmos aus sich entläßt; das Ei ist geradezu ein Paradebeispiel einer lebendigen, prokreativen „Sache": Auf eine dieser ähnlichen Weise ließe sich das Zusammenfallen von Material- und Wirkursache in der milesischen ἀρχή erklären (bei Anaximenes wird dies besonders deutlich, wenn er seine Materialursache des Kosmos, die Luft, gleichzeitig auch als ein der menschlichen Seele vergleichbares Bewegungsprinzip, πνεῦμα, bezeichnet: DK 13 B2). Daneben hat Guthrie HGPh, Bd.I, p.83 eine plausible mythenkritische Erklärung für das Verschweigen einer hinzukommenden Wirkursache bei den Milesiern gegeben: „The 'new understanding of the world' consisted in the substitution of natural for mythological causes, that is, of internal development for external compulsion" (vgl. dazu auch weiter unten die Untersuchung zu Anaximanders Apeiron).

Das scheint nun freilich zunächst kein großer Fortschritt gegenüber dem Mythos zu sein. Die Frage nach dem Ursprung war bereits in Hesiods Theogonie grundsätzlich gestellt und behandelt worden (Theog.107ff und 117ff), Homer nennt den Okeanos, der die gesamte Erde umfließt, als den Ursprung von allem[12], und auch der Dichter Alkman läßt seine Kosmogonie bei den Gewässern beginnen; ganz ähnlich kennen andere mediterrane Kulturen das Wasser als das ursprüngliche chaotische Element (vgl. etwa in der Bibel Gen.1,2), das den geordneten Kosmos noch weiterhin von allen Seiten umgibt und hält, aber auch in ihn einbrechen und ihn bedrohen kann (so in Gen.7,11 und – kosmologisch interpretiert – wohl in Ex.14,21 zu verstehen). Der Rückgriff des Milesiers auf älteres Gedankengut war genauso dem Aristoteles aufgefallen, der ausdrücklich auf diese eklatanten Parallelen zwischen Thales' Ansatz und der mythischen Spekulation hinweist (DK 11 A12; entspricht Met.983 b6 - 984 a5):

„Einige glauben, daß die ganz Alten, die ersten Theologen lange vor unserer Generation, die Natur genauso [scil. wie Thales] begriffen. Denn den Okeanos und die Tethys machen sie zu Eltern aller Entstehung, und den Eid der Götter zu Wasser (von den Dichtern selbst Styx genannt), denn das Älteste ist das Geehrteste, und das Geehrteste ist der Eid".

Das Neue bei Thales gegenüber den Mythologen, und das, was ihn im eigentlicheren Sinn zum Philosophen macht, ist jedoch zunächst eher der sachliche Aspekt seines Weltbildes, das zwar auf der Grundlage der gleichen Problemstellung wie der des Mythos entstanden ist, die Fragen aber anders angeht: Der „Urgrund" verliert den theogonischen Zug der mythischen Tradition, er ist eben nicht mehr der „Vater Okeanos", sondern das Wasser in einem neutraleren, real-faßbaren und jedenfalls nicht personalen Sinn: τὸ ὕδωρ. Nach Aristoteles lautet die grundsätzliche Ausgangsfrage allen Philosophierens: „Nach den Gründen und Ursachen der seienden Dinge zu forschen, und zwar insofern sie seiend sind" (αἱ ἀρχαὶ καὶ τὰ αἴτια ζητεῖται τῶν ὄντων, δῆλον δὲ ὅτι ᾗ ὄντα, Met.1025 b1f). Diese Forderung, das Seiende *insofern es seiend ist* als Gegenstand des Fragens zu behandeln, sah Aristoteles offenbar, und nicht zu Unrecht, in gewisser (wenn auch nur sehr vorläufiger) Hinsicht erstmals in dieser neutraleren, die leitenden Motive

---

[12] So Il.XIV,200f; XIV,246; XV,36ff; XVIII,607f und öfter. Sh. dazu auch J.Mansfeld, ibid., p.40; vgl. aber auch KRS pp.47ff.

des Mythos ignorierenden Absichtshaltung der milesischen Forschung erfüllt[13]. Denn der Mythos deutet die Welt und die Dinge nicht insofern sie sind, sondern unter dem Gesichtspunkt menschlichen, existentiell betreffenden und sinnstiftenden Interesses. Genau diese Interessen aber beginnen sich in Thales' Kosmologie zu verlieren.

Und noch etwas: Thales liegt viel an der Stringenz, der Begründbarkeit und der logischen Nachvollziehbarkeit seiner Gedanken, während der Mythos seine Autorität auf einer Art Akzeptanz dank.Traditionsargument fußen ließ. Bei den alt-ionischen „Naturphilosophen" und ihren Nachfolgern hingegen beginnt sich das Argument auf Erfahrungen zu stützen, die – wie nach einer klassischen Regel der Veranschaulichung – „semper, ubique |et ab omnibus" nachvollziehbar sind: Aus Wasser entsteht die Welt, genauso wie an der Mündung großer Flüsse, etwa des Nils und des bei Milet sich ins Meer ergießenden schlammreichen Maiandros für jedermann sichtbar trockenes Festland aus Wasser angeschwemmt wird[14]; und die Erde ruht auf dem Wasser *wie ein Stück Holz*; die Anschauung des Alltäglichen wird somit zum ersten Mal *Modell*[15] einer logisch nachvollziehbaren Welterklärung, die die greifbare, konkret anschauliche Wirklichkeit auf einen (sicherlich genauso lebendig wie die ganze Physis vorgestellten) Einheitsgrund „Wasser" zurückführen will. Es macht geradezu das Wesen des Philosophen und Wissenschaftlers aus, daß er hier begründend zu verfahren sucht, während die Mythologen „μυθικῶς σοφιζόμενοι", das heißt auf mythische und „inspirierte" Weise Lehren verkündend argumentierten[16]. (Wenn auch, was seit Hermann

---

[13] Natürlich nicht in dem Maße, daß man hier bereits von reiner Ontologie im Sinne des Aristoteles sprechen könnte; doch ist hier im Anfangsstadium die aristotelische Forderung erstmals willentlich erfüllt, denn immerhin läßt sich feststellen: „Thales was dealing with things as they are", wenn auch noch nicht im Sinne heutiger Naturwissenschaft „with things neatly sorted and cleaned up by chemists" (Wightman, The Growth of Cientific Ideas, p.10).

[14] Thales hat wohl kaum in naiver Weise dieses isolierte Naturphänomen zu einer ganzen Welterklärung ausgebaut. Doch mag ihm diese Naturgegebenheit ein anschauliches Bild für seine Theorie in die Hand gegeben haben. Es war übrigens ein strategisches Prinzip der ionischen Kolonisationsbewegung, die Pflanzstädte auf Schwemmland wasserreicher Flüsse zu gründen, eine Vorgehensweise, die im nachhinein gesehen offenbar nicht unwichtige Indizien oder doch zumindest ein analog verwertbares Bild zu Thales' Annahme lieferte.

[15] Zum Modell-Denken in der griechischen Philosophie vgl. W.Schadewaldt, Das Welt-Modell der Griechen, in HuH Bd.I, pp.601-625 sowie W.A.Shibles, Models of Ancient Greek Philosophy, pp.9ff (zum Modelldenken im allgemeinen), 16ff (zum Modelldenken bei Thales) und 28ff (zu Xenophanes und der Beziehung zwischen Modell- und analogem Denken).

[16] Vgl. dazu W.Jaeger, Die Theologie der frühen griechischen Denker, p.19. Desweiteren Met. 1000 a 9 und 18, sowie z.B. die „Inspirationspassage" Theog. 22ff. Diese Musengabe-

Fränkels Untersuchungen zum homerischen Gleichnis allgemein anerkannt wird, bereits Homer in seinen Gleichnisreden bewußt einen ähnlichen Regreß ins Elementare, ins betont naheliegende und augenfällige Erfassen der Wirklichkeit bietet. Schon hier wird der Rekurs auf die Natur durch die angestrebte Analogie zwischen dem Entfernten, das heißt dem zu erklärenden Sachverhalt, und dem Näherliegenden, dem greifbaren, sinnlichen Beispiel aus der umgebenden Natur, dem Handwerk oder ähnlichem, zum Instrument der Erfassung der Wirklichkeit. So wird später in der Rezeption des Epikers das Gleichnis in gewisser Weise sogar zum Urbild und Vorläufer des naturwissenschaftlichen Experiments[17]).

Mit Thales tut das – nun zum ersten Mal wissenschaftlich zu nennende – Denken im Griechentum den bedeutenden Schritt über seine mythischen und auch altorientalischen Quellen hinaus, und auf dieser Grundlage wird der Milesier bei Aristoteles auch mit Recht als der „Archeget" einer neuen Art zu Denken bezeichnet (Met.983 b20f). Bei den altorientalischen Ansätzen der Wissenschaften handelte „es sich ausnahmslos um die Lösung einzelner Aufgaben nach bestimmten mechanisch gehandhabten 'Rezepten', ohne Begründung, ohne auch nur den Versuch eines Beweises", womit natürlich die Frage aufgeworfen wird, inwiefern sich dann überhaupt noch von „Wissenschaft" reden läßt[18]. Und wenn sich auch Thales in seiner Berechnung der Sonnenfinsternis von 585 noch dieser „mechanischen Methode" etwa der Babylonier zumindest teilweise bedient haben mag, so läßt sich doch aus dem Verfahren, das seinen philosophischen Gedankengängen vorangeht, immerhin folgendes ersehen: Das heute noch gültige grundlegende wissenschaftliche Vorgehen durch Begriffsklärung und Argumentationsverfahren in Thesen, Gegenthesen und Begründungen, unter Umständen auch Beweisen, entsteht zuerst in der griechischen Philosophie, und Thales hat bedeutenden, insbesondere

---

thematik taucht auch in Legenden z.B. um Archilochos und Epimenides, immerhin also an der Schwelle zur Entstehungszeit der Philosophie, noch auf.

[17] Sh. H.Fränkel, Das Homerische Gleichnis; zum Übergang vom Gleichnis zum Experiment vgl. Empedokles' Frgm. DK 31 B100 mit dem Gleichnis-Experiment zur Beweisführung der Hautatmung (anschaulich besprochen z.B. bei A.Stückelberger, Einführung in die antiken Naturwissenschaften, pp.137f).

[18] W.Burkert, Weisheit und Wissenschaft, p.378. Burkert, ibid., pp.279ff und andere glauben ohnehin, und mit gutem Grund, daß die Überbewertung altorientalischer Einflüsse bereits in den antiken Quellen selbst grundgelegt sei und in der späteren Überinterpretation dieser Quellen sich fortgeführt sieht. Die „interpretatio Graeca" der babylonischen und altägyptischen Vorgaben hat Burkert zufolge in den Wissenschaften, besonders aber etwa in der Mathematik, eine derartige Revolution vollzogen, daß die Geburt der Wissenschaften mit vollem Recht im griechischen Denken allein gesucht werden darf.

initiativen Anteil an der Entstehung dieser differenzierenden und vor allem systematisch argumentierenden Art und Weise des Denkens[19].

Ähnliches gilt für einen weiteren Satz des Thales, den die Forschung überwiegend für „echt" hält: Thales, heißt es da, habe die Seele offenbar für ein „Bewegendes" (κινητικόν) gehalten, und zwar deshalb, weil von ihm die Annahme überliefert ist, der Magnetstein habe eine Seele, weil er Eisen bewegt (DK 11 A22; man beachte allerdings das einschränkende „es scheint", das Aristoteles, dem selbst offenbar nur Überliefertes aus zweiter oder dritter Hand vorliegt, vorsichtig einschiebt). Hält man Abstand von retrospektiven Projektionen späterer, etwa pythagoreischer oder platonischer Seelenvorstellungen in das Denken des Thales hinein und begnügt sich damit, ψυχή mit Aristoteles „als das, was der Bewegung am meisten fähig ist", also als „das Bewegteste", als „Lebendigkeitsprinzip" zu verstehen[20], so begegnet man derselben Vorgehensweise, die Thales und seine Lehre schon vorher vom mythischen Begreifen der Wirklichkeit unterschied: Wieder wird die ὄψις des alltäglich Begegnenden zur Grundlage des Arguments. Der Magnetstein hat eine Seele, denn er verursacht aktiv Bewegung, ähnlich wie die menschliche Seele Ausgangspunkt für alle Bewegung im menschlichen oder die tierische im tierischen Bereich ist. Man sollte nicht übersehen, daß hier schon so etwas wie ein Analogieschluß vorliegt, wenn auch Thales ganz offensichtlich (und das zeigt die absonderliche Interpretation der Bewegungskraft des Magnetsteins) dessen logische Validität überschätzt. Doch werden immerhin die Möglichkeiten, die analoges Denken für eine angemessene Welterklärung haben kann, von Thales erahnt. Xenophanes wird ihm in dieser Erkenntnis folgen.

Ein letzter wichtiger und keineswegs aus dem Ganzen der Lehre dieses ersten milesischen Philosophen isolierbarer Aspekt seines Denkens führt in einen Themenbereich, der für die Untersuchung der xenopanischen Theologie von besonderer Bedeutung sein wird: Die Gotteslehre der vorsokratischen Philosophen in Ab-

---

[19] Womit nicht gesagt sein soll, daß die Vorsokratik bereits zur reinen Begriffsklärung im aristotelischen Sinne durchstößt. Insbesondere die dichtende Philosophie stand der Entwicklung einer wissenschaftlichen Begriffsunterscheidung dabei offenbar im Wege; jedenfalls kritisiert Aristoteles an der Philosophie des Xenophanes ja gerade die Tatsache, daß er nichts „unterscheidend klärt" (οὐδὲν διεσαφήνισεν, Met.986b 22f).

[20] So Aristoteles in seinem Rückblick auf frühere Seelenvorstellungen, De anima 404b: „Jene, die ihre Aufmerksamkeit auf die Bewegtheit des Beseelten konzentriert haben, haben die Seele betrachtet als das, was der Bewegung am meisten fähig ist (ὅσοι μὲν οὖν ἐπὶ τὸ κινεῖσθαι τὸ ἔμψυχον ἀπέβλεψαν, οὗτοι τὸ κινητικώτατον ὑπέλαβον τὴν ψυχήν)". Allerdings entwickelt die Seelenvorstellung gerade zu Thales' Zeiten eine große Dynamik: Vom epischen *Psyché*-Begriff zu Pythagoras' Metempsychosenlehre ist das griechische Denken einen großen Schritt gegangen. Sh. dazu u.a. B. Snell, Die Entdeckung des Geistes, Anm.42 zu p.25.

grenzung von früheren, nichtphilosophischen Konzeptionen. Thales habe geglaubt, so überliefert Aristoteles, daß alles voll von Göttern sei[21]. Wenig ist in dieser Aussage zu spüren von der olympischen Götterwelt Homers, eher schon, wie man zunächst meinen möchte, von einer Weiterentwicklung der Vorstellung von den hypostatischen Gottheiten, wie sie ähnlich im hesiodischen Weltbild auftauchen. Mehr noch: es will erstaunlicherweise so scheinen, als ob Thales in diesem Punkt nicht nur auf Hesiod, sondern noch weiter auf den vorhomerischen Glauben einer stets und überall von göttlichen oder dämonischen Wesen spürbar durchwirkten Welt zurückgeht, in der es gerechtfertigt scheint „statt von Göttern lieber von Mächten zu sprechen"[22]. Diesem durch und durch daimonisierten Weltbild mit seinen unbestimmten und menschlicherseits auch gar nicht bestimmbaren göttlichen Mächten waren Homer und Hesiod mit dem Gegenentwurf eines geordneten, weitgehend personifizierten Pantheons begegnet[23]. Es ist interessant zu sehen, wie sich der Philosoph Thales (ähnlich wie später Anaximenes) hier gegen die Epiker und eher für diese ältere „pandaimonische" Glaubenshaltung entscheidet, die sich scheinbar besser in sein philosophisches System einer lebendigen Physis einfügen ließ. Erst Xenophanes wird teilweise wieder zu einem Gottesbild eher homerischen Stils zurückfinden und sich mit ihm auseinandersetzen.

---

[21] DK 11 A22. Aristoteles drückt sich übrigens wieder einmal sehr vorsichtig bei der Abhandlung dieses Themas aus; das Zitat (De anima 411 a 8) lautet vollständig: „Einige sagen auch, die Seele sei dem All beigemischt; *daher mag vielleicht* die Meinung des Thales stammen, alles sei voll von Göttern". Ich kann mich allerdings nicht recht damit anfreunden, hierin einen „Pantheismus" des Thales sehen zu wollen; lieber schließe ich mich Vernants vorsichtiger Beobachtung an: „The relationship of these gods to the world is not exactly transcendent or immanent" (Greek Religions, Ancient Religions, in: Mortals and Immortals, p.273).

[22] W. Schadewaldt, Die Anfänge der Philosophie bei den Griechen, p.88 (vgl. Vernant, ibid.: „A god is a power that represents a type of action, a kind of force"). F.M. Cornford hat dazu richtig bemerkt: „It is, perhaps, not commonly recognised that, in reducing the divine to this impersonal living substance, the philosophers were, without knowing it, reverting to a conception of divinity immensely older than the Homeric anthropomorphism. They were undoing all the work of the poets and the plastic artists, and rediscovering the raw material out of which the humanised gods had been built up" (Greek Religious Thought, p.XXI).

[23] Daher die berühmte Stelle Herodot II,53 (Homer und Hesiod hätten den Göttern der Griechen Namen, Funktionen und Gestalt gegeben), von der zu Xenophanes nochmals ausführlicher die Rede sein wird. Zum „pandaimonischen" Weltbild, dem sich die Epiker entgegenstellten, und das hier bei Thales wieder auftaucht, verweise ich an dieser Stelle lediglich und mit nur wenigen Vorbehalten auf die Abschnitte „Dynamismus" und „Animismus" bei K.Gloy, Das Verständnis der Natur, pp.41ff, sowie auf die Anfangskapitel von E.R.Dodds, The Greeks and the Irrational; im Anmerkungsapparat zum ersten Kapitel gibt Dodds dort auch die wenigen greifbaren antiken Textbelege.

Doch zeichnet Thales' Aussage über die Präsenz göttlicher Mächte im Sichtbaren immerhin ein Wesensmerkmal der gesamten griechischen Philosophie vor, nämlich das Suchen des Göttlichen in oder „hinter" der Welt. Das Göttliche in der Welt wird mit dem Aufkommen der Philosophie hintergründiger, eine Beobachtung, die sich dann vor allem bei Xenophanes machen lassen wird. Die oft so frappierende „Eindimensionalität" des Mythos, in dem die Götter mit den Menschen meist sozusagen auf Du und Du verkehren und das Göttliche stets in oder mit den Dingen unmittelbar anzutreffen ist, kennt die Philosophie des sechsten Jahrhunderts nicht mehr. Was daher als zusehends wichtig erscheint, ist die denkerische Annäherung an die ὄντα, das Vorhandene, die vorgefundene Wirklichkeit. Sie erst ist der Schlüssel, der das Verständnis des Hypostatischen zugänglich macht. Thales ist sicherlich auch bei dieser πάντα πλήρη θεῶν - Aussage seiner einmal eingeschlagenen Vorgehensweise treu geblieben: Die φύσις, die zuerst Gegenstand der unvoreingenommenen Betrachtung sein muß, verrät das hinter ihr sich Verbergende, sei es nun eine ἀρχή, die Seele oder die hypostatischen Gottheiten, von der er sie angefüllt findet[24].

Zu Thales wäre also im Interesse des folgenden festzuhalten: Seine „Mythenkritik" und seine Philosophie haben ein und dieselbe Wurzel. Es geht nicht vordringlich darum, gegen den Mythos aktiv und eloquent zu polemisieren, sondern vielmehr darum, Alternativen zum weithin dominierenden Weltbild, das zu seiner Zeit offenbar das des homerischen und hesiodischen Mythos war, zu entwerfen, und zwar Alternativen, die den Anspruch der Stringenz, der Nachvollziehbarkeit und Überprüfbarkeit erheben können und eben dadurch die Vorstellungen des Mythos überbieten und der Kritik unterwerfen. Tangible Beweis- oder doch zumindest Anschauungsverfahren und anschauliches, dem plastischen Verstehen angepaßtes Modelldenken ersetzen die kaum oder überhaupt nicht verifizierbaren „Traditionsargumente" des Mythos, der somit erstmals den negativen Beigeschmack des Fabulösen und Unverbürgten bekommt. Überspitzt gesagt hatte die stärkere Überzeugungskraft, die der simple Analogie-"beweis" des

---

[24] Es ist weiter oben in Zusammenhang mit der Besprechung des aristotelischen Materiebegriffs bereits angedeutet worden, daß, wie Guthrie (HGPh Bd.I p.82f) bemerkt hat, für den milesischen Kontext „Physis", nicht „Materie" das Schlüsselwort des Verständnisses darstellt. Diese Physis nämlich ist „something essentially internal and intrinsic to the world, the principle of its growth and present organisation, identified at this early stage with its material constituent". Speziell zum Frgm. 11 A22 sh. mit einigen Einschränkungen: W. Jaeger, ibid., p. 29f. Jaeger allerdings geht davon aus, daß es bislang keine zufriedenstellende und erschöpfende Deutung dieses Fragments gibt, da die Götter ja keine ὄντα seien. Der Feststellung kann man sich anschließen, der Begründung m.E. nicht unbedingt.

schwimmenden Holzstücks, das genauso wie die Erde auf dem Wasser ruht, gegenüber der mythologischen Welterklärung etwa der homerischen „narrativen Kosmologie" (Uvo Hölscher) der „Schildbeschreibung" (Il.XVIII,478ff), die hier immer wieder als Beispiel dient, aufzuweisen imstande war, schließlich den Ausschlag und die Legitimierung für das Entstehen einer neuen Denkweise geben können[25].

---

[25] Womit nicht gesagt sein soll, daß nicht weiterhin der Mythos eine gewichtige Rolle im griechischen Geistesleben spielte: Epen wie die Nostoi, die Telegonie oder die Naupaktia wurden erst zu Thales' und Anaximanders Lebzeiten abgefaßt, und hatten eine ungeheuere Wirkung auf die Denker jener Zeit und noch darüber hinaus: sh. A.Bernabé Pajares, ibid., pp.96ff, 264f, etc., sowie G.L.Huxley, Greek Epic Poetry from Eumelos to Panyassis, pp.19ff.

2.2. Anaximander und Anaximenes:
Philosophie und mythische Reminiszenzen

Das Menschenalter nach Thales war in der Philosophiegeschichte bestimmt von den Lehren zweier Milesier, die, auf Thales' Ansätzen aufbauend, einen unschätzbaren Einfluß auf den weiteren Fortgang der Philosophie ausübten: Anaximander, ein vielleicht noch persönlicher „Schüler" des Thales, und der jüngere, im späteren antiken Denken ungeheuer wirksame und vielgelesene[26] Anaximenes, bei dem auch vielleicht eine direkte Beeinflussung des Xenophanes angenommen werden darf.

Anaximander, den Diogenes Laertios im Gegensatz zu Aristoteles als den ersten wirklichen Philosophen ansieht (Thales gilt ihm noch als gewöhnlicher σοφός)[27], beschreitet zunächst den bereits von Thales vorgezeichneten Weg einer an Erfahrungswerten verifizierbaren und modellartig vorstellbaren Erfassung der Wirklichkeit: Er versucht, meteorologische, astronomische und seismologische Phänomene aus sich selbst heraus zu erklären, ohne die Vorstellung einer bedingenden Gottheit zu Hilfe zu nehmen, seine „Evolutionstheorie" der Entstehung des Lebens aus dem Wasser und seine Anthropogonie klingen streckenweise geradezu darwinistisch, er entwirft eine Erdkarte, einen Himmelsglobus und eine Sonnenuhr, und das alles größtenteils ohne Rückgriff auf bestehende Traditionen oder den Mythos und seine Weisheitslehren, alles aus der Anschauung der ὄντα,

---

[26] D.h. nach Aristoteles. Tatsächlich werden weder Anaximander noch Anaximenes von irgendeinem Autor vor Aristoteles namentlich erwähnt. Es ist daher angenommen worden, daß Aristoteles (dem die Schriften dieser beiden offenbar vorlagen) sie im Zuge seiner historischen Forschungen wiederentdeckt habe (sh. dazu u.a. Guthrie, HGPh Bd.I, pp.72f und 76). Zum Einfluß des Anaximenes auf Xenophanes und Heraklit vgl. z.B. KRS p.62.

[27] Vgl. C.J. Classen, ibid., 931f. Die Meinung, Anaximander sei der erste „wirkliche" Philosoph gewesen, ist auch heute noch populär. Selbst J.Mansfeld z.B. sieht in Thales eher den „Wegbereiter" einer Philosophie, der er selbst im engeren Sinne noch nicht so recht angehörte.

ihres periodischen Auftretens, ihrer Quantifizierbarkeit und modellhaften Faßbarkeit (DK 12 A1, A6, A10, A11, A18, A19, A21, A23, A24, A27, A30 und öfter). Insbesondere in seinen geographischen und astronomischen Lehren zeigt er sich uns als der erste, der sich von der Vorstellung eines absoluten Oben und Unten distanziert und daher auch keinen der Welt unterliegenden Halt im Raum mehr annehmen muß. Anaximander wurde somit in gewisser Weise theoretischer Vorkämpfer einer sich dem Entdeckungszeitalter der Griechen verdankenden praktischen Neuorientierung im Raum, an die wenig später auf anderem Anwendungsgebiet die ionische ἱστορίη ihre geographischen, ethnologischen und geschichtlichen Untersuchungen anknüpfen konnte[28]. Mit solcherart großartig umwertenden kosmologischen Grundkonzeptionen „entgöttlicht Anaximander die Himmelserscheinungen und bricht so radikal mit dem traditionellen Weltbild, daß ihm weder Anaximenes noch Xenophanes noch Heraklit ganz zu folgen wagen, seine geniale Konstruktion aber noch zu Platons Zeiten fortlebt"[29].

Etwa gleichzeitig übrigens geschieht Vergleichbares in der Mythenkritik des priesterschriftlichen Genesisberichts der hebräischen Bibel. Es mag aufschlußreich, oder jedenfalls immerhin interessant sein, kurz auf einige Parallelentwicklungen hinzudeuten: Auffallend˙ ist Genesis 1,14 zunächst die sachlich-funktionale Bezeichnung der beiden größer erscheinenden Himmelskörper als „Leuchten" oder „Lampen" (מאור), was an Anaximanders Vergleich der Gestirne mit „Feuerrädern" erinnert (DK 12 A21 und A22) und an ähnliche Vorstellungen in Anaximenes' und Xenophanes' Kosmologie. In beiden Kulturkreisen wirkten diese Lehren sicherlich zunächst revolutionierend, da sie erstmals den Versuch wagten, die Himmelskörper zu entdivinisieren, sie allein unter dem Aspekt ihrer sichtbaren Funktionalität zu betrachten und damit eine weithin feststehende religiös sanktionierte Tradition zu substituieren[30]. Diese „Entgöttlichungstendenz", die ursprünglich sicherlich als göttlich vorgestellte Gewalten zu Neutra oder sogar zu Abstrakta verformt, ist in der Bibel auch in Begriffen wie „Chaos" (תהו ובהו), „Finsternis" (חשך) und „Tiefe" oder „Urflut" (תהום) zu spüren (Gen.1,2ff), und das übrigens in vielleicht weit

---

[28] Vgl. dazu v.a. Kurt von Fritz, Die griechische Geschichtsschreibung Bd.I, pp.42ff.

[29] C.J.Classen, Anaximander, in RE Suppl. XII 1970, 52. Zum Fortleben des anaximandrischen Kosmosentwurfs bis in Platons Timaios hinein vgl. z.B. auch H.-G.Gadamer, Platon und die Vorsokratiker, in: Kleine Schriften III, p.17.

[30] Noch Platon konnte den Vorsokratikern darin nicht folgen: V.a. in den Nomoi (821 b, 946b, 447a u.ö.) kehrt er zur religiösen Verehrung der Himmelskörper, insbesondere der Sonne, zurück und macht 967bc unmißverständlich klar, daß sein Idealstaatswesen gegenüber allen, die (wie z.B. Anaxagoras) lehrten, die Himmelskörper seien nur unbelebte große Steine, keine Nachsicht walten lassen würde).

stärkerem Maße als in der hesiodischen Kosmogonie oder sogar in der Naturphilosophie der Milesier. Doch stehen gerade Anaximander und Anaximenes in ihren Kosmosinterpretationen, besonders aber in ihren astronomischen Lehrmeinungen diesen kritischen biblischen, sich vom Mythischen mehr und mehr distanzierenden Vorstellungen nicht ganz fern. Freilich gründet ihre Naturbetrachtung, aus der sie diese den priesterschriftlichen ähnlichen Konsequenzen ziehen, auf anderen Grundlagen. Um so interessanter ist es zu sehen, wie die verschiedenen Absichten entwachsende Mythenkritik in verschiedenen Kulturkreisen ähnlich ansetzt, um dann wieder, jede einer anderen Grundintention gehorchend, in zwei verschiedene Weltsichten zu divergieren, die eine hin zum religiösen Monotheismus, die andere zur Entstehung der Wissenschaften und Philosophie.

Diese neue Art der Welt- und Naturbetrachtung hat allerdings schon bei Thales eingehendere Beachtung gefunden. Wichtiger ist ein anderer und seit jeher vieldiskutierter Aspekt des anaximandrischen Denkens, der auch bei der Untersuchung der xenophanischen Kosmologie in ähnlicher und doch wieder ganz unterschiedlicher Form wiederbegegnen wird: Anaximander, so heißt es bei dem neuplatonischen Doxographen Simplicius, habe als „Urzustand" (ἀρχή) der Dinge das „ἄπειρον" angenommen (DK 12 A9). Ἄπειρον, ein Wort, das auch bei Xenophanes auftaucht, heißt „unendlich", oder vielleicht richtiger: „keine Grenzen (πείρατα) habend".

Die Bestimmung dieses Apeiron hat seit jeher Schwierigkeiten bereitet; man versuchte es durch seine Epitheta, die ihm zugeschriebenen Fähigkeiten und Funktionen, spätere Umschreibungen, Analyse der historischen Zusammenhänge, Analyse des Wortes selbst, später als alt anerkannte Begründungen oder moderne philosophische Spekulation zu erklären und kam trotzdem zu keinem wirklich befriedigenden Ergebnis[31]. Ein solches will auch die vorliegende Arbeit zu liefern

---

[31] Vgl. zu verschiedenen Deutungsversuchen C.J.Classen, ibid., 36 und T.Buchheim, Die Vorsokratiker, pp.16-22. Es ist ja auch durchaus angezweifelt worden, ob Anaximander wirklich das Wort „Apeiron" gebraucht hat. „Apeiron" leitet sich im übrigen von einer gemeinindogermanischen Wurzel „per-" her, die der gleichlautenden lateinischen Präposition ebenso zugrundeliegt wie dem griechischen Wort πέρα, und mithin auch dessen Ableitungen πείρω / πέρας, und also soviel wie „(hin)durch" oder „(dar)über" heißt (vgl. Frisk, Griechisches etymologisches Wörterbuch). Ἄπειρων ist zum Beispiel bei Homer (Od.VIII,340) das undurchdringbare Netz des Hephaistos, aus dem es kein Entkommen gibt oder Od.VIII,286 der Tiefschlaf des Odysseus, „aber nicht weil er unbegrenzte zeitliche Ausdehnung besäße, sondern weil er den Betroffenen ganz gefangennimmt. ... Bei all diesen Verwendungsweisen ist das wichtigste, daß man vom ἄπειρον in Relation zu einem darin befindlichen spricht" (T.Buchheim, ibid., p.20). A-peiron ist demnach das, was undurchdringbar ist, wo man nicht mehr heraus

nicht vorgeben, doch ist das Apeiron aus einem ganz anderen Grund für ihr thema probandum von kaum zu überschätzender Wichtigkeit. Diese Vorstellung vom Apeiron hat nämlich ihren Grund in der von den kosmischen Urmächten des Mythos[32], denn dieses „Unbegrenzte" ist, obwohl apersonal gedacht (τὸ ἄπειρον), keineswegs als ein bloßes Abstraktum zu verstehen, sondern als etwas Körperliches, sogar Lebendiges und Produktives. Es ist auch keineswegs „unendlich" in dem Sinn, in dem wir das Wort zu verwenden gewohnt sind; das alpha privativum zeigt hier lediglich zweierlei an:

– Erstens, daß die πείρατα von Anaximanders ἀρχή, die äußeren Grenzen der Ur-Sache, der Erkenntnis letztlich unzugänglich sind. Das Apeiron scheint also eher für den Betrachter „unbegrenzt" als de facto, objektiv „grenzenlos"[33] zu sein. (Schadewaldt verglich es daher – sicherlich in poetischer Anlehnung an den Okeanos des Mythos und vielleicht auch in sachlicher an das ὕδωρ des Thales – mit dem Meer, das ja auch faktisch Grenzen hat, dem am Strand stehenden oder zur See fahrenden Betrachter von seinem Blickpunkt aus aber unbegrenzt, „grenzenlos" erscheinen mag. Auch Herodot I,204 verwendet das Wort in dieser Weise und spricht von einer „grenzenlosen Ebene, soweit das Auge reicht").

– Zweitens, daß *innerhalb* des Apeiron keine Grenzen oder Merkmale auszumachen sind, und daß es somit keine erkennbaren Teile aufweist. So ist bei Euripides (Orestes 25) das Netz, in dem Agamemnon sich verstrickt, für ihn ἄπειρον, das heißt, dem Gefangenen bietet sich kein Ansatzpunkt zur Befreiung.

---

kommt, oder jenseits dessen die menschliche Erkenntnis nicht mehr geht (so die Verwendung des Wortes bei Herodot II,45), also vergleichbar der heutigen philosophischen Verwendung von „Horizont"; ich möchte meinen, daß unter allen Deutungsversuchen diese eher aus menschlicher Erfahrung hergeleitete Interpretation des anaximandrischen Apeiron im Ganzen des vorsokratischen Denkens sinnvoller erscheint als eine, die dem Milesier einen rein objektiven abstrakt metaphysischen Ansatz, fußend auf räumlicher oder quantitativer Unendlichkeit, unterlegen will. Auch hier dominiert anscheinend der in jüngerer Zeit in der Vorsokratikerforschung gerne betonte Zugang vom Menschen und der menschlichen Situation her.

[32] Dazu C.J.Classen, ibid., p.47f; sowie ders., Anaximander zwischen Tradition und Neuschöpfung, p.162f und p.164; sh. auch H.Schwabl, ibid., 1515; vgl. dagegen allerdings H.F. Cherniss, The Characteristics and Effects of Presocratic Philosophy, p.8.

[33] Dazu wiederum C.J.Classen, ibid., p.166. Im übrigen schließe ich mich hier Guthries gelungener Anaximanderinterpretation an: „It is unlikely that Anaximander was capable of grasping the notion of strict spatial or quantitative infinity, which came with further advances in mathematics. (...) It is right therefore to take into account the fact that *apeiron* was used of spheres and rings, to indicate no doubt that one can go on and on around them without ever coming to a bounding line. This comes out particularly when Aristotle says (Phys. 207 a2) that finger-rings are called unlimited if they have no gem-socket" (HGPh Bd.I, p.85).

Auch dafür ist das Meer wieder ein brauchbares Anschauungsbeispiel: Die offene See wird in diesem Sinne des Entbehrens von Orientierungshilfen oder wegweisenden Merkmalen auch gerne als πόντος ἀπείρων bezeichnet (so in Od.IV, 510). Anaximander muß in dieser Auslegungsweise des Apeiron die ἀρχή als ἄπειρον μῖγμα, als das ursprüngliche undifferenzierte Gemisch vor der Ausformung der Elemente angesehen haben[34].

Interessant sind nun die Epitheta, mit denen Anaximander sein Apeiron belegt haben soll: Es sei „erhaben" (σεμνόν), „unsterblich" (ἀθάνατον), „ewig" (ἀίδιος), „unvergänglich" (ἀνώλεθρον) „unwandelbar" (ἀμετάβλητον), „altert überhaupt nicht" (ἀγήρων) und „umfaßt alles" (πάντα περιέχει): DK 12 A1, A11, A15 und A16. Das ist – worauf auch Aristoteles (Phys.207a 18) hinweist – episches Wortgut, mit denselben Epitheta belegt auch Homer seine Götter. Anaximander bedient sich also, obwohl er in Prosa schreibt, epischer Ausdrucksweise und gibt somit ein Indiz, woher er unter anderem den Gedanken des Apeiron entlehnt haben mag. Tatsächlich ist zum Beispiel „alles umfassend" eine Gottesprädikation des homerischen Okeanos, des „Ursprungs von allem". Doch vor allem von Hesiod und den hesiodischen Traditionen verwandten Kosmogonien hat sich Anaximander hier wohl inspirieren lassen: Der Gedanke von den fortbestehenden, umfassenden „Wurzeln des Weltenbaums"[35], deren Grenzen der menschlichen Erkenntnis entzogen sind und die im jenseits jeder stofflichen Differenzierung stehenden amorphen und doch nicht inhaltslosen χάσμα (also „Schlund" oder „Abgrund", ein weiterer Hinweis auf die Unerkennbarkeit des Ursprungs) des Kosmos Halt haben und genährt werden, findet sich auch in Hesiods Theogonie: Anaximanders Rede vom „ἄπειρον ist die Prosaübersetzung jener zwei (hesiodischen) Verse, mit denen uns das χάσμα geschildert wird"[36].

---

[34] Daß dasjenige, das keine Teile aufweist, ἄπειρον ist, sagt auch Platon (Parmenides 137d). Vgl. ebenfalls Guthrie, ibid. Vom ἄπειρον μῖγμα sprechen genauso Anaxagoras' Fragmente B1 und B9. Auch die weiter oben bei Thales gemachte Beobachtung, daß die Einsicht, die Erscheinungen seien die Anschauungsweise des Unsichtbaren, eigentlich als Leitsatz der gesamten griechischen Philosophie gelten kann (vgl. DK 59 B21a), dürfte in diesem Fall auf Anaximander zutreffen: „The assumption of an imperceptible reality behind the perceptible was, for one seeking a unity behind the multiplicity of phenomena, on general grounds a reasonable one" (Guthrie, ibid., p.78).

[35] Erg.19, worauf sich offenbar DK 12 A10 bezieht. Sh. dazu dann auch Xenophanes' Frgm. B28. Über die „spekulative" Diskontinuität, die Anaximander in die Übernahme dieses mythologischen Bildes einbringt, sh. z.B. W.Burkert, Weisheit und Wissenschaft, p.288, besonders auch Anm.60 zur selben Seite sowie Guthrie, ibid., p.90f (mit Vergleichsbeispielen aus orphischen Kosmogonien etc.).

[36] C.J. Classen, ibid., p.162. Vgl. dazu auch H.Schwabl, ibid. sowie Theog. 736ff.

Und doch ist dieses Apeiron auch schon wieder mehr als das χάσμα des hesiodischen Mythos, ähnlich wie Thales' ἀρχή. sich vom homerischen Okeanos unterschied. Die Göttlichkeit hat nichts Personhaftes, Bedrohliches oder Numinoses mehr, das Apeiron ist eher „göttlich" in dem oben bei Thales erwähnten Sinn als im traditionell mythischen. Auch Anaximander ist wahrscheinlich als Philosoph von dem durchaus brauchbaren, anschaulichen Bild zum Beispiel des „Weltenbaums" ausgegangen, ähnlich wie Thales von der Erfahrung eines schwimmenden Holzes, in dem Bestreben, das Werden des Kosmos in Analogie zu natürlichen, alltäglichen Vorgängen, wie es das Wachsen eines Baumes ist, zu beschreiben. Doch erreicht er mit dem Schritt jenseits der Elemente (denen Thales' Ursprungssuche noch verhaftet geblieben war) eine Abstraktionsstufe, in der alles Unbrauchbare und Allusive aus der Metapher verschwindet, der Urgrund aber unerkennbar und doch konkret vorhanden bleibt und sozusagen zum ersten Mal gewissermaßen metaphysisch in einer philosophischen Perspektive wird[37]. Das „Absolute" tritt mit dem Apeiron Anaximanders in die Geschichte des philosophischen Denkens ein, und übersteigt von da an schrittweise die mythische Vorstellung der Relativität und Vielheit im Bereich des Göttlichen, was im übrigen gleichzeitig auch den vielleicht fundamentalsten Gedanken darstellt, den Xenophanes je von einem seiner philosophischen Vorgänger übernommen haben mag. Alles in allem wird man Karl Popper wohl recht geben können, daß als die große Tat Anaximanders ein erstes Verlassen des reinen Beobachtungsbereiches zu gelten hat. Der anaximandrische Theorieentwurf, wie er zugleich auch als Erbe an Xenophanes im Gedächtnis behalten werden sollte, stützt sich auf Überlegung, die Anschauung tritt als Instrument erstmals bereits wieder zurück[38].

Von Anaximander ist auch das erste direkte Zitat der Philosophiegeschichte erhalten. Es ist aus verschiedenen Gründen für die Ziele der vorliegenden Arbeit der näheren Betrachtung wert:

ἐξ ὧν δὲ ἡ γένεσίς ἐστι τοῖς οὖσι, καὶ τὴν φθορὰν εἰς ταῦτα γίνεσθαι κατὰ τὸ χρεών· διδόναι γὰρ αὐτὰ δίκην καὶ τίσιν ἀλλήλοις τῆς ἀδικίας κατὰ τὴν τοῦ χρόνου τάξιν.

---

[37] Siehe dazu u.a. C.J.Classen, Anaximander (RE), 48f. Classens Bedenken gegenüber W. Jaeger, der das Apeiron noch durchaus personal als „Herrscher" und „Lenker" bezeichnet, sollte man unbedingt teilen (vgl. ibid., p.39).

[38] So die Quintessenz von K.Popper, Back to the Presocratics, einer Auseinandersetzung mit der streng empiristischen Position, Theorien gründeten allein auf Verallgemeinerungen von Beobachtungen. Anaximander gilt Popper als Paradebeispiel der Gegenposition.

„Aus welchen Dingen aber die Genesis ist für die seienden Dinge, in diese hinein geschieht auch das Vergehen nach der Schuldigkeit. Denn es geben die Dinge einander Strafe und Buße für ihre Ungerechtigkeit nach der Anordnung der Zeit."[39]

Theophrast überlieferte nach dem Zeugnis des Simplicius den Satz mit dem persönlichen Vermerk, daß Anaximander diese Dinge in einer ein wenig zu poetischen Sprache ausdrückt (DK 12 A9). Den Satz, wohlgemerkt, nicht den „Spruch" des Anaximander, wie Heidegger das Bruchstück verstanden und dann in Verkennung seiner Eigenschaft als einer aus dem ursprünglichen Zusammenhang gerissenen Textstelle gewissermaßen als für sich stehenden, abgeschlossenen Aphorismus angesehen und dann wohl auch überinterpretiert hat[40]. Seit Theophrast und Simplicius haben sich mehrere, um nicht zu sagen alle späteren Interpreten dieses Fragments an seiner undurchsichtigen Sprache gestoßen, die zwar Garant für die Echtheit und das Alter des Zitats zu sein scheint, aber eben bis dato eine wirklich erschöpfende Auslegung dieses schwierigen Bruchstücks erfolgreich verhindert hat. Es gilt auch hier: Anaximander ist „wie andere frühionische Prosaautoren sowohl in einzelnen Ausdrücken wie in Vergleichen Sprache und Darstellungsformen des Epos verpflichtet"[41]. Ähnlich wie Thales und wie später Xenophanes und andere nach ihm folgt Anaximander in der Genesisfrage also mythischen Vorgaben. Doch greift er auch hier wieder darüber hinaus und wirkt durch die Loslösung vom Mythos bahnbrechend für das gesamte nachfolgende philosophische Denken, so sehr, daß ihn spätere Geschichtsschreiber noch für den Lehrer des Parmenides halten konnten.

---

[39] DK 12 B1. Die Übersetzung ist W.Schadewaldt, ibid., p.240 entnommen. Zu anderen, alternativen Übersetzungsmöglichkeiten desselben Zitats sh. M.Heidegger, Der Spruch des Anaximander, in: Holzwege, pp. 345ff. Dort sowie z.B. bei Guthrie HGPh Bd.I, p.77 sind auch die möglichen Abgrenzungen des Originalzitats im Zusammenhang des Textganzen bei Simplicius näher besprochen.

[40] Gegen Heideggers kontextnegierende Interpretation spräche, im Falle, daß das Fragment tatsächlich wie in DK 12 B1 angegeben mit „woraus (ἐξ ὧν)..." beginnt, das kontrapunktierend anschließende, jedenfalls kontextverweisende „...δέ (aber)...". Im übrigen vgl. dazu M.Heidegger, ibid., insbesondere pp.347ff. Heidegger zieht aus dieser Art der Betrachtung hochinteressante und für seine eigene Philosophie sicherlich beachtenswerte Schlüsse; doch werden diese wohl dem anaximandrischen Denken nicht ganz gerecht, und werden daher im folgenden nicht berücksichtigt.

[41] C.J.Classen, ibid., p.62. Zur Sprache des Fragments vgl. auch W.Capelle, ibid., Anm.6 zu p.82 sowie W.Schadewaldt, ibid., p.241f. Speziell zum τίσις-Begriff möchte ich nachdrücklich auf Herodot III,109 hinweisen, wo das „sich Buße zahlen" im Prozeß der Natur m.E. gut abzulesen ist.

Anaximanders Fragment läßt sich in zwei Teile gliedern, nämlich eine Feststellung: Woraus die seienden Dinge, die ὄντα entstehen, dahinein vergehen sie wieder. Und – als bemerkenswerter Unterschied zu durchaus ähnlich lautenden mythischen Aussagen – einer gesetzhaft gefaßten Begründung für diese Feststellung: Denn sie zahlen sich so Strafe und Buße für ihre Ungerechtigkeit nach der Maßgabe der Zeit. Das, woraus die Genesis der ὄντα entsteht, nennt Anaximander wie gesehen das Apeiron: den mit menschlicher Erkenntnis nicht einzugrenzenden, also nicht definierbaren Urzustand (ἀρχή) des ununterschiedenen den Elementen zuvorliegenden stofflichen Ineinanders. Diese Bestimmung des Apeiron bietet auch die Interpretationsgrundlage für den begründenden Teil des Fragments, der die Erklärung für die Genesis liefern will. Der Gedankengang muß wohl folgendermaßen rekonstruiert werden: In diesem ursprünglichen Ineinander aller Dinge im Apeiron fallen auch gegensätzliche ursprüngliche Eigenschaften (heiß/kalt, trocken/feucht etc.) zusammen[42]. Nun ist es aber ein Bestimmungsmerkmal dieser Eigenschaften, „miteinander zu streiten" und „voreinander zu fliehen"[43] und in ständigem Auf und Ab zu versuchen, die andere zu vernichten. Es konnte daher auch nicht beim steten Zusammen dieser Gegensätze bleiben: Sie differenzieren sich in elementaren Trägern (Feuer, Luft, Wasser und Erde) aus dem Apeiron aus. Im Zusammenspiel dieser Eigenschaftsträger gründet auch das Werden der uns bekannten Welt: Das merkmalslose Gemisch des Apeiron wird zum geordneten Gefüge, zum κόσμος. In Hesiods theogonischem Stammbaum gehen ja ebenfalls die differenzierten, bestimmbareren Mächte aus dem Um-

---

[42] Eine (übrigens noch bei Anaxagoras in seinem Fragment B8 vorfindbare) Vorstellung, die (wie Guthrie ibid., p.79 bemerkt hat) darauf gründet, daß Anaximander die Unterscheidung von Substanz und Attribut noch fremd ist. Dazu auch Cornford, Principium Sapientiae, p.162: „'The hot' was not warmth, considered as adjectival property of some substance which is warm. It is a substantive thing, and 'the cold', its contrary, is another thing. Hence it was possible to think of the hot and the cold as two opposed things that might be fused together in an indistinct condition, like a mixture of wine and water". – Deutlich erkennbar liegt in Anaximanders undifferenzierter Zusammenschau von Attribut und Substanz eine interessante Zwischenstufe zwischen den hypostasierten Göttern des hesiodischen Mächtestammbaums und dem philosophischen Bemühen um Versachlichung und naturgesetzlicher Welterklärung vor – ein beachtenswertes missing link zwischen mythischem und philosophischem Denken. Es sei daneben aber auch noch hingewiesen auf Uvo Hölschers Kritik an der Theorie des Zusammenfalls der Gegensätze bei Anaximander (Anfängliches Fragen, pp.14ff), wenn ich hier auch nicht weiter auf sie eingehen kann.

[43] Sh. zum Vergleich in Platons Sophistes 242c die für die Vorsokratik belegte Lehre vom kosmogonischen Krieg der qualitativen Gegensätze, die ähnlichlautenden Überlegungen Platons im Phaidon (103c-105b) und Heraklits Feststellung, daß der Krieg der Vater von allem sei (DK 22 B53) und daß alles Geschehen durch Gegensätze erfolge (DK 22 A1; vgl. auch 22 B126, 22 B76).

fassenderen und Indifferenzierteren hervor: Theog.116ff, 126ff und 265ff entsteht zuerst aus dem Chaos die Erde, aus dieser Berge, Pontos und Okeanos, dessen Nachkommen wiederum Winde und Regenbogen sind etc. Vergleichbares geschieht in den anderen Verzweigungen des kosmogonischen Stammbaums Hesiods, und auch das „Tohuwabohu" der Bibelkosmogonie, gewissermaßen das hebräische Pendant zum kosmologischen ἄπειρον μῖγμα der Griechen, wird ja erst durch Ausdifferenzierung (vor allem von Trockenem und Feuchtem, also Erde-Himmel, Erde-Wasser etc.) zur geordneten Welt (Gen.1,7-10).

Das Apeiron vergeht indes keineswegs in diesem Prozeß, sondern bildet die unerschöpfliche Quelle, aus der die Elemente in ihrem weltkonstituierenden Streit stets neue Reserven ziehen und die verhindert, daß eines der Elemente schließlich den endgültigen Sieg über die anderen davonträgt. Womit Anaximander erreicht, daß der weltkonstituierende Prozeß ewig ist und nicht, wie etwa bei Heraklit (DK 22 A10 und B90) mit dem endgültigen Sieg eines Elements endet[44]. Das sah im übrigen auch Aristoteles als tieferen Grund für Anaximanders Annahme eines nichtelementaren Apeiron als ἀρχή:

> „Es gibt ja den Unendlichkeitsgedanken in dieser Ausprägung: das Unendliche (ἄπειρον) als der Urgrund, nicht aber als eines der Elemente selber, als Luft oder als Wasser, damit nicht das unendliche Element aus ihnen die übrigen vernichte. Die Elemente stehen ja zueinander im Gegensatz: die Luft etwa ist kalt, das Wasser feucht, das Feuer warm. Wäre nun eines von ihnen unendlich, die übrigen wären bereits vernichtet. Darum setzen sie ein weiteres Glied mit an, das der Urgrund der Elemente sein soll" (Phys.204b 24ff).

Über die hier bislang zumeist beachtete Verständnisvariante von „Ur-Sache" hinaus hat das griechische ἀρχή, ähnlich wie im allgemeinen Gebrauch der meisten modernen Sprachen das Wort „Prinzip", nicht nur die Bedeutung von „zeitlicher Beginn", sondern auch von „Gesetzlichkeit" oder „Grundsatz". Und genau diese letztere Bestimmung der ἀρχή findet sich in Anaximanders Philosophie durch die Tatsache gegeben, daß das Apeiron als Ur-Sache zwangsläufig einen Prozeß der Weltentstehung in sich birgt, und wesentlich ausdrücklicher als bei Thales (bei dem Ähnliches bereits gemutmaßt werden konnte) angesprochen. Der vorsokratische ἀρχή-Begriff implizierte also von vorneherein die Vorstellung eines operativen,

---

[44] Zur Interaktion der Gegensätze als kosmogonisches Prinzip sh. z.B. Guthrie ibid., pp.78ff und 92 sowie G.Vlastos, Equality and Justice in Early Greek Cosmologies (in D.Furley/ R.E.Allen: Studies in Presocratic Philosophy, pp.56ff), insbesondere pp.73ff.

gestaltenden Moments ab intrinseco (von Werner Jaeger – im Hinblick auf den heutigen Wortgebrauch vielleicht etwas blaß und unzulänglich – „Naturgesetzlichkeit" genannt), was ihn treffenderweise wieder ganz in die Nähe der alten Auffassung von der φύσις rückt.

Auch für Anaximander also gilt, daß er versucht, von außen herantretende Wirkursachen (etwa durch göttliche Einflußnahmen auf das Weltgeschehen), die in mythischen Welterklärungen dominieren, durch natürliche innere Ursachen („Naturgesetze" wie das „Einander Buße Zahlen" der primären Gegensätze) zu substituieren. Was dabei im Zusammenhang der πάντα πλήρη θεῶν - Aussage des Thales festgestellt worden war, trifft aber auch in gewissem Maße wieder auf Anaximander zu: Denn auch er dürfte hier offenbar von vorhomerischen Vorstellungen eines in der Welt und ihren Dingen waltenden unpersönlichen und doch göttlichen Urgesetzes geborgt haben. Zu denken ist in diesem Fall meines Erachtens insbesondere an die archaische Vorstellung von der Moira, der „alle und alles beherrschenden, unbestimmbaren Macht, der letzten Ursache aller irdischen und himmlischen Vorgänge"[45]; sie war „jenes Höchste im unphilosophischen griechischen Weltbild"[46], dem sich letztlich alles (auch die Götter) unterworfen sah. Es ist bemerkenswert, daß μοῖρα ursprünglich und noch in der Ilias ganz deutlich meist noch kein Name für eine Gottheit, sondern ein „Sachwort"[47] ist. Tatsächlich heißt ja Moira, was wir meistens mit „Schicksal" oder „Los" zu übersetzen gewohnt sind, eigentlich „Teil", dasjenige, was den Dingen oder Menschen zugeteilt ist oder ihnen zufällt sowie der Zeitraum, der der Existenz von Dingen, Phänomenen oder Lebewesen zukommt, und in dieser vergleichenden Sichtweise wird deutlich, wie eng sich Anaximanders Rede vom „Naturgesetz" des „Strafe Zahlens der Dinge nach der Anordnung der Zeit" wohl an die archaische Moirakonzeption anlehnt (daß die „Anordnung der Zeit" in den engeren Machtbereich der Moira fällt, zeigt das Bild der den Lebensfaden spinnenden und zertrennenden Moirai etwa bei Hesiod und in der Odyssee VIII,196ff).

Wenn auch bei Homer die Auffassung einer apersonalen Moira, die in allem waltet, weitgehend dominieren mag, so versuchte doch der Dichter (insbesondere in der Odyssee) seinen anthropomorphen Göttern eine zumindest teilweise Ver-

---

[45] Vgl. S.Eitrem, Art. „Moira" (RE XV), 2453. Zum Aufgreifen der Moira- und Anankevorstellung und ihrer Verarbeitung in der Philosophie (insbesondere auch bei Parmenides, für den Dike und Ananke ja noch wichtige Schlüsselwörter sind) vgl. auch G.Vlastos, ibid., pp.57ff, p.64 und öfter.

[46] K.Kerényi, Griechische Grundbegriffe, p.55.

[47] Kerényi, ibid.; vgl. auch E.R.Dodds, ibid., pp.5ff sowie S.Eitrem, ibid.

fügungsgewalt über diese apersonale menschlicherseits unzugängliche Moira zuwachsen zu lassen[48]. So waren ursprünglich etwa die Jahres- und Tageszeiten wie alle Naturvorgänge nach der Maßgabe der Moira geregelt; bei Homer aber kann Hera den Tag vorzeitig beenden (Il.XVIII,239), Athene verlängert ihn wider die Natur (Od.XXIII,241ff) und „die waltende Mutter des Jahres" Demeter gebietet in den Homerischen Hymnen über die Jahreszeiten (H.Hymn. an Demeter, vv. 55, 304ff, 470ff). Die Philosophen ionischen Ursprungs jedoch verfolgten eine andere, von den Epikern abweichende Linie und griffen in ihrer Welterklärung wieder vor die akzentuiert anthropomorphistischen Welterklärungsversuche Homers zurück: Gegen die dichterische Auffassung von der Macht der an sozialen Mustern nachvollziehbar strukturierten menschenähnlichen Götter des homerischen Pantheons über die apersonale gesetzliche Gewalt der Moira in der Natur behauptet beispielsweise Heraklit, „Helios wird die ihm gesetzten Maße nicht überschreiten" (Fragment B94)[49]. Während Homer also den Fatalismus oder die „Naturgesetzlichkeit" der Moira durch eine nachhaltige Stärkung des anthropomorphistischen Grundgedankens überwinden wollte, polemisieren die meisten der frühen Vorsokratiker gegen diese dichterische Innovation und kehren zur Vorstellung der apersonalen in der Natur wirkenden Urmächte zurück. Sie tun das allerdings nicht, wie Anaximanders Fragment deutlich zeigt, um in einen resignierten oder zwanghaft abergläubischen Schicksalsglauben gegenüber den Funktionsweisen der Welt zu verfallen: Vielmehr versuchen sie ihrerseits in einem nicht anthropomorphisierenden Entwurf diese die Natur inwendig regierenden und leitenden Funktionsweisen bestimmbar und durchschaubar zu machen, und Anaximanders Philosophie stellte einen ersten Schritt dazu dar: „Zum erstenmal tritt hier ein Weltbegriff hervor", so Uvo Hölscher, „der die Natur als autarken Bereich von immanenter Gesetzlichkeit begreift. ... Indem nun die Götter nicht mehr für das Naturgeschehen bemüht werden, wird die Natur zu einem eigenständigen Ganzen, von dem der Mensch keine willkürlichen ängstigenden Wirkungen zu fürchten hat. Das bedeutet nicht, daß die Natur als ungöttlich erfahren wird; sie ist gerade durch ihre Autarkie und Totalität in ihrer Göttlichkeit

---

[48] Sh. dazu beispielshalber Il.XVIII,117ff oder XVI,431ff; es ließen sich noch viele Stellen anführen, aber ich begnüge mich mit dem Verweis auf S.Eitrems Besprechung des Problems (ibid., 2453ff mit zahlreichen Textverweisen), insbesondere auf die Moira-Problematik des zwanzigsten Gesangs der Ilias. So versucht Homer etwa, der „abstrakten", blinden Moira stellenweise den nachvollziehbaren „Plan des Zeus" (Il.I,5) oder sogar die menschliche Freiheit (Od.I,34) entgegenzusetzen.

[49] Zum Ideal der „Isomoiria" der Tages- und Jahreszeiten sh. auch G.Vlastos, ibid., p.59.

definiert"[50]. Freilich konnte sich die frühe Vorsokratik dabei noch nicht gänzlich aus einer in Analogie zu menschlichen Verhältnissen arbeitenden „anthropomorphistischen" Diktion befreien. Doch ist diese „sehr poetische Ausdrucksweise", in der Anaximander von der „Strafe" und der „Buße" der seienden Dinge, oder Heraklit zum Beispiel vom „Krieg" der Gegensätze spricht, einem dem homerisch-anthropomorphisierenden Anliegen verwandten Bemühen entsprungen: Einen von der beschränkten menschlichen Situation her ausgehenden anschaulichen Zugang zu den das Weltgeschehen bestimmenden Mächten und Kräften zu erschließen[51].

Etwas klarer als bei Anaximander liegen die Dinge glücklicherweise bei Anaximenes, dessen durchsichtige und nüchterne Sprache schon in der Antike viel Lob fand (DK 13 A1). Die Nüchternheit seiner Prosa ist gleichzeitig ein Hinweis auf seine eher trockene, gelegentlich fast schon mechanistisch anmutende Philosophie. Deren zentraler Gedanke, soweit ihn die Überlieferung herausstellt, ist, daß auch Anaximenes im Anschluß an Anaximander eine einzige und unbegrenzte zugrundeliegende φύσις sieht, die er aber nicht wie sein Vorgänger inhaltlich unbestimmt lassen will, sondern als „Luft" (ἀήρ) konkretisiert[52]. Das scheint

---

[50] U.Hölscher, Das existentiale Motiv der frühgriechischen Philosophie, in: Das nächste Fremde, p.145.

[51] Wie schwer das Gefühl der Beschränktheit aller menschlichen Einsicht und der Monopolstellung göttlicher Alleinsicht in die Dinge der Welt (geschweige denn hinter diese) auf dem griechischen Geistesleben jenes Zeitraums gelastet haben dürfte, zeigen u.a. viele Dichter in ihren Schriften, von denen ich hier nur einige als vorläufigen Hinweis nenne, um sie zu gegebener Zeit ausführlicher zu behandeln: So z.B. Xenophanes (Frgm. B34), Semonides von Amorgos (1,1ff Bergk), Theognis (141f Bergk) u.a.m. Das Angebot der ersten Philosophen, wahre und nachvollziehbare Einsicht in die Gesetzlichkeiten des Weltablaufs bieten zu können ohne auf die Allwissenheit der Götter zu rekurrieren, muß in diesem geistigen Klima auf viele geradezu erlösend gewirkt haben. Im übrigen sh. zur Geschichte der „Vergesetzlichung der Natur" in der griechischen Philosophie auch G.Vlastos, ibid., pp.83ff, der auch auf die Eigenheit aufmerksam macht, daß in der Vorsokratik (wohl in bewußter Absetzung von Anthropomorphismen) die Tendenz zur gesetzhaften Naturerfassung durchweg abnimmt: bei Anaximander steht sie noch ganz im Vordergrund, in der Atomistik hingegen ist sie schon kaum mehr vorhanden (sie will also bewußt so gut wie möglich ohne Dike, Moira oder Ananke auskommen).

[52] Vgl. DK 13 A5. 'Ἀήρ heißt ursprünglich nicht immer nur einfachhin „Luft"; vielmehr ist der ἀήρ im Gegensatz zur reinen „oberen Luft", dem αἰθήρ (zur Unterscheidung beider sh. z.B. Il.XIV, 288) eine Art Urnebel, dichter Dunst, in den sich bei Homer z.B. die Götter hüllen, um sich unsichtbar zu machen. Daher kann ἀήρ auch grundsätzlich all das heißen, wodurch sich etwas dem Gesichtskreis entzieht, eine Verständnisvariante, die den ἀήρ dem anaximandrischen Apeiron wieder recht nahe bringt. Übrigens ist auch in Anaxagoras' Kosmogonie der ἀήρ neben dem αἰθήρ die erste ausgebildete stoffliche Grundlage, die sich aus dem ἄπειρον μῖγμα ausdifferenziert (vgl. DK 59 B2). Zur Charakterisierung des ἀήρ auch als vorphilosophischem

zunächst ein Rückfall gegenüber dem höheren Abstaktionsniveau Anaximanders zu sein. Doch hat auch dieser Ausgangspunkt einiges für sich, vor allem die Möglichkeit, eine anschaulichere Erklärbarkeit der Welt und ihrer „Funktionsweisen" bieten zu können: Die Luft, so argumentiert Anaximenes nämlich, gerät durch „Verdichtung" (πύκνωσις) und „Verdünnung" (ἀραίωσις), Erhitzung und Abkühlung in Bewegung; sie zieht sich zusammen und wird kälter und härter, zu Nebel und Wasser zunächst, dann auch zu Erde und Stein, durch Extension aber wärmer, beweglicher und leichter, etwa zu Feuer (DK 13 A7). Auffällig ist hier aber vor allem, daß Anaximenes seinen Lesern als erster das Angebot macht, seine Aussagen durch ein einfaches und von jedermann ohne besondere Hilfsmittel durchführbares Experiment zu verifizieren: Blase man nämlich Luft aus dem zugespitzten, zusammengezogenen Mund, sei sie kalt; hauche man sie aber aus dem weit geöffneten Mund, warm (DK 13 B1). Das ist natürlich in diesem Kontext nicht richtig, hat mit Anaximenes' Begründungen wenig zu tun und beweist leider überhaupt nichts, worauf auch antike Denker berichtigend hinweisen[53]. Doch ist die Vorgehensweise, wie sie so zum ersten Mal bei Anaximenes begegnet, und der feste Glaube an den Empiriebeweis immerhin beachtenswert.

Dabei liegt dem ionischen Naturphilosophen, es sei hier nochmals wiederholt, noch nichts an einer nomologisch-physikalischen Welterklärung. Anaximenes glaubt auch nicht, daß das Substrat seiner Welt rein dinghaft sei. Vielmehr ist von Cicero die Aussage überliefert, Anaximenes habe die Luft für Gott erklärt, und die Tatsache, daß sich der Milesier die mythischen Gottheiten genauso wie die sichtbaren Dinge als luftgeboren vorgestellt haben mag, hatte unschätzbare

---

Prinzip vgl. A.Bernabé Pajares, Fragmentos de Epica Griega Arcáica, p.330f sowie Mansfeld, Vorsokr., p.83f. Daß neben dem ἀήρ auch der αἰθήρ in verschiedenen Kosmogonien als eines der Urprinzipien vorkommen kann, belegen KRS pp.24ff. Schließlich sei noch einschränkend zum eben Gesagten angeführt, daß die Antike u.U. durchaus auch ἀήρ und αἰθήρ einfachhin so gut wie identifizieren kann; so bezeichnet Platon im Timaios (58d) den αἰθήρ lediglich als eine Spielart, nämlich die reinste, des ἀήρ: vgl. dazu neben Anaxagoras' B2 auch E.Peters, Greek Philosophical Terms, Art. αἰθήρ.

[53] Das Fragment selbst findet sich ja bereits in eine harsche Kritik des Plutarch, der es in der einzigen uns greifbaren Form überliefert, eingebettet, noch dazu von einer nicht minder kritischen Anmerkung des Aristoteles, der hier zitiert wird, begleitet. Insgesamt sh. aber auch zu einer heutigen Beurteilung des anaximeneischen „Experiments" KRS p.148 (dort insbes. Anm.1), wo zudem generell auf offene Fragen im Zusammenhang mit Anaximenes' Theorien näher (wenn auch m.E. nicht ganz zufriedenstellend) eingegangen wird. Daß im übrigen das λέγεσθαι in 13 B1 die Originalität von Anaximenes' Beobachtung ernsthaft hintertreiben könnte, möchte ich gegen KRS ibid. nicht annehmen.

Wirkung, vielleicht auch auf die Theologie des Xenophanes und vieler anderer (DK 13 A10 und A7).

Das alles mag andererseits kaum Erstaunen hervorrufen, wenn man sich daran erinnert, daß auch Anaximander sein Apeiron mit Gottesprädikationen bedacht hat, und wenn man zudem davon ausgeht, daß selbst der nüchtern betrachtende Anaximenes offensichtlich wieder bei vorphilosophischen dichterischen Traditionen geborgt hat, denn sein ἀήρ ruft den Interpreten gelegentlich die Vorstellung des mythologischen „Urnebels", der allem zuvorliegt, oder unter Umständen auch des homerischen αἰθήρ ins Gedächtnis. Zudem hatte, wie man aus den erhaltenen Fragmenten des Epischen Kyklos wird entnehmen dürfen, bereits der anonyme Dichter der sogenannten „Titanomachie" in seiner Kosmogonie den αἰθήρ als den Ursprung des Weltprozesses und der Götter angesehen und war auf diese Weise dem anaximeneischen Denken erstaunlich nahe gekommen, wenn er es nicht sogar nachhaltig inhaltlich beeinflußt hat[34]. Am auffälligsten aber darf wohl die Parallele zur Theogonie des Epimenides, eines kretischen Epikers, Priesters und anerkannten Mythologen des siebten Jahrhunderts, der auch Xenophanes und Platon bekannt war (DK 21 B20, Platons Nomoi 642d), gelten. Auch Epimenides sah den göttlichen ἀήρ am Anfang des kosmischen Prozesses. Doch kaum ein Vergleich erhellt den Schritt vom mythischen zum philosophischen Denken so nachhaltig wie der zwischen Anaximenes und diesem ihm aussageinhaltlich so frappierend nahestehenden Kosmologen: Beide wollen zwar den ἀήρ als Anfang alles Gewordenen erkannt haben. Während aber der Milesier einen nachvollziehbaren „Beweis" durch ein Experiment anbietet, uns also einen methodischen Einblick in die Genese seiner spekulativen Idee bietet und fast schon so etwas wie eine „Weltformel" liefert, oder doch zumindest in seiner Rede von „Verfestigung" und „Verdünnung" einen rational zugänglichen, plausiblen Mechanismus des Werdens zeichnen will, lehrt Epimenides, was ihm in einem gottgesandten, angeblich jahrelang andauernden Traum eröffnet wurde, den er seinen „Lehrer" nannte, weshalb auch ein Doxograph meint, der Kreter habe seine kosmogonischen Prinzipien nur „postuliert"

---

[34] Es ist hier nicht der Ort, auf alle erkennbaren Bedingungszusammenhänge zwischen Mythos und Anaximenes' ἀήρ-Konzeption hinzuweisen. Es genüge daher der Verweis z.B. auf W. Schadewaldt, ibid., p.261 und H.Schwabl, ibid., 1518ff. Zum Epischen Kyklos sh. für diesen Zusammenhang A.Bernabé Pajares, Fragmentos de Epica Griega Arcáica, pp.23ff und 35ff. Daß auch Anaximander daran dachte, die Luft sei der Ursprung der Götter, zeigt DK 13 A7. Daneben sollte allerdings nie aus den Augen verloren werden, daß der Grieche wie gesehen auch einen fundamentalen Unterschied zwischen ἀήρ und αἰθήρ machen kann.

(ὑποθέσθαι: DK 3 B5), nicht aber begründet[55]. Dichter und Philosoph sind auf den zweiten Blick also bereits in diesem frühen Stadium weiter voneinander entfernt, als ihre geringe zeitliche Distanz und die Ähnlichkeit ihrer Aussageinhalte auf den ersten Blick glauben machen wollen.

Als göttliches Prinzip nähert sich nun andererseits der anaximeneische ἀήρ auch der Vorstellung einer Art „Weltseele" an (schon von Anaximander ist überliefert, er habe die Seele für „luftartig" gehalten: DK 12 A29), die als lebendigmachendes Prinzip den Kosmos durchwirkt, also eher πνεῦμα in einem religiösen als „Luft" im physikalischen Sinn ist:

„So wie unsere Seele, die Luft ist, uns zusammenhält, so umfaßt auch den ganzen Kosmos Atem (πνεῦμα) und Luft" (DK 13 B2).

Auch hier ist also wieder zu sehen, daß selbst die prima facie unter stark „materialistischen" Vorzeichen betriebene Wirklichkeitserklärung der Milesier stark an religiösen und mythischen, wenn auch nicht mehr so sehr anthropo-morphistischen Vorgaben und Denktraditionen hängt und sie nur teilweise ablehnt, in gewissen Aspekten aber vertiefen und gewinnbringend weiterführen konnte.

Ansonsten geht Anaximenes den Weg empirischer Erklärungsversuche der Wirklichkeit, den schon Thales und Anaximander eingeschlagen hatten: Die Erde sowie Sonne und Mond, die beide aus Feuer seien, schwämmen demnach auf der Luft, die Gestirne seien wie Nägel am Himmelsgewölbe befestigt, die Welt habe die Form eines Mühlsteins und so weiter (DK 13 A7, A12, A14). Das ist wohl schon nicht mehr besonders originell, zeigt aber immerhin, wie schnell sich die aus der Anschauung der Wirklichkeit rational gebildete Weltsicht in der frühen Philosophie etabliert hatte.

Es war in diesem Kapitel ab und an davon die Rede, wieviel Xenophanes den drei großen Milesiern und ihrer Philosophie verdankt. Dennoch setzt sich der Kolophonier in zahlreichen Entwürfen auch gewollt und akzentuiert von diesen Denkern ab. Ich möchte daher abschließend eine kurze Liste grundlegender allgemeiner Ansätze und Lehren der milesischen Philosophie geben, von denen sich Xenophanes auffallend unterscheiden wird:

---

[55] Zu Epimenides' Lehren und Leben vgl. DK 1E, 1f, 5A und 5B zu Epimenides, sowie A.Bernabé Pajares, ibid., pp.330 und 338f, dem ich auch in der vorsichtigen Beurteilung der Diels-Kranz'schen Frgme. 20ff folge. Desweiteren G.L.Huxley, ibid., pp.80ff.

- Thales, Anaximander und Anaximenes scheuten unseres Wissens die aktive Auseinandersetzung mit dem mythischen und religiösen Weltbild, das sie durch ihre eigenen revolutionären Entwürfe zu substituieren suchten.

- Ihre Suche nach der ἀρχή der Wirklichkeit konzentrierte sich auf eine alleinige Ur-Sache, die ein Werdensprinzip ab intrinseco einschließen mußte. Eine von außen an das Weltgeschehen herantretende (das heißt von der Ur-Sache unterschiedene) Wirkursache war ihnen offenbar fremd.

- Die ἀρχή, die die Milesier als Ursache der Welt annahmen, war also tatsächlich eine Ur-Sache, ein materielles apersonales Prinzip, das ab intrinseco gewisse Gesetzmäßigkeiten für die Weltentstehung vorgab, nicht aber ein Willenszentrum darstellte, das auf bestimmte Ziele hinwirkte.

- Die milesische „Theologie" (sofern man von einer solchen sprechen kann) knüpfte nicht so sehr an die anthropomorphistischen Vorgaben des Mythos (etwa Homers und Hesiods) an, sondern an offenbar ältere religiöse Vorstellungen einer von nichtanthropomorphen Mächten bestimmten Welt, die sich augenscheinlich auch besser mit der Annahme einer belebten Ur-Sache des Weltprozesses in Einklang bringen ließen.

- Nirgends findet sich ein Hinweis auf eine eigene milesische Erkenntniskritik. Den Milesiern lag die Frage nach einer möglichen Problematizität der Übereinstimmung ihrer Erkenntnisse und Lehren mit den objektiven Tatsachen offensichtlich fern[56].

In allen diesen Punkten wandte sich Xenophanes von den milesischen Vorgaben ab und suchte neue, eigene Ansätze. Auch und gerade dieses bewußte Absetzen von seinen philosophischen Vorgängern zeigt ihn aber als weitaus originelleren Denker als in der Forschung bislang meist vermutet.

— Mit Anaximenes endete die milesische „naturphilosophische" Tradition. Ein äußerer Grund dafür mag wohl die Eroberung und Zerstörung Milets im Jahr 494 durch die Perser gewesen sein; doch war vielleicht auch innerlich diese Art zu philosophieren ohnehin bereits zu einem gewissen Ende gekommen, einem auch sonst in der Geistesgeschichte oft erkennbaren Dreischritt gehorchend: „Der erste kann einiges packen, anderes empirisch hinzufügen und die Sachen einfach

---

[56] Vielleicht aber machten sie sich immerhin – falls unsere oben gegebene Interpretation des Apeiron als „Horizont" richtig ist – die Reichweite menschlichen Wissens zum Gegenstand ihrer Überlegungen.

hinstellen; der zweite knüpft an ihn an, aber großartig darüber hinausgreifend, vertiefend, vermehrend und bereichernd; worauf der dritte zu ordnen beginnt, zu vereinfachen, zusammenzufügen und möglichst universal zu erklären"[57]. Anaximenes hatte für die Milesier diesen letzten systematisierenden Schritt in gewisser Weise getan und damit ihre Denktradition zu einem vorläufigen Abschluß gebracht. Dieser und die äußeren politischen Umstände trugen dazu bei, daß die fruchtbaren Ansätze der frühionischen Philosophie nunmehr von einigen herausragenden Denkern bereits im sechsten Jahrhundert Richtung Westen getragen wurden. Besonders willige Aufnahme fanden sie zunächst offenbar in Großgriechenland, wohin der aus Samos gebürtige Pythagoras sie brachte und das auch Xenophanes, der aus Kolophon emigriert war, auf seinen langen Wanderungen durch das gräzisierte Süditalien lange Zeit lehrend durchwanderte. Die einflußreiche eleatische Philosophie, große Denker wie Empedokles von Akragas und Platons enge Verbindungen zu Sizilien und Unteritalien sprechen dafür, daß die Philosophie gerade dort rasch und fruchtbringend Verbreitung fand.

Die vorliegende Arbeit verläßt hier allerdings den Weg, den der eher mystisch denkende Weisheitslehrer und „Schamane"[58] Pythagoras mit seiner philosophischen Theologie und ihren akusmatisch-mathematischen Weltdeutungsversuchen nahm, und folgt, aufbauend auf den bisher behandelten Philosophen und ihren Grundkonzeptionen, den Lehren des weitaus nüchterneren Xenophanes, wobei der Schwerpunkt der Überlegungen seiner Mythenkritik und seiner sich daraus ergebenden positiven Gotteslehre gelten wird.

---

[57] W.Schadewaldt, ibid., p.259.

[58] Zur charismatischen Gestalt des „Schamanen" Pythagoras sh. W.Schadewaldt, ibid., p.273 ff, nochmals E.R.Dodds, ibid., pp.140ff sowie die einschränkenden Hinweise bei KRS pp.229f. Auch z.B. W.Burkert, Weisheit und Wissenschaft, pp.98ff, spricht vom „Schamanismus" des Pythagoras, will dabei allerdings dem „Wundermann" große Leistungen auf dem Gebiet des rationalen Diskurses nicht absprechen (pp.142ff). Es ist, das sei hier am Rande und ohne jede weitere Vertiefung und Ursachenforschung angemerkt, überhaupt auffallend, daß die „zweite Philosophengeneration" nach den Milesiern wieder eher dazu übergeht, theologische Themen anzuschneiden, und wieder stärker auf Mythos und Religion rekurriert: Xenophanes, Pythagoras und auch Heraklit nehmen im Gegensatz zu Thales, Anaximander und Anaximenes wieder explizit Bezug auf Religion, mythologische Tradition und Mantik.

2.3. Exkurs: Die „nichtphilosophischen" Wissenschaftler Ioniens

Der schmale ionische Küstenlandstrich lieferte nicht nur für die Entstehung der Philosophie einen fruchtbaren Nährboden. Auch die Historiographie, die Ethnologie und Geographie hatten hier ihre Wiege, und ihre Anfänge verdanken sich zum Großteil nicht zuletzt den bahnbrechenden Ansätzen der Philosophie, dieser „nicht immer wohlwollenden, doch unlöslich verbundenen Zwillingsschwester"[59] aller jener Wissenschaften, vor allem aber der Geschichtsschreibung. In der Tat waren im großen und ganzen die allgemeinen Rahmenbedingungen für die Entstehung der Geschichtsschreibung sowie der Ethno- und Geographie deckungsgleich mit denen der ersten philosophischen Regungen: Ausgedehnte Expeditionsfahrten des siebten und sechsten Jahrhunderts, die den Mittelmeerraum und weite Gebiete darüber hinaus geographisch und ethnologisch erschlossen und den Griechen Vergangenheit und Zeitgeschichte der Nachbarvölker entdeckten, machten eine systematische Neuorientierung in Raum und Zeit notwendig. Diese Aufgabe der Gliederung der bekannten οἰκουμένη in räumlicher und zeitlicher Hinsicht nahmen Historiographen und Geographen in Ionien erstmals unter wissenschaftlichen Vorzeichen wahr[60], ähnlich wie die ersten Philosophen eine Neuorientierung in ihrem Bereich unternommen hatten. Doch sollen auch hier die infrastrukturellen Requisiten nicht überbewertet werden. Als sehr viel wichtiger für unseren vorsokratischen Kontext muß es erachtet werden, daß sich das wissenschaftliche Denken insgesamt stark an die Vorgaben der drei großen

---

[59] W.Schadewaldt, Die Anfänge der Geschichtsschreibung bei den Griechen, p.560, in: HuH, pp.559-579.

[60] Detaillierter gibt K. von Fritz, Die griechische Geschichtsschreibung Bd.I, Auskunft über die Expeditionsfahrten (v.a. pp.26ff) und die „Neuorientierung im Raum" (pp.48ff), ein Ausdruck, den ich hier von v.Fritz übernehme.

milesischen Philosophen anlehnte: Besonders Hekataios[61], ja ebenfalls ein Milesier, macht sich als erster großer Geschichtsschreiber in auffälliger Weise das Denken des Anaximander zu eigen und zunutze, er kopiert und verbessert die Erdkarte seines Lehrers (adoptiert also das weiter oben bei Thales beobachtete Modelldenken für die von ihm betriebenen Wissenschaften), fügt ihr eine ergänzende Erdbeschreibung (περιήγησις γῆς) hinzu, und übernimmt überhaupt im allgemeinen Methode und Zielsetzung des philosophischen Denkens für die ihn interessierenden Bereiche des Wissens. Als Fixpunkt der Biographie des Hekataios gilt der ionische Aufstand des Jahres 499, vor dem er als offenbar einflußreicher politischer Berater seiner Heimatstadt auftritt. Ob er aber nun tatsächlich ein direkter Schüler des Anaximander war, wie die Tradition und die zeitliche Nähe beider Lebenszeiten es glauben machen will, scheint plausibel, ist aber einmal mehr keineswegs zwingend.

Hekataios kann aber auch als illustratives Beispiel dafür dienen, daß, ähnlich wie in der Philosophie, die Selbstfindung der von ihm betriebenen Wissenschaften vor allem in Übernahme und Abgrenzung von mythischen Vorgaben geschieht und zu verstehen ist, denn Hekataios, obwohl als Geograph und Geschichtsschreiber ungleich erfolgreicher, war zugleich auch Mythograph, und als eine seiner Groß- leistungen müssen seine mythologischen „Genealogien" angesehen werden. Offenbar standen für ihn wissenschaftliches und mythographisches Denken nicht von vorneherein in direktem Widerspruch zueinander[62].

Es darf als unbestreitbar gelten, daß das geschichtliche Epos, vor allem also zum Beispiel das Homers und des Kyklos, „den Hellenen ein erstes Stück ihrer Ver- gangenheit in Ordnung gebracht" hat, und daß die genealogischen Stammbäume

---

[61] Dionysios von Halikarnassos listet in einer berühmt gewordenen Passage des fünften Kapitels seiner Schrift über Thukydides (VII,5,1ff) eine Reihe von Namen der Historiographen vor Thukydides auf, von denen einige offenbar Zeitgenossen des Hekataios waren, und zwar mit dem Vermerk, alle diese zeigten ähnliche Methoden und Themenauswahl und hätten sich auch in Bezug auf ihre wissenschaftliche Begabung – Herodot ausgenommen – wenig unterschieden. Was im folgenden für Hekataios gesagt wird, darf also auch für viele jener Unbekannteren gelten. Zum Dionysios-Zitat und seiner Besprechung verweise ich an dieser Stelle lediglich auf L.Pearson, Early Ionian Historians, p.3ff. Übrigens hatte Milet in Dionysios von Milet neben Hekataios noch einen zweiten, ungefähr gleichzeitigen Historiographen aufzuweisen und darf als die Heimat nicht nur der ersten Philosophenzirkel, sondern also auch eines ersten Traditionsstrangs in der Geschichtsschreibung, Ethno- und Geographie gelten; sh. K.v.Fritz, ibid., p.103.

[62] Hekataios sieht sich hier ganz in der Tradition der großen Mythologen: Seine Genealogien wollten offenbar den theogonischen Stammbaum Hesiods für die Heroenwelt weiterführen (vgl. O. Lendle, Einführung in die griechische Geschichtsschreibung, pp.15).

und Kataloge besonders etwa der Ilias „in dem betäubenden Wirrwarr der mannigfaltigsten zerfahrenen und sich kreuzenden mythischen Traditionen Ordnung zu schaffen" und die so tradierte Vergangenheit erzählend und aufzählend zu strukturieren suchten[63]. Diese Aufgabe der Ordnung mythischen Traditionsguts blieb auch eine der vornehmsten der frühen Historiographen; so findet sich zum Beispiel der homerische „Ost-West-Konflikt" der Ilias bei Herodot als Leitmotiv seines gesamten Werks aufgegriffen[64]. Auch weist der epische Kyklos Geschichten auf, die, vor dem Hintergrund der bereits erwähnten Kolonisierung im Mittelmeerraum, die griechische Landnahme, beziehungsweise in vielen Fällen auch nur die in ihr gesammelten Erfahrungen, in mythischer Diktion verarbeitet oder in eine ältere mythische Vorlage integriert. Erzählender Mythos und die Geschichte in Geschichten der frühen Historiographen berühren sich auf dieser Stufe in mehr als einem Punkt und vielleicht in vielem noch offensichtlicher als Mythos und Philosophie[65]. So bleibt der Geschichtschreibung und ihren Schwesterwissenschaften anfangs auch noch ganz die Dominanz des narrativen Elements über dem argumentativen, wenn auch dieses immer deutlicher hervortritt: Noch Herodot erzählt, obgleich er eigener Aussage nach sich vorbehält, was er gemessen an der Wahrscheinlichkeit des Gehörten glauben will, ununterschieden alles, was ihm berichtet wurde, und diese Methode des λέγειν τὰ λεγόμενα bringt es auch mit sich, daß er mitunter (ganz wie der Mythos) verschiedene, auch widersprüchliche Versionen ein und derselben Geschichte bietet (Herodot II,99 und VII,152). Was ihn aber wie die mythische Erzählung eigentlich interessiert, ist der „theologische" Leitfaden. Am Anfang steht die Feststellung, daß „unter den menschlichen Dingen

---

[63] W.Schadewaldt, Die Anfänge der Geschichtsschreibung bei den Griechen, in: HuH, pp.559ff, p.564 und p.567. Das „strukturierende Herzählen" gilt Schadewaldt geradezu als Definition des geschichtlichen Logos, denn λέγειν meine ja in seiner primären Bedeutung ja „sammeln, aufzählen" (vgl. Schadewaldt, ibid., p.568).

[64] Und das, obwohl Herodot im Proömium seines Werks (I,5,3) ja vorgibt, über die unverbürgten Mythen nicht handeln, sondern erst mit Kroisos beginnen zu wollen. Im übrigen stand Herodot in verwandtschaftlichem Verhältnis zu dem Epiker Panyassis, eine biographische Randnotiz, die auf Herodots intensive Beziehung zu den mythischen Traditionen hinweisen dürfte (vgl. v.Fritz, ibid., p.121). Herodot, der ja in Halikarnassos heimisch war, ist selbst dorischer Abstammung; es dürfte aber kein Zweifel daran bestehen, daß er ionischer Bildung war, weshalb er auch hier und im folgenden unter die ionischen Wissenschaftler gerechnet wird, wie dies auch die Forschung allgemein dezidiert tut.

[65] Zu den historischen „Kolonisationsmythen" des Kyklos sh. A.Bernabé Pajares, ibid., pp.227 und 233, sowie pp.344ff, besonders aber pp.355ff und 365ff, wo von Panyassis die Rede ist (vgl. auch O.Lendle, ibid., pp.36f). Zur Beziehung Epos-Geschichtsschreibung allgemein sh. z.B. auch die längere Abhandlung des Themas bei S.Hornblower, Greek Historiography, pp.7ff sowie nochmals O.Lendle, ibid., pp.3ff.

nichts gewiß und beständig sei" (I,86). Diese Unbeständigkeit konnte aber wohl nicht das letzte Wort sein. In der von ihm erzählten, freilich an Brutalität Shakespeares Königsdramen in nichts nachstehenden blutigen Abfolge von Schicksal und Wiederkehr, Überheblichkeit und Sturz, Schuld und Strafe, kurz von τύχη und τίσις, sieht Herodot daher den ewigen „Kreislauf der Menschendinge" (I,207) sinnstiftend manifestiert und erfüllt damit auf seine Weise das erst viel später von Leopold von Ranke ausformulierte Postulat, alle Geschichtsschreibung solle die Theodizee zur eigentlichen Aufgabe haben: Denn die Historie, und das hat sie mit dem Mythos über alle äußeren Merkmale hinweg strukturell gemeinsam, „hat es nicht mit einzelnen Geschehnissen sondern mit Geschehen in seiner Ganzheit zu tun. Über Tatsachen, Zufälle und Momente hinweg sucht sie das Bild eines Geschehensganzen aufzubauen, der Fülle überlieferter Fakten sucht sie den inneren Richtungssinn abzugewinnen"[66].

Und dennoch: Bei aller Übernahme mythischen Gedankenguts durch die Geschichtsschreiber grenzt sich die Historiographie auch bewußt und akzentuiert vom Mythos ab. Äußeres Zeichen dafür ist die Prosaform der historischen Schriften. Und selbst das Wort ἱστορίη birgt in sich bereits eine Kritik des mythischen Traditionsarguments, auch nach außen hin: Historie ist die sichere „Kunde", das „Gesehene" und das, „was man erfahren kann oder konnte", ἵστωρ heißt der Augenzeuge oder auch der Schiedsrichter[67]. Der – um den alten Namen zu gebrauchen – λογογράφος (oder λογοποιός, wie Herodot V,36 und V,124 den Hekataios nennt)[68] erzählt als ἵστωρ das, was er verbürgt selbst gesehen hat oder in Erfahrung bringen konnte. An dieser persönlichen Erfahrung, am Gesehenhaben und der Maßgabe der Wahrscheinlichkeit, kurz am historischen Logos, muß es sich das Überlieferte gefallen lassen, gemessen zu werden.

---

[66] W.Schadewaldt, Die Anfänge der Geschichtsschreibung bei den Griechen, p.560. Zum „theonomen" Weltbild Herodots vgl. auch O.Lendle, ibid., v.a. z.B. p.58; ich möchte hier nur am Rande darauf aufmerksam machen, wie leicht Herodots Vorstellung von der Entwicklung der Geschichte durch Überhebung und τίσις, durch Gleichgewichtsverlust und Ausgleich in der Zeit, in die Nähe zu Anaximanders Weltprozess durch Ausdifferenzierung und das sich Strafe Zahlen nach der Anordnung der Zeit gerückt werden könnte.

[67] Der Ausdruck ἵστωρ taucht bei Homer zwei Mal auf (II.XVIII,501 und XXIII,486) und bezeichnet den Schiedsrichter, also denjenigen, der ein Urteil gemäß des von ihm Gesehenen fällt. Bei Heraklit (Frgm. B35) ist das Wort im Sinne von Augenzeuge gebraucht und wird sogar in die Nähe der Wortbedeutung von φιλόσοφος gerückt; beides, ἱστορία wie φιλοσοφία, scheint bei Heraklit noch ziemlich synonym die ionische Art des Erkenntnisgewinns zu benennen; näheres bei J. Pòrtulas, Heráclito y los *maîtres à penser* de su tiempo, pp.166-169.

[68] Als λογογράφοι bezeichnet u.a. Thukydides (I 21) die alten Geschichtsschreiber; vgl. zum Wortgebrauch u.a. auch L.Pearson, ibid., p.8, insbesondere zu Herodot p.25.

Daneben steht verstärkend die ganz offene Kritik der Historiographen am Mythos, die Hekataios wohl stellvertretend für viele in der Einleitung zu seinen Genealogien so formuliert:

„Die Erzählungen der Griechen scheinen mir viele und lächerliche zu sein (οἱ γὰρ Ἑλλήνων λόγοι πολλοί τε καὶ γελοῖοι, ὡς ἐμοὶ φαίνονταί, εἰσιν)" (Hekataios Fragment 1/Jacoby).

Πολλοί heißt in diesem Zusammenhang auch soviel wie „widersprüchliche", und Hekataios zielt ganz bewußt auf diese offensichliche Defizienz der widersprüchlichen Vielfalt mythischen Erzählens ab. Hekataios verspricht daher anschließend, Sinnvolleres zu erzählen, und zwar Sinnvolleres am Maßstab vernünftiger Wahrscheinlichkeit (der im übrigen auch in Xenophanes' Erkenntnislehre eine bedeutende Rolle spielen wird); diese „neuartige Zielsetzung darf wohl als eigentliche Keimzelle der griechischen Historiographie angesehen werden"[69]. Daß Hekataios eine „rationalistische Reinigung" der Mythen vornimmt, heißt jedoch nicht, daß er Mythisches ganz und gar verwirft (eine Haltung, die ja ungefähr gleichzeitig auch den Xenophanes auszeichnet, wenn auch dieser weniger die „reine" als die „praktische" Vernunft zum Maßstab seiner Kritik macht)[70]. Vielmehr geht es dem Milesier um eine Bewahrung dessen, was gemäß dem historischen Logos als Wahrheit im Mythos vorgefunden werden kann[71]. Daß dieser Logos der geschichtlichen und geographischen Wissenschaften auch dem Widerspruchsprinzip gehorcht und sich, wie gezeigt, das Modelldenken der milesischen Philosophen zu eigen macht, deutet einmal mehr auf seine enge Anlehnung an den philosophischen Logos hin.

Auffallend früh übt die Historiographie deshalb auch Selbstkritik an den in ihr überlebenden mythischen Elementen, und das noch wesentlich akzentuierter als die gleichzeitige Philosophie; auch darin nähern sich die Geschichtschreiber den

---

[69] O.Lendle, ibid., p.16.

[70] Vielleicht zieht Heraklits DK 22 B40 also nicht nur von ungefähr Hekataios und Xenophanes so eng zusammen. Gewisse Berührungspunkte und Interessengemeinsamkeiten zwischen beiden sind jedenfalls unübersehbar.

[71] Ein vergleichbares methodisches Prinzip in der Behandlung widersprüchlichen Traditionsguts kennt auch die Mythographie; so erhebt Hesiod (Theog.24-28) den Anspruch, sich nicht zu widersprechen, sondern nur eine Version (die für ihn wahrscheinlichste) des Überlieferten vorzutragen. Zu den Verbindungen und Unterschieden zwischen Hesiods und Hekataios' methodologischen Ansätzen sh. auch F.Jacoby, Die Fragmente der griechischen Historiker, zu Fr.1 des Hekataios.

grundsätzlichen Positionen des Xenophanes in besonderer Weise an. So ridikulisiert Herodot die Weltkarten seiner Zeit (also wohl auch die des Hekataios und des Anaximander), weil sie den Okeanos, den Herodot für bloße Erfindung Homers hält, wie im Mythos rund um die Erde fließen lassen[72] und schilt die Griechen, weil sie λέγουσι μάταια πολλά, „viele Lügengeschichten erzählen" (II,2). Ebenso streng, wenn auch wesentlich später tadeln Thukydides und Strabo Hekataios' und Herodots unwissenschaftliches Arbeiten, das sich vornehmlich in der Anhänglichkeit an ihre mythischen Vorgaben zeige, und auch Cicero wirft dem Herodot, wenngleich er ihn im selben Atemzug als „Vater der Geschichtsschreibung" preist, vor, er würde „innumerabiles fabulae" erzählen („Quippe cum in illa [scil. in historia] ad veritatem quaeque referantur, in hoc [in poemate] ad delectationen pleraque; quamquam et apud Herodotum patrem historiae et apud Theopompum sunt innumerabiles fabulae")[73].

Was Cicero befremdete, war offenbar das verwirrende Nebeneinander von historischem Logos und dichterischer „delectatio" in Herodots und anderer erzählter Geschichte. Und wirklich greift Herodot aus seinen mythischen Vorlagen immer wieder Erzählstrukturen und Motive auf; doch nimmt er dabei in seinen Geschichten, um ein Wort Karl Reinhardts zu gebrauchen, eine „Entzauberung der Märchenwelt" vor. Beispiel hierfür ist unter anderem die bekannte Gyges-Episode aus den Persergeschichten, die im Aufbau gängigen Märchenschemata gehorcht, aber gleichzeitig alles Unwahrscheinliche beiseite läßt. So wird aus dem unsichtbar machenden Zauberring (der in der platonischen Erzählung desselben Mythos auftaucht) oder der Tarnkappe (die etwa in der im Nibelungenlied verarbeiteten Version des Motivs Verwendung findet) bei Herodot einfach ein gutes Versteck; und aus dem armen Hirten, der ein Königreich gewinnt, ein höfischer Usurpator. Am wichtigsten aber ist die historische Situierung des Erzählten: Nicht mehr überzeitliche archetypische Charaktere sind die Protagonisten Herodots, sondern geschichtlich greifbare Persönlichkeiten, Gyges und Kandaules, und das märchenhafte Ubique wird durch exakte geographische Bestimmung des

---

[72] Herodot II,23 und IV,36. Als unverbürgt verwirft der mißtrauische Herodot IV,42 ja allerdings auch die keineswegs mythische Erzählung phönizischer Afrikaumsegler, die Sonne habe auf der Reise plötzlich im Norden gestanden.

[73] Cicero, De legibus, I,1. Daneben sh. Thukydides I,20-22 und XXII,4, obwohl Gommes Thukydideskommentar zu I,22,2 bestreitet, daß der Athener an dieser Stelle Herodot angreifen will. Zu Strabos Kritik vgl. Testimonia 10 und 13/Jacoby zu Hekataios; daneben L.Pearson, ibid., p.27. Zum Ganzen auch O.Lendle, ibid., p.57.

Geschehens ersetzt[74]. Überzeitlich bleibt bei Herodot allein der ethische Maßstab, die „Moral von der Geschicht'", die er der Gygeserzählung wie jeder geschichtlich relevanten Tat untergelegt sieht: Das (hier einmalig-exemplarische, jedoch in Wirklichkeit ewige) Wechselspiel von fataler Hybris und gleichermaßen schicksalhafter Vergeltung, das hier gegenüber der ethischen Indifferenz des ursprünglichen Märchenmotivs betont wird, und das als einendes göttliches Prinzip den Hintergrund aller Vielfalt und Zerfahrenheit, die also lediglich prima facie den Lauf aller Dinge beherrschen, bildet.

All das, der Ausgangspunkt von der Unbeständigkeit und Unsicherheit im menschlichen Bereich, der strenge ethische Maßstab, der an alle Wirklichkeit, auch die göttliche, angelegt wird, und nicht zuletzt das einheitstiftende göttliche Prinzip, das allem zugrunde liegt, sind Gedanken, die nicht nur in der ionischen Geschichtsschreibung Verwendung fanden. Sie tauchen in frappierender Ähnlichkeit, wenn auch anders zum Ausdruck gebracht, ebenfalls bei Xenophanes auf. Es ist nicht unbemerkt geblieben, daß sich gerade bei Xenophanes einige Querverbindungen zu den Anfängen der Historiographie in seiner ionischen Heimat aufdecken lassen[75]. Viel zu auffällig sind die mythenkritischen Töne und ihre Motivation, die die Zeitgenossen Xenophanes und Hekataios einen, unmißverständlich auch die besprochenen Parallelen zum theologischen Denken Herodots, dessen Lebenszeit sich ebenfalls noch mit der des Kolophoniers überschneidet. Unübersehbar ist schließlich im gleichen Zusammenhang die Verwendung ethnographischer Beobachtungen, auf die sich einige der erhaltenen xenophanischen Fragmente stützen und die Übereinstimmung was die wissenschaftliche Beurteilung gewisser Naturphänomene betrifft[76]. Sollte zudem die doxographische Überlieferung recht behalten, Xenophanes habe die Kolonisation Eleas (deren Augenzeuge er gewesen sein mag) und die Gründung Kolophons literarisch umgesetzt, so darf und muß man dem Xenophanes wohl auch eine wichtige Rolle innerhalb des Bildungs-

---

[74] Der Gygesgeschichte (in I,8f des Geschichtswerkes Herodots, die platonische Fassung derselben in Resp.359) hat sich K.Reinhardt in zwei lesenswerten Aufsätzen angenommen, auf die ich hier verweise: „Herodots Persergeschichten" und „Gyges und sein Ring", beide veröffentlicht im Sammelband „Vermächtnis der Antike".

[75] Das Thema ist allerdings in der Forschung recht stiefmütterlich behandelt worden; als einzige, wenn auch sehr unzureichende Beispiele kann hier lediglich auf J.Mansfelds kurze Bemerkung Vorsokr. p.204, J.H.Lesher, Xenophanes, p.4 (insbes. zu Xenophanes), O.Lendle, ibid., p.37 sowie auf W.A.Heidel, Hecataeus and Xenophanes, pp.271f hingewiesen werden.

[76] Man denke v.a. an die ethnologische Beobachtung des Xenophanes in Fragment 21 B16. Frappierend ähnlich deuten Herodot (II,12) und Xenophanes (21 A33) das Vorhandensein von Muscheln auf Bergen: Beide nehmen es als Indiz dafür, daß der Wasserstand früher sehr viel höher gewesen sein muß (vgl. dazu auch das Kapitel über die Erkenntniskritik des Xenophanes).

prozesses der Geschichtsschreibung als der sich vom Mythos loslösenden Verarbeitung gesehenen Zeitgeschehens und lokalen Traditionsguts zuschreiben. Und wie Xenophanes der Historiographie wichtige philosophische Impulse vermittelt haben mag, so soll auch im folgenden Kapitel bei der Untersuchung xenophanischen Denkens und Dichtens neben dem homerischen Epos, von dem, wie zu sehen sein wird, mehr oder weniger jeder Gedanke des Xenophanes in verschiedensten Graden abhängig ist, und den philosophischen Vorgaben der Milesier, auf die er sich offensichtlich stützt, als Drittes noch mitbedacht werden, daß auch die positiven methodischen wie inhaltlichen Ansätze der gleichzeitigen Geschichtsschreibung in gewissem Maße bei dem Kolophonier ihre Wirkung taten und die Grundlagen seines Denkens auf ihre Weise abrundeten.

3. XENOPHANES VON KOLOPHON

Man kann sich auf dem Hintergrund der vorausgegangenen Kapitel die beiden
Hauptströmungen des griechischen Denkens des sechsten und fünften
Jahrhunderts, wie es sich uns in den erhaltenen Schriften darstellt und wie es dem
sicherlich konservativeren Weltbild des Volkes um einiges vorauseilte, für unseren
Zusammenhang vereinfachend in zwei Linien vorstellen: einer hochansetzenden im
Fallen begriffenen, die die Entwicklung und Krise des mythischen Denkens
repräsentiert, und einer allmählich vom Nullpunkt des Koordinatensystems
ausgehend steil ansteigenden, die Philosophie in ihrer Entstehungsphase ver-
sinnbildlichenden. In unmittelbarer zeitlicher und thematischer Nähe zum unvermeidlichen Schnittpunkt der beiden stößt man auf Person und Denken des
Xenophanes von Kolophon. Das gesamte Lehrgebäude des Xenophanes steht in
Abhängigkeit zu dieser intermediären Stellung seines Denkens und dem daraus sich
ergebenden gegenseitigen Befruchten von Mythos und Philosophie in Inhalt wie
Form. Der Kolophonier ist, so wird im folgenden zu sehen sein, in allem der
weitgehend getreuliche Übersetzer rational verwertbaren mythologischen und
religiösen Gedankenguts in philosophisches hinein. Und wie jeder Übersetzungstat,
so hängen auch der des Xenophanes zwei fast unvermeidliche Makel an: Erstens,
daß jede Übersetzung dem Original, an dem sie sich versucht, Gewalt antun, es
verformen und oft allzu einseitig interpretieren muß; ein Umstand, der sich bei
Xenophanes als verbissene, bisweilen ungerechtfertigte Kritik seiner mythologischen Vorlagen erkennbar machen läßt. Zweitens, und hiermit sei gleich
vorweg ein Vexierpunkt der gesamten xenophanischen Philosophie angesprochen,
daß jede Übersetzungsarbeit gerne Gefahr läuft, Versuche tieferer eigenein-

gebrachter Originalität in sich aufzusaugen – eine Gefahr, der auch Xenophanes in bestimmten Gebieten (wenn auch keineswegs immer und oft nur scheinbar) zu erliegen droht.

Den Lehren des Xenophanes haben vielleicht eben darum selbst die voluminösesten Philosophiegeschichten selten mehr als ein paar Seiten gewidmet. Doch bereits die antiken Doxographen, allen voran etwa der später für die Philosophiegeschichte so einflußreiche Cicero[1], hatten bisweilen äußerst merkwürdige, wenn nicht denigrierende Vorstellungen von der Philosophie des Mannes aus Kolophon, und auch die Wiederentdeckung der Vorsokratik im 19. Jahrhundert war lange Zeit an diesem seltsamen und zugestandenermaßen schwer einzuordnenden Weisen und seinen polemischen Belehrungen vorbeigegangen. Dabei erschien dieser Dichterphilosoph seinen Zeitgenossen als durchaus einflußreicher und eminent wichtiger Denker, wenn er auch offenbar an Popularität dem charismatischeren Pythagoras und an Scharfsinn dem profunderen Heraklit in vielem nachstand[2]. Doch immerhin hatten auch seine Entwürfe eine beachtenswerte, wenn auch meist unterschwellige und selten explizite Wirkungsgeschichte, und selbst in unserem Jahrhundert will Karl Popper den Kolophonier noch unter die maßgeblichsten Vorläufer nicht nur seiner eigenen Philosophie, sondern auch der des Sokrates, Montaignes, Erasmus', Voltaires, Humes, Lessings und Kants zählen[3].

---

[1] Sh. z.B. Ciceros gänzlich absurde Vorstellungen über Xenophanes und Parmenides in De natura deorum I,28.

[2] So etwa DK 21 A13, wo Aristoteles den Kolophonier als einflußreichen und gefragten Weisheitslehrer und Berater kennt, DK 21 A9a, wo Eusebios die Berühmtheit des Xenophanes anspricht (Ξενοφάνης Κολοφώνιος ἐγνωρίζετο) sowie 22 B40, wo Heraklit den Xenophanes zwar der „Vielwisserei" bezichtigt, ihn aber immerhin in eine Reihe mit unbestreitbar wirkungsreichen Denkern wie Hesiod und Pythagoras stellt. Pythagoras von Samos selbst wird in der antiken Literatur generell als *der* charismatische Ausnahmemensch seiner Epoche gehandelt, neben dem alle anderen Philosophenviten verblassen. Vgl. dazu u.a. DK 14.8a, 14.7, Mansfeld, Vorsokr., Frgm.4 zu Pythagoras etc. Ungerechtfertigt aber ist eine für viele heutige Interpreten leider immer noch charakteristische Einschätzung des Xenophanes in bezug auf Heraklit und Pythagoras, die sich z.B. auch E.Sandvoss, Geschichte der Philosophie Bd.1, p.249 zu eigen gemacht hat: „Cicero (acad.4,23) hielt ihn (Xenophanes) für einen mittelmäßigen Dichter. Als Philosoph war er auch nicht überragend, jedenfalls nicht mit Pythagoras oder Heraklit zu vergleichen".

[3] Vgl. P.K.Feyerabend, Eingebildete Vernunft. Die Kritik des Xenophanes an den Homerischen Göttern, p.209. Desweiteren: K.Popper, Auf der Suche nach einer besseren Welt, p. 217 (mit dem nötigen Hinweis, daß der Vergleich mit der europäischen Aufklärung des 17. und 18. Jahrhunderts der philosophischen Mythenkritik der Griechen nicht gerecht wird).

Für die Untersuchung der Entstehung von Philosophie und eines philosophischen Gottesbegriffs aus Kritik und Umformung des überkommenen Mythos bietet das Denken des Xenophanes ein geradezu maßgeschneidertes Anschauungsbeispiel. Der Mann, der von Beruf wohl Rhapsode war[4], sich also professionell mit dem mythologischen, insbesondere homerischen Traditionsdepositum beschäftigen mußte, beginnt auf der Basis seines „Insiderwissens" um die Stärken und Defizienzen des Mythos eine qualifizierte polemische Kritik der mythischen Vorstellungen zu betreiben und entwirft in Fortführung dieser Kritik ein eigenes, nunmehr philosophisches und, wie zu sehen sein wird, ungeheuer wirkungsreiches Gottesbild.

Xenophanes' Mythenkritik und Philosophie nehmen somit eine andere Richtung als die, die das Denken milesischer Herkunft genommen hatte, denn der Kolophonier führt nicht nur in gewisser Weise die großartigen und gewagten anaximandrischen und anaximenischen Spekulationen fort, sondern nährt sich wahrscheinlich zudem auch noch aus dem Gedankengut der aufkommenden mystischen und religiösen (insbesondere wohl orphischen) Strömungen seines Jahrhunderts, mit ihrem geläuterten und teilweise bereits vergeistigten Gottesbegriff und ihren höherentwickelten ethischen Forderungen, wie sie ja auch bei Xenophanes auftauchen. Daß dieser gänzlich unbeeinflußt von solchen geistigen Strömungen gewesen sein soll, wie manchmal behauptet wird, ist wohl schwerlich anzunehmen. Er hat anscheinend diese mystischen Vorstellungen zumindest teilweise assimiliert, allerdings erst nach kritischer Filtrierung. Wie sehr Xenophanes selbst und nach ihm etwa noch die Eleaten mystischem Denken verpflichtet waren, hob, neben zahlreichen anderen in seinem Gefolge, als erster Friedrich Nietzsche hervor[5]. Doch scheint mir die Quellenlage hier zu unsicher, um der Xenophanesinterpretation wirklich dienlich sein zu können. Allgemeiner methodischer Leitsatz der folgenden Untersuchung zu Xenophanes wird es daher

---

[4] Wohl eher als Aöde; dieser rezitiert im Gegensatz zum Rhapsoden eher im kleineren oder privaten Kreis, wie das von Xenophanes ja auch anzunehmen ist, der offensichtlich gern bei Symposien o.ä. vortrug (DK 21 B1, B5, B6, B22 scheinen darauf hinzudeuten), und improvisiert auf Bestellung vorgegebene Themen (wie in Od.VIII,492). Rhapsoden sind dagegen vor allem öffentliche Sänger, die sich an ein größeres Publikum mit auswendigem Vortrag literarischer Werke wenden und deren Berufsstand zu Xenophanes' Zeiten den der Aöden schon weitgehend verdrängt haben dürfte. So wird wohl auch Xenophanes selbst, ungeachtet der Tatsache, daß er auch in eher privater Umgebung aufgetreten sein könnte (was dem Rhapsodendasein ja auch nicht von sich aus widersprechen mußte) wahrscheinlich doch eher Rhapsode gewesen sein.

[5] Vgl. u.a. P.Steinmetz, ibid., p.71f, W. Nestle, ibid., p.89, sowie F.Nietzsche, Die Philosophie im tragischen Zeitalter der Griechen, p.841 und öfter.

sein, stets dezidiert zu versuchen, Xenophanes' Philosophie zunächst ausschließlich aus seinen Direktfragmenten und aus den Vorgaben der von ihm namentlich genannten Dichter – das sind vor allem Homer und Hesiod – heraus zu entwickeln[6]. Nur was dem auf dieser Grundlage Erarbeiteten noch zusätzlich als interpretative Stütze dienen kann, wird dann darüber hinaus ab und an Aufnahme in die Untersuchung finden.

Gerade die (vielleicht orphisch ererbten) höheren moralischen Grundforderungen des Kolophoniers bedingen aber auch den – in ethischen Fragen traditionell nahezu unvermeidlichen – polemischen Ton in der xenophanischen Mythenkritik, der durch die dichterische Form, die der Philosoph vielleicht gerade darum ganz bewußt wählt, noch nachhaltig unterstrichen wird: Facit indignatio versum. Diese streitbare Art der Auseinandersetzung mit dem Mythos wiederum ist keineswegs eine innovative rein xenophanische Erfindung[7]: Mythenkritik war im sechsten Jahrhundert und den nachfolgenden, bis hinein in die Traditionsstränge, die in Platons strenge Dichterreprobationen einmünden, unter den griechischen Intellektuellen durchaus beliebt und auch in den immer zahlreicheren mystisch-religiösen Zirkeln und Bruderschaften besonders Unteritaliens anscheinend geradezu en vogue. Neu und originell ist bei Xenophanes hingegen der Umstand, daß die Kritik der homerisch-hesiodischen Mythentradition (und allein um diese geht es dem Rhapsoden zunächst) den Anlaß gibt, eine alternative und vertretbarere Gotteskonzeption den mythischen Kritikabilia entgegenzuhalten, und zwar mit Hilfe des methodischen Instrumentariums der vorausgegangenen Philosophie und Wissenschaften. Sicher nicht ganz gerecht wird hingegen etwa derjenige den (wenn auch zugegebenermaßen im Vergleich mit den milesischen vielleicht durchaus „konservativen") xenophanischen Entwürfen, der in ihnen keinen Fortschritt und keinerlei Originalität, sondern nur perspektivische Verschiebungen „in rückläufiger Bewegung", etwa vom „physikalischen" zum „ethischen" Standpunkt, gegenüber der milesischen Philosophie sieht, oder eine

---

[6] Xenophanes' (in Direktfragmenten nicht namentliche, aber doch thematisch einwandfrei feststellbare) Bezugnahme auf Pythagoras wird zu gegebener Zeit untersucht werden. Neben Homer, Hesiod und Pythagoras tauchen in den diels'schen B-Fragmenten nur noch zwei Namen auf, nämlich Epimenides (in B20) und Simonides von Keos (in B21; B6 mag ebenfalls auf ihn Bezug nehmen; dazu u.a. J.H.Molyneux, Simonides, pp.105f), mit deren Lehren der Kolophonier also vertraut gewesen sein mag.

[7] Zur Kritik des Götterglaubens im sechsten und fünften Jahrhundert vgl. z.B. E.Heitsch, Das Wissen des Xenophanes, p.216. Zudem noch u.U. W.Schadewaldt, ibid., pp. 268ff. Über den orphischen Moralkodex und seinen möglichen Einfluß auf Xenophanes: K.Ziegler, ibid., p.294.

„metaphysische Verankerung der Polisethik"[8]. Zweifelsohne gab es für den Kolophonier neben Mythos und Philosophie noch weitere Inspirationsquellen, wie etwa das neue Ethos der freien Polis. Doch wird man diesen Quellen doch eher befruchtenden und eben katalysierenden, aber keineswegs „rückläufig bewegenden" Charakter zusprechen dürfen.

Es wird im folgenden also insbesondere zu untersuchen sein, wie es Xenophanes gelingt, aus einer Art theologischem Kritizismus, der zunächst lediglich ex negativo zu funktionieren scheint, dank den vorausgehenden, vor allem philosophisch argumentierenden Traditionen, zu einem gereinigten, philosophischeren Gottesbild durchzustoßen und somit zum ersten Mal in der Geschichte des Denkens eine integrale und konsistente philosophische Gotteslehre zu entwerfen.

---

[8] Vgl. W.Jaeger, Paideia Bd.I, p.232.

3.1. Biographisches

Zu einem besseren Verständnis der Philosophie des Xenophanes ist es vielleicht hilfreich, einen Blick auf seinen für sein Denken durchaus aufschlußreichen Lebenslauf zu werfen. Xenophanes entstammte einem vornehmen Elternhaus[9] der wohlhabenden ionischen Binnenstadt Kolophon nördlich von Ephesos, und somit einem Landstrich, der mit den Milesiern, dem aus Samos gebürtigen Pythagoras und dem Epheser Heraklit alle maßgeblichen Denker der ersten hundertfünfzig Jahre der Philosophiegeschichte hervorgebracht hat. Dazu würde gut (vielleicht allzu gut) passen, daß, wie manche im Anschluß an Theophrast behaupten, Xenophanes noch den Anaximander gehört haben soll[10]. Das mag, wie so viele angenommene Beziehung großer Vorsokratiker zueinander, spätere doxographische Erfindung sein. Unbestreitbar hingegen ist, daß offenbar Xenophanes den philosophischen Entwürfen nicht nur dieses Milesiers viel verdankt.

Soviel wir wissen, verließ Xenophanes seine Vaterstadt im Alter von fünfundzwanzig Jahren, wahrscheinlich durch widrige politische Umstände zur Emigration gezwungen, und begann ein unstetes Wanderleben. Die Auswanderung könnte ins Jahr 545 datiert werden, als die Perser unter ihrem medischen Feldherrn Harpagos im Zuge der Unterwerfung der kleinasiatischen Griechenstädte Kolophon einnahmen und wohl eine beachtliche Emigrationswelle der Oberschicht aus Ionien

---

[9] Vielleicht war der Name seines Vaters Orthomenes oder auch Dexios, obwohl die doxographische Überlieferung in diesem Punkt wenig glaubwürdig sein dürfte: vgl. DK 21 A1, A6, A33.

[10] Vgl. DK 21 A2. Jedenfalls scheint Xenophanes aber von den Lehren des Thales eingehender gewußt zu haben, denn nach dem Testimonium des Diogenes Laertios (IX,18 = DK 21 A1,20f) hat er sich mit ihnen auseinandergesetzt.

auslösten. Diese Datierung ergäbe sich aus der Kombination zweier xenophanischer Fragmente, von denen eins das Verlassen der Heimat in sein fünfundzwanzigstes Jahr datiert, während das zweite, offensichtlich die Beschreibung eines Symposions ionischer Emigranten, die große Zäsur der Griechenvertreibung von der kleinasiatischen Ägäisküste mit dem Jahr in Verbindung bringt, „als der Meder kam":

ἤδη δ᾿ ἑπτά τ᾿ ἔασι καὶ ἑξήκοντ᾿ ἐνιαυτοὶ
βληστρίζοντες ἐμὴν φροντίδ᾿ ἀν ῾Ελλάδα γῆν·
ἐκ γενετῆς δὲ τότ᾿ ἦσαν ἐείκοσι πέντε τε πρὸς τοῖς,
εἴπερ ἐγὼ περὶ τῶνδ᾿ οἶδα λέγειν ἐτύμως.

„Schon aber sind es siebenundsechzig Jahre,
die umhertreiben mein Nachdenken durch das hellenische Land;
seit meiner Geburt aber waren es damals fünfundzwanzig,
wenn ich denn hierüber korrekt zu berichten weiß."

Und:

πὰρ πυρὶ χρὴ τοιαῦτα λέγειν χειμῶνος ἐν ὥρῃ
ἐν κλίνῃ μαλακῇ κατακείμενον, ἔμπλεον ὄντα,
πίνοντα γλυκὺν οἶνον, ὑποτρώγοντ᾿ ἐρεβίνθους·
τίς πόθεν εἰς ἀνδρῶν; πόσα τοι ἔτε᾿ ἐστί, φέριστε;
πηλίκος ἦσθ᾿ ὅθ᾿ ὁ Μῆδος ἀφίκετο;

„Am Feuer zur Winterszeit gehören sich solche Gespräche,
wenn man daliegt auf weichem Lager, völlig gesättigt ist,
süßen Wein trinkt und dazu Kichererbsen knuspert:
'Wer bist du und von wem stammst du? Wie viele Jahre zählst du, mein Bester?
Wie alt warst du, als der Meder kam?'"[11].

---

[11] DK 21 B8 und B22. Vielleicht gehört hier auch noch das (von DK allerdings als zweifelhaft angesehene) Zitat B45 hinein: „doch ich warf mich hin und her von Stadt zu Stadt fahrend" (ἐγὼ δὲ ἐμαυτὸν πόλιν ἐκ πόλεως φέρων ἐβλήστριζον). Die Übersetzungen der B-Fragmente sind, mit nur gelegentlichen eigenen Modifikationen oder (in eckigen Klammern angegebenen) Ergänzungen, hier und im folgenden (falls nicht anders vermerkt) E.Heitschs bereits mehrfach angeführter, sehr sorgfältiger Xenophanesausgabe entnommen; auf diese verweise ich auch zur Textkritik der Fragmente. Manchmal wurde außerdem DK zum Vergleich und besseren Verständnis herangezogen, seltener hingegen KRS und Leshers Xenophanesausgabe.

Einige wenige, sich allerdings mehrende Stimmen hingegen bestreiten die Möglichkeit einer Verbindung dieser beiden Bruchstücke und behaupten, Xenophanes müsse bereits eher, unter der um 556-553 herrschenden kroisosfreundlichen Regierung in Kolophon, seine Heimatstadt aus Gründen politischer Raison verlassen haben[12]. Letztere Berechnung würde auch durch die Chronographie Apollodors untermauert werden, der Xenophanes' „floruit" in die 60. Olympiade (540-537) legt, und seine Geburt damit in die 50. (580-577) – eine Datierung, der ich mich ohne größere Vorbehalte anschließen möchte (wenn auch Burnet behauptet, Apollodor hätte einfach das Jahr der Gründung Eleas als ἀκμή des Kolophoniers angesetzt und meint: „I do not understand how anyone can attach importance to such combinations"[13]). Demnach wäre Fragment B8 um 490-485 gedichtet und Xenophanes' fünfundzwanzigstes Jahr und seine Emigration fielen in die Regierungszeit der lyderfreundlichen Tyrannis Kolophons, wozu außerdem noch einige lyderfeindliche Bemerkungen aus den xenophanischen Fragmenten ergänzend passen würden[14].

---

[12] Gegen K. von Fritz, Xenophanes, in RE IX A2, 1542 sowie K.Ziegler, Xenophanes von Kolophon, ein Revolutionär des Geistes, p.290 und überhaupt den Tenor der Untersuchungen zu dieser Frage vertreten P.Steinmetz, Xenophanesstudien, pp.28ff und (wenn auch anders) E. Heitsch, Xenophanes, p.121f, diese Datierung, während W.Schadewaldt, ibid., p.295 die Frage offenläßt. Jedenfalls gehören die beiden fraglichen Fragmente aber nicht demselben Gedicht an: B8 ist ein Bruchstück aus den xenophanischen Elegien, B22 aus den Sillen. Zum Verhältnis Kolophons zu den Lydern sowie zu einer möglicherweise daraus resultierenden lyderfeindlichen Haltung des Xenophanes vgl. auch C.Bowra, Xenophanes, Fragment 3, insbesondere pp.119f.

[13] Early Greek Philosophy, p.170. 540-537 ist übrigens wohl die wahre Datierung des floruit des Xenophanes durch Apollodor (vgl. KRS, p.164). DK 21 A8 verwechselt wohl die 40. mit der 50. Olympiade.

[14] Vgl. P.Steinmetz, ibid., E.Heitsch, ibid., p.121f und p.116 und nochmals C.Bowra, ibid. sowie DK 21 B3:

ἁβροσύνας δὲ μαθόντες ἀνωφελέας παρὰ Λυδῶν,
ὄφρα τυραννίης ἦσαν ἄνευ στυγερῆς,
ἦεσαν εἰς ἀγορὴν παναλουργέα φάρε ' ἔχοντες,
οὐ μείους ὥσπερ χείλιοι εἰς ἐπίπαν,
αὐχαλέοι, χαίτῃσιν ἀγαλλόμενοι εὐπρεπέεσσιν,
ἀσκητοῖς ' ὀδμὴν χρίμασι δευόμενοι.

Sie, (die Kolophonier), die die nutzlosen Feinheiten von den Lydern gelernt hatten,
solange sie noch frei waren von der verhaßten Tyrannis,
gingen auf den Marktplatz in Gewändern, die ganz mit echtem Purpur gefärbt waren,
im ganzen nicht weniger als tausend,
stolz, prunkend mit ihren schön verzierten Haaren,
durch künstlich bereitete Salben triefend von Duft.

Danach ist Xenophanes seinen eigenen Angaben zufolge noch mindestens siebenundsechzig Jahre ruhelos „durch das hellenische Land" gezogen, wohl von einem Sängerwettstreit und Arbeitgeber zum anderen, als fahrender Rezitator epischer Dichtung[15], und soll angeblich ein Alter von über hundert Jahren erreicht haben, wenn es wahr ist, daß er noch mit Empedokles und mit dem Tyrannen Hieron von Syrakus, der 478 an die Macht kam, persönlich Kontakt gepflegt hat[16].

Auch Fragment B4 (die Lyder hätten, Xenophanes zufolge, als erste Geld geprägt, eine Aussage, für die u.U. auch Herodot I,94 spräche) wird oft als lyderfeindliche Polemik verstanden; die Lyder übernehmen hier nach einigen Interpreten sozusagen die diabolische Verführerrolle, die auch der das Papiergeld erfindende Mephistopheles in Goethes Faust versinnbildlicht. Untersteiner meint: „I Lidi a Senofane sembrano gli iniziatori di molte cose, diffuse, poi nel mondo greco, anche se culturalmente non tutte di valore" (Senofane, p.120/Kommentarteil). Vorbehalte gegenüber dem Geldhandel als moralisch verderblich wiederholen sich bei den antiken Autoren der Folgezeit. Prominentes Beispiel ist (neben Sophokles, Antigone 295f) Platon, der Nomoi 741ff für seine Abschaffung eintritt. Zum Verhältnis des Xenophanes zu den Lydern sowie generell zur ionischen ἀβρότης vgl. J.Burnet, Greek Philosophy, pp.26ff sowie Heitsch, Xenophanes, pp.114ff. J.H.Lesher, Xenophanes, pp.63f vermutet, daß die Feststellung des Athenaios (XII,526c), der lydisch-verweichlichte Lebensstil sei der Anfang vom politischen Ende Kolophons gewesen, unmittelbar auf xenophanische Quellen zurückgeht. – Ebenfalls zu Lebzeiten des Kolophoniers übrigens war als parallel zu Xenophanes zu zitierender Fall Pythagoras vor der Tyrannis des Polykrates aus Samos nach Magna Graecia geflohen: vgl. DK 14.8, DK 12 A1, etc.

[15] Diog.Laer. IX,18 (DK 21 A1,20) gibt lediglich an, Xenophanes habe seine eigenen Verse selbst vorgetragen, was wohl u.a. KRS (p.164) und J.Kerschensteiner, Kosmos p.85, zu der Annahme verleitet hat, Xenophanes hätte *nur* diese rezitiert. Tatsächlich kannte das Altertum durchaus den öffentlichen rhapsodischen Vortrag auch philosophischer Gedichte, wie z.B. den derjenigen von Empedokles während der Olympischen Spiele: sh. Diog. Laer. VIII,63. Gegen KRS und Kerschensteiner spricht allerdings (neben der Vertrautheit mit Homer, die aus den xenophanischen Schriften nachweisbar ist) z.B. Platons Ion (531a), wo Homer und Hesiod unter die Standardautoren jedes Rhapsodenwettstreits gezählt werden. Ich möchte meinen, daß Xenophanes wohl alte Epen zum Vortrag brachte und im Anschluß daran seine eigenen Dichtungen vielleicht sozusagen als „Glosse" dazu zum besten gab. Ähnlich handhabten ja später die Sophisten ihre Gedichtauslegungen, wenn auch die abschließenden Glossen von ihnen in Prosa gehalten waren. Vielleicht wurde übrigens der Vortrag epischer Gedichte gerade in Kolophon zu jener Zeit in besonderem Maße betrieben. Zumindest wissen wir von einem jüngeren Zeitgenossen und Mitbürger des Xenophanes, Antimachos von Kolophon, der als Epiker einige Berühmtheit erlangt hat. Dieser machte auch Ansprüche seiner Vaterstadt geltend, Homers Geburtsstadt zu sein. Jedenfalls wollte es aber eine alte kolophonische Lokaltradition, daß Homer selbst dort eine zeitlang gelebt und den sogenannten „Margites" (ein episches Gedicht, dessen homerischer Anspruch in Wirklichkeit unhaltbar ist) gedichtet haben soll. Sh. dazu A.Bernabé Pajares, pp.12 und 386 mit Verweis auf die entsprechenden antiken Belege im „Certamen Hesiodi et Homeri"; desweiteren (zum Margites) G.L.Huxley, Greek Epic Poetry from Eumelos to Panyassis, pp.174ff.

[16] Hieron wird in den A-Fragmenten 8 und 11 mit Xenophanes in Verbindung gebracht, Empedokles von Diog. Laer. und dessen Quellen. Empedokles selbst ist in der Olympiade 496/93

Es wird behauptet, seine Reisen hätten ihn auch nach Paros, den Liparischen Inseln und Malta geführt, doch gilt es immerhin als gesichert, daß er schließlich eine zweite Heimat in Großgriechenland (vielleicht sogar in Elea?) fand (DK 21 A1, A13, A33). Zu der so berechneten Lebenszeit des Xenophanes stimmt auch, daß er von der Lehre des früheren Pythagoras weiß, und daß unmittelbar nachfolgend bei Heraklit und wohl auch (wenn auch nicht mehr namentlich) bei Parmenides und Aischylos direkter Bezug auf xenophanisches Denken genommen wird.

Das geographisch wie chronologisch ungeheuer extense Wirken des Xenophanes stellt somit auch ein wichtiges Datum zur Erkundung seiner möglichen Quellen sowie seiner denkbaren Wirkung auf zeitgenössische Wissenschaftler und Dichter des gesamten griechischsprachigen Raums dar. Bei aller Vorsicht in der Datierungsfrage ist dabei doch auszumachen, daß Xenophanes' Geburt in eine Zeit fällt, in der Thales, Anaximander und Solon noch schöpferisch tätig waren; er war ein ungefährer Altersgenosse des Anaximenes, des Pythagoras und des Hekataios, und Heraklit, Pindar, Aischylos, Anaxagoras, Sophokles und Parmenides zählten unter seine jüngeren Mitlebenden. Im von der Überlieferung angenommenen Todesjahrzehnt des Kolophoniers hatten zudem Empedokles, Herodot und Euripides bereits das Licht der Welt erblickt, und es ist dies auch die etwaige Zeit der Geburt des Sokrates. Daß Xenophanes sein „Nachdenken im ganzen hellenischen Land" betrieb, behauptet der Philosoph wie gesehen selbst in einem seiner Fragmente. Seine Rhapsodentätigkeit hat er vielleicht noch in seiner ionischen Heimat, im Osten des griechischen Kolonisationsraums, aufgenommen; sein Leben beschloß er hingegen im Westen, in einer Epoche aufstrebender geistiger Blüte Großgriechenlands. Es wird stellenweise noch zu sehen sein, daß Xenophanes gerade durch seine lange literarische Wirksamkeit bisweilen starken Einfluß auf zumindest einige der eben angeführten Denker ausüben konnte und wohl auch wirklich ausgeübt hat. Im Verlauf der folgenden Interpretationen zu Xenophanes wird immer wieder darauf zurückgekommen werden müssen.

---

geboren, war im Jahr 478 also höchstens achtzehn. Zu den Reisen vgl. DK 21 A7, A11 und B8 sowie W.Nestle, ibid., p.93. Obwohl Xenophanes den antiken Doxographen einhellig als μακροβιώτατος (21 A1,21, A6, A7 etc.) bekannt war, der seine Söhne mit eigenen Händen begraben mußte, hat die Annahme, er könnte über hundert Jahre gelebt und als über Neunzigjähriger noch gedichtet haben, einige Forscher immer wieder verschreckt und neue Datierungsvorschläge erarbeiten lassen. Bekanntestes Beispiel ist vielleicht H.Thesleff, der Xenophanes' Lebensspanne auf die Zeit von kurz nach 540 bis nahe vor 440 berechnet; sh. H. Thesleff, On Dating Xenophanes, pp.18ff. Übrigens aber wurde auch ein anderer prominenter Vorsokratiker, Gorgias von Leontinoi, über hundertjährig.

Während seines langen Lebens wurde der Rhapsode auch selbst schriftstellerisch tätig, und man geht in Anbetracht der weiter oben ermittelten ungefähren Lebensdaten und der Aussagen der Fragmente B8 und B22 des Xenophanes wohl kaum falsch, wenn man Bruno Snell in der Annahme folgt, die Höhe dieses Schaffens sei um 500 v.Chr. anzusiedeln[17]. Der Umfang der literarischen Arbeit des Kolophoniers muß erstaunlich groß und durchaus facettenreich gewesen sein, was unter Umständen dazu beigetragen haben mag, daß Xenophanes der erste Vorsokratiker ist, von dem vergleichsweise viel direkter Wortlaut auf uns gekommen ist. Die stark variierende Thematik und innere Entwicklung der Aussageinhalte in den als xenophanisch gehandelten Bruchstücken hat sogar mitunter zu der Annahme verleitet, sie seien auf zwei verschiedene gleichnamige Autoren zurückzuführen, eine These, die aber allgemein und gut begründet abgelehnt wird[18].

Ohne allzu tief in die literarkritische und philologische Diskussion um die Vertrauenswürdigkeit der Doxographie über das xenophanische Schriftgut einzudringen, soll hier nur in aller Kürze darauf verwiesen werden, was die Überlieferung als Bestandteile des xenophanischen corpus angibt: Zunächst Sillen, eine Form des Spottgedichts, als deren Erfinder ihn die antiken Quellen bezeugen (DK 21 A21, A22, A23), und die zusammen mit den Parodien (die aber anderen zufolge wahrscheinlich sogar identisch mit der Sillensammlung sind) das Gros des erhaltenen Materials ausmachen; daneben, gleichfalls noch in zahlreichen Bruchstücken überliefert, eine Elegiensammlung[19]; sodann in epischer Form eine „Gründung Kolophons" in angeblich gut zweitausend Versen und eine „Kolonisation Eleas" wovon kein Fragment erhalten zu sein scheint, und deren Existenz

---

[17] Vgl. B.Snell, Die Entdeckung des Geistes, p.129. Erst im fortgeschrittenen Alter schriftstellerisch tätig zu werden war nicht unbedingt die Ausnahme: auch von Heraklit wird vermutet, daß seine einzige Schrift ein Alterswerk war (vgl. z.B. KRS p.182).

[18] Die These hatte W.Bröcker, Die Geschichte der Philosophie vor Sokrates, pp.21 und 82f aufgebracht. Vgl. dazu W.Pleger, Die Vorsokratiker, p.81. Als Interpretationsalternative interessant dann auch O.Gigon, ibid., p.157.

[19] Dabei ist für den xenophanischen Zusammenhang darauf zu achten, nicht mit Unbedingtheit das heutige Verständnis von „Elegie" zugrundezulegen, denn „die antike Elegie war ja nicht in erster Linie Klagelied, sondern vor allem Aufruf, Mahnung, Reflexion über die Liebe und über das menschliche Schicksal überhaupt" (J.Mansfeld, Vorsokr., p.205). Übrigens blühte die elegische Dichtung in Kolophon auch nach Xenophanes noch über beachtlich lange Zeit. Ob Xenophanes selbst seine satirischen Gedichte bereits als Sillen bezeichnete, ist übrigens umstritten: Die Namensgebung könnte auch erst von Timon von Phleious und somit aus dem dritten Jahrhundert stammen (vgl. M.Di Marco, Timone di Fliunte, p.18). Jedenfalls zitierte Timon in seinen eigenen Sillen den Xenophanes aber als Ideengeber, an den er sich stilistisch wie inhaltlich anlehnen will.

daher gerne überhaupt angezweifelt wird[20]; schließlich, ebenfalls keineswegs unumstritten, ein Gedicht „Über die Natur" (Περὶ φύσεως), dessen Titel sicherlich aus späterer Zeit, in Anlehnung an das Genre der Naturlehrgedichte, die gern diese Überschrift trugen, stammt[21]. Offenbar hat Xenophanes seine Gedichte auch selbst öffentlich vorgetragen, und das mit einigem Stolz und Selbstbewußtsein. Vielleicht war er sogar der erste Philosoph, der sich für den Vortrag seiner eigenen Gedanken bezahlen ließ[22].

Dabei muß allem Anschein nach Xenophanes' ostentativ streitbare Sprache, sowie der skeptische Unterton und die Innovationsfreudigkeit seiner Gedanken bei einigen seiner Zeitgenossen nicht geringen Unmut erregt haben. Der fast durchgehend ethische Grundton der xenophanischen Lehren läßt vermuten, daß ihr Verfasser sie als eine Form von „Heilung" (von falschen Vorstellungen) oder Katharsis verstanden haben mag, zumindest aber als eine Art παιδεία, weshalb ihm viel an ihrer öffentlichen Wirkung gelegen haben muß; arkandisziplinäres Verhalten oder das Zurückziehen in die Einsamkeit des Gedankens, das ungefähr gleichzeitig zum Beispiel bei Heraklit zu beobachten ist, hätte der Intention xenophanischen Lehrens grundsätzlich widersprochen. Das äußert sich auch darin, daß Xenophanes anders als viele zeitgenössische Dichter nicht dabei stehen bleibt, Mißstände und Probleme resigniert zu konstatieren und in dem der griechischen Dichtung so offenbar eigenen „lyrischen Pessimismus" als ausweglos zu beklagen. Vielmehr zeigt er sich angesichts der von ihm aufgedeckten Schwierigkeiten stets als Denker „who has a plan for action" und geht, wie etwa aus seinem Fragment B2 zu entnehmen ist, so weit, sein Wissen darzustellen als „a practical skill devoted to the production of εὐνομία"[23]. Die Antithese von Philosoph (oder Dichter) und Masse des Volkes, wie sie zur Zeit des Xenophanes etwa von Pythagoras, Heraklit und Parmenides empfunden und akzentuiert wurde, gründete ja auf „dem Bewußtsein der Philosophen, mit einer metaphysischen Wahrheit in einer sicheren Verbindung

---

[20] So zweifeln z.B. KRS (p.166) an der Existenz dieser „Kolonisations"-Gedichte. N.B. dagegen aber den Hinweis bei E.Heitsch, ibid., p.111 sowie M.Untersteiner, p.117/Kommentarteil.

[21] Vgl. wiederum E.Heitsch, ibid., pp.8f. Auf alle einschlägigen doxographischen Hinweise und A-Zitate bei DK einzugehen, ist hier nicht der Ort. Zur philologischen Diskussion um Περὶ φύσεως soll der Verweis auf W.Schadewaldt, ibid., p.296 genügen. Eine längere Abhandlung über die Werke des Xenophanes und ihre mögliche Chronologie sowie die innere Entwicklung seines Schrifttums bringt M.Untersteiner, Senofane, der diesen Fragen ein eigenes Kapitel widmet.

[22] Dazu O.Gigon,ibid.

[23] A.W.H.Adkins, Moral Values and Political Behaviour in Ancient Greece, p.47.

zu stehen"[24]. Dagegen zeigt Xenophanes' Erkenntnistheorie, wie noch zu sehen sein wird, daß er alles Wissen, auch sein eigenes, dem generellen Verdikt der Fallibilität menschlicher Erkenntnis unterstellt, und daher bleibt er in seiner ethischen Protreptik volksnah und unelitär: Er offenbart kein absolutes Wissen, sondern stellt Hypothesen über theologische und kosmologische Fragen zur Debatte[25].

Wichtig und festzuhalten ist aber vor allem auch, daß Xenophanes also offensichtlich zur Dichtung zurückfindet, um seinen Gedanken Ausdruck zu verleihen, während die milesische Philosophie durch die Prosaform ihrer Schriften auffiel. Traditionell war der Dichter in Griechenland die verantwortliche Lehrautorität des Volkes. Xenophanes benutzt diese Autorität zum Versuch einer „Transfusion" philosophischen Gedankenguts, „das sich zuerst nur an eine kleine Schar denkender Männer gewandt hatte, in den geistigen Blutkreislauf der Gesamtheit"[26]. Allerdings bricht er mit der bisherigen und teilweise auch nachfolgenden Dichtertradition, indem er seine Dichtung eben nicht mehr als Musengabe verstanden wissen will, sondern als eigene Denkleistung hinstellt, während zum Beispiel der chronologisch spätere, in Ausdruck und Darstellung aber nachweisbar viel traditionsgebundenere Parmenides seine Dichtung und das in ihr Gesagte im rückgreifenden Anschluß an vorxenophanische Dichterkonventionen sehr wohl noch als Lehre einer (wenn auch nicht namentlich genannten) Göttin beschreibt. Mit seinen polemischen Spottgedichten führt Xenophanes jedenfalls die poetische

---

[24] H.-D. Voigtländer, Der Philosoph und die Vielen, p.59.

[25] Den Gedanken von der engen Bindung des ethischen Heilungsprozesses an die öffentliche Wirksamkeit bringt v.a. F.Nietzsche, Die Philosophie im tragischen Zeitalter der Griechen, p.841 zum Ausdruck. Für die Entstehung dieser Heilungsidee bei Xenophanes nimmt Nietzsche den Einfluß mystischen Gedankenguts an. Die Tatsache, daß die Auffassung des Xenophanes zur „Öffentlichkeitsarbeit" der Heraklits und Parmenides' derart diametral entgegengesetzt waren, spricht im übrigen vielleicht auch dagegen, in Heraklit oder Parmenides vorschnell einen direkten Schüler des Kolophoniers zu sehen, wie es die Doxographen wollen: sh. DK 21 A2, DK 22 A1 und 22 A1a.

[26] W.Jaeger, Die Theologie der frühen Griechischen Denker, p.55. In der Annahme, daß es dabei trotz der von Xenophanes gesuchten Breitenwirkung des Dichters (Platons Ion beziffert 531 a ff das Publikum eines gefeierten Rhapsoden bei einem einzigen Auftritt auf 20000 Personen) weitestgehend bei dem *Versuch* dieser „Transfusion" blieb, folge ich E.R.Dodds, pp.179f; Dodds macht wohl zu Recht darauf aufmerksam, daß Philosophie und „Rationalismus" über Jahrhunderte hinweg fast ohne jede Bedeutung für das tägliche Leben und den Glauben des Großteils der griechischen Bevölkerung blieben. Ähnlich W.Nestle: „Man kann nicht ein mythisch und ein rational denkendes Zeitalter chronologisch voneinander abheben, sondern die mythisch religiöse Vorstellungsweise dauert, besonders in der Masse der Bevölkerung, fort bis ans Ende des Altertums" (Griechische Geistesgeschichte, p.12).

Form in den philosophischen Diskurs ein, derer sich später noch so hervorragende Köpfe wie eben der Eleate Parmenides oder Empedokles von Akragas bedienen sollten.

– Vielleicht ist hier auch der Ort, wenigstens en passant auf die manchmal angeschnittene Frage einzugehen, ob denn Xenophanes nicht eher Dichter als Philosoph war (wenn auch dem Altertum diese Unterscheidung sehr viel ferner-gelegen hat als uns). Zwei grundlegende Unterschiede von Dichtung und Philosophie seien hierzu betrachtet: Während diese bemüht ist, Allgemeingültiges in der Abstraktion zu erörtern, versucht jene, allgemeingültige Aussagen in der Konkretion zur Darstellung zu bringen. Daraus ergibt sich ein zweiter unübersehbarer Unterschied: Dichtung baut auf subjektive Überzeugung des Dichters und die empathischen Fähigkeiten und die Vorstellungskraft des Lesers oder Hörers auf, Philosophie dagegen auf die rationale Nachvollziehbarkeit des Gedankens, der verstanden werden muß und somit überzeugen will. Es ist in diesem Zusammenhang auffällig, daß sich Xenophanes in seinen Fragmenten gerne an das Konkrete, sinnlich Faßbare und Nachvollziehbare hält, und das so lange, wie nur irgend möglich; allerdings bleibt er dabei nicht stehen, sondern findet immer den Weg von der Vorstellung zum Denken, von der Konkretion der Einzelbeispiele zur abstrakten Fassung des Allgemeingültigen: Von empirischen Daten, nicht selten pittoresken Kuriosa, gelangt sein Denken zu allgemeinen kosmologischen Prinzipien, von kulturvergleichender Beobachtung zu erkenntnistheoretischen und methodologischen Axiomen und von der spitzen Kritik gegebener Mißbräuche in den Götterdarstellungen zu einer eigenen Theologie, die den Anschauungsbereich weit hinter sich läßt. Xenophanes ist daher tatsächlich vorrangig Philosoph und wurde auch zu Recht von den meisten antiken Autoren als solcher verstanden und zitiert. Ich hoffe, daß die nachfolgende Untersuchung einiges dazu beitragen können wird, diese Einschätzung des Kolophoniers und seiner Lehre zu unter-mauern[27].

Was aus den biographischen Daten des Xenophanes als Fazit im folgenden zu interessieren haben wird, ist aber vor allem zweierlei: Der für das Thema der vorliegenden Arbeit reizvolle und spannungsreiche Gegensatz von Philosoph und Rhapsode, den Xenophanes in sich vereint und der gravierende Auswirkungen auf die Möglichkeit einer fundierten Auseinandersetzung mit dem Mythos hatte; dann

---

[27] H.Maehler, Die Auffassung des Dichterberufs im frühen Griechentum, pp.78f, hat die Dichtungen des Simonides als bereits „reine Gedankenlyrik" charakterisiert und wollte sie mit denen des Xenophanes vergleichen. „Reine Gedankenlyrik" ist aber noch lange nicht Philosophie.

aber auch die Eindrücke der ausgedehnten Reisen, die nicht nur für Xenophanes, wenn auch bei ihm als erstem spürbar, der Anstoß zu einer eingehenden Kritik des νόμος und zur Suche eines jenseits der Regionalismen, Partikularismen und Relativitäten stehenden Natur- und Gottesbegriffs wurden[28].

---

[28] Die Nomoskritik und die Suche des φύσει Festgelegten wird im Anschluß an Xenophanes ja geradezu zur philosophischen Modeerscheinung, die in der sophistischen Verwerfung alles νόμῳ (oder εἰκῇ, wie Xenophanes in seinem Frgm. B2 sagt) Etablierten und in der Verherrlichung des als φύσει Erachteten (die ja bis heute die Naturrechtdiskussion in der Ethik beherrscht) gipfeln sollte.

3.2. Die Kritik der Erkenntnis

Xenophanes ist der erste Philosoph, von dem uns Überlegungen zur grundsätzlichen Möglichkeit von Erkenntnis erhalten sind. Das führt in einen bislang von den Philosophen ausgesparten Bereich der Philosophie: die Erkenntniskritik, deren „Erfinder" nach Zeugnis der erhaltenen Fragmente in Xenophanes vor uns steht. Ob er tatsächlich eine stringent durchgeführte und abgerundete Erkenntnistheorie oder nur bruchstückhafte und zusammenhanglose Einzelüberlegungen zur Möglichkeit von Erkenntnis hinterlassen hat, war in der wissenschaftlichen Diskussion lange kontrovers. Die Koordinaten dieser Kontroverse stecken in etwa die einschlägigen Arbeiten Karl Poppers, der dezidiert erstgenannter, und Kurt von Fritz', der eher der zweitzitierten Annahme anhängt[29]. Für die vorliegende Arbeit wird mit den meisten Interpreten davon ausgegangen, daß Xenophanes sich bemüht hat, eine eigene, nicht nur ex negativo, sondern auch positiv funktionierende Erkenntniskritik zu entwerfen. Im strengsten Sinn genommen, fällt sogar neben Xenophanes' Gotteslehre eigentlich nur noch seine Gnoseologie unter das, was man gemessen an heutigen Maßstäben als „philosophisch" bezeichnen würde[30]. Übrigens tritt mit der Erkenntnislehre auch erstmals in der Philosophiegeschichte der Mensch als Problem in den Bereich des griechischen Denkens. Die philosophische Anthropologie, die dann seit Heraklit den Horizont der griechischen Philosophie um ein Wesentliches erweitert, hat hier ihren unmittelbarsten Ausgangspunkt.

---

[29] Sh. K.Popper, Auf der Suche nach einer besseren Welt, sowie K. von Fritz, Xenophanes, 1558.

[30] In welcher Einschätzung ich H.Fränkel, Xenophanesstudien, p.180 folge.

Anders als die Milesier und wohl auch Pythagoras lebt Xenophanes offenbar in einer geistigen Umgebung, in der das Erkennen selbst durchaus fragwürdig und die Beziehung „Subjekt-Objekt" (sofern es überhaupt möglich ist, im griechischen Denken diese Unterscheidung so zu treffen) nicht mehr als unkompliziert und harmonisch vorgegeben erscheint. Insbesondere die nichtphilosophischen Intellektuellen machten damals aus ihrem Erkenntnispessimismus keinen Hehl: Daß wir Menschen Falsches glauben und nichts wissen, dichtet Theognis in etwa zu Xenophanes' Zeiten, und lange vorher schon Simonides von Amorgos, daß die Menschen keine Einsicht besitzen, sondern als Eintagswesen wie das Vieh leben und nichts wissen[31]. Wie man sehen wird, bleibt Xenophanes jedoch nicht wie seine Dichterkollegen bei der Feststellung dieses beklagenswerten Zustands stehen; zusätzlich weitet er dann das Thema noch aus, indem er nun nicht mehr nur das Erkannte[32] allein als problematisch versteht, sondern darzulegen versucht, wie und in welchen Bereichen Erkenntnisgewinn jeweils möglich ist und welchen Einschränkungen genau er unterliegt. Xenophanes gibt, wie Ernst Heitsch es ausgedrückt hat, dem resignierten Gedanken der menschlichen Erkenntnisunfähigkeit eine erkenntniskritische Fassung[33], und das läßt ihn auch über die dichterischen Vorgaben hinauswachsen und zum philosophischen Denker werden.

Doch warum gerade Xenophanes? Ich glaube, im weiteren Verlauf der Untersuchung xenophanischer Philosophie im allgemeinen den Nachweis erbringen zu können, daß es keinen oder kaum einen Aspekt im Denken des Kolophoniers gibt, der nicht letztlich von seiner Gotteslehre abhängt oder dieser auf irgendeine Weise zuarbeitet (weshalb Aristoteles den Xenophanes auch zu Recht durchgehend als „Theologen" behandelt). Das gilt auch für die Erkenntnistheorie, die ja immer erst dann entsteht, „wenn man einen grundsätzlichen Unterschied macht zwischen

---

[31] Theognis 141/Bergk (ἄνθρωποι δὲ μάταια νομίζομεν, εἰδότες οὐδέν) sowie Semonides 1,3f/Bergk (νόος δ'οὐκ ἐπ' ἀνθρώποισιν· ἀλλ' ἐφήμεροι / ἃ δὴ βότ' αἰεὶ ζῶμεν, οὐδὲν εἰδότες, / ὅπως ἕκαστον ἐκτελευτήσει θεός. Ähnlich ja auch Herodot I,86). Ich begnüge mich hier mit diesen beiden Zitaten, weil ich sie als illustrativ genug für den Zusammenhang erachte. Ein erstes Hinwegsetzen der Dichter über traditionelle Anschauungsweisen und Wertmaßstäbe ist aber spätestens seit dem weitgereisten Archilochos spürbar. Weitere Belege aus antiken Quellen bringt z.B. J.Barnes, The Presocratic Philosophers, Kap.VIII: The Principles of Human Knowledge, pp.136ff. Dort findet sich auch ein interessanter Querverweis auf die Frage nach der Möglichkeit von Wissen im naturwissenschaftlichen Schrifttum der Zeit.

[32] An der Wurzel des Problems lag für die antiken Denker zunächst weniger die subjektive Unfähigkeit zur Erkenntnis; vielmehr wurde oft vordringlich der Erkenntnisgegenstand als problematisch verstanden, der sich als unzugänglich erweist und sich dem menschlichen Erkenntnisbemühen entzieht (daher das eigentümliche Verständnis von ἀ-λήθεια).

[33] E.Heitsch, Xenophanes, p.182.

objektiven Tatsachen draußen in der Welt und unseren Ansichten über sie (...); wenn man die eigenen Überzeugungen nicht gewissermaßen als natürliche Reflexionen der Außenwelt im Innern ansieht, sondern als *Bilder*, die wir uns *machen*. Dann erst stellt sich das generelle Problem, ob die Bilder, die wir uns von einer Sache machen, mit der Sache selbst übereinstimmen"[34]. Genau das aber ist auch der Ausgangspunkt der xenophanischen Kritik des Anthropomorphismus[35]: der grundsätzliche Unterschied nämlich zwischen der objektiven Tatsache und den Bildern, die die Menschen sich von ihr machen. Es scheint mir von daher kein Zufall zu sein, daß Xenophanes in seiner Aufteilung des Bereichs menschlichen Wissens („Die Götter und alles, was ich sage", B34,2) die Götter zuerst nennt; ich möchte sogar die Behauptung wagen, daß der Kolophonier hier gewissermaßen in einem knappen Halbdutzend Worten zusammengefaßt und vielleicht unbewußt einen kleinen intellektuellen βίος und somit einen Hinweis darauf gibt, wie er zur philosophischen Problematisierung von Erkenntnis und Wissen kam: Es muß durch seine Ablehnung der Tatsache geschehen sein, daß sich die Menschen nach subjektiven Maßstäben Bilder vom Göttlichen machen, und durch seinen daraus resultierenden induktiven Schluß, daß sich menschliches Erkennen objektiver Gegebenheiten wohl generell nach dem Schema der geistigen Aneignung in subjektiven Bildern vollzieht. Die offenkundigere Kluft zwischen dem Göttlichen und der menschlichen Erkenntnis diente Xenophanes sicherlich als Vorbild für die Annahme des – zunächst ja weit weniger plausiblen und offenkundigen – Auseinandertretens von objektiver Tatsache und menschenmöglicher Erkenntnis von ihr im Bereich der sichtbaren Wirklichkeit.

Was der gelbe Honig lehrt:

Erst mit Xenophanes' spezifischen theologischen und philosophischen Interessen also beginnt die Re-flexion des Denkens, die erkenntnislegitimierende curvatio in seipsum des Intellekts in einer Epoche, in der sich schon generell ernste agnostische Tendenzen im griechischen Geist regten:

Das sechste Jahrhundert hatte dabei eigentlich nur ausgeformt, was im griechischsprachigen Raum seit den Zeiten der Kolonisation spürbar wurde: ein

---

[34] F. von Kutschera, Das Fragment B34 von Xenophanes, p.19.

[35] Die Abhängigkeit der xenophanischen Erkenntniskritik von Xenophanes' Mythenkritik sieht auch – mutatis mutandis – J.H.Lesher, Xenopanes' Scepticism, p.20. Vgl. zum Ganzen aber v.a. auch pp.87f der vorliegenden Arbeit die Besprechung von DK 21 B32.

wachsendes Gefühl der Relativität und Partikularität der Bräuche, Religionsübungen und Anschauungsweisen. Berühmt dafür ist ein Beispiel geworden, das Herodot im fünften Jahrhundert zur Veranschaulichung der regionalen Unterschiede des νόμος und der Sitte gibt:

> „Darius ließ Griechen, die unter seiner Herrschaft standen, zu sich rufen und fragte, um wieviel Geld sie ihre verstorbenen Eltern wohl essen wollten. Sie antworteten, daß sie dies um alles Geld in der Welt nicht tun würden. Darauf ließ Darius gewisse Inder, die Kalatier heißen und ihre Eltern als Mahlzeit verzehren, vor sich treten und fragte sie in Gegenwart der Griechen, die durch einen Dolmetscher hörten, was gesprochen wurde, um wieviel Geld sie ihre verstorbenen Väter verbrennen wollten. Sie erhoben ein Geschrei und baten ihn, sie mit solchen Reden zu verschonen. So verschieden waren die Meinungen in dieser Angelegenheit (οὕτω μέν νυν ταῦτα νενόμισται), und Pindar sagt meiner Meinung nach ganz richtig, der νόμος herrsche in allen Dingen wie ein König"[36].

Vergleichbares muß Xenophanes, selbst ein „πολύτροπος", auf seinen Reisen erfahren haben (auch DK 21 B16 etwa ist ein Hinweis darauf), denn die Relativität von Brauchtum und Erkenntnis steht am Anfang seiner gnoseologischen Überlegungen. Es ist ein recht kurzes und seltsames Fragment, das in seine diesbezüglichen Gedankengänge einführt:

εἰ μὴ χλωρὸν ἔφυσε θεὸς μέλι, πολλὸν ἔφασκον
γλύσσονα σῦκα πέλεσθαι.

„Wenn Gott nicht den gelblichen Honig geschaffen hätte, würden sie [d.h. die Menschen] meinen,
die Feigen wären viel süßer [wohl scil.: sehr viel süßer nämlich, als man es jetzt tut][37].

Xenophanes gebraucht hier eine bisher in der Philosophiegeschichte ungenutzte Möglichkeit des Denkapparats: das Experiment der irrealen Bedingung[38]. Was er

---

[36] Herodot III,38. Vgl. dazu auch P.K.Feyerabend, ibid., p.215. Das Pindarzitat, ein weiterer locus classicus für das damalige Grundgefühl gegenüber dem νόμος, ist auch Platon bekannt. Er ergänzt die von Herodot erwähnte Stelle in Gorgias 484b; das Zitat lautet dann vollständig: „der νόμος, König aller, / der Götter wie der Menschen / leitet sie an" und: „er rechtfertigt die größte Gewalt / und seine Hand ist über allem".

[37] DK 21 B38 (Ergänzungen nach H.Fränkel, Dichtung und Philosophie des frühen Griechentums, pp.379ff).

sagen will, ist: Menschliche Erfahrung steht offenbar immer im Kontext anderer, relativierender Erfahrungen. Wenn einer keinen Honig kennt, wird er die Feige für das Süßeste halten. Das heißt einerseits, daß jede Wertung, jede Erfahrung und wohl letztlich alles Wissen von konkreten Dingen relativ und nur innerhalb eines situierenden Rahmens sinnvoll ist. Andererseits macht das Fragment deutlich, daß Xenophanes zunächst von empirisch-aposterioristischer Erkenntnis ausgeht. Olof Gigon hat zusätzlich darauf aufmerksam gemacht, daß in Xenophanes' Gedichten häufige autobiographische Anspielungen aufgetaucht sein müssen und Xenophanes selber wohl gerne betonte, was er selbst auf seinen Reisen gesehen hatte und bezeugen kann[39]: aposteriorische Erfahrung steckt den Rahmen für die Möglichkeit jeder sinnvoll wertenden, will sagen: jeder komparativ evaluierenden Aussage über die uns umgebende Wirklichkeit. Ein wichtiges Indiz ist in diesem Kontext sicherlich auch, daß der Komparativ „süßer" (γλύσσων) im zweiten Vers des Fragments, wo man eigentlich eine absolute Superlativform erwarten würde, auftaucht; fraglos ein Hinweis auf den anscheinend doch sehr markanten und dezidierten Relativismus der der xenophanischen Erkenntnislehre als Ausgangspunkt unterliegt, die zunächst offenkundig nur kontextuelle Vergleiche a posteriori, aber keine absoluten Aussagen, wie es Superlative grammatisch sind, dulden will[40]. Superlativformen fehlen bei Xenophanes übrigens auch in den übrigen Fragmenten fast gänzlich; erst in seiner Gotteslehre gebraucht er dann, wovon zu gegebener Zeit zu sprechen sein wird, offenbar ganz bewußt den Superlativ.

Immerhin kann aber die Erweiterung unseres Erfahrungshorizonts, etwa wenn einer, der bisher die Feige für süßer als alles andere hielt, zum ersten Mal Honig zu schmecken bekommt, der Erkenntnis folgendes sicheres Datum bieten: Die Feige ist nicht das Süßeste, denn der Honig ist süßer. Ob es nun etwas noch süßeres als Honig gibt, oder ob dieser das Süßeste überhaupt ist, kann man daraus nicht

---

[38] Xenophanes könnte dieses Denkexperiment (bei ihm auch in den Fragmenten B15, B30, B34) aus epischen Vorgaben entwickelt haben, worauf Heitsch, Xenophanes, p.194 sowie in „Xenophanes und die Anfänge kritischen Denkens" hinweist. Aufschlußreich für diese epischen Vorlagen auch H.-G.Nesselrath, Ungeschehenes Geschehen, v.a. pp.1-43. Auch bei Solon und Heraklit (B5,B7,B15) taucht die irreale Argumentationsform auf. Hypothetisches Denken findet sich im übrigen später v.a. bei Zenon von Elea stark ausgeprägt, was vielleicht einen vagen Hinweis auf Xenophanes' Einfluß auf eleatisches Denken darstellen könnte (so z.B. Weber, Die Vorsokratiker, p.69).

[39] Sh. O.Gigon, ibid., pp.155ff sowie z.B. DK 21 A33.

[40] Vgl. E.Heitsch, Xenophanes, pp. 192ff. Zu Xenophanes' Empirismus vgl. z.B. H.F. Cherniss, The Characteristics and Effects of Presocratic Philosophy, p.18, H.Fränkel, Xenophanesstudien, p. 182 sowie grundsätzlich E.Heitsch, Das Wissen des Xenophanes, ibid. und öfter.

positiv ersehen oder „verifizieren". Wohl aber können wir die Annahme, die Feige sei das Süßeste, *falsifizieren*, wenn wir nämlich vergleichend Honig schmecken. Diese Entdeckung des Xenophanes, daß die menschliche Erfahrung durch Falsifikation, negatives Argumentieren, im empirischen Bereich zu erstaunlich sicheren, wenn auch nur negativen Erkenntnisergebnissen gelangen kann, spiegelt sich dann auch in seiner Theologie wieder, die ja von der Mythenkritik ihren Ausgang nimmt, also zunächst nur ex negativo funktioniert. Diese falsifizierende Methode des Erkenntnisgewinns bildet eine wichtige Konstante des gesamten xenophanischen Denkens und weist auf einen neuen Grundzug in seiner Philosophie hin, der dann insbesondere bei seiner Auseinandersetzung mit dem Mythos und der Volksreliogion auffallen wird: Mit Xenophanes – noch nicht so sehr bei den Milesiern – halten Kritik und methodisch eingesetztes kritisches Denken ihren Einzug in die Wissenschaft, die somit erst kontrovers und zum diskursiven *Streit* um das Richtige wird.

Xenophanes wendet sich also offenbar radikal gegen den Anspruch etwa der Dichter, eine durch engen Kontakt mit dem Übernatürlichen, also sozusagen durch Offenbarung sanktionierte absolute Wahrheit zu lehren[41]. Pindars (und anderer) Selbstverständnis, als Dichter Ausleger der Prophezeiungen einer Muse zu sein, ist ihm gänzlich fremd[42]. Es ist allgemein aber auch zu wenig beachtet worden, daß Xenophanes neben seiner Aufweisung der Relativität von Sitte und Anschauungsweisen, von der bislang ja vordringlich die Rede war, durchaus menschliche Überzeugungen und Verhaltensregeln kennt, die er fraglos für in der Natur oder dem Zweck einer Sache begründet hält und die somit nicht nur rein „folkloristischen" Wert besitzen, sondern durch den Rekurs auf die Vernunft verteidigt werden können. Ihnen kommt also eine überregionale, allgemeingültige Bedeutung zu. Merkwürdig ist auch das Beispiel, das Xenophanes hier gebraucht:

οὐδέ κεν ἐν κύλικι πρότερον κεράσειέ τις οἶνον
ἐγχέας, ἀλλ ' ὕδωρ καὶ καθύπερθε μέθυ.

---

[41] Für Xenophanes' Kritik an dieser Art von Wahrheitsanspruch steht wohl auch (nach DK, sh. dagegen aber M.Untersteiner, pp.139f) seine Verhöhnung der Geschichte des vierzigjährigen Offenbarungstraums des Epimenides (B20; Epimenides müßte – wenn die Traumgeschichte wahr wäre – also über 150 Jahre gelebt haben) sowie seine Ablehnung des Orakelwesens (A52).

[42] Vgl. Pindars Frgm.150. Dazu auch E.Suárez de la Torre, Parole de poète, parole de prophète, pp.347ff, B.C.Dietrich, Oracles and Divine Inspiration, pp.158f und H.Maehler, Die Auffassung des Dichterberufs im frühen Griechentum.

„Auch würde niemand beim Mischen im Becher zuerst den Wein eingießen,
sondern das Wasser und darüber den Wein"[43].

Merkwürdig um so mehr, als das von Xenophanes als unzweckmäßig darge-
stellte Tun, nämlich den Wein zuerst einzuschenken, später allgemeiner Brauch
wurde. Jedenfalls läßt sich aber feststellen, daß das Fragment Kritik an irgendeiner
(aus dem Bruchstück nicht mehr rekonstruierbaren) Verhaltensweise übte, und
diese mit einer anderen, für Xenophanes unmittelbar einsichtigen, kontrastierte. Für
menschliches Handeln und für menschliche Überzeugungen gab es für den
Kolophonier also auch ein jenseits der über Grenzen und Zeiten hinweg sich
verändernden relativen Bräuche und Ansichten stehendes Kriterium: Die
Sachgerechtheit oder Zweckdienlichkeit von Handlungen und Überzeugungen –
ein Gedanke, der sich dann auch insbesondere in der Gotteslehre des Xenophanes
wiederfinden wird als Postulat des θεοπρεπές, der „Gottangemessenheit" unserer
theologischen Ansichten. Das Fragment ist also, wie Ernst Heitsch es ausgedrückt
hat, über die Kritik falscher Verhaltensweisen ein xenophanischer Appell an den
Rekurs auf die Vernunft: „Nicht so, sondern anders muß man handeln, wie auch
niemand das Wasser auf den Wein, sondern jeder den Wein auf das Wasser
gießt"[44].

Überraschend ist nun aber das Kriterium der Falsifikation von gewissen
Anschauungs- und Verhaltensweisen, das diesem xenophanischen Bruchstück zugrundeliegt, denn dieses Kriterium unterscheidet sich in markanter Weise von den
Kriterien, die zum Beispiel Fragment B38 anspricht: Sinnesdaten und Erfahrung.
Es ist für das Verständnis insbesondere der xenophanischen Theologie von Bedeutung, daß Xenophanes noch ein weiteres sicheres Kriterium für die falsifizierende Vorgehensweise zu kennen glaubt: Den „Fixpunkt" eines
übergeordneten moralischen Gesetzes, das für alle, Menschen wie Götter,
verbindlich ist. Athenaios (XII,18.782b), der Fragment B5 überliefert, erklärt den
bei Xenophanes angesprochenen alten Mischbrauch damit, daß die von den Alten
beachtete Reihenfolge beim Mischen den Trank wässriger (ὑδραστέρος) machte,
und somit das Trunkenheitsrisiko verminderte: man schüttete zu diesem Zweck
zuerst die Flüssigkeit ein, die den meisten Raum im Mischkrug einnehmen sollte
und begrenzte somit von vornherein die Menge von Wein. – Maßvolles Trinken ist
aber bei Xenophanes auch im Fragment B1,17ff ein Thema und ganz klar im

---

[43] DK 21 B5. Denselben Brauch, das Wasser zuerst einzuschenken und dann erst den Wein,
belegen auch Homer (Od.IX,208f) und Hesiod (Erg.595f).
[44] E.Heitsch, Xenophanes, p.117.

Hinblick auf ethische Verhaltensregeln (καθαροὶ λόγοι, Vermeidung von ὕβρις, προμηθεῆ ἀγαθή und ἀρετή) gefordert[45]. Und tatsächlich sind es auch im Mythos, dessen normative Kraft für Xenophanes' Denken nie aus den Augen verloren werden darf, gerade die abschreckenden Gestalten und menschenunähnlichen Ungeheuer wie der Kyklop Polyphem oder die Kentauren der Lapithensage, die ihre Triebe nicht beherrschen können, sich unkontrolliert an (unvermischtem!) Wein berauschen und ein Verhalten an den Tag legen, das gegen allgemeinmenschliche, nicht nur regional begrenzte oder wandelbare ethische Grundforderungen in übler Weise verstößt: Der gotteslästerliche Polyphem frönt einer widerlichen Art von Kannibalismus, die Kentauren versuchen sich im Suff an Brautraub und Vergewaltigung[46]. Allgemeiner Ausgangspunkt des Xenophanes, die „Moral" seines Fragments B5, ist also: Der Usus des alten Mischbrauchs ist für jedermann einsehbar richtig, denn er dient der Verhinderung von Trunkenheit und somit dem als objektiv richtig zu wertenden Zweck, das Vernunftwesen Mensch nicht in die Situation kommen zu lassen, den Verstand zu trüben oder gar zeitweilig gänzlich zu verlieren. Die Angst davor, im Suff sozusagen beinahe unter die „Menschlichkeitsgrenze" zu sinken und nicht mehr Herr seiner selbst zu sein, ist übrigens ein Topos, den Xenophanes (auch und vor allem in Fragment B1,17ff) mit dem ungefähr gleichzeitigen Heraklit teilt (so unter anderem mit dessen Fragment B117 und B118).

Es darf und muß sogar meines Erachtens angenommen werden, daß Xenophanes gewisse ethische Verhaltensmuster als naturbegründet und nicht *nur* νόμῳ vorgegeben ansah, und diese auch als Falsifikationskriterien in seine Argumentation eingebracht hat. Ebenfalls in diesem Sinne sind die Bruchstücke B11 und B12 zu verstehen, wo Xenophanes anklagt, daß Homer und Hesiod den Göttern all das

---

[45] Das ließe sich auch an die Interpretation der Frgme. B3 und B4 anschließen, die in der lydischen Dekadenz den Ursprung für Kolophons Katastrophe sahen: Athenaios erzählt (XII,526b), daß die Kolophonier, von der lydischen Zechfreude angesteckt (auch Herodot I,73 kennt die Lyder übrigens als trinkgewohnt), oftmals so betrunken waren, daß einige von ihnen niemals den Sonnenauf- oder -untergang nüchtern erlebten. Und J.H.Lesher, Xenophanes, p.52 will erkannt haben, daß Athenaios mit dieser Bemerkung ein ihm vorliegendes Xenophanes-Zitat paraphrasiert.

[46] Ich begnüge mich hier mit diesen beiden – vielleicht bekanntesten – Beispielen, da sie auch bei Homer (Od.IX,262-362 und XXI,295) auftauchen (zur Ergänzung sh. Pindars Frgm.166). Abgesehen davon diente den Griechen der Kolonisationszeit das abschreckende Verhalten der Barbarenvölker, die mit Wein nicht kontrolliert umgehen können (sie trinken ihn unvermischt!) als gern zitiertes Negativbeispiel (eines davon beschreibt z.B. Herodot I,207f). Auch noch Platons Nomoi (635e - 650b) besprechen in extenso das Problem des Weingenusses und seiner Wirkung auf Besonnenheit und Sittsamkeit.

angehängt hätten, was „bei den Menschen", παρ' ἀνθρώποισιν Schimpf und Schande sei: Raub, Ehebruch und Betrug. Auch hier gilt eine ethische Richtvorstellung als normgebendes Kriterium, und zwar für eine theologische Argumentation, die falsche Ansichten über die Götter aufdeckt[47]. James H. Lesher hat in Xenophanes deswegen (in der Nähe zu anderen Lehrdichtern seiner Zeit) vorrangig einen „Moralisten" sehen wollen. Auch Mario Untersteiner hat das in ähnlicher Weise vermutet, gleichzeitig aber immerhin erklärt, wie dieser „Moralismus" des Xenophanes zu verstehen sei, und wie er ihm hilft, im theologischen Bereich argumentieren zu können: Fragment B12 spricht von „frevelhaften Taten der Götter", θεῶν ἀθεμίστια ἔργα. Themis (also „feste Ordnung", „Satzung") ist hier das Schlüsselwort: Sie bestimmt, was *für Götter und Menschen* statthaft ist[48]. Offenbar sah Xenophanes die Grundlagen des menschlichen νόμος, also etwa im Verbot des Ehebruchs oder des Betrugs, als θέμις-vorgegeben, ähnlich wie auch heute grundsätzliche Richtlinien von Moral und Gesetz gerne auf naturrechtliche Gegebenheiten zurückgeführt werden. Die – in Xenophanes' Augen – offenbar unverrückbaren und unwandelbaren Kernpunkte des menschlichen νόμος und der Ethik können also durchaus ein Kriterium für die Beurteilung dessen darstellen, was bei den Göttern ἀθεμίστιος, frevelhaft ist[49].

---

[47] Wenn die Menschen Fehler begehen oder auf die Unzulänglichkeiten menschlicher Erkenntnis oder Verhaltensweisen hingewiesen werden soll, bezeichnen die xenophanischen Fragmente den Menschen allesamt als βροτός (B14) oder θνητός (B18, B23,2, B36). – Anders in B32,1 und v.a. in B12: Hier wird der Mensch und sein Handeln positiv charakterisiert (in B23,1 sozusagen im positiven Vergleich mit den Göttern) und sogar als Vorbild gesehen. An diesen Stellen spricht Xenophanes vom Menschen als ἄνθρωπος. Ich möchte dies als weiteres Indiz dafür nehmen, daß Xenophanes in B12 tatsächlich annimmt, verkehrte Gottesvorstellungen seien anhand menschlicher ethischer Maßstäbe korrigierbar, und zwar im Sinne einer Falsifikation xenophanischen Musters wie weiter oben angeführt.

[48] So bezeichnet θέμις die Ordnung der Dinge von Natur aus, wie etwa in Il.IX,134, wo der geschlechtliche Verkehr zwischen Mann und Frau als θέμις, d.h. in einem starken Sinne als „naturgegeben" (wie wir heute sagen würden) gilt. Als diese übergreifende Ordnung lenkt die Themis sowohl die Belange der Menschen (Od.II,68) als auch der Götter (Il.XX,4; Pindars Isthmien VIII,28ff erzählen z.B. davon, daß Themis in einen Streit zwischen Zeus und Poseidon eingreift. Auch Platons Sokrates beurteilt in Apol.21b das Tun des delphischen Gottes nach den Richtlinien der Themis). Ähnlich ja auch die übergreifende Ordnung der Moira, der nach Herodot (I,91) nicht einmal ein Gott entgehen kann.

[49] Meine Paraphrase ist im Ausdruck hoffentlich vorsichtiger als Untersteiners (im Anschluß an E.Wolf getroffene) Ausführungen zum Thema, die ich hier wörtlich zitieren möchte (Untersteiner, Senofane, pp.CXXXIf): „La sua fede nell' inviolabilità di νόμος lo conduce a credere di riconoscere nell'uso venerato e nella legge obbligatoria ciò che è identico a θέμις. Alcune azioni degli dèi di Omero e di Esiodo non gli sembrano, perciò, conformi a θέμις poiché presso agli uomini sono contrarie alla legge". Hätte Xenophanes allerdings derart kurz

Diese Vorstellung wird sich in der xenophanischen Theologie als sogenannter θεοπρεπές-Gedanke wiederfinden, der als das methodische Prinzip des theologischen Argumentierens fast aller xenophanischen Lehren zur Gottesfrage und Mythenkritik gelten darf und somit als ein Ansatz zur Überwindung der Spaltung im Erkenntnisbereich[50].

Perfektes und hypothetisches Wissen:

In diesem Zusammenhang, und gerade im Hinblick auf die im folgenden zu besprechenden Problemfelder der Mythenkritik und der positiven Theologie des Xenophanes, ist es interessant zu sehen, wie der Philosoph auf dem Hintergrund dieser Vorgaben „mit dem Scharfblick der Skepsis, dem Kennzeichen jedes Weitgereisten"[51] die Wahrheitsfrage erörtert, die von da an nicht mehr aus der philosophischen Diskussion verschwinden wird:

καὶ τὸ μὲν οὖν σαφὲς οὔ τις ἀνὴρ ἴδεν οὐδέ τις ἔσται
εἰδὼς ἀμφὶ θεῶν τε καὶ ἄσσα λέγω περὶ πάντων·
εἰ γὰρ καὶ τὰ μάλιστα τύχοι τετελεσμένον εἰπών,
αὐτὸς ὅμως οὐκ οἶδε· δόκος δ' ἐπὶ πᾶσι τέτυκται.

---

geschlossen, so müßte er sich denselben Vorwurf gefallen lassen, den er selbst den Dichtern macht, nämlich menschliche Eigenschaften und Vorstellungen in den göttlichen Bereich einfach hineinzutragen. Dagegen hoffe ich mit meiner Interpretation klar unterstrichen zu haben, daß es Xenophanes im Gegenteil darum gegangen sein muß, einen allgültigen ethischen Ansatzpunkt zu finden (die θέμις, die für Götter und Menschen überzeitlich und überregional gleichermaßen verpflichtend ist), der eine Grundlage dafür schafft, menschlicherseits gerechtfertigte und fundierte Kritik an falschen Gottesvorstellungen zu üben. Es sei hier unbedingt noch darauf hingewiesen, daß in unmittelbarer zeitlicher und thematischer Nähe zur Philosophie des Xenophanes der Gedanke einer allgemeingültigen unhintergehbaren Gesetzlichkeit in diesem Sinne ad verbum faßbar ist, nämlich bei Heraklit, der lehrt, die Weltordnung sei ewig, nicht gottgeschaffen (!) und gelte für alles (DK 22 B30) und alle menschlichen Gesetze nährten sich aus dem einen, dem wahrhaft göttlichen Gesetz (DK 22 B114).

[50] J.H.Lesher, Xenophanes, p.116, hat dagegen angenommen, Xenophanes argumentiere generell nicht in seiner Theologie, sondern behaupte nur apodiktisch: „Either Xenophanes himself failed to develop a proof technique for his theological ascriptions or else an unkind history has deprived us of his more ratiocinative comments on the subject". Wenn auch der θεοπρεπές-Gedanke eher ein Korrektiv darstellt, das sich auf ethische Gewißheit beruft, als eine astreine „proof technique", so scheint mir doch, daß man im oben angesprochenen Sinne durchaus von einer Argumentationsstruktur in der Weise einer Art „naturrechtlichen Falsifikationsbemühung" bei Xenophanes sprechen kann.

[51] W. Schadewaldt, Die Anfänge der Geschichtsschreibung bei den Griechen, p.568.

„Und das Genaue hat nun freilich kein Mensch gesehen, und es wird auch nie-
manden geben,
der es weiß über die Götter und alles, was ich sage.
Denn wenn es ihm auch im höchsten Grade gelingen sollte, Wirkliches auszusprechen,
selbst weiß er es gleichwohl nicht. Für alles gibt es aber Vermutung."[52]

Das in diesem Bruchstück überlieferte Zitat war äußerst einflußreich (es gehört
zu den in der Antike meistzitierten Vorsokratikerfragmenten), insbesondere was
die Geschichte der Skepsis betrifft, und ist seit jeher eine offene Einladung für eine
endlose kontroverse philologische und philosophische Diskussion gewesen[53]. Ihre
beiden Pole bilden in ungefähr Hermann Fränkels und Ernst Heitschs Interpretationen der xenophanischen Erkenntnislehre. Man sollte dabei Fränkel zunächst
durchaus in der Meinung folgen, daß die zitierten Verse am Anfang eines
umfangreicheren Gedankenkomplexes gestanden haben[54], so daß das andeutende
„alles, was ich [scil. im nunmehr folgenden] sage" als Hinweis auf die im Werk,

---

[52] DK 21 B34. Das δόκος δ ' ἐπὶ πᾶσι τέτυκται übersetzt B.Snell durch „Schein ist allem
beigefügt". Ich behalte Heitschs Interpretation als die wohl richtigere bei, v.a. auch deshalb, weil
in ihr das Kontrapunktierende der Adversativpartikel δέ besser zum Tragen kommt. Auch B35
läßt sich m.E. nur so inhaltlich mit B34 nahtlos zusammenbringen.

[53] So zeigt Lesher, Xenophanes' Scepticism, p.22, daß Xenophanes' Erkenntnislehre Einfluß
z.B. auf Alkmaions Fragment DK 24 B1 hatte. Lohnend wäre überdies vielleicht ein Vergleich
mit Euripides' „Helena" 1137ff. Timon von Phleious, der sich sozusagen als einen Nachfolger
des Xenophanes verstand, hat den Kolophonier m.W. erstmals als frühen Skeptiker gesehen und
xenophanische Ansätze für seine eigenen skeptischen Lehren in enger sprachlicher Anlehnung
verwendet (so z.B. Xenophanes' B38; zum Ganzen vgl. am einfachsten F.Ricken, Antike
Skeptiker, pp.18ff und 24ff). Auch Sextus Empiricus, bei dem das Frgm. B34 des Xenophanes
überliefert ist, sieht in dem Vorsokratiker einen frühen Skeptiker. Allgemein, wenn auch mit
Vorsicht, ist dem wohl (*zumindest der Sache nach*, wenn auch nicht als historischer Bezug
eindeutig feststellbar) zuzustimmen: „Es ist oft bestritten worden, daß unser Text im Sinn einer
Erkenntnisskepsis zu deuten ist. Daran scheint mir aber kein Zweifel möglich. Der erste Teilsatz
besagt ganz klar: Es gibt kein Wissen, und das ist nun einmal die These der Skepsis" (F. von
Kutschera, Das Frgm. B34 des Xenophanes, p.21). Zu den philosophiehistorischen Problemen,
die sich ergeben, wenn man die *Geschichte der Skepsis* qua philosophische Hairesis bereits in der
Vorsokratik beginnen lassen will, sh. V.Brochard, Les Sceptiques Grecs, pp.3-19 sowie E.Zeller,
ibid. Bd.I, p.503 und F.Cleve, The Giants of Pre-Sophistic Philosophy, pp.28ff. Über die
„vorsokratische Skepsis" allgemein sh. z.B.auch das zweite – wenn auch nicht ganz zufriedenstellende – Kapitel von L.Groarke, Greek Scepticism, v.a. pp.32ff.

[54] Ähnlich K.Reinhardt, Parmenides und die Geschichte der griechischen Philosophie, p.118.
Gegen die Interpretation von B34 als Eröffnungsverse sh. Heitschs Bemerkung, das οὖν aus Vers
1 verweise wahrscheinlich auf eine vorausgehende Textpassage.

dem die Verse wahrscheinlich vorangestellt waren, exponierten Lehren ist. Das ist wichtig, denn somit wird das genannte „alles" zunächst auf die problematischen Themen, die Xenophanes zu behandeln sich vornimmt, eingeschränkt[55]; nicht wirklich alles im absoluten Sinn des Wortes ist also (soviel das Fragment hergibt) von vorneherein als problematisch anzusehen. So wird Xenophanes kaum an der Geltung einfacher analytischer Wahrheiten gezweifelt haben und, wie gesehen, wohl auch nicht daran, daß zum Beispiel der Honig süßer ist als Feigen und wir das auch feststellen können; doch die analytischen Wahrheiten „hatte Xenophanes freilich kaum im Auge. Kognitiv interessant sind vor allem synthetische Sachverhalte, deren Geltung nicht nur von uns abhängt"[56], und genau diese Erkenntnisfortschritte implizierenden Aussagen meint der Kolophonier wohl, wenn er sagt: „Über die Götter und alles, was ich sage". (J.H. Lesher[57] hat dagegen behauptet, das Fragment bedeute eine Ablehnung *mantischen* Wissens: Himmelszeichen seien Naturerscheinungen und als solche nicht unmittelbar göttlichen Ursprungs, und nur zufällig kann, was aus ihnen „gelesen" wird, wahr sein. Zu halten habe man sich dagegen an den vernünftigen δόκος. – Eine zwar zu gewaltsame Einschränkung des Fragments auf mantisches Wissen, aber vielleicht doch, insbesondere im Hinblick auf unsere weiter oben getroffene Feststellung der gegenseitigen Abhängigkeit von Erkenntnis- und Mythenkritik bei Xenophanes, ein Hinweis darauf, wie der

---

[55] Ähnliches nimmt ja auch Heitsch, Xenophanes, p.176f und – wenn auch hier im Zusammenhang mit B35 – in: E.Heitsch, Das Wissen des Xenophanes, p.232, an. Es bleibt aber mit Lesher, Xenophanes, p.159, zu beachten, daß Xenophanes' B34 tatsächlich als ein „Master fragment" anzusehen ist, das (innerhalb des vom Nebensatz der zweiten Verszeile eingegrenzten Erkenntnisbereichs) Erkenntnis im allgemeinen und speziell noch einmal die Erkenntnisse des Autors selbst zum Thema macht, eine kontrastierende Zusammenstellung, die sich auch ähnlich in Heraklits B1 und Parmenides' B7 finden läßt.

[56] F. von Kutschera, ibid., p.22. Auch DK 21 B36 könnte auf einen solchen relativ (wenn auch nicht zur Gänze!) unproblematischen Bereich menschlichen Erkennens hindeuten: „Was also alles sich den Sterblichen sichtbar zeigt ... " müßte dann mit Heitsch (Xenophanes, p,188) etwa folgendermaßen zuendegedacht werden: „ ... ,das kann als weitgehend plausible Grundlage des Weiterdenkens durchaus hergenommen werden". Zur Vorsicht mahnt hier allerdings θνητοί, denn „Sterblicher sein" und „fehlbar sein" korrelieren anscheinend durchwegs bei Xenophanes. Alles in allem ist das Fragment aber allzu bruchstückhaft und leider ohne kontextuelle Einbindung überliefert und läßt somit fast jede Deutung zu (vgl. z.B. Leshers Alternativinterpretation, Xenophanes, pp.178f).

[57] Sh. J.H. Lesher, Xenophanes' Scepticism, p.30, interpretativ im folgenden ein wenig über Leshers Text hinaus von mir fortgeführt und erweitert, da ich vermute, Lesher hatte hier die Xenophonstelle Memorabilia I,1,7 als Parallele vor Augen, wo von Sokrates berichtet wird, er habe seine Mitbürger angewiesen, die Weissagekunst nicht überzustrapazieren, da die Götter das Entscheidende wohl doch für sich behielten und ohnehin für das tagtägliche Leben menschliche Erfahrung und Überlegung – also sozusagen der δόκος – meist ausreiche.

116

Kolophonier über die Kritik mantischen Wissensanspruchs per analogiam zur Kritik menschlichen Wissensanspruchs überhaupt gekommen sein mag.)

Immerhin sieht Xenophanes seine eigenen Lehren mit in den Bereich der Probabilität, unter dem ja alles Wissen stehen soll, mithineingezogen. Xenophanes veranschlagt (ganz im Gegensatz etwa zu Heraklit) für sein Denken also keinerlei Ausnahmeregelung, auch nicht für das, was „über die Götter" gesagt werden soll (mit der gegenteiligen Annahme unterläuft Fränkel wohl ein Fehler)[58]. Das bestimmte „es gibt darüber kein Wissen und es wird auch keins geben" beansprucht ja offensichtlich allgemeine und dauernde Gültigkeit, der sich auch Xenophanes selbst nicht entziehen kann. Alles (in dem eingeschränkten Sinne von B34), dessen ist sich der Philosoph bewußt, ist strenggesehen nur Standpunkt, und Wissen bleibt immer an die Tatsache der grundsätzlichen menschlichen Fehlbarkeit gebunden[59].

Von Bruno Snell sei hier noch ergänzend der Gedanke übernommen, daß diese Vorstellung der grundsätzlichen Fallibilität menschlicher Erkenntnis auf eine lange Tradition im griechischen Denken zurückblickt: Ansatzweise findet sie sich nicht nur bei Hesiod, sondern auch bei Homer, etwa im Musenproömium des Schiffskatalogs (Il.II,484ff), in dem göttliches Wissen als sicherer gegenüber fehlbarerer menschlicher Erkenntnis zu Hilfe gerufen wird. Es sind dies vielleicht die Quellen aller ähnlichlautenden erkenntniskritischen Fragmente etwa des Heraklit (DK 22 B78) und anderer alter Dichter und Vorsokratiker, unter anderem wohl auch des Xenophanes, der diese erkenntniskritische Tendenz allerdings weiter treibt als alle bisherigen. Hermann Fränkel zitiert in diesem Zusammenhang als letzte Konsequenz einer geistigen, auch auf Xenophanes aufbauenden Strömung, die perfektes Wissen allein den Göttern vorbehält (keineswegs zwingend, aber immerhin beachtenswert) neben Areios Didymos (vgl. DK 21 A24, das B34 doxographisch einbindet) und Varro auch Augustinus' „hominis est enim haec (i.e. die nichtempirische Welt) opinari, Dei scire"[60].

Es ist also vorab bemerkenswert, daß Xenophanes die hypothetische Möglichkeit der Erkenntnis der Wahrheit (oder: des „Wirklichen", des „Genauen", nachdem Xenophanes das Wort ἀλήθεια zu vermeiden scheint[61]) nicht von

---

[58] Vgl. E.Heitsch, Xenophanes, p.175.

[59] So K.Popper, ibid., p.217 sowie F. von Kutschera, Grundfragen der Erkenntnistheorie, p.77.

[60] Das Augustinuszitat entnimmt Fränkel, ibid., p.190 aus Augustinus De civitate Dei 7,17. Vgl. auch J.H. Lesher, Xenophanes' Scepticism, Anm.5 zu p.22.

[61] Das Wort ἀλήθεια taucht in keinem B-Fragment des Xenophanes auf. Sh. neben Kutschera, Das Fragment B34 von Xenophanes, p.20 über die Problematizität das ἀλήθεια-Begriffs zu jener Zeit E.Heitsch, Das Wissen des Xenophanes, p.234 sowie ders., Xenophanes, p.185f. Man kann

vorneherein ausschließt. Nur, selbst wenn man Wirkliches erkennen sollte, so gibt es keine Möglichkeit und keinen objektiven sich dem menschlichen Geist erschließenden Maßstab, um dies einwandfrei zu verifizieren, denn: für Xenophanes gibt es im menschlichen Bereich kein absolutes Kriterium der Wahrheit und somit auch letztendlich kein Wissen. Von Kutschera hat in diesem Zusammenhang auf den dem Fragment B34 eigenen Wissensbegriff des Xenophanes hingewiesen. Dieser zeichnet sich dadurch aus, daß er ein Begriff perfekten, also problemlosen Wissens ist, bei dem, abgesehen von den allgemeineren Prämissen, daß (1) nur Tatsachen gewußt werden können und (2) ein Überzeugtsein des Wissenden angenommen wird, (3) der Wissende auch weiß, daß er weiß, und (4) der Unwissende auch glauben muß, nicht zu wissen. Die Möglichkeit von (3) und (4) wird aber von Xenophanes im Bereich menschlicher Erkenntnis ja gerade ausgeschlossen, und somit kommt er zum Ergebnis: es ist kein (perfektes!) Wissen möglich[62].

Doch dann die wichtige Aussage: Es gibt aber über alles Vermutungen (δόκος). Der Begriff δόκος ist zu jener Zeit noch keineswegs negativ belegt. Dazu liefert Herodot einen klärenden und aufschlußreichen Fingerzeig: er definiert sein Vermuten als Schluß vom Bekannten, von τεκμήρια, also zugänglichen „Indizien",

---

m.E. allerdings die Bedenken, die Heitsch in diesem Zusammenhang gegenüber Schlüssen e silentio hegt, durchaus gelten lassen. Im kritischen Apparat von DK zu 21 A24 Zeile 11 findet sich interessanterweise der Verweis auf eine Vermutung W.A.Heidels, der dem in Zeile 12 gegebenen Xenophaneszitat B34 vorausgehende Trimeter (θεὸς μὲν οἶδε τὴν ἀλήθειαν) könne ebenso wie B34 selbst aus den Sillen des Kolophoniers stammen. Dann hätte Xenophanes das Wort ἀλήθεια wirklich gebraucht, wenn auch nicht auf menschliches Wissen angewendet, sondern auf perfektes göttliches Wissen. Die Bestätigung dieser Vermutung muß man aber wohl der Philologie überlassen. Es ließen sich allerdings viele Parallelbeispiele aus der frühen Dichtung anführen, wo fast nirgends auf menschliche Unwissenheit hingewiesen wird, ohne gleichzeitig auf göttliches Wissen kontrapunktierend anzuspielen (worauf auch Fränkel, Dichtung und Philosophie des frühen Griechentums, p.433 verwiesen hat; Fränkel mutmaßt auch, an Frgm. B34 habe sich ein ergänzender Verweis auf die Perfektion göttlichen Erkennens angeschlossen). Sh. dazu beispielshalber die weiter oben angeführten Theognis- und Semonideszitate in ihrem weiteren Zusammenhang sowie die Frgme. B78 des Heraklit und B1 des Alkmaion. Daß die Götter bei Xenophanes im Gegensatz zu den Menschen tatsächlich sicheres Wissen besitzen, setzen wohl auch gewissermaßen die xenophanischen Fragmente B1, B18 und (gegen Mansfelds Alternativdeutung) B24 voraus.

[62] Sh. F. von Kutschera, Grundfragen der Erkenntnistheorie, p.77 sowie ders., Das Fragment B34 von Xenophanes, pp.21f. Der von Kutschera ibid. aufgedeckte logische peccadillo im Frgm. B34 ist in der Tat so unbedeutend (worauf der Autor selbst auch hinweist), daß er hier vernachlässigt werden kann.

aufs Unbekannte[63]: συμβάλλομαι τοῖσι ἐμφανέσι τὰ μὴ γινωσκόμενα τεκμαιρόμενος. Ähnlich sagt auch Alkmaions Fragment B1: σαφήνειαν μὲν θεοὶ ἔχοντι, ὡς δὲ ἀνθρώποις τεκμαίρεσθαι. Daß die τέκμαρσις als wissenschaftliche Methode auch später noch in der antiken Medizin Verwendung fand als Krankheitsbestimmung nach Symptomen (τεκμήρια), belegen zahlreiche Stellen unter anderem bei Hippokrates (so etwa Περὶ διαίτης 71,3).

Was die sinnenfällige Realität und unser Umgang mit ihr an Hinweisen, τεκμήρια liefert, erlaubt also ein durchaus *gültiges* Schließen auf die objektive Wirklichkeit der Dinge. Dagegen tadelt Herodot diejenigen, die über die Beschaffenheit der Welt sprechen und dabei nicht ἔργῳ ἀποδεικνῦσι (IV,8). Das xenophanische τύχοι τετελεσμένον εἰπών, „falls es gelingen sollte, Wirkliches auszusprechen", will daher auch nicht besagen, daß der δόκος nur zufällig richtig sein kann, „daß wir also nicht wissen, sondern nur raten"[64]. Vielmehr bilden sich Überzeugungen „nicht durch Betätigung eines Zufallsmechanismus, z.B. durch Würfeln, sondern durch Wahrnehmungen, Überlegungen etc. Wir haben aufgrund langer Erfahrung eine recht gute Vorstellung davon, worauf wir uns verlassen können, und urteilen entsprechend, wenn wir das mit Überlegung und Sorgfalt tun. Solche Urteile erweisen sich in der Regel auch als richtig"[65]. Damit ist aber auch der Schritt jenseits einer via facti falsifizierenden Vorgehensweise, wie sie das Honig-Fragment aufzeigte, getan. Ernst Heitsch hat daher in Xenophanes' B34 „nichts anderes als eine Explikation der Tekmerien-Methode" gesehen[66].

Xenophanes glaubte offenbar an die Richtigkeit und relative Zuverlässigkeit der Tekmerien-Methode[67], das heißt an eine Art „Indizienbeweisführung", die zwar

---

[63] Vgl. Herodot II,33. Dazu auch E.Heitsch, Xenophanes, p.179, wo zudem weitere Belegstellen angegeben werden, in denen Herodot seine Meinungen von Tekmerien gestützt sieht. Für besonders interessant erachte ich in diesem Zusammenhang die Stelle, wo Herodot genauso wie Xenophanes in A33 von Muschelfunden in den Bergen darauf schließt, daß der Wasserspiegel einst sehr viel höher gestanden haben muß (II,12).

[64] So K.Popper, der sich ja in unmittelbarer geistiger Nähe zu Xenophanes' Denkungsart wähnt, in „Logik der Forschung", p.223: „Wir wissen nicht, sondern wir raten".

[65] F. von Kutschera, ibid., p.22f; vgl. ders., Grundfragen der Erkenntnistheorie, p.78. Τυγχάνειν ist daher wohl auch am ehesten etwa mit dem Gebrauch in Il.XV,581 in Verbindung zu bringen: θηρητὴρ ἐτύχησε βαλών (ähnlich z.B. Herodot III,35: βαλὼν τύχοιμι): Der Jäger trifft glücklich, aber eben nicht in dem Sinne, daß er aufs Geratewohl einfach ins Dickicht zuhält, sondern sein geplanter Versuch zu treffen gelingt trotz aller Eventualitäten und Unsicherheiten bei der Jagd.

[66] E.Heitsch, Xenophanes, p.182.

[67] Das Wort τεκμήριον taucht bei Xenophanes selbst nicht auf, wohl aber (wie gesehen) in Alkmaions B1, das DK 21 B34 mit großer Sicherheit imitiert: „Über das Unsichtbare wie über das Irdische haben Gewißheit die Götter, uns aber als Menschen ist nur das (Er-)Schließen

nicht zur absoluten Wahrheit hinleiten kann, aber sehr wohl subjektiv entscheidbare hinreichende Bedingungen stellt, um zu einer vertretbaren, fundierten und einen hohen Grad an Objektivität beanspruchenden Meinung durchzudringen, die nahe an die Wahrheit herankommt; die Ergebnisse, zu denen dieser tekmeriengestützte δόκος führt, kann man daher auch

„ ... vermutungsweise gelten lassen, gleichend dem Wirklichen ...(ταῦτα δεδοξάσθαι μὲν ἐοικότα τοῖς ἐτύμοισι)" (DK 21 B35).

Xenophanes hält den δόκος also für immerhin so vertrauenswürdig[68], daß er ihn trotz einer bleibenden Restunsicherheit so behandeln kann, als komme er einer „wirklichen" Aussage gleich. – Auch bei Homer ist übrigens dem genau (σάφα) Gewußten mitunter die plausible Vermutung, die man dem eigenen Handeln zur Grundlage macht, entgegengestellt[69].

Wenn also auch perfektes Wissen dem Menschen unzugänglich bleibt, so kann er sich als erkennender doch auf wohlerwogene Überzeugungen und tragfähige Hypothesen weitestgehend verlassen: „Der Ausdruck 'Meinung' wäre demgemäß zutreffend mit 'Annahme' bzw. 'Hypothese' wiederzugeben. (...) Die Voraussetzungen von Theorien sind Hypothesen, von denen wir annehmen, daß sie der Wahrheit entsprechen, ohne es unmittelbar wissen zu können. Konsequenterweise sprach Xenophanes den Prinzipien seiner eigenen Theologie und Naturphilosophie den Charakter des (unmittelbaren) Wissens ab und erklärte sie für Annahmen"[70].

---

gestattet (περὶ τῶν ἀφανέων, περὶ τῶν θνητῶν σαφήνειαν μὲν θεοὶ ἔχοντι, ὡς δὲ ἀνθρώποις τεκμαίρεσθαι)".

[68] F.Decleva Caizzi, Senofane ed il problema della conoscenza, stellt heraus, daß für Xenophanes derjenige als σοφός gilt, der die Methode des δοκεῖν beherrscht. Δόκος ist also positiv zu verstehen, und ist mit „Meinung" völlig unzulänglich wiedergegeben. Was Xenophanes mit δόκος sagen will, ist ein menschenmöglicher Erkenntnis*weg*, der innerhalb gegebener Schranken relativ sicher beschritten werden kann.

[69] So etwa Od.III,89: Obwohl keiner genau weiß, ob Odysseus den Tod auf dem Meer gefunden hat, so liegt doch gut zehn Jahre seit der letzten Nachricht von ihm die Vermutung immerhin nahe, und die Freier der Penelope richten ihr Handeln danach – freilich kostet sie die einkalkulierte „Restunsicherheit" dann das Leben; zum weiteren epischen Befund vgl. Heitsch, Xenophanes, pp.173f.

[70] W.Röd, Die Philosophie der Antike 1, p.80. Vgl. E.Heitsch, ibid., pp.184ff sowie F. von Kutschera, Das Fragment B34 von Xenophanes, pp.21ff. Als illustrative Ergänzung der xenophanischen Theorie der Unmöglichkeit eines Wissens ohne Restunsicherheit kann eine Interpretation von B19 durch Lesher, Xenophanes, p.123, angeführt werden: Xenophanes habe Thales „bewundert", weil er Sonnenfinsternisse berechnen konnte. Nun schließt Xenophanes in B34 sicheres Wissen und in A52 Divination aus. Um so mehr mußte es ihn wundern, daß jemand

„Hypothese", „Vermutung" oder „Überzeugung" im Sinne des Xenophanes setzt also ein erprobtes (wenn auch nicht notwendigerweise perfektes) Wissen um einen bestimmten Sachverhalt voraus und ergänzt es in legitimer Weise: „In diesem Sinne werden zunächst unbewiesene, aber jedenfalls nicht abwegige Annahmen gemacht, die dann – als Hypothesen – ihre Fruchtbarkeit beweisen sollen und bestätigt werden müssen"[71]. Es ergibt sich mithin die Möglichkeit, im Bereich der empirischen Wirklichkeit plausibel zu argumentieren, zu kritisieren und zu erklären (B38!), aber nicht im starken Sinne „objektiv" zu beweisen, was auch später Parmenides, in diesem Fall sicherlich auf Xenophanes zurückgreifend, behauptet (DK 28 B8,60 und B19,1).

Eine Schwierigkeit ergibt sich in diesem Zusammenhang mit der Frage, inwieweit Xenophanes den Sinnesdaten im Erkenntnisprozeß, im Argumentieren und Kritisieren vertraute. Das Fragment B38 setzte ja Schmecken als eine Falsifikationshilfe an, und die Fragmente B28, B32 und – sollte Heitschs weiter vorne anmerkungsweise bereits ausgeführte Interpretation richtig sein – B36 halten das Gesehene für ein relativ sicheres Datum und die Grundlage des Weiterdenkens. Ähnliches zeigt auch der doxographische Bericht in A33. Dagegen sah Aristokles offenbar bei Xenophanes ein gewisses Mißtrauen den Sinnesdaten gegenüber (A49; allerdings sehr allgemein formuliert: die Eleaten hätten der αἴσθησις mißtraut, und auch Xenophanes habe „etwas in der Richtung", τοιαῦτα γάρ τινα, als erster behauptet). Auch der doxographische Bericht A41a überliefert eine Lehre des Xenophanes, in der ein Sinnesdatum (die Sonne vollführe sichtbar eine Kreisbewegung) eben genau nicht mit der „wirklichen" Gegebenheit (die Sonne nämlich liefe stets geradeaus εἰς ἄπειρον) übereinstimmt. Für diese zweitzitierte These der xenophanischen Diskreditierung der Sinneswahrnehmung läßt sich allerdings kein Beleg aus einem Direktfragment herbeibringen (auch in Theophrasts „De sensibus" wird Xenophanes kein einziges Mal erwähnt, obwohl die „Sinnesskeptiker" eingehende Behandlung erfahren). Vielleicht läßt sich ihre Entwicklung im Ansatz daraus erklären, daß den Doxographen insbesondere Xenophanes' scharfe Attacken gegen die sinnenfälligen Götterdarstellungen stark auffallen mußten, doch auch dies bleibt lediglich Vermutung.

Sonnenfinsternisse ohne Restunsicherheit more mathematico bestimmen konnte: Hier muß mehr als nur δόκος vorgelegen haben. Das θαυμάζει des Frgm. B19 ist also stark zu verstehen: Xenophanes bewunderte Thales nicht nur, sondern er wunderte sich über ihn, er war sozusagen vollkommen perplex.

[71] E.Heitsch, Wege zu Platon, p.39. Xenophanes selbst dürfte der Begriff ὑπόθεσις in dieser – platonischen – Verwendung wohl noch unbekannt sein.

Obgleich also das uns vorliegende Quellenmaterial in dieser Frage sekundär, quantitativ nur sehr begrenzt und zudem widersprüchlich ist, möchte ich zur Lösung des Problems folgenden Vorschlag machen, der mir plausibel und mit dem Befund der B-Fragmente durchaus verträglich erscheint: Xenophanes betrachtete die Sinnesdaten und Erfahrung als brauchbare primäre Grundlage menschlichen Wissens über die Welt. Für die Orientierung an der Sinneswahrnehmung im Umgang mit der konkreten Wirklichkeit spricht ja auch die Unmittelbarkeit der αἴσθησις, die mit der Unmittelbarkeit unseres Umgangs mit den konkreten Gegebenheiten gut korreliert. Beispiel für diese Haltung ist Fragment B32: der Regenbogen soll und muß zunächst als das angesehen werden, als was er sich den Augen bietet, nämlich als Wolkenlichtspiel, als das ihn die Sinne identifizieren (νέφος πορφύρεον καὶ φοινίκεον καὶ χλωρὸν ἰδέσθαι), nicht aber als Epiphanie einer Göttin (wofür die Sinne keinerlei Daten oder Tekmerien hergeben). Auch B28 und B36 können plausibel so gelesen werden, nämlich als Aufruf, sich zunächst um die konkrete Welt soweit sie den Sinnen zugänglich ist, zu kümmern: Für praktische Zwecke und eine Primärorientierung in der Welt kann man den Sinnen und unserem erfahrenen Umgang mit ihnen vertrauen. Nur bleibt eben anzumerken, daß die Sinneswahrnehmung im Bereich der Erkenntnis nicht alles leisten und nicht jedes Erkenntnisgebiet abdecken kann. Für Xenophanes' spezielle weitergehende Interessengebiete, die Theologie also oder die Frage nach einem kosmologischen Weltgesetz, geben sie nicht mehr genug her. Hier liefern sie höchstens noch eine gewisse Anzahl von Tekmerien, etwa für die Theorie eines steten kosmogonischen Weltwechsels (Fragment A33). Und Xenophanes kann auch Theologie treiben, auch wenn er sich dabei nicht mehr auf Erfahrung und Sinnesdaten stützen kann, sondern andere Wege (wie oben anhand des θέμις-Arguments beschrieben) des Argumentierens und Kritisierens beschreiten muß.

Eine interessante ergänzende Anmerkung hat vor kurzem Jaap Mansfeld gemacht; seine Beobachtung hat den Vorteil, daß sie die Streitfrage wieder mit dem Zentrum der gesamten xenophanischen Philosophie, nämlich der Kritik des Mythos und den Versuch einer neuen Gotteslehre, und wieder einmal mit dem Honig-Fragment in Verbindung bringt: „Xenophanes behauptet keineswegs, dasselbe Maß an Unsicherheit hafte allem an; er sagt nur, daß keine *absolute* Sicherheit zu finden ist. Das paßt vortrefflich zu einer negativen Theologie, die ihre Aussagen anhand der Verneinung anderer Aussagen gewinnt, ohne damit endgültige, positive Auskunft zu vermitteln"[72].

---

[72] J.Mansfeld, Vorsokr., p.211f.

Dazu stimmt übrigens auch ergänzend das dritte erkenntniskritische Fragment, das von Xenophanes überliefert ist:

οὗτοι ἀπ᾽ ἀρχῆς πάντα θεοὶ θνητοῖσ᾽ ὑπέδειξαν,
ἀλλὰ χρόνῳ ζητοῦντες ἐφευρίσκουσιν ἄμεινον.

„Keineswegs haben die Götter von Anfang an alles den Sterblichen aufgezeigt, sondern mit der Zeit finden sie suchend Besseres" (DK 21 B18).

Auffällig (wenn auch vielleicht weniger als in Fragment B38) ist auch in diesem Xenophanesfragment wieder die Vermeidung des Superlativs: Besseres (ἄμεινον) finden die Menschen, jedoch, so darf ja auch aus unserer Untersuchung des Honig-Fragments geschlossen werden, wohl niemals das Beste.

Die Tekmerien-Methode, im wesentlichen ein Schließen vom bereitligenden Indiz, dem Zeichen auf das Wesen, fördert nach Xenophanes einen Erkenntnis-*prozeß* und die Dynamik des Denkens, die zu einem Zugewinn an Wissen führt, der sich im Verlauf der Geschichte bemerkbar macht. Dieses Prozeßhafte und sich Steigernde des Erkenntnisgewinns zeigt sich auch in den sprachlichen Kontrastierungen zwischen Zeile 1 und 2 des Fragments: dem zeitlich abgeschlossenen ἀπ᾽ ἀρχῆς πάντα steht das zeitlich weitergehende, „offene" χρόνῳ ἄμεινον gegenüber, dem punktuelles Geschehen in der Vergangenheit bezeichnenden Aorist der Verbform ὑπέδειξαν das präsentische ἐφευρίσκουσιν[73].

Ähnliches ließ ja bereits das Honig-Fragment B38 anlauten: Die Erweiterung des Erfahrungshorizonts bringt Erkenntniszuwachs. Gibt es also für Xenophanes tatsächlich „ein rationales Kriterium des Fortschritts (...) und daher ein Kriterium des wissenschaftlichen Fortschritts"[74]? In gewisser Weise offenbar schon. Das hatte freilich bislang noch kein griechischer Denker behauptet[75]. Der Grund dafür, daß dieser Gedanke gerade bei Xenophanes auftaucht, ist wohl einmal mehr darin zu suchen, daß seine gesamte Philosophie, auch die Erkenntniskritik, auf den einen Konvergenzpunkt der Mythenkritik und Gotteslehre ausgerichtet ist (ein wichtiges

---

[73] Vgl. D.Babut, L'idée de progrès et la relativité du savoir humain selon Xénophane, pp.218 und 221.

[74] K.Popper, Auf der Suche nach einer besseren Welt, p.50.

[75] Sh. dazu B.Snell, ibid., p.129. Nach Sambursky, Das physikalische Weltbild der Antike, p.371, sollte sich der Fortschrittsgedanke in dieser „Klarheit" erstmals wieder in den Quaestiones naturales des Seneca wiederfinden; vgl. dazu aber auch Cherniss, The History of Ideas in Ancient Greek Philosophy, pp.25f (insbesondere Anm.18) sowie die weiter unten zitierten Werke von Edelstein und Dodds.

Datum, das nie aus den Augen verloren werden sollte, da es geradezu den „hermeneutischen Schlüssel" zur Erforschung der xenophanischen Kosmologie und Gnoseologie darstellt[76]): Die Tatsache, daß die Menschen selbst „Besseres aufdecken" stellt nicht nur die mythische (etwa im Homerischen Hephaistoshymnos anzutreffende) Vorstellung in Frage, die Götter seien die Geber *aller* Kulturgüter und geistigen Errungenschaften (ein Gedanke, der ja unter anderem den Musenanrufungen der Dichter unterliegt) – wenn auch Xenophanes offenbar der Meinung zu sein scheint, daß die Götter durchaus Geber dieser Güter sein *können*. Das mag auch Polemik gegen die Annahme der Mythologen von einem ursprünglich „goldenen" Zeitalter der Menschheit sein, in dem Menschen und Götter friedlich zusammenlebten und ihr Wissen im großen und ganzen miteinander teilten. Es gehört zum bereits gewandelten Verständnis des griechischen Denkers der „nachmilesischen" Epoche, daß er demgegenüber Erkenntnisfortschritte durchaus als eigene menschliche Leistung betrachten und herausstellen kann[77].

Die Frage, ob es in der griechischen Geistesgeschichte einen „echten" Fortschrittsgedanken gegeben hat, bleibt dabei aber nach wie vor ohne abschließende Antwort. Das Xenophanes-Fragment B18 gilt der Minoritätsmeinung, es habe einen solchen Fortschrittsglauben explizit gegeben, als ein Hauptargument. Dagegen steht die (hauptsächlich wohl von Nietzsche übernommene) communis opinio eines auch das Geschichtsbild dominierenden stark pessimistischen, „tragischen" Grundzugs im Griechentum insgesamt.

Xenophanes läßt sich in diese *beiden* Grundpositionen einordnen wie folgt: Sicherlich ist er kein Anhänger der hesiodischen, vielleicht zu Zeiten weitgehend gemeingriechischen Vorstellung einer kontinuierlichen geschichtlichen Entwicklung in peius, wie sie der Erdzeitaltermythos zu versinnbildlichen scheint[78]. Sextus

---

[76] Wie gesehen, ist dieser von mir so bezeichnete „hermeneutische Schlüssel" zur Xenophanesforschung vor allem auch auf Mansfelds Beiträge zur Philosophie des Kolophoniers zurückzuführen. Sh. dazu J.Mansfeld, Vorsokr., p.208, pp.211f und öfter.

[77] Vgl. dazu ansatzweise neben Popper, ibid. und J.H. Lesher, Xenophanes' Scepticism, p.23 auch und v.a. J.Mansfeld, Vorsokr., p.205. Mansfelds am selben Ort vorgeschlagene Alternativübersetzung des Fragments B18 verfolge ich hier nicht weiter, beziehe also mit den meisten Interpreten das ζητοῦντες ἐφευρίσκουσιν auf θνητοί, nicht auf θεοί, was grammatikalisch auch möglich wäre. Die Kritik verfehlter religiöser Vorstellungen, auf die Mansfeld ja durch die alternative Übertragung hinaus will, halte ich für in der herkömmlichen spachlichen Interpretation des Fragments bereits enthalten, solange man es nur inhaltlich richtig deutet.

[78] Wenn auch z.B. J.-P.Vernant (etwa in „Le mythe hésiodique des races", in: „La Grèce ancienne", insbesondere pp.16-22) versucht hat, die Auffassung einer steten Dekadenz bei Hesiod zu relativieren; es gelang nur bis zu dem Punkt, daß die Verschlechterung nicht in linearer Weise

Empiricus erklärt unmittelbar nachdem er Xenophanes' Vorwurf an Homer und Hesiod, den Göttern alles Schimpfliche angehängt zu haben, wörtlich zitiert (B12), tatsächlich habe nämlich Kronos (Κρόνος μὲν γάρ κτλ.), zu dessen Zeit das Leben angeblich noch glücklich war, seinen Vater getötet und seine Kinder verschlungen (adv.math.I,289). Es läßt sich wohl nicht mehr beweisen, ob der sich an das Direktzitat anschließende Satz eine Begründung des Xenophanes ist, die Sextus lediglich gerafft in Prosa paraphrasiert, oder ein von Sextus selbst gefundenes Erläuterungsbeispiel. Im ersteren Falle – der bei weitem nicht der unwahrscheinlichere ist (DK überliefert beides, Zitat und erklärenden Zusatz, unter „B") – hätten wir eine greifbare xenophanische Kritik des Glaubens an ein goldenes Zeitalter. Auch darf man aus der abschätzigen Weise, in der Xenophanes von den „Erdichtungen der Alten" (B1,22) redet, wohl auf eine Ablehnung des Gedankens vom unbedingten Respekt gegenüber dem Alten oder Althergebrachten bei Xenophanes schließen[79] – zumindest was gewisse Bereiche anbelangt. Doch kann auch nicht behauptet werden, der Kolophonier habe an einen ununterbrochenen geschichtlichen Aufstieg der Menschheit zum Besseren geglaubt: Sein Fragment B4 kritisiert mehr oder weniger ausdrücklich die Folgen, die die immens fortschrittliche Einführung des Geldhandels durch die Lyder für die Menschen hatte[80]. Die spätere sophistische These des θηριώδης βίος, des tierähnlichen Dahinvegitierens des Menschen im Frühstadium der Geschichte und des allmählichen Aufstiegs zur Höhe der Zivilisation, ist zur Zeit des Xenophanes noch

---

konstant, sondern in einem ewigen Auf und Ab in der Geschichte verläuft. Ganz sicherlich aber hat Xenophanes nicht an eine endlose Entwicklung der Menschheit, sei es nun zum Besseren oder nicht, geglaubt: Seine Kosmologie, nach der periodisch alles Leben zerstört wird und wieder neu beginnen muß, schließt diesen Gedanken aus. Zum Problem des Fortschrittgedankens in der Antike allgemein sh. L.Edelstein, The Idea of Progress in Classical Antiquity (zu Xenophanes dort insbesondere pp.3-18) sowie v.a. E.R. Dodds, The Ancient Concept of Progress. Die geschichtliche Entwicklung ist ja übrigens auch bei Homer gerne als Degenerationsprozeß gesehen, so z.B. Il. I,272 oder Od.II,276f; weiteres dazu bei Heitsch, Xenophanes, pp.136f.

[79] Vgl. dazu ausführlicher E.Heitsch, Xenophanes, p.98.

[80] Die gemischten Gefühle gegenüber den ambivalenten Folgen neuer Erfindungen sieht E.R. Dodds öfter in der griechischen Literatur: „The tension between belief in scientific or technological progress and belief in moral regress is present in many ancient writers" (ibid., p.24); insbesondere Sophokles' „Hymne" auf die Errungenschaften des Menschen in Antigone 332-75 zeugt davon: Seine δεινότης (ein Wort – eigentlich genauso gut „Furchtbarkeit" wie „Schlauheit" – , das ganz ähnlich der „Cleverness" oder „Verschlagenheit" in unserem Sprachgebrauch moralische Makel vermuten läßt) hat den erfindungsreichen Menschen im Lauf der Zeit zum schrecklichsten aller Wesen gemacht; vgl. E.R.Dodds, ibid., pp.8f. Auch bei Herodot ist z.B. nachzulesen (I,68), daß die Eisenbearbeitung ἐπὶ κακῷ ἀνθρώπου erfunden worden sei.

nicht nachweisbar und hat ihre ersten leisen Anklänge erst bei Aischylos[81]. Überhaupt spricht Xenophanes nirgends von Erfindungen (auf die sich ja der heutige Fortschrittsbegriff im wesentlichen stützt), sondern nur davon, daß die Menschen bereits Vorhandenes entdecken, und das wird als Verbesserung empfunden. An technischen Fortschritt hat der Kolophonier also wohl kaum gedacht. Eher wohl an ein besseres sich Zurechtfinden des Menschen in der Welt.

Auch dürfte er als politischer Dissident kaum jemals die Idee eines steten politischen und moralischen Fortschritts vertreten haben: Offenbar bot die politische Entwicklung in seiner Heimatstadt sowie die Zeitgeschichte Ioniens überhaupt eher Anlaß zur gegenteiligen Annahme. (So mag Xenophanes am Ende seines Lebens auch das halbe griechische Mutterland nach den Perserkriegen in Trümmern gewußt haben)[82]. Sollte Xenophanes an einen Aufstieg des moralisch oder politisch Besseren in der Geschichte gedacht haben, so hätte er in unserem Fragment wohl auch kaum vom ἄμεινον, sondern eher vom βελτίον gesprochen. Andererseits ist es aber auch auffällig, daß Xenophanes keineswegs die dritte denkbare Steigerungsform von ἀγαθόν hernimmt und brutal (wie nach ihm die Sophisten) davon spricht, daß das κρεῖττον, das Stärkere, das Mächtigere oder das „fittest for survival" sich langsam durchsetzt.

Es hilft daher meines Erachtens nur weiter, das ζητεῖν unseres Fragments als „forschen", und zwar weitgehend eingeschränkt im Sinne wissenschaftlicher Tätigkeit, wie die Antike sie verstand, zu interpretieren, also ähnlich wie spätere Philosophen und Geschichtsschreiber den Begriff ohne Schwierigkeiten gebrauchen konnten[83]. In diesem Bereich sah Xenophanes seit den Neuansätzen des Thales, den er ja der Überlieferung nach „bewunderte" (DK 21 B19), offenbar die Möglichkeit eines Fortschreitens sowie einer systematischen Weiterentwicklung gegeben: Die wissenschaftliche Forschung, so wie sie in Ionien betrieben wurde, machte neuartige Erkenntnisversprechen, die über das tradierte Wissensdepositum

---

[81] Vgl. M.O'Brien, Xenophanes, Aeschylus and the Doctrine of Primeval Brutishness, sowie W.Uxkull-Gyllenband, Griechische Kultur-Entstehungslehren, v.a. p.4, wo die inhaltliche Unvereinbarkeit von Xenophanes' B18 und Aischylos' Prometheus 436ff zum Thema wird.

[82] Ich schließe mich hier Lesher, Xenophanes, p.150, an: „There is no obvious reason why Xenophanes should have embraced so optimistic an outlook, especially at so early a period".

[83] Vgl. z.B. Xenophon, Memorabilien I,1,15, Platons Apologie 23b und Timaios 47a; vielleicht am schönsten dann bei Thukydides I,20, wo die ζήτησις τῆς ἀληθείας der kritiklosen Übernahme vorgefertigter Ideen gegenübergestellt wird. Somit nähere ich Xenophanes' Fragment auch in gewisser Weise an Anaxagoras' Fragm. 21a an, worin ich einem Vorschlag von A.Magris, L'„illuminismo greco" (in: M.Capasso, Studi di filosofia preplatonica, p.214) sowie teilweise Heitsch, Xenophanes, pp.165f folge.

hinausgingen und die es dem Menschen ermöglichten, sich in der Welt neu und besser zu orientieren[84]. Auch Lesher meint, daß diese Interpretationsvariante „of Xenophanes' intended message would restrict its intended scope to matters of scientific thinking or inquiry, thus avoiding the complication that Xenophanes did not appear to be at all sanguine about the prospects for continuing social or cultural progress. Here at least a positive outlook would square with Xenophanes' own willingness to offer novel accounts of various natural phenomena (fragments 27-32) and to learn first-hand about distant lands and peoples"[85]. Diese neuen Möglichkeiten und Methoden des Erkenntnisgewinns interessierten Xenophanes, und auch unser nun schon mehrfach angeführtes Honig-Fragment belegt dieses Interesse nachhaltig.

Zudem scheint das Fragment B34 durchaus für diese Interpretation einer xenophanischen Theorie des „wissenschaftlichen Fortschritts" zu sprechen: Auch hier wird ja offenbar der alte Gedanke einer steten Entwicklung in peius genauso abgelehnt wie ein kontinuierliches Fortschreiten zum Besseren, und zwar am Beispiel der Reichweite menschlichen (perfekten) Wissens in bestimmten Bereichen, die nach Xenophanes weder zu- noch abnimmt, sondern immer gleich (hier: gleich Null) bleibt: Das Genaue weiß niemand und es wird auch niemand jemals wissen (diese Formulierung „es gibt keinen und wird nie einen geben"

---

[84] Zu einem ähnlichen Ergebnis kommt J.H.Lesher, Xenophanes on Inquiry and Discovery: Frgm. B18 ist demnach „an assertion of the superiority of inquiry (of the sort pioneered by the Milesian philosophers) to an earlier view in which various natural marvels were regarded as intimations of divine intentions to mortals"; – eine Interpretation, an die man die xenophanische Kritik der Mantik recht gut anschließen kann, und die die Erkenntniskritik des Xenophanes einmal mehr in die Nähe seiner Theologie und seiner Bemängelung der Volksreligion rückt. Auch Dodds stellt am Ende seiner Untersuchung fest: „At all periods the most explicit statements of the idea (of progress) refer to scientific progress and come from working scientists or from writers of scientific subjects" (ibid., p.24; vgl. ergänzend pp.2f, p.18, und öfter).

[85] J.H.Lesher, Xenophanes, p.152. Im folgenden schränkt Lesher seine Interpretation des Fragments allerdings nochmals ein, und zwar auf die Kritik mantischer Praktiken. Ich versuche, hier den durchaus interessanten Gedankengang Leshers kurz zu skizzieren, schließe mich ihm aber nicht uneingeschränkt an, sondern bleibe im wesentlichen bei oben angeführter Interpretation: Nach Lesher besagt B18 nicht, früher habe es die göttliche ὑπόδειξις gegeben, jetzt aber nicht mehr, sondern: ἀπ' ἀρχῆς habe es so etwas nicht gegeben. Und: die Menschen finden *selbst* das Bessere, also nicht mit Hilfe der μαντικὴ τέχνη. Der Regenbogen z.B. ist als Wolke anzusehen und nicht als Gotteszeichen: „The contrast embedded in fragment 18 lay not between two rival views of the development of human civilization but rather between two competing conceptions of how mortals ought to attempt to understand the significance of the marvels of nature (either as divine intimations to mortals or – Xenophanes' own approach – as physical realities to be described and understood in terms of observable properties and familiar natural forces)" (pp.153ff).

verwendet übrigens auch Homer um Unumstößliches, das kein Mensch je ändern wird, zu bezeichnen: so etwa Od.VI,201; XVI,437 und XVIII,79). Also muß man sich auf den tekmeriengestützten δόκος verlassen, der hier auch die Möglichkeit neuer (wenn auch nicht unumstößlich sicherer) Erkenntnis bietet, und genau das ist ja die Tätigkeit der Wissenschaftler zu Xenophanes' Zeiten. Seine eigene wissenschaftliche Methode der Falsifikation, des verwerfenden Wissensgewinns mag Xenophanes in dieser Ansicht der Möglichkeit eines Fortschritts in der Erkenntnis durch Forschung sicherlich bestärkt haben.

Xenophanes scheint somit tatsächlich (in diesem eingeschränkten Sinn) der erste zu sein, der an einen Progreß des Denkens und an einen geschichtlich spürbaren Erkenntniszuwachs glaubt und diesen Glauben auch explizit äußert. Wenig später sollte dann wiederum Parmenides im Anschluß daran den Wegcharakter der Wahrheitsfindung definitiv herausdeuten: Die Mahnung zum strebenden Suchen des Wahren (an dessen Existenz der Eleate keineswegs zweifelt) steht von da an ganz im Mittelpunkt der philosophischen Wahrheitslehre.

Konsequenzen:

Ein interessanter Gedanke findet sich dann noch bei Heitsch und Fränkel gemeinsam[86]: Die Aussage des Fragments B34 (ἀμφὶ θεῶν τε καὶ ἄσσα λέγω περὶ πάντων) sowie die Tekmerien-Methode überhaupt tendieren ja zunächst dahin, den Erkenntnisbereich in die von τεκμήρια volle Empirie, die durch ὄψις und „Historie", ἱστορία (hier noch ganz im ursprünglichen Sinne von „Befragung" oder „Nachforschung") dem erkennenden Subjekt zugänglich wird, und den Bereich des nicht direkt Erkennbaren, den kein Mensch gesehen hat und von dem es auch in Zukunft kein sicheres Wissen geben wird, zu spalten. Dabei wird aber der Indizienreichtum und die Zeichenhaftigkeit der Empirie durch die Frage „Zeichen wofür?" zum „Sprungbrett" für das Erforschen des nicht mehr unmittelbar Erkennbaren und Unzugänglichen und zur (zumindest teilweisen) Überwindung der vorgegebenen Dichotomie zwischen beiden Bereichen. Ein Beispiel soll in kurzer Vorwegnahme des kommenden diesen Schluß vom Tekmerion auch auf Überempirisches illustrieren: Wofür sind die Fossilien von Meerestieren in den Bergen von Malta oder Sizilien Zeichen? Xenophanes meint: Dafür, daß die Erde

---

[86] Vgl. H.Fränkel, ibid., pp.191ff sowie E.Heitsch, Wege zu Platon, p.131.

einmal gänzlich unter Wasser lag, und somit letztlich für ein ewiges kosmogonisches Gesetz, das der Philosoph aus dieser Erkenntnis entwickelt. Es ist dieses methodische Vorgehen auch die Grundlage für alle xenophanische Theologie und für alles sinnvolle Reden über die Wirklichkeit als ganze, an dessen Möglichkeit Xenophanes also offenbar keineswegs zweifelt.

Die Erkenntnislehre des Kolophoniers hatte bemerkenswerten Einfluß auf zahlreiche Denker; ihre zeitlich unmittelbarste Wirkung zeigt sich vielleicht in den Fragmenten B78 des Heraklit und B1 des Alkmaion. Besonders überraschend ist jedoch, wie schon eine Generation nach Xenophanes Parmenides auf denselben Grundlagen aufbauend diese erkenntniskritischen xenophanischen Ausgangspunkte auf den Kopf stellt, und nunmehr den jenseits der Empirie stehenden Bereich als den einzigen bezeichnet, über den wahre Aussagen mit Sicherheit machbar sind, während für den Eleaten der sinnlich faßbaren Welt nur sehr bedingtermaßen, wenn überhaupt, Erkennbarkeitswert und Realität zukommen kann. Zwar handelt auch Parmenides über die empirische Wirklichkeit und ihre Erkennbarkeit; „für diese seine Erklärung der empirischen Welt nimmt er jedoch – und darin folgt er Xenophanes – Wahrheit nicht in Anspruch. (...) Daneben aber hat Parmenides – und darin trennt er sich von Xenophanes – einen Bereich entdeckt, in dem auch für den Menschen sicheres Wissen erreichbar ist. Es ist jene Sphäre, die durch das elementare logische Gebilde des kontradiktorischen Gegensatzes 'Es ist (so) oder ist nicht (so)' und durch das Prinzip der Widerspruchsfreiheit bestimmt wird. Damit aber waren die Grundlagen jeglichen Argumentierens und letzten Endes der Logik entdeckt". Diese Aufnahme und Weiterverarbeitung durch Parmenides sowie vor allem die Sanktionierung dieses parmenideischen Gedankenguts durch Platon ließ die xenophanische Erkenntniskritik dann auch folgenreich weit über Xenophanes' Lebenszeit hinaus werden, denn: Die von Parmenides auf Xenophanes' Vorgaben hin erstmals in der griechischen Philosophie „eingeführte Differenzierung zweier Bereiche – hier die Sphäre der logischen Argumentation, wo Wahrheit nun nicht nur den Göttern vorbehalten, sondern auch dem Menschen erreichbar ist, dort die Welt der Erfahrung, wo nur wahrscheinliche Vermutungen möglich sind – war für die abendländische Philosophie folgenreich wie nur wenige andere Gedanken"[87].

Es muß abschließend für diesen Zusammenhang aber auch noch ein Wort verloren werden über die pseudo-aristotelische Schrift „De Melisso, Xenophane,

---

[87] Beide Zitate aus: E.Heitsch, ibid., pp.132f. Vgl. dazu auch B.Snell, ibid., p.127 sowie weiter oben Anm.60 zur ἀλήθεια-Frage bei Xenophanes.

Gorgia" (im folgenden stets MXG), die sicher spät entstanden ist, und Xenophanes' Philosophie, vor allem aber seine Erkenntnislehre unter (insbesondere eleatischen) Gesichtspunkten darstellt, die dem ursprünglichen xenophanischen Gedankengut nicht gerecht werden. Man sollte daher den meisten Interpreten folgen, die diesem sicherlich nacharistotelischen Werk keinerlei Beweiskraft für echt xenophanisches Denken zumessen[88]. Die Schrift und die in ihr lauernde Gefahr falscher Schlüsse auf Xenophanes wird im Verlauf dieser Arbeit jedoch noch mehrmals Gegenstand eingehenderer Überlegungen zur Philosophie des Xenophanes sein.

---

[88] Vgl. W.Schadewaldt, ibid., p.198. So sah etwa noch K.Reinhardt, Parmenides und die Geschichte der griechischen Philosophie, p.153 und öfter in blindem Vertrauen auf MXG in Xenophanes den reinen Logiker und Metaphysiker; beides trifft nicht zu und tut dem xenophanischen Denken Gewalt an.

3.3. Kosmologische Grundlagen

> *ché non è impresa da pigliare a gabbo*
> *discriver fondo a tutto l'universo*
> Inferno 32,6f

Der Ort, an dem es mit der Tekmerien-Methode und ihrem Gültigkeitsanspruch ernst wird, ist zunächst einmal die xenophanische Kosmologie. Das zugrunde-liegende Schema ist bekannt: Der Philosoph schließt aus dem Vorhandensein versteinerter Muschelschalenabdrücke und aus Fossilienfunden mariner Lebewesen im Landesinneren von Malta und Sizilien, daß früher der Wasserspiegel der Ozeane sehr viel höher gestanden haben muß als zu seiner Zeit (DK 21 A33). Daraus wiederum wird in einer Art Kataklysmentheorie gefolgert, daß es Zeiten geben muß, in denen das Wasser die Festlandfläche überflutet, und andererseits Zeiten, in denen die Erde das zurückweichende Wasser verdrängt,

„denn alles ist aus Erde, und alles endet als Erde (ἐκ γῆς γὰρ πάντα καὶ εἰς γῆν πάντα τελευτᾷ)"[89];

---

[89] DK 21 B27 (die Echtheit des Fragments wird gerne bezweifelt; vgl. dazu Guthrie, HGPh I, pp.383f). Aristoteles hatte dagegen in Met.989a 5ff behauptet, keiner der φυσικοί habe Erde für die Ur-Sache gehalten. Das Problem hat Deichgräber (Xenophanes, περὶ φύσεως, pp.13f) mit dem Hinweis gelöst, daß Xenophanes für Aristoteles eben kein φυσικός ist, sondern unter die θεολόγοι fällt (Met.986b 21ff); deutlicher noch J.Mansfeld: „Aristotle ... ignores Xenophanes qua 'physicist'" (Aristotle and others on Thales, p.120). Sh. aber (als weithin einzige Gegenstimme) J.Kerschensteiner, Kosmos, Anm.3 zu p.86. – Tatsächlich gibt der phänomenologische Befund von A33 übrigens dem Xenophanes nur Hinweise darauf, daß die Erde das Wasser zurückdrängt (wovon ja übrigens auch Anaximanders A27 ausging). Das war wohl auch der Ausgangspunkt der Überlegung; die Kataklysmentheorie mag auf der Vorstellung eines kosmologischen Kreislaufs mit abwechselnd gebenden und nehmenden Seiten fußen, den ja auch Anaximander (DK 12 B1) und sogar Platon (Phaidon 70c-72d) ohne explizite Begründung annehmen. Platon kennt im übrigen selbst eine Lehre, nach der die Welt abwechselnd austrocknet und wieder

der Urzustand, von dem der Kataklysmenzyklus seinen Ausgang nahm, war also nach Meinung des Xenophanes wohl der von feuchter Erde, Schlamm, aus dem sich das Wasser ausschied, ähnlich wie ja auch bei Hesiod der Pontos aus Gaia geboren wird. In der sprachlichen Gestaltung lehnt sich Xenophanes hier übrigens eng an die älteren „Werden-und-Vergehens"-Formeln an, die ja auch in Anaximanders Fragment oder in Anaxagoras' B17, ja auch noch bei Platon (so Phaidon 96a 8f) auffallen, und die genauso außerhalb des griechischen Kulturkreises begegnen, etwa in der biblischen Belehrung, der Mensch sei aus Erde und werde auch wieder zu Erde werden (Gen.3,19)[90].

Falls Xenophanes sich die zyklische Wiederkehr von „Erd-" und „Wasseräonen" als ewig vorgestellt hat, so könnte dies auch den doxographischen Bericht erklären, daß Xenophanes geglaubt habe, es gebe unzählbar viele Welten[91]. Diese unendlich vielen Welten sind also nicht, wie einige meinten, als gleichzeitig zu denken, sondern als eine unendliche Abfolge von Welten (so nach A37). Eine ähnliche Vorstellung findet sich ja auch bei Empedokles (Fragment 17). Es scheint mir dagegen unmöglich, Xenophanes habe geglaubt, diese vielen Welten seien bewohnte Himmelskörper; wie die folgende Untersuchung zeigen wird, sind diese für Xenophanes nämlich lediglich Wolkengebilde. Das Testimonium A47, wonach der Kolophonier gelehrt haben soll, der Mond sei bewohnt, verwechselt Xenophanes mit Anaxagoras (vgl. DK ad loc.).

Schließlich mündet der Gedankengang in die Hypothese, daß sich die gesamte greifbare Wirklichkeit auf zwei Urgründe zurückführen lasse: Wasser und Erde:

γῆ καὶ ὕδωρ πάντ' ἐσθ' ὅσα γίνοντ' ἠδὲ φύονται,

„Erde und Wasser ist alles, was wird und wächst" (DK 21 B29).

überschwemmt wird (sh. Timaios 22bc). Ob wohl auch Heraklits Fragmente B31 und 36 einen Erde- und Wasser-Wechsel im xenophanischen Sinne voraussetzen?

[90] Zu den Formulierungen über Werden und Vergehen (v.a. im Zusammenhang mit Xenophanes) vgl. D.Fehling, Materie und Weltbau in der Zeit der frühen Vorsokratiker, p.19 und öfter.

[91] Zum doxographischen Bericht darüber sh. Diog. Laer. IX,19 (zu beachten ist aber auch J.H.Leshers Interpretationsvariante, Xenophanes, Anm.4 zu p.197); näher an der richtigen Auslegung (zumindest was Xenophanes betrifft) scheint allerdings Aetius in A37. Ergänzend vgl. auch W.A. Heidel, Hecataeus and Xenophanes, p.269.

Die Verbindung (in einer Art wohl anaximandrisch vorgestellten „Urschlamm"[92]) und Scheidung beider „Elemente" (Xenophanes kennt nach unserer Quellenlage den so verwendeten Begriff στοιχεῖον noch nicht), ist nach der Vorstellung des Kolophoniers offenbar zu seiner Zeit auch sichtbar im Gange, denn

„in bestimmten Höhlen tropft das Wasser herab (καὶ μὴν ἐν σπεάτεσσί τεοις καταλείβεται ὕδωρ)",

wie uns ein weiteres Bruchstück (DK 21 B37) belehrt: In der Erde findet sich also immer noch Wasser aus der Zeit der Überflutung. Die Tradition hat hier wohl ein xenophanisches τεκμήριον erhalten: Im Erdinneren wird das abwechselnde Auseinanderhervorgehen von Wasser und Erde, wie der Philosoph meint, für jedermann sichtbar – Tropfsteinhöhlen bilden das beste Beispiel dafür. Auch ein Steigen oder Sinken des Meeresspiegels könnte Xenophanes bemerkt und als zusätzliches Indiz für seine Theorie verwertet haben[93].

Dazu sollte zweierlei festgehalten werden: Zunächst begegnet hier vielleicht erstmals im Ansatz so etwas wie eine naturphilosophische Zweiprinzipienlehre[94], wie sie später, wenn auch meist entdinglichter, verfeinert und elaborierter, noch lange Zeit die verschiedenen Kosmologien beherrschen sollte; die Milesier hatten dagegen immer nach einem einzigen materiellen Einheitsgrund gesucht. Dieser Unterschied war auch schon den Rezensenten des Altertums, unter ihnen besonders dem Aristoteles, aufgefallen, deren weiterführende Kritik an der xenophanischen Kosmogonie auch auf eine schwer zu leugnende Tatsache abzielt, die für alle

---

[92] Neben der „Urschlamm-Theorie" verweist ja auch die Annahme einer unendlichen Abfolge neuer Welten auf Anaximander zurück (vgl. z.B. DK 12 A 14, A17, A27, usw.). Diese „Urschlamm-Theorie" könnte aber auch als Hinweis darauf dienen, wie der offene Widerspruch zwischen Frgm. B27 (alles ist Erde) und Frgm. B29 (alles ist Erde *und Wasser*) aufzulösen ist: Am Anfang hat Xenophanes eine Art „Erdbrei" gesehen, in der das Erdige sichtbar, die Feuchtigkeit hingegen gebunden war (ähnlich die Annahme bei Guthrie, HGPh Bd.I, p.386). Andererseits tritt derselbe „Widerspruch" auch im Epos auf, ohne daß daran Anstoß genommen wird: Erg.61 soll Hephaistos die Pandora aus Erde und Wasser schaffen, Erg.70 verwendet er aber nur Erde. Noch bei Lukrez (V,805f) stehen beide Möglichkeiten (nur Erde / Erde und Wasser) unerklärt nebeneinander. Zur Schwierigkeit der Deutung M.Untersteiner, Senofane, p.CXXXVI.

[93] Vgl. KRS p.178 über das mögliche Steigen bzw. Sinken des Meeresspiegels in Sizilien und Ionien zu jener Zeit.

[94] Woran ich gegen O.Gigon, Der Ursprung der griechischen Philosophie, pp.164f, festhalte. Gigon nimmt an, Xenophanes hätte als erster (vor Empedokles) von den *vier* Elementen gesprochen. Zum xenophanischen Dualismus in der ἀρχή-Frage vgl. auch Lesher, Xenophanes, p. 133 und Lumpe, Die Philosophie des Xenophanes, pp.41ff.

weiteren physikalischen Spekulationen des Kolophoniers gilt: sein kosmologisches System muß auf weiten Strecken als offenbar schlechter durchdacht und gewissermaßen als Rückschritt gegenüber den milesischen Entwürfen gewertet werden. „Neu und lebendig ist an diesem wunderlichen System einzig dieser schroffe Empirismus", bemerkt Fränkel und faßt damit die communis opinio zusammen; „er war die treibende Kraft für die Entstehung eines solchen Weltbildes, und die Konstruktion erklärt sich als Ausgeburt dieser Tendenz"[95]. Der aus heutiger Warte auffällige qualitative Unterschied zwischen Xenophanes' Kosmologie und seiner Theologie hat Olof Gigon zur Annahme verleitet, der Kolophonier hätte seine philosophische Laufbahn mit dem Vortrag aus Ionien mitgebrachter kosmologischer Gedanken begonnen. In Unteritalien habe er dann eine augenöffnende Begegnung mit dem Pythagoreertum gehabt, die eine „Konversion" zu theologischen Fragen und einer eigenen, selbstdurchdachten – wenn auch pythagoreisch inspirierten – Gotteslehre nach sich gezogen habe[96]. Die These ist interessant, aber wohl kaum zu beweisen und, wie sich im Verlaufe der Untersuchung zu Xenophanes herausstellen wird, zur Begründung der Theologie des Kolophoniers auch gar nicht nötig.

Zweitens ist auffällig, daß Xenophanes, ähnlich wie die Milesier vor ihm, offenkundig noch nicht in der Lage ist, eine ganz und gar eigene rein auf Beobachtung fußende Kosmologie zu entwerfen, ohne Anleihen beim Mythos zu machen. Die Annahme zweier Urprinzipien ist ja zunächst eher mythologisch-anthropomorph gedacht. Die Idee des urzeugenden Elternpaars steht hier Pate, etwa im Sinne von Erde und Himmel, Gaia und Uranos in Hesiods Theogonie[97]. Mario Untersteiner hat darauf hinwiesen, daß in Xenophanes' Kosmogonie wohl auch Gedankengut aus einer prähellenischen Religion der allesgebärenden Erdmutter auftaucht. Das Aufgreifen vorhomerischer religiöser Vorstellungen in den frühen philosophischen

---

[95] H.Fränkel, ibid., p.182; im Grunde genommen halten tatsächlich fast alle Interpreten die xenophanische Kosmologie für vergleichsweise primitiv und schlecht durchdacht.

[96] Vgl. O.Gigon, ibid., pp.157ff. Eine andere Vermutung, die ich im nachstehenden noch desöfteren – mutatis mutandis – heranziehen werde, hat J.Mansfeld geäußert: Nach ihr lassen sich Unzulänglichkeiten der xenophanischen Kosmologie v.a. durch ihren lediglich sekundären, funktionalen Wert erklären (wobei Mansfeld wohl v.a. die Absichtshaltung des Fragments B32 berücksichtigt): „Zu vermuten ist, daß Xenophanes seine naturphilosophischen Theorien nicht als Selbstzweck vorgebracht hat, sondern als eine besonders wichtige Unterstützung seiner auch aus anderen Gründen vorgetragenen Kritik der herkömmlichen Gottesauffassung" (Vorsokr, p.208).

[97] Vgl. Theog.127ff. Wobei ich W.Plegers (Vorsokr., p.82) etwas zu primitive Parallelziehung, Xenophanes' Wasser-und-Erde-These gehe auf die vormythische Beobachtung zurück, daß der Regen durch Befeuchtung der Erde (die „Urhochzeit" von Uranos und Gaia) alles Lebende hervorbringt, für verfehlt halte. Gleiches gilt für KRS p.176.

Kosmologien Ioniens war ja in der Tat bereits bei den Milesiern aufgefallen. Ich möchte mich Untersteiners Vermutung daher bis zu einem gewissen Grad anschließen, verweise aber gleichzeitig wieder einmal darauf, daß sich Xenophanes auch in diesem Punkt wahrscheinlich nicht unbedingt mit der vorhellenischen Religion direkt auseinandersetzen will, sondern eher deren bei Homer noch rudimentär vorfindbare Reminiszenzen aufnimmt und weiterentwickelt. Schließlich ist der Gedanke, daß Erde und Wasser die Grundelemente alles Gewordenen sind, ganz ähnlich bei Homer und Hesiod vorzufinden. So stößt Menelaos in der Ilias die Verwünschung aus, die Achäer mögen sich in Erde und Wasser, also offenbar ihre primären Bestandteile, auflösen, und Hesiod beschreibt die Schaffung der Pandora aus Erde und Wasser[98].

Es ist durchaus denkbar, daß die xenophanische Erde-und-Wasser-Lehre ihren Ausgangspunkt darin fand, daß Xenophanes diese im Epos vorgegebene Vorstellung, diese beiden Elemente seien die materiellen Prinzipien des Menschen und der anderen Lebewesen, von den Mythologen übernimmt, und sie dann auf die sichtbare Wirklichkeit als ganze, das „Lebewesen φύσις" transponiert; es ist nämlich im Zusammenhang mit dieser naturphilosophischen Erde-und-Wasser-Lehre des Kolophoniers der begründende xenophanische Vers erhalten (DK 21 B33):

πάντες γὰρ γαίης τε καὶ ὕδατος ἐκγενόμεσθα

„denn alle sind wir aus Erde und Wasser geboren".

Überhaupt ist die ursprüngliche Teilung in Erde und Wasser ja auch sonstwo mythologisches Gemeingut (etwa in der hebräischen Bibel die Sonderung von Erde und „Urflut" in Gen.1,9ff). So findet sich ebenfalls bei Semonides von Amorgos (zu dessen Dichtung, wie gesehen, auch Xenophanes' Erkenntniskritik in gewisser geistiger Verwandtschaft stand) das weltkonstitutive „Widerspiel des trägen

---

[98] Vgl. Il.VII,99, sowie Erg.61. Auch Johannes Philoponus, bei dem sich Frgm.B29 überliefert findet, bringt das Zitat mit der Iliasstelle in Verbindung (vgl. A29). Heitsch bemerkt ergänzend: „Im übrigen aber ist seine (des Xenophanes) Meinung, alles, was entsteht, sei Erde und Wasser, sicherlich nicht unabhängig von der Lehre des Anaximander, daß die Lebewesen aus dem Feuchten unter der Einwirkung von Wärme entstanden seien (DK 12 A11 und 30)" (Xenophanes, p.164). M.Untersteiners These von der Aufnahme prähellenischer Vorstellungen bei Xenophanes findet sich in „Senofane", p.CXXXV.

Elements Erde und des aktiven Elements Wasser"[99]. Letztendlich hat auch die Kataklysmentheorie von Überflutung und Wiederversandung Vorläufer in den Mythen verschiedener Mittelmeervölker, vor allem in den zahlreichen Sintflut-Mythologemen derjenigen Kulturen, mit denen das Griechentum in mehr oder minder unmittelbarer Verbindung gestanden haben mag[100].

Man kann hier bei Xenophanes also dieselbe Beobachtung machen wie bei den Milesiern: Von zunächst rein empirischer ὄψις der greifbar-gegenständlichen Wirklichkeit, dem Wachsen eines Baums, dem Verhältnis von Extension und Kontraktion zur Veränderung des Aggregatzustands oder der Fossilienbetrachtung, wird auf Gründe und Bedingungsverhältnisse geschlossen, die schon im Mythos teilweise und manchmal nur latent vorzufinden waren. Was an Neuem wirklich gebracht wird, ist dann der große Fortschritt, die anschauliche oder auch bereits im Ansatz „experimentelle", jedenfalls aus den Vorlagen der umgebenden Realität direkt zu gewinnende Überprüfbarkeit des Gedankengangs, der zum (jetzt nicht mehr „perfekten" und wie noch etwa bei den Mythologen durch reinen Autoritätsbeweis legitimierten und gesicherten) Wissen um das Gesagte geführt hat, bieten zu können.

Dabei will Xenophanes seine physikalischen Lehren und das Neue in ihnen durchaus als Kritik an der traditionellen Mythologie verstanden wissen. Und im Gegensatz zu den milesischen Denkern gibt er das auch unumwunden kund, etwa in seinem Versuch der Entgöttlichung der Erscheinung des Regenbogens, der, so lehrt er, nichts mit der Götterbotin Iris gemein hat (DK 21 B32):

ἥν τ' Ἶριν καλέουσι, νέφος καὶ τοῦτο πέφυκε,
πορφύρεον καὶ φοινίκεον καὶ χλωρὸν ἰδέσθαι.

„Und was sie Iris nennen, eine Wolke ist seiner Natur nach
auch das, purpurn, rötlich und gelbgrün anzuschauen".

---

[99] Sh. bei Bergk 7,21ff und 27ff zu Semonides. Zur Interpretation verweise ich lediglich weiter auf Fränkels diesbezügliche Feststellungen in „Dichtung und Philosophie des frühen Griechentums", z.B. p.381.

[100] U.a. wären in diesem Zusammenhang etwa die Utnapishtim-Erzählung der elften Tafel des Gilgameschepos oder die Noahgeschichte der Bibel (Gen.7,17ff) zu nennen. Aber auch der griechische Kulturraum hat mit der Deukalionsage seinen eigenen Sintflutmythos und – erstaunlich genug – in der Phaethonsage auch einen „Weltaustrocknungsmythos", der nicht nur wichtig als Interpretationsstütze für Xenophanes, sondern wohl auch für die ἐκπύρωσις bei Heraklit und der Stoikern anzusehen ist.

Das καὶ τοῦτο des Fragments wird verschiedentlich als Hinweis darauf genommen, daß Xenophanes diese „naturwissenschaftliche" Auslegung an mehreren Götternamen erprobt hat; eine Annahme, der ich mich unbedingt anschließen möchte[101]. Überhaupt reduziert sich, wie in diesem Fragment B32 exemplifiziert, Xenophanes' gesamte Meteorologie und Astronomie – beides ist bei Xenophanes wie auch noch Jahrhunderte später bei Aristoteles (so etwa Meteor. 340 b 14ff) nicht geschieden – auf Wolkengebilde und ihre Widerspiegelungen (vgl. A38, A44): Die Sonne ist demnach eine Konzentration glühender Wolken, die sich jeden Tag neu zusammenballen, so daß jeder Tag (und nach DK 21 A41a sogar jede Region) eine eigene Sonne hat (ähnliches wird später Heraklit noch behaupten); immerhin hat diese Theorie der glühenden Wolken den Vorteil, daß nicht mehr erklärt werden muß, wo sich die Sonne nachtsüber befindet: nach Xenophanes kann sie einfach verlöschen oder zerstäuben wie andere Wolken auch oder geht immer geradeaus weiter ins Grenzenlose, ohne wiederkehren zu müssen[102]. Dabei gesteht Xenophanes der Sonne immerhin einen wichtigen Platz im Weltgeschehen zu, denn indem

„die Sonne sich über die Erde schwingend und sie erwärmend (ἠέλιος θ' ὑπεριέμενος γαῖάν τ' ἐπιθάλπων)" (DK 21 B31)

organisches Leben ermöglicht (A42 in Zusammenhang mit A46), erfüllt sie einen Zweck, während der Mond (beziehungsweise: die jeweils neu entstehenden Monde), gleichfalls eine verdichtete Wolkenmasse, unnütz sei(en) (A42); desweiteren werden Blitze als Folge von Wolkenbewegungen gedeutet (A45), ebenso die sogenannten „Elmsfeuer" (A39) sowie Kometen und Meteore (A44), die also alle nicht auf unmittelbare göttliche Einwirkung zurückgehen. Das alles klingt zunächst vielleicht eher forciert und unausgedacht, wenn auch diese gesamte Überlieferung der Wolkentheorie mit einiger Vorsicht zu genießen ist, da Aetius, der einzige Doxograph, bei dem sie sich tradiert findet, wohl als nicht allzu sicherer Gewährsmann gelten darf[103]. Doch mehr als die allzu gewagten Ergebnisse der

---

[101] Sh. dazu z.B. F.J.Weber, Fragmente der Vorsokratiker, p.76. Der Regenbogen und seine Erklärung sind auch sonstwo ein Thema für die Vorsokratiker: Auch Anaxagoras' Fragment B19 erklärt ähnlich wie Xenophanes den Regenbogen als Widerschein der Sonne in den Wolken.

[102] Daß die Sonnen geradeaus ins Grenzenlose reisten, hat Xenophanes angeblich wirklich behauptet (A41a). Vgl. zudem Heraklits DK 22 B6 sowie die Heraklitfragmente 82 und 83/ Mansfeld. Interessant auch O.Gigon, ibid., p.169.

[103] Dazu K.v.Fritz, ibid.,1561 sowie D.T.Runia, der die Glühende-Wolken-Theorie in einem neueren Aufsatz (Xenophanes on the Moon, pp.245ff) als Doxographicum des Aetius nachzu-

xenophanischen Astronomie und Meteorologie hat hier die durchaus sinnvolle Methode seiner Forschung zu interessieren, die manche Absonderlichkeit der Ergebnisse erklärt und vor einer allzu harten Beurteilung der xenophanischen Kosmologie (etwa im Sinne Fränkels) warnt. Diese Methode war ja schon im Zusammenhang mit seiner Erkenntnistheorie zur Sprache gekommen. Xenophanes versucht, ganz im Sinne der milesischen Naturforschung, gesammelte empirische Daten verschiedenster Art auf eine Weise zu kombinieren und in Einklang zu bringen, die es ihm dann erlaubt, sie alle zusammen möglichst auf einen Schlag erklären zu können: Meteorologische und astronomische Phänomene als Wasserdunst, Fossilien, Tropfsteinhöhlen und anderes mehr als Indizien des kosmogonischen Wechselspiels zweier Grundelemente. Ein methodisches Ideal, das zum Beispiel (der auch hier für die nachfolgende Geistesgeschichte ungeheuer einflußreiche) Platon aufgreift[104] und dem sich die Wissenschaft bis heute verschreibt, tritt somit bei Xenophanes ganz klar hervor, und man muß zugestehen, daß er seine Methode auch ganz leidlich beherrscht: „Offensichtlich hatte Xenophanes die Fähigkeit, unterschiedliche Phänomene zueinander in Beziehung zu setzen und sie durch eine Art spekulativer Vereinfachung in den Rahmen einer einheitlichen Welterklärung zu stellen"[105]. Daher verdient vor allem die Theorie der Entstehung der Wolken und Winde aus dem Meer, die Xenophanes übrigens in die feierliche Sprache des Götterhymnos faßt, Aufmerksamkeit, denn sie gibt sozusagen den physischen Einheitsgrund an, dem sich alle Himmelserscheinungen bei Xenophanes verdanken:

πηγὴ δ' ἐστὶ θάλασσ' ὕδατος, πηγὴ δ' ἀνέμοιο·
οὔτε γὰρ ἐν νέφεσιν <   ...
    ...   > ἔσωθεν ἄνευ πόντου μεγάλοιο
οὔτε ῥοαὶ ποταμῶν οὔτ' αἰ(θέρος) ὄμβριον ὕδωρ,
ἀλλὰ μέγας πόντος γενέτωρ νεφέων ἀνέμων τε
καὶ ποταμῶν.

„Das Meer ist Quelle des Wassers, Quelle des Windes.
Denn ohne das große Meer (gäbe es) weder in den Wolken

---

weisen versucht. Die Vertrauenswürdigkeit des Aetius bleibt allerdings weiterhin in der Diskussion, sh. dazu z.B. Heitsch, Xenophanes, p.166.

[104] Etwa im Phaidon (100a): „... indem ich jedesmal den Gedanken zugrunde lege, den ich für den stärksten halte, so setze ich, was mir mit diesem übereinzustimmen scheint, als wahr ... , was aber nicht, als nicht wahr".

[105] E.Heitsch, Xenophanes und die Anfänge kritischen Denkens, p.11.

(den Wind, der aus ihnen herausbläst,)
noch die Fluten der Flüsse noch den Regen des Äthers;
sondern das große Meer ist Erzeuger der Wolken, Winde
und Flüsse"[106].

Die hymnische Sprache des Fragments dürfte davon zeugen, daß auch bei Xenophanes die Vorstellung der Heiligkeit des Meeres, wie sie Homer kennt, noch zumindest rudimentär vorhanden ist; ob der Vater-Okeanos-Gedanke Homers, wie ihn Thales ganz offensichtlich noch verwendet, hier ebenfalls im Hintergrund steht, ist eher zweifelhaft: Xenophanes spricht auch von πόντος, nicht vom Ὠκεανός. Bemerkenswert ist aber andererseits wiederum, daß auch bei Homer gerade der Meeresgott Winde und Wolken erregt: Vielleicht ist das xenophanische Fragment B30 in gewollter Anlehnung an die in der Odyssee vorgegebenen Bilder der Wolkentürmung und Windsendung durch Poseidon entstanden (Od.V,291ff). Es könnte aber auch auf ähnliche Gedanken über Verdunstungen und ihre meteorologischen Folgen bei Anaximander und Anaximenes (DK 12 A5, A24, 13 A5, A7, A17) zurückgreifen.

Es ist nicht ganz klar zu ersehen, ob sich Xenophanes der Schwierigkeit bewußt war, daß er zwar annimmt, Wolken entstünden durch die Einwirkung der Sonnenwärme auf das verdunstende Meer (21 A46 und Diog.Laer.IX,19 = 21 A1,24f), andererseits in der Sonne selbst aber nichts weiter als eine dichte Wolkenmasse erkennen will. Es ergibt sich das Problem des Anfangs dieser Kette von Ursachen und Folgen, denn die Sonne kann wohl nicht Grund ihrer eigenen Entstehung sein. Wir wissen nicht, ob Xenophanes diese Frage explizit aufgegriffen und behandelt hat, und wie er sie wohl gelöst haben könnte.

Interessant ist aber auch hier wieder der konstant durchgeführte Entmythisierungsversuch in all diesen Spekulationen: Der Blitz wird nicht mehr auf den Donnerkeil des Zeus zurückgeführt, der auch nicht mehr der „wolkenversammelnde" Gott Homers ist; diese Aufgabe übernehmen die Winde, die auch nicht mehr dem Poseidon oder Aiolos oder sonst einem der Götter gehorchen, sondern eben aus der Bewegung des Meeres entstehen[107]. Die „Elmsfeuer", in der

---

[106] DK 21 B30. Die Verse 2/3 sind verderbt tradiert (zur Textkritik E.Heitsch, Xenophanes, p.165).

[107] Vgl. etwa Od.X,1ff; das Eponym „Wolkenversammler" (νεφεληγερέτα) begegnet ja häufig in den homerischen Epen. Durch die von göttlicher Veranlassung losgemachte Wolken-Meteorologie und die Annahme des Meeres als einziger Ursache der Wolken bringt Xenophanes jedenfalls gleichzeitig die Annahme zu Fall, aus den Gestirnen, Blitzen und anderen Himmelserscheinungen sei der Wille der Götter oder die Zukunft zu erkennen. Die xeno-

Nacht an Schiffsmasten erscheinende sternähnliche Lichtphänomene, wurden in der Antike mit den Dioskuren identifiziert; auch hier bricht Xenophanes also mit den mythologischen Interpretationen.

Welche populäre Wirkungsgeschichte und Verbreitung diese mythenkritischen Wolkenlichtspiel-Theorien jedenfalls hatten, beweist die im Jahr 423 uraufgeführte aristophanische Komödie „Die Wolken", in der die Wolken die alten Götter des Volksglaubens entthront haben, um selbst die Weltherrschaft anzutreten. Ob aber diese Popularität der Wolkentheorie letztlich auf Xenophanes' Lehren zurückgeht, oder ob dieser seinerseits eine bereits im sechsten Jahrhundert in gebildeten Kreisen populäre Wolkenspekulation aufgreift und verarbeitet (denn auch Aristophanes baut ja in dieser Hinsicht offenkundig auf ein allgemeines Vorwissen bei seinen Zuschauern auf), kann wohl im nachhinein nicht mehr entschieden werden.

Bleibt noch ein wichtiges Fragment, um ein gerundeteres Bild der xenophanischen Kosmologie zu erhalten:

γαίης μὲν τόδε πεῖρας ἄνω παρὰ ποσσὶν ὁρᾶται
ἠέρι προσπλάζον, τὸ κάτω δ' ἐς ἄπειρον ἱκνεῖται.

„Dieses obere Ende [eigtl. 'Grenze'] hier der Erde ist sichtbar zu unseren
Füßen,
an die Luft stoßend, das untere aber geht ins Grenzenlose"[108].

Xenophanes sieht also offenbar die Erde als Mittelpunkt zweier unendlicher Räume; der erste erstreckt sich von ihr aus nach oben und ist Luft, was an Homers αἰθήρ-Konzeption erinnern mag. Nach unten hin erstrecken sich die Enden der Erde ins Grenzenlose, ins Apeiron, was wohl im Anschluß an Anaximander so formuliert sein dürfte; vielleicht ist dahinter aber auch xenophanische Polemik gegen Hesiod zu sehen, der ja lehrte, in schier unvorstellbarer Tiefe, nämlich so weit, wie ein frei fallender Amboß in zehn Tagen gelange, liege unter der Erde schließlich der Tartaros. Dieses Hinuntergehen ins Apeiron enthebt Xenophanes,

---

phanische Meteorologie ist also auch in engem Zusammenhang mit seiner Kritik und Ablehnung der Mantik (DK 21 A52) zu sehen.

[108] DK 21 B28. Eine längere Diskussion des Fragments bringt M.Eisenstadt, The Philosophy of Xenophanes of Colophon, v.a. pp.83ff. Hier findet sich auch die Frage angerissen, ob Xenophanes ein absolutes Oben und Unten im Raum annimmt (und damit gewissermaßen vor Anaximander zurückfällt), oder ob die Termini „oben" und „unten" nur relativ zum perspektivischen Ausgangspunkt der bewohnten Erdengegenden gebraucht sind (was ich mit Eisenstadt annehme).

der ja offenbar nicht wie Thales oder Anaximenes daran glaubt, daß die Erde auf einem Wasser- oder Luftpolster schwimme, der Begründung, warum die Erde nicht ständig im umgebenden Raum, der ihr doch keinerlei Halt geben kann, im Fallen begriffen sei. Aristoteles bezeichnete diese Vermeidung der Grundfrage bereits als Denkfaulheit (De Caelo 244 a21: ἵνα μὴ πράγματ' ἔχωσι ζητοῦντες τὴν αἰτίαν, vgl. DK 21 A47), und schon Empedokles behauptete kaum ein Menschenalter nach Xenophanes, daß diejenigen, die eine unendliche Tiefe der Erde annähmen, nur ins Blaue hineinredeten[109].

Eine dem Xenophanes gnädiger gestimmte Betrachtung der Dinge könnte allerdings auch zu dem keinesfalls abwegigen Schluß führen, daß der Philosoph hier lediglich darauf hingewiesen haben wollte, daß die Erde als konkrete „sichtbare" Mitte zwischen zwei eher unbestimmt-unerforschbaren Bereichen zu gelten habe. Es ist hier wieder einmal nichts weiter als der Verweis auf die Zugänglichkeit der empirisch faßbaren Welt gegeben, während Xenophanes an den grenzenlosen Höhen und Tiefen jenseits dieser konkreten Realität im großen und ganzen desinteressiert zu sein scheint. Und das um so mehr, als, wie die Besprechung des Apeiron bei Anaximander gezeigt hat, ἄπειρον auch merkmalslos, ohne Ansatzpunkt und inhaltlich nichtdifferenzierbar oder faßbar heißen kann (auch DK merkt zu B28 an: ἄπειρον = indefinitum, nicht infinitum). Die in einigen alten Mittelmeerkulturen vorfindbare Anschauung, unser geordneter Kosmos sei nur eine Art „Bresche" oder „Luftblase"[110] innerhalb eines ihn umgebenden undifferenzierten Chaos kann vielleicht ein brauchbares Illustrationsbeispiel für den Grundgedanken im Fragment B28 des Xenophanes sein. Nach Xenophanes hat sich das Denken also zuerst und vor allem um diese sichtbare und geordnete Mitte zwischen den nach innen wie nach außen hin grenzenlosen Höhen und Tiefen zu kümmern und sich in ihr zu beweisen: hic Rhodus, hic salta – was eine Grundeinstellung aufzeigt, die die xenophanische Philosophie auch sonstwo oftmals auszeichnet. Was unergründlich ist, soll auch als unergründlich stehengelassen werden (ein Gedanke, der

---

[109] Vgl. Empedokles' Fragment DK 31 B39, das überhaupt Xenophanes' B28 in auffälliger Weise direkt anzusprechen scheint. Zur Kritik des Aristoteles genüge der Verweis auf E.Heitsch, ibid., p.162f sowie auf M.Eisenstadt, ibid.

[110] Entstanden z.B. durch das Auseinandertreten von Erde und Himmelsplatte (wie in Gen.1,6f), das einen geordneten Raum zwischen den „oberen" und „unteren" Wassern schafft (vgl. Gen.7,11 mit unüberhörbarem Widerhall in Ex.14,21; Wasser ist in der Bibel das chaotische Element schlechthin: Gen.1,2). Zu ähnlichen Weltvorstellungen im griechischen Kulturraum vgl. Guthrie, HGPh Bd.I, p.470.

sich unter anderem auch ganz ähnlich, wenn auch in anderm Zusammenhang, bei Epicharmos und Pindar findet[111]).

Doch Xenophanes weicht nicht nur der Frage nach der tragenden „Unterlage" der Welt aus. Im Endeffekt scheut er auch die Antwort auf die Frage nach dem physisch-materiellen Urgrund (und insofern sei Aristoteles' Kritik auch recht gegeben): Der ständige Wechsel- und Mischzustand von Wasser und Erde in der xenophanischen Kosmologie wird nicht mehr hinterfragt, entbehrt letztlich einer einheitlich rückführenden Ur-Sache, eines nochmals zugrundeliegenden materiellen Substrats, wie es Anaximanders Apeiron gewesen sein mag. Aus der gesamten Kosmologie des Kolophoniers läßt sich ersehen, daß „Xenophanes' Haften an der konkreten Erscheinung zeigt, daß ihm der eigentliche Sinn der Lehre von dem einen zugrunde liegenden [materiellen] Prinzip fremd blieb"[112]. Die ἀρχή-Frage milesischen Stils scheint zu jener Zeit ohnehin aus dem Blickfeld der Philosophie zu verschwinden, denn auch bei Heraklit wollen einige gewisse Bedenken was die Urheberproblematik im kosmogonischen Bereich betrifft, aufgespürt haben[113], geschweige denn die parmenideische Haltung zu Wert und Sinn kosmologischer Probleme.

Einmal mehr beweist sich Xenophanes hier im Ansatz eher als Dichter denn als Philosoph im milesischen Sinn – und das im Endeffekt mit gewinnbringendem Nutzen für die Philosophie als ganze. Denn er sucht im Anschluß die eigentliche ἀρχή des Weltprozesses, das, „was die Welt im Innersten zusammenhält", nämlich nicht mehr im Stofflichen, sondern, ganz so wie etwa Hesiod es getan hatte, im Göttlichen. Dieses Göttliche bleibt aber keine nur gläubig anzunehmende oder vor allem ästhetische „Rhapsoden-Gottheit" (wie Bruno Snell mutmaßte[114]), sondern

---

[111] Sh. Pindar, Ol.III,44f, wo das Verlangen dessen, was jenseits der Säulen des Herakles sich befindet, jedem σοφὸς κάσόφος als ὕβρις ausgelegt wird. Sowie Epicharmos' Fragment B20: Sterbliche Gedanken soll der Sterbliche hegen, nicht unsterbliche der Sterbliche.

[112] J.Kerschensteiner, p.87 [erklärende Einfügung von mir]; und weiter p.88: „Der stoffliche Monismus der Milesier hat also bei Xenophanes keine Entsprechung – begreiflich, daß ihn Aristoteles nicht mit den Verfechtern der Lehre von einem einzigen Urstoff zusammen nennt".

[113] Dieser, freilich anderswo auch mit guten Argumenten bestrittenen Meinung sind zumindest H.Schwabl, ibid. und KRS p.162. Aber auch Gigon (in seinen „Untersuchungen zu Heraklit") und sogar H.F.Cherniss (in seiner Rezension zu Gigon) vermuten bei Heraklit bereits eine Abkehr von der Frage nach der Ur-Sache.

[114] Sh. B.Snell, ibid., p.130. Freilich hatte im übrigen auch der prokreative Urstoff der Milesier göttliche Attribute. Wenn ich hier aber den xenophanischen Gott von diesem Urstoff unterscheide, so tue ich das insbesondere im Hinblick darauf, daß er, wie noch gezeigt werden soll, ein personales geistiges und weltlenkendes Willenszentrum darstellt, das von der stofflichen Welt unterscheidbar ist.

ein auf philosophischem Weg erkennbarer Gott, dessen angenommene (und nie ernsthaft bezweifelte) Existenz auch auf die letzten Fragen der Kosmologie Antwort geben kann.

3.4. Der Gott des Xenophanes

Wie kann ein Philosoph, der auf Xenophanes' erkenntniskritischen und kosmologischen Grundlagen aufbauend denkt, eine fundierte Gotteslehre entwickeln? Die
Anknüpfungspunkte zwischen den beiden Bereichen der theologischen und kosmologischen Spekulation sind bei Xenophanes in der Tat nicht besonders zahlreich
und die Übergänge schwierig, wenn auch bisher schon einige wichtige Abhängigkeiten festgestellt werden konnten. Es wird im folgenden zu zeigen sein, wie Xenophanes der (zwar nicht immer bruchlose) Schritt von seiner offenbar betont dies-
seitigen, weitgehend an den „konkreten Erscheinungen haftenden" Denkweise,
deren Grundlagen, Methode und Ergebnisse ja soweit den zentralen Gegenstand
der Untersuchung bildeten, zu einer eigenen positiven Gotteslehre gelingt.

Die Gotteslehre ist gleichzeitig das umstrittenste Thema der xenophanischen
Philosophie. Der Kolophonier selbst dürfte sie wohl als das Herzstück seines gesamten Denkens aufgefaßt haben, und die meisten Doxographen taten das ebenfalls. Es fällt daher schwer, sich vorzustellen, Xenophanes habe nur punktuell und
zusammenhanglos Kritik an bestehenden Gottesvorstellungen geübt, wenn auch
seine zerstreut überlieferten Direktfragmente diesen Eindruck zunächst durchaus
vermitteln könnten. Sein Widerspruch bedurfte einer bestimmten Grundlage, eines
kohärenten Gegenentwurfs, der sich mit den kritisierten mythischen oder religiösen
Konzeptionen messen und mit ihnen wetteifern konnte, oder doch zumindest eines
systematisch anwendbaren Grundes des Zweifelns. Beides soll auf den folgenden
Seiten auf der Basis des guten Dutzends erhaltener xenophanischer Bruchstücke
zur Theologie herausgearbeitet werden. Denn ein nur „dunkles Gefühl" (Egon
Friedell) der Dichter, daß mit den gängigen Gottesvorstellungen „etwas nicht in

144

Ordnung sein könne", hätte den Kolophonier wohl nie dahin gebracht, daß ihn spätere Generationen unter die Philosophen (auch im engeren Sinn) gerechnet hätten. Aufgabe der folgenden Untersuchung ist es also auch, nachzuprüfen, inwieweit Xenophanes Rechenschaft über sein Nachdenken vom Göttlichen abzulegen imstande ist.

3.4.1. Mythenkritik und negative Theologie

Neue ethische Ausgangspunkte, Relativität der Erfahrungen und Anschauungs-
weisen sowie die Tekmerien-Methode konvergieren zunächst vor allem in
Xenophanes' Kritik des Mythos, der Mantik und der Gottesvorstellung des Volks-
glaubens. Einen ersten Angriff auf den gängigen Götterglauben hatten ja bereits die
kosmologischen Überlegungen, gipfelnd im explizit die vorherrschenden
Gottesbilder attackierenden „Regenbogen-Fragment" (DK 21 B32), dargestellt.
Besonders die homerisch-hesiodische Mythentradition und ihr Gottesbild sind
Xenophanes dabei ein Dorn im Auge:

πάντα θεοῖσ' ἀνέθηκαν "Ομηρός θ' 'Ησίοδός τε
ὅσσα παρ' ἀνθρώποισιν ὀνείδεα καὶ ψόγος ἐστίν·
κλέπτειν μοιχεύειν τε καὶ ἀλλήλους ἀπατεύειν.

„Alles haben Homer und Hesiod den Göttern zugeschoben,
was bei Menschen Schande und Schimpf ist:
stehlen und ehebrechen und einander betrügen" (DK 21 B11).

Sowie:

ὡς πλεῖστ' ἐφθέγξαντο θεῶν ἀθεμίστια ἔργα·
κλέπτειν μοιχεύειν τε καὶ ἀλλήλους ἀπατεύειν.

„...möglichst viele frevelhafte Taten der Götter haben [Homer und Hesiod]
ausgerufen:
stehlen und ehebrechen und einander betrügen" (DK 21 B12)[115].

---

[115] In diesen xenophanischen Aussagen dürfte auch die Polemik Heraklits gegen Dichter und
Rhapsoden wurzeln (zu den Zusammenhängen sh. J.Pórtulas, Heráclito, pp.159ff). Auch

Daß aber gerade Homer derjenige Dichter war, aus dessen Epen ganz Griechenland seine (insbesondere theologischen) Lehren bezog, bezeugen neben der eher knapp gehaltenen xenophanischen Feststellung, daß,

„da von Anfang an alle nach Homer gelernt haben (ἐξ ἀρχῆς καθ' Ὅμηρον ἐπεὶ μεμαθήκασι πάντες)" (DK 21 B10),

Homer der kanonische Maßstab aller griechischen Theologie war, auch Platon und Herodot[116]:

„Diese [scil. Homer und Hesiod] sind es aber, welche den Griechen das Geschlechtsregister der Götter gemacht, den Göttern Zunamen gegeben, Würden und Künste unter ihnen verteilt und ihre Gestalten aufgezeigt haben".

Der Mißbrauch dieser in theologicis fast unumschränkten Autorität der Dichter vor allem durch Homer steht für Xenophanes deshalb fest, weil der Epiker ethisch Anstößiges über die Götter verbreitet (ein Gedanke, der zum Beispiel auf Heraklits B42, B56, B57, B104 und insbesondere auch auf Euripides fortwirkte[117]). Wenn auch Anstößiges lediglich im Sinne ethischer Ideale, wie sie mit dem sechsten Jahrhunderts auftauchen wohlgemerkt; bei Homer selbst waren die Göttervorstellungen auf ganz anderen, auch ethisch unterschiedlichen Fundamenten gewachsen. Es ist überhaupt auffällig, daß Xenophanes Homer und Hesiod nicht in Bausch und Bogen verwirft (dazu ist er auch in vielem noch zu sehr von ihnen abhängig), sondern fast ausschließlich moralische Kritik an ihnen übt[118]. Die

---

Euripides' Fragment 292.7 (Wenn Götter etwas Böses tun, dann sind sie keine Götter mehr) und z.B. Platons Euthyphron 5e-6a haben vielleicht hier ihren Ursprung.

[116] Herodot II,49; vgl. dazu auch Platon Resp. 606e. Homer und Hesiod müssen auch als Hauptverantwortliche der bildlichen Götterdarstellungen gelten, die Xenophanes v.a. in seinen Fragmenten B15 und 16 kritisiert. Noch z.Zt. des Pheidias war die Dichtung die Maßgabe aller plastischen Götterbilder (sh. W.Burkert, Griechische Religion der archaischen und klassischen Epoche, pp.191ff, insbesondere aber p.199).

[117] Vgl. die Parallelen zwischen Xenophanes' Fragment B11 und Euripides' Herakles 1341-1346. (Dazu auch F.J.Weber, Fragmente der Vorsokratiker, p.68 sowie W.Kullmann, Deutung und Bedeutung der Götter bei Euripides, p.16).

[118] Derselben Meinung sind auch K.Ziegler, ibid., p.291 und E.Heitsch, Xenophanes, p.102 sowie H.Herter, der v.a. in seinen Untersuchungen zum Fragment B1 des Xenophanes herausgearbeitet hat, daß es sich bei Xenophanes nicht um eine rationalistische Kritik unglaubhafter Mythologeme (wie bei Hekataios), sondern um ein rein ethisches Argumentieren handelt (Das Symposion des Xenophanes, p.46). M.Eisenstadt, Xenophanes' Proposed Reform of Greek

Unterwerfung der mythologischen Überlieferungen unter gemeingültige ethische Maßstäbe war indes auch schon bei Hesiod spürbar gewesen. Doch bei Xenophanes zeichnet sich ein Gedanke ab, der danach vor allem bei Euripides und Pindar sehr folgenreich und bei den Platonikern und Stoikern sowie noch viel später in der christlichen Patristik ein Grundpfeiler der theologischen Überlegungen wurde: Die Idee des „θεοπρεπές", das heißt der „Gott-Angemessenheit" oder des „Gottgeziemenden", eines ethischen Maßstabs, an dem sich die menschlichen Gottesvorstellungen messen lassen müssen (vgl. dazu auch oben die Überlegungen zu den Fragmenten B5 und B12 im Zusammenhang mit der xenophanischen Erkenntnislehre). Dieser Begriff des „Gottgeziemenden" und seiner theologischen Bedeutung wurde Ende der dreißiger Jahre durch Werner Jaeger und Karl Deichgräber von Xenophanes ausgehend entwickelt und in die Diskussion eingebracht. Das Wort, das Xenophanes selbst dabei zur Bezeichnung des „Geziemenden" oder „Angebrachten" verwendet, ist – neben πρέπειν, „ziemen" in Fragment B26 – θέμις (im Fragment B12), womit er einmal mehr auf Homer zurückzugreifen scheint, der auch davon spricht, was bei den Göttern θέμις ist[119]. Erst bei Pindar (Nem.X,20) findet sich dann schließlich das Nominalkompositum θεοπρεπές ad verbum.

Xenophanes geht in der Radikalität seiner Kritik wie in seiner philosophischen „Überzeugung, daß das Göttliche nicht nach menschlichen Begriffen unmoralisch sein könne, eine Überzeugung, die in dieser Reinheit und Entschiedenheit später erst wieder bei Sokrates und seinen Schülern zu finden ist"[120], noch wesentlich weiter als vor ihm Hesiod: Zweifellos wird der Kolophonier in diesem moralischer gewordenen Empfinden gegenüber den Göttern des olympischen „Zauberbergs"

Religion, dagegen begeht den Fehler einer Überinterpretation derselben These und argumentiert (ein m.E. unmögliches Unterfangen auf nur acht Druckseiten!), Xenophanes habe ausschließlich punktuell moralische Korrekturen an den traditionellen Gottheiten anbringen wollen und, ohne seine Kritik weiter auszudehnen, Volksglauben und Mythos ansonsten unangetastet weiterbestehen lassen wollen.

[119] So z.B. Il.V,56. Zum ganzen Problemkomplex sh. das hervorragende Werk O.Dreyers, Untersuchungen zum Begriff des Gottgeziemenden in der Antike (zu Xenophanes v.a. pp.20ff). Vgl. auch W.Jaeger, ibid., p.63f sowie R.Pfeiffer, ibid., p.10. Kurios fortgesetzt findet sich der theologische Angemessenheitsgedanke etwa im 14. Jahrhundert n.Chr. noch bei dem franziskanischen Gelehrten Nikolaus Lyra, der eine von allen anstößigen Stellen gereinigte Bibelausgabe erarbeitete.

[120] K.v.Fritz, Xenophanes, 1542. Aber auch Euripides' Bemerkung, wenn Götter Böses tun, sind sie keine Götter mehr (Iphigenie bei den Taurern 391) gehört sicherlich in die Nachfolge des Xenophanes.

mit einigen, vielleicht sogar mit vielen seiner Zeitgenossen einig gewesen sein[121]; doch er allein wagt die Behauptung, daß die Unmoral der mythischen Gottheiten nichts weiter ist als die folgerichtige Konsequenz einer Gottesauffassung, die von vornherein auf falschen Prinzipien beruht. So kritisiert Xenophanes bereits im Ansatz jede anthropomorphe Göttervor- und -darstellungsweise des Mythos und des Volksglaubens, und tut damit einen Schritt, den bislang noch kein Denker in vergleichbarer Unbeirrtheit zu gehen gewagt hatte:

ἀλλ' οἱ βροτοὶ δοκέουσι γεννᾶσθαι θεούς,
τὴν σφετέρην δ' ἐσθῆτα ἔχειν φωνήν τε δέμας τε.

„Aber die Sterblichen meinen, Götter würden geboren
und hätten ihre Kleidung, Stimme und Gestalt"[122].

Xenophanes polemisiert in der ersten Verszeile unmißverständlich gegen die herkömmlichen mythischen Theogonien[123]: Götter werden nicht geboren, wie die Sterblichen fälschlicherweise meinen („Sterblichkeit" und „Fehlbarkeit", etwa der Erkenntnis, korrelieren ja durchwegs in den xenophanischen Fragmenten). Selbst gegen die im griechischen Mythos bereits weitgehend überwundene volkstümliche Vorstellung, auch die Götter müßten sterben (Homer benutzt den Begriff „ἀθάνατοι" geradezu durchgehend als Synonym für „Götter") hatte Xenophanes nach Angabe des Aristoteles noch zu kämpfen[124]:

---

[121] So etwa mit Aischylos, der überhaupt viel xenophanisches Denken assimiliert zu haben scheint, und dessen „Gefesselten Prometheus", wie E.Friedell, Kulturgeschichte Griechenlands, p.244, treffend bemerkt, „das dunkle Gefühl, daß der Olymp nicht das letzte Wort des Weltgeistes sei", beherrscht, wenn auch der Tragiker insgesamt vor der letzten Konsequenz dieser Erkenntnis zurückschreckt, nämlich dem „Schluß, daß Zeus nicht der wahre Vater der Menschen sein könne".

[122] DK 21 B14. Vgl. hierzu das Frgm. B134 des Empedokles, der sich m.E. hier sicher auf Xenophanisches bezieht. Sh. auch E.Heitsch, Das Wissen des Xenophanes, p.216 zur zeitgenössischen Mythenkritik und -korrektur.

[123] J.Barnes' ausgiebiger Querverweis auf das Frgm. B1 des Epicharmos erscheint mir als eher schwierig zu rechtfertigen. Das begründende μὴ ἔχον γ' ἀπό τινος μηδ' ἐς ὅ τι πρᾶτον μόλοι ist mir (trotzdem der Gedanke des ἐξ οὐδενός bereits bei Hesiod auftaucht) viel zu parmenideisch, wenn auch die Fragestellung des Epicharmos (entstehen die Götter oder sind sie ab aeterno?) eine ähnlichlautende xenophanische Frage aufgreifen mag.

[124] DK 21 A12 (Übersetzung nach Mansfeld; entspricht Aristoteles: Rhetorik 1399 b5). Dieser Gedanke der Ungewordenheit führt im Anschluß zur Lehre von der Unmöglichkeit der Veränderung im Göttlichen (B25 und B26). Daß der griechische Mythos, etwa im Gegensatz zum germanischen, einen theologischen Begriff wie den der Ewigkeit des Göttlichen entwickelt, unterstreicht nur, was in einem der vorhergehenden Abschnitte der vorliegenden Arbeit bemerkt

„Xenophanes sagte, jene, welche behaupten, daß die Götter geboren wurden, sündigen (ἀσεβοῦσιν) genausoviel wie jene, die sagen, daß sie sterben".

Denn das alles, so muß der Kolophonier feststellen, fußt auf dem unzulässigen „Isomorphismus"-Schluß vom Menschen auf den Gott. Xenophanes verläßt hier also weitgehend den Weg der Tekmerien zur Erkundung des Unsichtbaren und sucht vielmehr durch negative Eingrenzungen und moralische und religiöse Grundforderungen (wenn auch das hier von Aristoteles verwendete ἀσεβέω nicht in allem dem christlichen „sündigen" entspricht) zu theologischen Ergebnissen zu kommen.

Dabei ist Xenophanes hier anscheinend sehr viel mehr in seinem Element als etwa in der Kosmologie oder auch der Erkenntnislehre; in der Mythenkritik erlebt er seine besten Momente, und im Zusammenhang mit der Ablehnung religiösen Brauchtums gelingen ihm dann auch fruchtbare methodische Ansätze, und zwar immerhin so beachtenswerte, daß Aristoteles in seiner Rhetorik eine Anekdote des mit System gegen die Volksreligion polemisierenden Kolophoniers als Anschauungsbeispiel eines gelungenen kontrastierend ad absurdum führenden Argumentationsverfahrens heranzieht[125]:

„Ein anderes [scil. demonstratives Verfahren] besteht, wenn etwas gerade geschehen soll, das etwas, was geschehen ist, widerspricht, in der gleichzeitigen Untersuchung beider: So hat zum Beispiel Xenophanes, den die Bewohner Eleas fragten, ob sie der Leukothea opfern und ihr θρῆνοι [Sterbe- oder Klagelieder] singen sollen, ihnen den Rat gegeben, sie sollten, wenn sie sie für eine Göttin hielten, ihr keine Klagelieder singen, wenn sie sie aber für einen Menschen hielten, ihr nicht opfern."

Die Anekdote greift ganz offensichtlich ein Hauptanliegen des Xenophanes auf, das auch in seinen Direktfragmenten (etwa B15) ähnlich anzutreffen ist: Die

---

wurde: Der Mythos ist im griechischen Denken eine ernstzunehmende Vorstufe der Philosophie und der philosophischen Theologie. Xenophanes denkt diese Vorstufe nur zu Ende: Was für zeitliche Ewigkeit hinsichtlich der Zukunft gilt, muß ihm zufolge auch für die der Vergangenheit gelten. Übrigens kritisiert auch der orphische Derveni-Papyros, der wohl um 350 abgefaßt wurde, aber auf wesentlich älteres Material zurückgeht, die Meinung, Zeus sei geboren worden (vgl. W.Burkert, Orpheus und die Vorsokratiker, p.94).

[125] DK 21 A13 (entspricht Aristoteles: Rhetorik 1400b); über den Tod der Leukothea klärt auch Homer, Od.V,333ff auf.

menschlichen Gottesvorstellungen als „ein Produkt sich selbst überlistender Imagination" hinzustellen[126].

Desgleichen kritisiert Xenophanes die Annahme, Götter hätten Kleider, Stimme und Gestalt wie Menschen (siehe oben DK 21 B14). Überhaupt hält er die in Bildern festgehaltenen Gottheiten für nichts weiter als (bestenfalls übersteigerte) Simulakren der sie schaffenden Menschen. Daher bilden auch

„die Äthiopier ihre Götter plattnasig und schwarz,
die Thraker blauäugig und rötlich".

(Αἰθίοπές τε < θεοὺς σφετέρους > σιμοὺς μέλανάς τε   ·
Θρῆικές τε γλαυκοὺς καὶ πυρροὺς <φασι πέλεσθαι>) (DK 21 B16).

Die Meinungsverschiedenheiten in der Götterdarstellung der verschiedenen Völker waren nicht nur dem vielgereisten Xenophanes aufgefallen; auch Herodot spricht ab und an davon und erwähnt sogar Völkerschaften, die keine Götterbilder haben und den Griechen vorwerfen, sie würden sich die Götter menschengestaltig (ἀνθρωποφυής) vorstellen (I,131). Doch Herodot war in der für den Polytheisten unproblematischen und sozusagen typischen religiösen Toleranz zu dem Schluß gekommen, man solle über diese Dinge besser schweigen, „in der Überzeugung, daß alle Menschen über das Göttliche gleich viel oder gleich wenig wissen"(II,3). Xenophanes hingegen findet in seinen ethnologischen Beobachtungen einen weiteren Ansatzpunkt für seine Kritik des Mythos und Volksglaubens: Die im menschlichen Bereich bereits bedauerlichen und erkenntnishemmenden Pluralismen und regional abhängigen Partikularismen werden durch den Schluß vom Menschen auf den Gott in den göttlichen Bereich hineingetragen! Das kann für den geläuterten und neuen ethischen Werten gehorchenden Gottesbegriff des Philosophen nicht angehen. Es war weiter oben bereits davon die Rede, daß, wie Uvo Hölscher es ausgedrückt hat, sich die göttliche Physis der milesischen Philosophie im Gegensatz zu den Göttern des Volksglaubens „gerade durch ihre Autarkie und Totalität in ihrer Göttlichkeit definierte"[127]. Dahinter konnte Xenophanes in seinen theologischen Forderungen nicht zurückbleiben. Ein von Menschen nach ihrem Ebenbild geschaffener Gott ist kein richtiger Gott, höchstens ein „ewiger Mensch", wie Aristoteles später sagen wird, „denn Pluralität und

---

[126] Vgl. W.Raberger, Aufklärung und Aufklärungsresistenz, p.20.

[127] U.Hölscher, Das existentiale Motiv der frühgriechischen Philosophie, in: Das nächste Fremde, p.145.

Partikularismus bedeuten, wie Xenophanes bewußt wird, Relativierung; und Relativierung bedeutet nicht Allmacht, sondern Ohnmacht. Mit anderen Worten: für die von Xenophanes erreichte Reflexionsstufe leistet die gängige Gottesvorstellung gerade das nicht, was der Gottesbegriff intendiert"[128]. Im Judentum, um diesen Vergleich einmal mehr heranzuziehen, war das Verbot, Gott (und später alles Lebende) bildlich darzustellen, der vielleicht aus dem zwischenmenschlichen Umgang gewonnenen Angst entsprungen, sich (im übertragenen Sinne) „ein Bild vom anderen zu machen", das heißt: das Göttliche behelfs eigener Wünsche und Ansprüche in seinem Wesen zu fixieren, es also nicht das sein zu lassen, was es selbst ist, sondern es auf ihm eigentlich fremde Vorstellungen zu reduzieren. Für Xenophanes dürfte man wohl eine ähnliche Motivation annehmen. Es wird zu sehen sein, wie er sich in seiner negativen Theologie sogar dagegen wehrt, das Göttliche mit einem wie auch immer wesensbeschreibenden Namen zu belegen.

Die polemische Absicht der xenophanischen Kritik wird nun gänzlich offenbar, wenn der Philosoph sein Publikum wieder zum gedanklichen Experiment der irrealen Bedingung auffordert, und auf der Grundlage seiner Beobachtung der theolatrischen Eigenheiten der verschiedenen Völker behauptet:

... ἀλλ' εἰ χεῖρας ἔχον βόες ἠὲ λέοντες
ἢ γράψαι χείρεσσι καὶ ἔργα τελεῖν ἅπερ ἄνδρες,
ἵπποι μέν θ' ἵπποισι, βόες δέ τε βουσὶν ὁμοίας
καί <κε> θεῶν ἰδέας ἔγραφον καὶ σώματ' ἐποίουν
τοιαῦθ', οἷόν περ καὐτοὶ δέμας εἶχον ἕκαστοι.

„Doch wenn Ochsen und Löwen Hände hätten
oder vielmehr malen könnten mit ihren Händen und Kunstwerke herstellen wie
die Menschen,
dann würden Pferde pferdeähnlich, Ochsen ochsenähnlich
der Götter Gestalten malen und solche Körper bilden,
wie jeder selbst gestaltet ist"[129].

---

[128] E.Heitsch, ibid., p.217.

[129] DK 21 B15. Ob das schwer einzuordnende zweideutige Fragment 21 B17: ἑστᾶσιν δ' ἐλάτης <βάκχοι> πυκινὸν περὶ δῶμα („Es stehen aber Tannenbakchen um das feste Haus") auf ähnlich ironische Weise die Götterdarstellungen der griechischen Volksreligion kritisiert, kann hier nicht entschieden werden; es genüge der Verweis auf E.Heitsch, ibid., pp.133ff. Ergänzend zu Heitsch sei hier noch auf Xenophons Memorabilien, I,1,14 hingewiesen, wo Xenophon den Sokrates seinen Zeitgenossen Vorhaltungen machen läßt, sie beteten „irgendwelche Hölzer" an.

Das alles erinnert den heutigen Betrachter im Ansatz an die Religionskritik vom Typ Feuerbachs; und tatsächlich hat die xenophanische Kritik eine unterschwellige Wirkungsgeschichte weit über die Antike hinaus gehabt[130]. Dabei steht der griechische Kulturkreis mit seinen Bedenken gegenüber der Statthaftigkeit der anthropomorphen Gottesvorstellung keineswegs allein da. Die jüdische und nach ihr die christliche Religion haben ebenfalls seit jeher hart mit der Tatsache der anthropomorphen Eigenschaften ihres Gottes und der daraus schon fast notwendig erwachsenden Kritik ringen müssen[131]. Menschengestaltigkeit der Gottheit fordert, so will es scheinen, über kurz oder lang zwangsläufig Kritik heraus.

Im ähnlichen Zusammenhang der Menschenebenbildlichkeitsfrage muß wohl auch das Fragment B2 des Xenophanes gesehen werden:

ἀλλ' εἰ μὲν ταχυτῆτι ποδῶν νίκην τις ἄροιτο
ἢ πενταθλεύων, ἔνθα Διὸς τέμενος
πὰρ Πίσαο ῥοῇσ' ἐν Ὀλυμπίῃ, εἴτε παλαίων
ἢ καὶ πυκτοσύνην ἀλγινόεσσαν ἔχων
εἴτε τὸ δεινὸν ἄεθλον ὃ παγκράτιον καλέουσιν,   5
ἀστοῖσίν κ' εἴη κυδρότερος προσορᾶν
καί κε προεδρίην φανερὴν ἐν ἀγῶσιν ἄροιτο
καί κεν σῖτ' εἴη δημοσίων κτεάνων
ἐκ πόλεως καὶ δῶρον ὅ οἱ κειμήλιον εἴη·
εἴτε καὶ ἵπποισιν, ταῦτά κε πάντα λάχοι -   10
οὐκ ἐὼν ἄξιος ὥσπερ ἐγώ. ῥώμης γὰρ ἀμείνων

---

[130] Es bleibt dennoch mit M.Nilson, Geschichte der griechischen Religion, pp.742f, festzuhalten, daß Xenophanes aus seinen Beobachtungen nie den Schluß zog, die Götter selbst seien bloße menschliche Erfindung oder die Verlängerung menschlicher Wunschvorstellung ins Unendliche; soweit gingen später erst die Sophisten, allerdings wohl kaum, ohne auf xenophanischen Vorgaben aufzubauen (vgl. M.Untersteiner, Senofane, p.XLVII). Inwieweit Lukrez' weit über die Antike hinaus wirkende Religionskritik (Rer.nat.I,62ff) auf Xenophanes zurückgreift, läßt sich schwer abschätzen. Jedenfalls gibt es im Epikureismus zahlreich Anklänge an Xenophanisches. Zur weiteren antiken Polemik gegen die bildhaften Gottesdarstellungen sh. u.a. H.Funke, Art. „Götterbild" im RAC pp.745ff.

[131] Den wohl richtigen Hinweis darauf, daß Israel aus der Sorge um ein falsches Verständnis des sicher lange als anthropomorph gedachten Jahwe die Verhältnisse einfach mit dem Satz: „Gott schuf den Menschen gemäß seinem Abbild, gemäß dem Abbild Gottes schuf er ihn" (Gen.1,27) umdreht, um die menschlichen Eigenschaften seines Gottes auf diese Weise zu erklären, bringt E. Heitsch, Xenophanes, p.132 (mit Verweis auf G. von Rads „Theologie des Alten Testaments"): Israels Theologen biegen die Spitze der Kritik um, indem sie den Menschen nun umgekehrt als theomorph bezeichnen und somit die menschlichen Züge der Gottheit legitimierend als göttliche Züge des Menschen erklären. Der Abbild-Gottes-Gedanke taucht aber auch schon vorher etwa im babylonischen Mythos auf: vgl. Gilgamesch-Epos I,80ff.

ἀνδρῶν ἠδ' ἵππων ἡμετέρη σοφίη.
ἀλλ' εἰκῇ μάλα τοῦτο νομίζεται, οὐδὲ δίκαιον
προκρίνειν ῥώμην τῆς ἀγαθῆς σοφίης.
οὔτε γὰρ εἰ πύκτης ἀγαθὸς λαοῖσι μετείη   15
οὔτ' εἰ πενταθλεῖν οὔτε παλαισμοσύνην,
οὐδὲ μὲν εἰ ταχυτῆτι ποδῶν, τόπερ ἐστὶ πρότιμον
ῥώμης ὅσσ' ἀνδρῶν ἔργ' ἐν ἀγῶνι πέλει,
τοὔνεκεν ἂν δὴ μᾶλλον ἐν εὐνομίῃ πόλις εἴη·
σμικρὸν δ' ἄν τι πόλει χάρμα γένοιτ' ἐπὶ τῷ,   20
εἴ τις ἀεθλεύων νικῷ Πίσαο παρ' ὄχθας·
οὐ γὰρ πιαίνει ταῦτα μυχοὺς πόλεως.

„Nun gut, wenn einer mit der Schnelligkeit der Füße einen Sieg erränge
oder als Fünfkämpfer, dort wo der Hain des Zeus
an den Fluten des Pises in Olympia, oder als Ringer
oder auch, weil er den schmerzhaften Faustkampf beherrscht
oder einen schrecklichen Wettkampf, den sie Prankration nennen: 5
für seine Mitbürger wäre er herrlicher anzuschauen,
und einen Ehrensitz vor aller Augen bei den Veranstaltungen würde er erhalten,
und Speisung gäbe es aus öffentlichem Vermögen,
gewährt von der Gemeinde, und ein Geschenk als kostbaren Besitz;
oder auch wenn er mit seinen Pferden (siegte), würde er das alles erhalten –   10
er der (dessen) nicht so würdig ist wie ich. Ist besser als Kraft
von Männern und Pferden doch unsere Kunst und Kenntnis.
Nein, durchaus willkürlich ist der Brauch, und nicht ist es recht,
Stärke höher zu schätzen als nützliche Weisheit.
Denn mag einer tüchtig sein im Volk als Boxer   15
oder als Fünfkämpfer oder im Ringkampf
oder sogar durch Schnelligkeit der Füße, was am meisten gilt
unter den Disziplinen, die es beim Wettkampf gibt,
so wäre deshalb die Stadt nicht mehr (als vorher) in guter Ordnung;
und kurz wäre das Vergnügen, das die Stadt daran hätte,   20
wenn einer im Wettkampf siegte an den Ufern des Pises:
Denn nicht bereichert das die Kammern der Stadt".

Das Bruchstück ist meines Erachtens bislang immer etwas unzulänglich interpretiert worden. Es soll hier daher ein im wesentlichen neuer und die bisherigen hoffentlich sinnvoll ergänzender Deutungsversuch zur Debatte gestellt werden. Natürlich handelt es sich zunächst um eine Kritik der Vermischung der Charismen:

Physische Stärke sollte kein Maßstab für eine privilegierte oder gar führende Stellung innerhalb des politischen Gefüges der Gesellschaft sein; dafür sind geistige Leistungen ausschlaggebend, vor allem etwa die σοφίη (was bei Xenophanes wie dann bei Heraklit durchaus schon „Weisheit" bedeutet, nicht nur „Kunst" oder „Fertigkeit"[132]). Geschickt arbeitet übrigens Xenophanes' Komposition des Gedichts auf seine These hin: Bis v.10 liest sich das Ganze (wir wissen nicht, wie viel bereits vorausging) noch wie ein traditioneller Lobgesang auf die rühmliche Leistung großer Athleten, um dann ab v.11 in einer fast schon spektakulären Kehrtwendung mit der provokanten These aufzuwarten, wissenschaftliche Leistung sei nützlicher und preiswürdiger als sportliche, deren gesellschaftliches Prestige ungerechtfertigt hoch sei. Xenophanes' Kritik mag hier konkrete Beispiele im Auge haben. So etwa das des Atheners Kylon, Olympischer Sieger 640, und des weit über den griechischsprachigen Bereich hinaus berühmten Milon von Kroton, athletisch tätig zwischen 540 und 512, die beide ihr Prestige als Sportler dazu benutzten, in der Politik ihrer Heimatstädte eine herausragende (doch nicht immer glückliche) Rolle zu spielen. Oder das des Tyrannen von Sikyon, Kleisthenes, der um 570-575 einen Ehemann für seine Erbtochter und somit einen Thronfolger suchte, und es für richtig hielt, den bestgeeigneten Kandidaten für die höchste Macht im Staate durch einen athletischen Wettkampf zu ermitteln.

Mehr jedoch als nur Sportlerkritik und ein Abwägen geistiger und physischer Fähigkeiten gegeneinander (was Vorläufer unter anderem in Tyrtaios und Solon, Nachahmer zum Beispiel in Euripides und Isokrates hatte), oder ein sehr selbstbewußtes Herausstreichen eigener nützlicherer Fähigkeiten verstandesmäßiger Art (das erst bei Sokrates eine, dann aber fast schon gleichlautende, Parallele findet in der vielzitierten Stelle seiner Apologie 36d), ist auch dieses Fragment vielmehr ein Zeugnis xenophanischer Kultur- und vielleicht sogar Religionskritik. Nicht nur, daß offenbar in Sprache und Stil gegen Homer und seine Begeisterung für den sportlichen Agon polemisiert wird (vgl. etwa Il.XXIII,262ff. die Leichenspiele für Patroklos, oder Od.VIII,147ff; das Πίσαο παρ' ὄχθας in Vers 21 schließlich ist wörtlich aus Il.XII,313 entnommen)[133]; es muß ja über die Kritik am Athletenkult

---

[132] Zum Wort und seiner Verwendung vgl. C.Eucken, Die Gotteserfassung im Symposion des Xenophanes, p.7.

[133] Sh. E.Heitsch, Xenophanes, pp.102f; allerdings lassen sich auch bei Homer durchaus schon Kontrastierungen von physischer und geistiger Betätigung finden, die der xenophanischen in B2 entsprechen und ihr als Vorbild gedient haben dürften (so Il.XXIII,315: μῆτις sei besser als Stärke); zu Euripides vgl. insbesondere DK 21 C2. Athenaios, der B2 überliefert, sagt dort auch ganz deutlich, Euripides habe sich „ἐκ τῶν τοῦ Κολοφωνίου ἐλεγείων Ξενοφάνους" inspirieren lassen. Ein weiteres Platonbeispiel für die Übernahme der Grundaussage von 21 B2 ist neben

auch die unabdingbar wesentlich religiöse Dimension des Sports in der Antike angegriffen worden sein. Neben der Ablehnung der Mantik, die sich implizit auch gegen eine Reihe integrierender Nationalheiligtümer wie Delphi richten mußte, attackiert Xenophanes somit auch die zweite panhellenische Kultkomponente, für die hier Olympia in Vers 3 und (angedeutet) in Vers 21 als pars pro toto stehen dürfte: die heiligen Spiele.

Tatsächlich handelt es sich hier wohl auch im Kern um eine Kritik der damals erstmalig spürbaren Tendenz zu einer Art „Apotheose" siegreicher Athleten, die nicht nur die von Xenophanes erwähnten Ehrungen (wie lebenslange unentgeltliche Speisung durch die Heimatpolis etc.) erwarteten, sondern deren Standbilder in ihrer Geburtsstadt, in Olympia, Delphi, am Isthmos und anderswo in einer Reihe mit den Götterbildnissen standen, in etwa wie viel später die der vergöttlichten römischen Kaiser[134]. Dieser Vergleich ist sicherlich nicht zu weit hergeholt: Die Kunstkritik erkennt bereits in den frühesten griechischen Athletenstatuen „Epiphanien des absoluten Menschen"[135]. Auch ist überliefert, daß zum Beispiel Milon als Herakles verkleidet, sozusagen als sichtbarer Halbgott unter Menschen,

---

Apol.36d auch Resp.465d: Die φυλακες des Staates seien größerer Ehren würdig als die ὀλυμπιονῖκαι. Auch der Korintherbrief des Neuen Testaments, der ähnlich (und doch wieder ganz anders) wie Xenophanes an einem Überdenken kultureller und religiöser Werte interessiert ist, verwendet übrigens diese Art von Kontrastierung mit dem sportlichen Agon; vgl. 1 Kor.9,24ff. C.J. de Vogel hat in ihrem Vortrag „Wat verstonden de oude Grieken onder 'filosofie'" (in: Theoria, pp.1-17) darauf aufmerksam machen können, daß die Gegenüberstellung von athletischem Wettkampf und philosophischem Denken ja auch in der berühmten Anekdote von Pythagoras und dem Tyrannen Leon von Phleious auftaucht (sh. insbesondere ibid. pp.6f), in der sich Pythagoras als „Philosoph" bezeichnet und somit als einen, der, statt den Körper zur Erlangung von Ehrbezeugungen zu trainieren, sich der vornehmeren Beschäftigung widmet, den Geist zu üben, ohne es auf Ruhm und Beifall abgesehen zu haben.

[134] Von der kultischen Verehrung eines ungefähren Zeitgenossen des Xenophanes, eines Olympiasiegers, berichtet z.B. Herodot V,45. Die Heroisierung von Athleten ist spätestens seit dem sechsten Jahrhundert belegbar (vgl. Athletics in Ancient Greece, versch. Hg., p.141, sowie H.A. Harris, Greek Athletes and Athletics, v.a. pp.110ff, und Heitsch, Xenophanes, p.105). Zur Gleichstellung von Götter- und Athletenbildern in der Antike seit Peisistratos' Zeiten sh. u.a. auch H. Funkes Art. „Götterbild" im RAC, pp.703ff sowie, nachdem das Beispiel des Milon schon einmal angeführt wurde, A.Modrzes RE-Artikel zu Milon (RE XV, 1672-76) über dessen Standbilder und Verehrung in Kroton, Delphi und anderswo. Der erste offizielle Götterkult einer Polis an einem *lebenden* Menschen war dann noch vor der Jahrhundertwende die Verehrung Lysanders in Samos am Ende des Peloponnesischen Krieges (vgl. z.B. C.Habicht, Gottmenschentum und griechische Städte, pp.3ff).

[135] E.Lippolis, Gli eroi di Olimpia, p.29. Vgl. Heitsch, Xenophanes, p.105: „... vor den Statuen in Olympia mußte den Zeitgenossen besonders deutlich werden, wie weit die erfolgreichen Athleten menschliche Grenzen hinter sich gelassen hatten: Standen doch ihre Statuen im selben Heiligtum zusammen mit denen der Götter".

mit den Krotoniern in den Krieg zog. Und die Legenden, die sich früh um die berühmtesten griechischen Athleten rankten, folgen insgesamt den Schemata der mythischen Heroengeschichten. Ich kann mir nicht vorstellen, daß Xenophanes' Kritik dieser apotheotischen Behandlung von Einzelmenschen unabhängig von epischen Vorgaben gedacht werden kann, insbesondere etwa von der homerischen Feststellung, es stünde Sterblichen nicht an, in Gestalt und Aussehen mit den Unsterblichen zu wetteifern (ἐπεὶ οὔ πως οὐδὲ ἔοικε θνητὰς ἀθανάτῃσι δέμας καὶ εἶδος ἐρίζειν, Od.V,212f), eine Homerstelle, die im übrigen ideengebend für die gesamte xenophanische Anthropomorphismuskritik gewesen sein könnte.

Die wohl zuverlässige Angabe, daß die erhaltenen Verse nicht die einzigen waren, die Xenophanes gegen den Athletenkult schleuderte (Athenaios X,414c), kann als Hinweis darauf dienen, daß ihr Inhalt, genau wie die Kritik an der anthropomorphen Fassung des Göttlichen, so etwas wie ein Lieblingsthema des Kolophoniers darstellte. Daß Xenophanes den Kult an Sterblichen als Pendant des Anthropomorphismus in den Gottesdarstellungen verstand und verwarf, erhellt ja auch das Zeugnis des Aristoteles in DK 21 A13, wenn es denn für zuverlässig gehalten werden darf[136]. Dieses Zeugnis, nach dem Xenophanes den Eleaten davon abriet, der Leukothea zu opfern, wenn sie sie für eine Sterbliche hielten, wäre dann für die Xenophanesforschung meiner Einschätzung nach also doppelt wichtig; einmal, weil es Licht auf die Art zu denken und zu argumentieren des Xenophanes wirft; und dann als interpretative Stütze des Fragments B2. Dieses kurze aristotelische Testimonium ist auch eines der wenigen, in dem Xenophanes bei den Doxographen wirklich positiv dargestellt wird. Ich sehe mich daher nicht fehl gehen in der Annahme (die ich mit anderen teile), daß, hätten Aristoteles und der Peripatos den Kolophonier freundlicher und eingehender behandelt, dessen Stellung in der Philosophiegeschichte gefestigter und seine Bedeutung allgemein anerkannt wäre.

Die Kritik des Athletenkults, so kann man wohl zusammenfassend sagen, ist also unter anderem eine der vielen Facetten der Kritik des theologischen Anthropo-

---

[136] M.Nilsson, Griechische Feste von religiöser Bedeutung, Anm.4 zu p.432, hatte die Geschichte als Wanderanekdote charakterisiert und somit ihren Anspruch, original xenophanisches Denken zu enthalten, relativiert. Vgl. auch DK ad loc. Jedenfalls ist aber die älteste Überlieferung der Anekdote (die, wie Nilsson selbst zugibt, in allem zum Geist der sonstigen Lehren des Kolophoniers paßt) eben jene des Aristoteles, der sie von Xenophanes erzählt. Eine eingehendere Diskussion des Problems, die einem xenophanischen Ursprung der Anekdote durchaus zuneigt und die Leukothea-Frage u.a. mit ähnlichen Fragestellungen in der Prophetenschule von Klaros bei Kolophon in Verbindung bringen will, bietet Untersteiner, Senofane, pp.CXXIXf.

morphismus, nämlich die Kritik der Apotheose des Einzelmenschen, wie sie hier in einer frühen Form scharfsinnig von Xenophanes erkannt vorliegt[137]. Gewachsen ist diese Kritik wohlgemerkt nicht auf dem Boden von Neid und Mißgunst, sondern vor allem auf der Grundlage eines gestärkten Selbstvertrauens der Philosophen und Wissenschaftler zu jener Zeit: Denn Ansatzpunkt für unser Fragment bleibt ja immer auch das selbstbewußte Herausstellen *eigenerworbener* geistiger Fähigkeiten gegenüber der Hierarchie zeitgenössischer Wertmaßstäbe.

– Im Altertum verschwand der Gedanke der unvertretbaren Menschenebenbildlichkeit der Gottheiten von nun an nicht mehr aus der philosophischen und theologischen Diskussion. Als prominentes Beispiel seiner Aufnahme führen Xenophanesinterpreten unter anderem gerne Aristoteles mit der „gut xenophanischen" Bemerkung an, daß alle deshalb meinten, Götter stünden unter einem König, weil auch sie selbst jetzt oder früher von einem König regiert wurden; und wie die Menschen die Gestalten ihrer Götter sich selbst nachbildeten, so auch deren Lebensweisen[138]. Hier klingt fraglos viel Xenophanisches nach. Nur: Aristoteles macht eine simple, trockene Feststellung. Xenophanes hingegen will mit seiner Rede von den ochsengestaltigen Göttern der Ochsen ein bewußt sarkastisches Zerrbild der Glaubensvorstellungen seiner Zeit zeichnen. Diese Unhaltbarkeit des homerischen Pantheons für den philosophisch denkenden Menschen[139] zog nun einerseits eine lange Tradition der Homerkritik nach sich, deren herausragende Köpfe unter anderem Heraklit, Platon und, nach dessen und des Xenophon Zeugnis, auch Sokrates waren. Andererseits verlegte sich die dem Homer positiv gegenüberstehende Mythenauslegung als Antwort auf die xenophanische Kritik immer mehr darauf, zur Ehrenrettung Homers allegorische Deutungen seiner Epen vorzunehmen, womit erstmals die später unter anderem in der Stoa so wichtige und gern ausgeschöpfte Möglichkeit der Allegorese ins Blickfeld der Religions-

---

[137] Daß Xenophanes tatsächlich an eine Art Apotheose denkt, zeigt vielleicht am besten die Anwendung des ursprünglich Göttern und Heroen vorbehaltenen und im Epos gerne in Gebetsanrufungen verwendeten Epithetons κυδρός (im Deutschen vielleicht am ehesten vergleichbar dem Wort „herrlich" in seiner Verwendung in der Theologie H.-U.von Balthasars) auf die geehrten Athleten! Vgl. dazu einmal mehr E.Heitsch, ibid. p.104f.

[138] Aristoteles, Politik 1252 b 24. Zur aristotelischen Kritik des Anthropomorphismus vgl. insbesondere auch Met.1074b.

[139] Bis zur Grenze ausgereizt greifbar macht etwa später Epikur, hierin sicherlich auch im Ansatz ein Schuldner des Xenophanes, die Nutzlosigkeit der Götter: er gesteht ihnen lediglich ein Leben in „Intermundien" zu, läßt sie also sozusagen in einer Abstellkammer des Kosmos verschwinden; vgl. W.Burkert, Art. „Gott", in: HWPh Bd.3, 724.

philosophie tritt[140]. Xenophanes repräsentiert somit (ich paraphrasiere hier eine Beschreibung, die L.W.H. Hull ursprünglich auf Zenon gemünzt hat) in besonderem Maße einen gewissen Typus von Philosoph mit einem festen Platz in der Geschichte des Denkens. Diese „destruktiven" Philosophen erweisen sich dabei als der Sache des Denkens auf ihre Weise ungemein zuträglich: Behalten sie recht mit ihrer Kritik und ihren Anfragen, decken sie Fehlkonzeptionen und Sackgassen in der Lehre auf; liegen sie aber selbst falsch, so stellen sie immerhin eine fruchtbare Herausforderung an das Denken ihrer Zeitgenossen dar, und werden so indirekt zum Korrektiv und zur Quelle positiver Entwicklungen in den Wissenschaften[141].

Dabei beginnt die allegorische Homerauslegung durchaus schon zu Xenophanes' Lebenszeit, etwa bei Theagenes von Rhegion und seinen Interpretationen zur Götterschlacht in der Ilias – ein Thema, mit dem dieser durchaus einen xenophanischen Kritikpunkt an der Götterdarstellung in der Ilias in apologetischer Absicht aufgreifen mag. Die alte Aufgabe der Rhapsoden, neben dem Vortrag den Inhalt der homerischen Gedichte auszulegen, wird nunmehr zur „philosophischen" Komponente des Homeridendaseins, an der der Rhapsode auch zusehends gemessen wird, wofür unter anderem Platons Dialog „Ion", wo das λόγον διδόναι des Rhapsoden zum Thema wird, teilweise gute Belege hergibt. Auf diese Weise blieb Homerisches aber auch weiterhin ein wichtiger Bestandteil philosophischer Diskussion. So wendet sich noch Demokrit in seinen Homerinterpretationen gegen Xenophanes' Kritik und stellt sich dezidiert auf des Epikers Seite. Ähnliches gilt im übrigen auch für Aristoteles, der in dieser Frage stärkere Sympathien für Homer als für den Kolophonier zeigt[142]. Die allegorische Homerdeutung scheint im übrigen (neben der Erfindung der Sillen) der einzige Fall zu sein, wo Xenophanes auch als Dichter eine eigene – wenn auch nur mittelbare – literarische und philologische Wirkungsgeschichte erfahren hat. Abgesehen davon weiß man nur von Rezeptionen xenophanischer Gedanken von philosophischer und

---

[140] Vgl. außer DK 22 B42 und Xenophon, Memorabilien I,2,56ff v.a. das zweite Buch der Politeia (insbesondere aber Platons Ablehnung der Allegorese in 378d) sowie E.Heitsch, ibid., p.126f.

[141] Vgl. L.W.H.Hull, Historia de la filosofía de la ciencia, p.59.

[142] Sh. Pfeiffer, ibid., pp.9f, 42f und 69. Zur Geschichte der Apologie der traditionellen Gottesdarstellungen sh. H.Funkes Artikel „Götterbildnis" in RAC, pp.667ff und 752ff. Wie gewaltsam die Allegorisierung der Mythen in der Zeit nach Xenophanes oft vonstatten gehen mußte, zeigt Burkert anhand orphischer allegorisierter Mythologeme (sh. W.Burkert, Orpheus und die Vorsokratiker, p.101). Zur Mythenallegorese z.B. in den Homerscholien und in der Stoa vgl. neben O.Dreyer, ibid., pp.43-64 auch W.Burkert, Art. „Gott", in: op.cit. sowie ders./A. Horstmann: Art. „Mythos", in: HWPh Bd.6, p.281. Beispiele aus der stoischen Mythenallegorese bringt z.B. R.Pfeiffer, ibid., p.10.

theologischer Seite her. Das heißt nicht, daß Xenophanes nicht auch als Dichter fast das gesamte Altertum hindurch Beachtung fand. Nach Aussage des Diogenes Laertios hat auch Aristoteles anscheinend in seinem verlorengegangenen Dialog „Über die Dichter" Xenophanes als Dichter behandelt; die ärmliche Testimonienlage läßt in diesem Punkt allerdings keine sicheren Schlüsse zu[143].

Trotz Xenophanes und ähnlichdenkender Griechen war und blieb die anthropomorphe Fassung des Göttlichen im außerphilosophischen Bereich zunächst und für lange Zeit noch die große Domäne der griechischen Religion. Noch in hellenistischer Zeit etwa war die Attraktivität der griechischen Apollondarstellungen so groß, daß sie im äußersten Osten des hellenistischen Einflußgebiets die ersten menschengestaltigen Buddhastatuen entstehen ließ – Buddha wurde vorher in der indischen Kunst durch einen leergelassenen Zwischenraum symbolisiert –, und somit eine geographisch ungemein extense Wirkung letztlich bis Japan hatte[144].

Es ist bereits erwähnt worden, daß Xenophanes trotz gewisser Vorbehalte an die Möglichkeit fundierter und übersubjektiv durchaus gültiger Erkenntnis glaubte, wofür die falsifizierende Vorgehensweise als grundlegend herausgestellt wurde. Auch die geistige Annäherung an das Göttliche gelang ihm nun am besten und sichersten im Begehen der via negationis, aus der Kritik dessen also, was vom Gott nicht statthaft wäre zu sagen: Xenophanes enthält sich zunächst jeder positiven Gottesaussage und steht damit am Anfang einer Art und Weise, das Gottesproblem rational und philosophisch anzugehen, die in der Theologie bis heute an Gültigkeit und Aktualität nichts verloren hat. Denn wenn es auch immer unmöglich bleiben mag, Gottesbilder philosophisch zu verifizieren, so bietet sich dem denkenden Menschen doch der δεύτερος πλοῦς, unzulängliche Gottesvorstellungen mittels der Falsifikation korrigieren zu können und auf diese Weise durchaus zu einem, wenn auch nicht positiv ausdrückbaren, so doch wichtigen Erkenntniszuwachs durchzustoßen. Die Grundlage dieser Methode war aus dem seltsamen, aber, wie man jetzt sieht, ungeheuer ergiebigen und in seinen Konsequenzen weitreichenden Honig-Fragment B38 zu entnehmen. Was auf der Basis der xenophanischen Erkenntnislehre zuallererst verantwortbar und mit begründetem Gültigkeitsanspruch für die Gotteslehre vertreten werden konnte, war die Kritik des anthropomorphen Polytheismus des Mythos, der menschengestaltigen θέσει θεοί des Volksglaubens. Was auch immer θέσει (oder νόμῳ, wie spätere Denker sagen sollten), also von

---

[143] Diogenes Laertios II,5; vgl. R.Laurenti, Aristotele: I Frammenti dei Dialoghi, Tomo I, Abschnitt „Περὶ Ποιητῶν".

[144] Sh. dazu A.Toynbee, The Greeks and their Heritages, p.41.

Menschen und menschlicher Vorstellung erfindbar und setzbar ist, verträgt sich nicht mit wahrer Göttlichkeit im Sinne des Xenophanes. Tatsächlich kann man aus dem Gegensatz von menschlicher Benennung und der Natur der Dinge, den Xenophanes im Fragment B32 hervorhebt, ersehen, daß der Mann aus Kolophon als erster (wie ja auch durchaus in seiner Erkenntniskritik feststellbar war) das Gegensatzpaar φύσει und νόμῳ (oder εἰκῇ) ge- und durchdacht hat, und zwar im Zusammenhang mit der Gottesfrage. Die Theologie der θέσει θεοί jedenfalls hält Xenophanes für unhaltbar. Vielleicht ist es richtig, daß die inzwischen seit einer Generation philosophisch gefestigte „Idee der Ungewordenheit und Unendlichkeit, wie Anaximander sie von seinem Göttlichen, dem Apeiron ausgesagt hatte, all dem ein Ende machte"[145]. Als die Philosophie des Aurelius Augustinus ein gutes Jahrtausend nach Xenophanes die Trennung der Gotteslehren in die Bereiche der mythischen θέσει θεοί einerseits und des φύσει θεός der „natürlichen Theologie" (die Augustinus gleichbedeutend mit der griechischen – platonischen – Metaphysik war) andererseits endgültig sanktionierte, war vom Erfinder dieser Art das Denken des Göttlichen zu unterscheiden, allerdings schon lange nicht mehr die Rede[146]. Man wird aus späteren Abschnitten der vorliegenden Arbeit noch ersehen können, daß es der xenophanischen Philosophie eigentümlicherweise beschieden war, eine kaum zu überschätzende Wirkung auf viele namhafte Denker zu haben, während der Name ihres Urhebers im Laufe der Geschichte verlorenging.

Es drängt sich abschließend die Frage auf, warum die Milesier nie zu einer der xenophanischen vergleichbaren harschen Kritik und Durchleuchtung des Gottesbegriffs gefunden haben, sondern sich mit weniger streitsüchtigen, positiv formulierten Alternativentwürfen des Göttlichen zufriedengaben, und somit den Mythos nie direkt attackierten (einen „faulen Frieden zwischen Philosophie und Religion schlossen", wie Wilhelm Nestle es ausdrückte[147]). Vielleicht hat in gewisser Weise Werner Jaeger eine Antwort darauf gegeben, als er feststellte, daß ihr neues rationales Weltbild den milesischen Philosophen „zugleich auch ihr religiöses Bild aufs tiefste befriedigte"[148]. Der Streit mit den mythischen Vorstellungen aber setzte, wie bei Xenophanes, im Gegenteil eine tiefe Unzufriedenheit voraus, und zwar einerseits mit dem eigenen Bild der konkreten Welt und der unzulänglichen Erkenntnis von ihr, andererseits mit den religiösen Vorstellungen der Zeit, die ebensowenig „aufs tiefste befriedigen" konnten. Die Schwierigkeit läßt sich aber

---

[145] W.Jaeger, ibid., p.60.

[146] Vgl. v.a. Augustinus' De civ. Dei 6,4 und 6,5 sowie W.Jaeger, ibid., pp.10f.

[147] W.Nestle, ibid., p.87.

[148] W.Jaeger, Die Theologie der frühen griechischen Denker, p.109.

vielleicht auch mit dem Verweis darauf beantworten, daß das anfängliche Fragen des Xenophanes im Gegensatz zu dem der milesischen Philosophie eher der *theologischen* Denkrichtung des Dichters (die Dichter waren im Anfang und bis tief in die klassische Epoche hinein die Theologen Griechenlands) entsprang und erst nachträglich in der Behandlung der Problematik philosophisch wurde. Nur dem Dichter – noch nicht dem Philosophen milesischer Denkart – stellte sich zu jener Zeit die Frage nach dem *Wesen der Gottheit*, und nur das Wesen der Gottheit, nicht ihre grundsätzliche Existenz, konnte für den griechischen Menschen der xenophanischen Epoche problematisch und einer polemischen Kontroverse wert erscheinen, wie auch der folgende Abschnitt verdeutlichen wird.

3.4.2. Ansätze einer positiven Gotteslehre

„Was nützt ein Götterbild, das ein Bildhauer macht,
ein gegossenes Bild, ein Lügenorakel?
Wie kann der Bildhauer auf den Götzen vertrauen,
auf das stumme Gebilde, das er selbst gemacht hat?"[149]

Würden sich diese Zeilen nicht durch ihren parallelismus membrorum als semitische Dichtung verraten, so läge vielleicht die Annahme nahe, sie stammten von Xenophanes oder einem seiner gleichgesinnten griechischen Zeitgenossen. Und wirklich scheinen etwa zur selben Zeit, da in Griechenland vielfach die Loslösung des Denkens vom Mythos beginnt, im Jahrhundert vor Xenophanes und vielleicht auch schon etwas früher, in Israel Kritiker der anthropomorphen Gottesdarstellungen aufzutreten, die an polemischem Spott dem Xenophanes in nichts nachstehen[150]. Natürlich darf man nicht müde werden zu betonen, daß die Parallelentwicklungen in beiden Kulturkreisen vor allem äußerlich sind und weitgehend verschiedenen, inkompatiblen inneren Gesetzlichkeiten und Motivationen entspringen. Doch was ein Vergleich mit der prophetischen Götterbekämpfung Israels für den hier zu untersuchenden xenophanischen Kontext beitragen kann, ist immerhin folgendes: Der verschärft polemische Ton der Prophetenattacken fällt in eine Zeit, in der Israel schrittweise von einer Fremdgöttern gegenüber toleranteren monolatrischen zu einer strengeren monotheistischen Gottesvorstellung findet, und somit zu einem Gottesbild, dessen Absolutheitsanspruch nicht einmal mehr die

---

[149] Habakuk 2,18.
[150] Weitere Beispiele für die ironische Kritik der anthropomorphen Götterbilder und ihrer Gottunangemessenheit finden sich in der Bibel vor allem noch bei den Propheten Jeremia (z.B. 10,3) und Hosea (etwa 8,6). Zu zusätzlichen Vergleichen mit der Religionsgeschichte Israels sh. z.B. M.C.Stokes, One and Many, p.78.

Möglichkeit der Existenz (geschweige denn der Verehrung) fremder Götter neben sich dulden wird. Genauso hätte wohl auch die xenophanische Kritik der volksreligiösen Gottesvorstellungen wenig Sinn ohne eine alternative, die Ohnmacht der Partikulargottheiten des Mythos und der Volksgläubigkeit hinter sich lassende, eben absolutere Gottesidee. Erst deren Verteidigung und Propagierung rechtfertigt in letzter Instanz die polemischen Tiraden gegen das anthropomorphistische Gottesbild der religiösen Traditionen, das auf Xenophanes wie eine Karikatur und beleidigende Verhöhnung des Göttlichen gewirkt haben muß. Es bleibt also zu ergründen, wie die mit den mythischen Gottheiten konkurrierende xenophanische Gottesvorstellung ausgesehen haben mag, und mit welchem Anspruch sie auftritt.

$$\varepsilon\tilde{\iota}\varsigma\ \theta\varepsilon\dot{o}\varsigma\ \mu\dot{\varepsilon}\gamma\iota\sigma\tau o\varsigma\text{:}$$

Über das Gottesverständnis des Xenophanes sind die widersprüchlichsten Meinungen verbreitet worden. Einige hielten ihn für einen Monotheisten mit abwechselnd pantheistischen oder panentheistischen Neigungen, andere für einen Polytheisten mit monolatrischen Tendenzen, wieder andere für einen mehr oder minder stengen Henotheisten oder für wenn nicht den Erfinder, so doch für den Mitbegründer eines transzendenten spekulativen Monotheismus, dessen Gott schon ganz im Sinne des christlichen geoffenbarten Gottes zu verstehen sei[151].

Auf den ersten Blick könnten die xenophanischen Fragmente zur Gottesfrage alle diese Möglichkeiten in gleicher Weise widerlegen oder auch bestätigen. Leider spricht Xenophanes tatsächlich in einer sehr ambivalenten Weise von „Gott" und „Göttern" in einem Atemzug:

εἷς θεὸς ἔν τε θεοῖσι καὶ ἀνθρώποισι μέγιστος,
οὔτι δέμας θνητοῖσι ὁμοίιος οὐδὲ νόημα.

„Ein Gott ist unter Göttern und Menschen der Größte,
nicht an Gestalt den Sterblichen gleich, nicht an Einsicht"[152].

---

[151] Sh. dazu die widerstreitenden Stellungnahmen von S.Deligiorgis, ibid., p.264f; K.v. Fritz, ibid., 1547; ders., Die Rolle des NOYΣ, p.292; K.Jaspers, Xenophanes, p.16; W.Poetscher, Zu Xenophanes, Fr. 23; J.Barnes, ibid., p.92; K.Popper, ibid., p.217; K.Reinhardt, ibid., p.152; E.Zeller, Die Philosophie der Griechen in ihrer geschichtlichen Entwicklung, pp.650ff; KRS pp.170f, um nur einige zu nennen.

[152] DK 21 B23. Der zweite Teilsatz mag sich in der Wortwahl z.B. an Od.VIII,14 kritisierend anschließen: δέμας ἀθανάτοισιν ὁμοῖος.

Das Fragment findet sich in den „Stromateis" des Clemens von Alexandrien. Ich möchte mich der (unter anderem schon früher von Untersteiner vertretenen) Meinung anschließen, daß genau diese doxographische Einbindung in einen Kirchenvätertext bis auf den heutigen Tag die Interpreten dazu veranlaßt hat, dem Xenophanes einen Monotheismus im fast schon jüdisch-christlichen Sinn anzudichten[153]. Eine Folge davon war, daß man gerne dazu neigte, hier εἷς als Prädikat zu θεός zu verstehen statt als Attribut: Wenn man das Fragment als für sich stehenden Nominalsatz verstanden wissen will, es also nicht unmittelbar in Fragment B24 (οὖλος ὁρᾷ κτλ.) fortgesetzt sieht (was einige tun[154]), so stellt sich unvermeidbar die Frage, wo hier die Kopula sinngemäß einzusetzen wäre: zwischen θεός und μέγιστος oder zu Ende der ersten Verszeile? In den modernen Ausgaben zeigen sich die konkurrierenden Verständnisweisen in der Kommasetzung: So interpretierte Diels das εἷς prädikativ, setzte daher ein Komma hinter θεός und seine Wiedergabe des Bruchstücks lautet folgerichtig: *„Ein einziger Gott,* unter Göttern und Menschen am größten, etc.", was einer monotheistischen Interpretation des Xenophanes nicht nur zu verdanken war, sondern ihr auch (vor allem im Hinblick auf die große Autorität von DK) weiteren Vorschub leistete.

Im Gegensatz dazu zieht zum Beispiel Heitsch[155], dessen Xenophanes-Ausgabe ich darin im großen und ganzen gefolgt bin, μέγιστος als Prädikat zu εἷς θεός und nimmt εἷς dabei als Attribut. Das Komma hinter θεός fehlt bei ihm, und so lautet seine Übersetzung: „Ein Gott ist unter Göttern und Menschen der Größte, etc.", eine Interpretation, die eine polytheistische Deutung des Xenophanes bei gleichzeitiger Aussonderung und Heraushebung einer bestimmten Gottheit zuläßt.

Denn offenbar hat Xenophanes keineswegs an der Existenz einer Vielzahl von Göttern neben dem einen Gott, auf den es ihm hier vor allem ankommt, Anstoß genommen. Der Ausdruck „unter Göttern und Menschen" kann wohl auch nicht (wie die Verfechter der Monotheismus-These annehmen müssen) als dichterische Para-

---

[153] Dazu Untersteiner: „Non è da dimenticare come il frammento 23 sia stato trasmesso fino a noi da Clemente: ora i Cristiani, per ragioni comprensibili, tendono a scoprire il loro monoteismo nella proclamazione senofanea del dio uno" (Senofane, p.XLVII im Anschluß an Formulierungen Geffckens).

[154] Diese direkte Fortführung von B23 durch B24 wäre grammatisch immerhin möglich, aber überlieferungsgeschichtlich schwer zu rechtfertigen: Warum hätte ein Doxograph das Zitat so mutwillig zerreißen sollen?

[155] Neben Heitsch, Xenophanes, pp.147f, sh. dazu auch M.C.Stokes, One and Many, pp.77f; ähnlich schon früher (1952) C.Corbato in seinen „Studi senofanei" (vgl. dazu auch M.Untersteiner, ibid., pp..XLVIIIf).

phrase von „von allem" abgetan werden, wie zum Beispiel Zeller vorschlägt, als „polarische Ausdrucksweise" (so DK ad loc.), oder, was Popper postuliert, als negativer Hintergrund, vor dem sich die Konzeption des einen Gottes deutlicher hervorheben soll, „ähnlich wie Luther in seiner Übersetzung des ersten Gebots in der Formulierung seines Monotheismus seine Zuflucht zu 'Göttern' im Plural nimmt"[156]. Vielmehr mahnt Xenophanes an anderer Stelle eindringlich, man solle „gute Ehrfurcht vor den Göttern haben", und nur solche Reden über sie verbreiten, in denen Nützliches und Schickliches von ihnen gesagt wird, und nicht etwa „Fabelreden der Früheren", wie Titanomachien und ähnliche Geschichten (so in DK 21 B1,21ff). Tatsächlich fällt auf, daß Xenophanes die Dichter nie dafür kritisiert, daß sie sagen, es gebe Götter, sondern allein dafür, was sie über sie sagen. Karl Jaspers bemerkte dazu: Xenophanes' „Frömmigkeit liegt in der polytheistischen Konkretheit zugleich mit der alles durchdringenden Ehrfurcht vor dem unbegreiflichen Einen[157]. Die Radikalität wendet sich gegen die verderblichen Göttervorstellungen, nicht gegen die vielen Götter"; und weiter: „Der große Kampf des einen Gottes der Bibel gegen den heidnischen Polytheismus liegt als Möglichkeit noch außerhalb des Horizonts"[158].

Die Götter des Mythos also sind zwar in ihrem ethisch defektuösen Zustand keineswegs göttlich in dem von Xenophanes verfochtenen Verständnis wahrer Göttlichkeit; doch glaubt er an sie immer noch wie an eine Art in der Wirklichkeit waltender, vielleicht auch dämonisch vorgestellter Mächte, die religiöse Scheu, Beachtung und sogar Verehrung verdienen, die das menschliche Leben entscheidend mitbestimmen und heilig sind in dem Sinne, in dem für den Griechen ja auch die φύσις trotz ihrer zeitweisen Makel und offenkundigen Bösartigkeiten im einzelnen im ganzen genommen letztendlich heilig ist: Eine Betrachtungsweise göttlicher Gewalten, die auch bei Thales – wenn auch unter anderen Vorzeichen gedacht – bereits aufgefallen war[159]. Diesen von Anthropomorphismen und ethischen Defekten gereinigten personalen göttlichen Mächten sieht er nun einen

---

[156] Vgl. E.Zeller, ibid., (die zwei ganze Seiten füllende) Anm.4 zu p.650. Das Popperzitat findet sich in K.Popper, ibid., p.219.

[157] Ich lese hier für unseren Kontext „der Eine", nicht (wie ursprünglich bei Jaspers gemeint) „das Eine". Nur so ist das Zitat m.E. vorbehaltslos richtig.

[158] K.Jaspers, Xenophanes, in: Die großen Philosophen, Nachlaß Bd.I, p.16.

[159] Vgl. dazu z.B. W.Poetscher, Zu Xenophanes, Frgm.23. Wie in den meisten Religionen, so ist auch in der griechischen positives Mana und meidenswertes, furchteinflößendes Tabu nicht sauber unterschieden, genauso wie ja im Lateinischen „sacer" genausogut „heilig" wie „verflucht" bedeuten kann. Man muß für Xenophanes' religiöse Scheu vor und Verehrung gegenüber den Göttern insgesamt vielleicht ähnliches annehmen.

Gott als absoluten Souverän entgegengestellt. Nur: dessen absolute Souveränität hebt die minderen Gottheiten weder in ihrer Existenz auf, noch beschneidet sie deren Verehrungswürdigkeit.

Vielleicht (und ich führe diesen Auslegungsversuch nur unter dem nötigen Vorbehalt an) hätte man später so gesagt: Göttlich im *hauptanalogen* Sinn ist allein ein Gott „unter Göttern und Menschen". *Nebenanalog* kann aber durchaus auch von anderen Göttern vernünftigerweise Göttlichkeit ausgesagt werden, eine Differenzierung, die bei Xenophanes so wohl der Sache nach gedacht sein dürfte, deren sprachliche Fassung (wie hier in aristotelischen Begriffsmustern[160]) ihm in dieser Weise allerdings noch gänzlich fremd war. (Der in diesem Zusammenhang der analogen Aussagbarkeit von Göttlichkeit naheliegende Querverweis auf Anaximenes, dessen göttlicher ἀήρ ja der Ursprung aller anderen und von Anaximenes auch gar nicht geleugneten Gottheiten gewesen sein soll, ist hier als Interpretationsstütze allerdings nur schwerlich heranzuziehen und allenfalls selbst wieder ein nur analog zu verstehendes Anschauungsbeispiel: Der Gott des Xenophanes unterscheidet sich, wie noch zu sehen sein wird, nämlich fundamental von der milesischen ἀρχή). Gegen den Tenor traditioneller Untersuchungen (etwa Zellers, Wilamowitz', Kranz' oder Gigons) muß daher eindeutig festgestellt werden, daß Xenophanes *kein* Monotheist ist: Nicht umsonst spricht er ja (was keineswegs einen nur banalen Hinweis auf den Wortgebrauch darstellt) nirgends von einem μόνος θεός seiner Gotteslehre, sondern eben von einem εἷς θεός, der der größte unter den Göttern ist.

Auffällig ist ja ohnehin, daß Xenophanes hier endlich den Superlativ verwendet, den die Fragmente B18 (ἄμεινον), B38 (γλύσσων) und auch in gewisser Weise B2 (κυδρότερος) in markanter Weise vermissen ließen. Die Mythenkritik des Kolophoniers hatte ja bereits darauf vorbereitet: In seiner Theologie scheint Xenophanes schließlich in einen Bereich vorzudringen, in dem er – ganz im Gegensatz zur sichtbaren Wirklichkeit – alle Relativismen hinter sich gelassen sehen will. Anders als bei den menschlichen Dingen, die nur in bezug auf andere als „besser" oder „süßer" zu klassifizieren sind, ist der Gott im Vergleich zu allem anderen tatsächlich μέγιστος, der Allergrößte[161].

---

[160] Im Anschluß an Aristoteles' Analogiebegriff in Met.1003ab und 1060b-1061a. Wie für so viele unserer Auslegungsversuche gilt auch hier: „So hätte Xenophanes das nicht formulieren können; doch offensichtlich war er im Begriff, so zu denken" (E.Heitsch, Xenophanes und die Anfänge kritischen Denkens, p.23).

[161] Das ἐν θεοῖσι weist darauf hin, daß μέγιστος hier in der Tat als Superlativ, nicht nur als eher unverbindlicher Elativ „sehr/ungeheuer groß" aufzufassen ist. Daß εἷς im Griechischen auch

Die Heraushebung einer vor allem oder sogar allein ausschlaggebenden Gottheit unter vielen anderen, die in ihrer Existenz und Würde nicht geleugnet werden (in den erhaltenen Fragmenten spricht Xenophanes immerhin neun Mal von „Göttern" im Plural, wenn auch zugegebenermaßen oft nur bei der Wiedergabe fremder Meinungen und Vorstellungen), ist jedoch wohl nur die Weiterführung einer henotheistischen Tendenz, die lange vor Xenophanes, vielleicht besonders in der Orphik, aber auch durchaus bei den alten Epikern, etwa bei Homer – dem primären „Ideengeber" des Xenophanes – spürbar war, und sich bei den nachfolgenden Denkern nur noch verstärkt[162]. Tatsächlich kennen bereits die Jahrhunderte vor Xenophanes die Erhebung eines Gottes, nämlich des Zeus, zum nahezu absoluten Souverän des Pantheons; neben ihm treten alle anderen Gottheiten als nahezu unbedeutend zurück. So wurde Zeus schließlich zum alles absorbierenden Konzentrationspunkt etwa der orphischen Theosophie:

„Zeus ward zuerst und Zeus ist zuletzt der Herrscher der Blitze.
Zeus ist das Haupt und die Mitte; von Zeus ist alles geschaffen.
Zeus ist der Grund von Erde und Himmel, dem sternenbesäten.
Zeus ward Mensch an Gestalt, Zeus ward zur unsterblichen Nymphe.
Zeus ist der Odem von allem; Zeus waltet im lodernden Feuer,

---

sonst als den Superlativ verstärkend gebraucht wird, zeigt übrigens auch Il.XII,243: εἷς οἰωνὸς ἄριστος (vgl. dazu J.H.Lesher, Xenophanes, p.96). Diese Iliasstelle scheint ohnehin viel zum Verständnis des xenophanischen Fragments B23 beitragen zu können: Auch hier ist es doch so, daß Hektor keineswegs die Vogelzeichen allgemein gänzlich abqualifizieren will und ihnen einfachhin den Glauben versagt. Vielmehr meint er, es gebe etwas, das ausschlaggebender ist als die – in ihrer Bedeutung deswegen noch lange nicht geleugneten – Wahrzeichen: ein „bestes Zeichen", und dem müsse man folgen.

[162] Der Begriff „Henotheismus" ist ein Kunstwort, von F.Max Müller geprägt („Vorlesungen über den Urprung und die Entwicklung der Religion", 6. Vorlesung „Über Henotheismus, Polytheismus, Monotheismus und Atheismus"), aber auf die xenophanische Gottesauffassung genau zutreffend wie bestellt. Es ist darunter die Aussonderung und Herausstellung einer besonderen (besonders mächtigen oder allermächtigsten) Gottheit aus einem bestehenden und in seinem Bestand auch weiterhin unangetasteten polytheistischen Pantheon zu verstehen. Dabei ist der xenophanische Henotheismus kein „praktischer Monotheismus", denn Xenophanes hat sicherlich auch anderen, „minderen" Göttern Verehrung entgegengebracht; doch bleiben diese gegenüber dem „einen größten Gott" relativ insignifikant. Mansfeld, Vorsokr., p.211 bemerkt dazu: „Zu vergleichen ist, daß auch spätere griechische Philosophen die Existenz der Götter des Kultes im allgemeinen nicht geleugnet haben, ungeachtet ihrer philosophischen Überzeugung, in der für solche Götter kaum oder überhaupt kein Platz war. Überdies vermied eine solche Gesinnung, auch bei Xenophanes, den Konflikt mit den von Staats wegen und privat geübten Kultbräuchen".

Zeus in den Tiefen des Meeres, im sonnigen Strahl und im Mondlicht,
Zeus ist König und Herrscher von allem, der Herrscher der Blitze. ..."[163] etc.

Es ist anzunehmen, daß Xenophanes vielleicht nicht ganz unbeeinflußt von diesen oder ähnlichen Vorstellungen war. In Ausdruck und Gedanken näher als dieser orphische „Zeus-Modalismus" (wie er ja auch insbesondere aus dem orphischen Fragment 239/Kern spricht) mag den xenophanischen Spekulationen allerdings wieder einmal der homerische Mythos gestanden haben, der Zeus an verschiedenen Stellen ausdrücklich als den größten, kraftvollsten und mächtigsten der Götter bezeichnet, in dem sich ausnahmslos alle positiven Eigenschaften des Göttlichen treffen. Kurzum, er „herrscht über Götter und Menschen" (Il.II,669) und ist der unbestrittene „Vater der Götter und Menschen" (πατὴρ ἀνδρῶν τε θεῶν τε), was der xenophanischen Formulierung εἷς θεὸς ἔν τε θεοῖσι καὶ ἀνθρώποισι μέγιστος schon recht nahe kommt. Bruno Snell benannte den xenophanischen Gott daher auch unumwunden mit dem Namen „Zeus"[164].

Doch Xenophanes hat bereits den ersten Schritt jenseits der dichterischen Gottesvorstellungen getan. Sein Gott ist nicht einfachhin mit dem Zeus der epischen Tradition gleichzusetzen, obwohl auch er der absolute Monarch unter den Göttern ist. Vor allem widerstrebt es dem Kolophonier, seinen Gott in irgendeiner Weise bildlich darzustellen, ihn greifbar zu machen, oder auch nur mit einem wesensfixierenden Namen zu belegen. Denn daß der Gott des Xenophanes keinen Namen hatte, dürfte trotz der prekären Testimonienlage feststehen. Ich möchte hier einmal mehr den kontrastierenden Vergleich mit der Theologie des antiken Spätjudentums heranziehen. Deren Verbot, Gott bei seinem Namen „Jahwe" anzurufen, statt als „Adonai" oder „Elohim", was beides eher Titel oder Anreden sind, verrät auch etwas über das Unwohlsein des nachexilischen, streng

---

[163] Frgm. 21a/Kern. Die Übersetzung ist W.Capelle, ibid., p.29 entlehnt.

[164] Vgl. B.Snell, ibid., pp.130f. E.Heitsch, Xenophanes, p.151, stellt heraus, daß der πατήρ-Titel Zeus nicht als den leiblichen Vater, sondern„als Herrn seiner [Götter-]Familie und seiner Welt" anredet, und fährt fort: „Der Titel aber besagt auch Ausschließlichkeit: Neben einem Gott als Vater der Seinen und der Welt kommen andere Mächte ernsthaft nicht mehr in Betracht". Heitsch scheint mir damit zu Recht eine stärkere Deutung der Machtstellung des Zeus bei Homer zu geben, als noch M.P.Nilsson, Homer and Mycenae, pp.266ff, der das Verhältnis des Götter-vaters zu den übrigen Gottheiten mit dem des Großkönigs von Mykene gegenüber seinen Vasallenfürsten verglich. Übrigens hat E.R.Dodds, The Greeks and the Irrational, p.33, darauf aufmerksam gemacht, daß es bereits vor Xenophanes, bei Homer (insbesondere in der Odyssee), Hesiod und Solon Versuche einer „moral education of Zeus ... into an agent of justice" gegeben hat, was dem ja v.a. ethisch argumentierenden Xenophanes in seinen theologischen Entwürfen sicherlich vorarbeitete.

monotheistisch denkenden Israel angesichts der Tatsache, daß der Jahweglaube ursprünglich wohl monolatrisch war, das heißt auch andere gleichmächtige Götter kannte, von denen man den eigenen und einzig verehrten durch einen Eigennamen unterscheiden mußte. Für Xenophanes stellt sich das Problem anders: Zwar kennt er keine Monolatrie, aber auch keine gleichberechtigten Götter neben „seinem" Gott; dieser ist nun wirklich – innerhalb des Rahmens, den eine henotheistische Deutung zuläßt – in einem absoluteren Sinn einfach „der Gott", der keinen Namen braucht und dessen Benennung mit einem Eigennamen ihn ja tatsächlich auch in gewisser Weise definitorisch festlegen würde. Gerade das scheint Xenophanes aber allenthalben vermeiden zu wollen.

Daher bleibt er auch vorerst auf der via negationis, die ihm bei der Verwerfung falscher Gottesbilder so gute Dienste geleistet hatte: Der Philosoph weigert sich zunächst methodisch, eine positive Aussage über seinen Gott zu machen, denn eine solche müßte seinen Gottesbegriff in der einen oder anderen Weise einengen. Für den Kolophonier soll sein Nachdenken über das Göttliche keine „Zauberlaterne von Hirngespinsten" (wie Kant das theologische Philosophieren bezeichnete) darstellen; und so bewegt er sich solange er nur kann auf dem verhältnismäßig sicheren und nachvollziehbaren Weg der Verneinung dessen, was ihm zufolge nicht sein kann. Man wird in Xenophanes wohl insgesamt den Iniziator einer methodisch eingesetzten negativen Gotteslehre vermuten dürfen. Allerdings bleibt er auch in dieser Frage nicht ohne, wenn auch nur sehr mittelbare epische Vorgänger: Auch die Ilias kennt das Wort εὐφημεῖν in der Bedeutung „religiöses Schweigen einhalten" (Il.IX,171)[165]; der Gedanke, daß das Schweigen die verantwortbare Haltung gegenüber dem Göttlichen ist, und daß der, der nichts sagt, auch nichts Falsches oder Pietätloses sagen kann, geht also weit vor Xenophanes zurück.

Xenophanes verrät uns daher vorläufig nur, was sein Gott nicht ist: Er ist weder an Gestalt noch an Einsicht den Sterblichen gleich. Das liegt genau auf der Linie dessen, was die Kritik der θέσει θεοί erbracht hatte, und was durch ein weiteres Fragment noch unterstrichen wird:

αἰεὶ δ' ἐν ταὐτῷ μίμνει κινούμενος οὐδέν,
οὐδὲ μετέρχεσθαί μιν ἐπιπρέπει ἄλλοτε ἄλλῃ.

„Immer aber bleibt er [scil. der Gott] am selben Ort, ohne jede Bewegung, und nicht geziemt ihm, bald hierhin bald dorthin zu gehen" (DK 21 B26).

---

[165] Zur Verwendung von εὐφημεῖν, auch in der Verwendung bei Xenophanes in B1,14, vgl. C.Eucken, Die Gotteserfassung im Symposion des Xenophanes, p.12.

Guido Calogero hat als einer der ersten darauf verwiesen, daß die Formulierung μετέρχεσθαι ἄλλοτε ἄλλῃ deutlich antihomerische Polemik des Xenophanes ist (der Sachverhalt wäre ja sonst neutraler und ökonomischer mit dem abstrakteren κινεῖσθαι abgedeckt)[166]: Die gestalthaften Götter Homers müssen von einem Ort zum anderen gehen, um ins Weltgeschehen einzugreifen. Ja, manchmal sind sie sogar gänzlich absent, *somatisch abwesend*, und der Mensch muß auf ihre Rückkehr warten, bis etwas geschehen kann, oder bis seine Gebete und Bitten sie erreichen; diese physische Unzulänglichkeit der homerischen Götter muß Xenophanes geradezu zum Widerspruch gereizt haben. Eine Ausnahme bildet auch bei Homer allerdings wieder einmal der Göttervater Zeus, der unverrückbar thront und vom Olymp aus alles hört und sieht[167]. Xenophanes ergänzt diese mythologische Vorstellung von der Unbewegtheit und gleichzeitigen Allgegenwart des höchsten Gottes, die im Mythos wohl der Erhabenheitsidee entwachsen war, durch den eher philosophischen Gedanken, daß ein nicht anthropomorph gedachter Gott es auch nicht nötig habe, sich wie ein Mensch von Ort zu Ort zu bewegen. Man stößt wieder auf die typisch vorsichtige Vorgehensweise des Xenophanes: Jede positive Gottesaussage ist nur ein Teil des xenophanischen Widerspruchs, und jeder Widerspruch nur via negationis eine Annäherung an den Versuch eines positiveren Gottesbegriffs[168].

---

[166] G. Calogero, Senofane, Eschilo e l'onnipotenza di dio, p.34.

[167] Zum „Hierhin und dorthin Gehen" der Götter vgl. Il.I,423ff und Od.I,22ff sowie etwa die bis ins späte Altertum unangefochtene Tatsache, daß der delphische Apollon in den Wintermonaten zu den Hyperboreern ging, und sein Orakel dem Dionysos überließ, damit es weiter funktionieren konnte. Zum unverrückbaren Thronen des Zeus vgl. u.a. Il.VII,18ff und XX,20ff, wobei Homer nicht unbedingt immer ganz schlüssig in seinen Vorstellungen ist, denn er kennt ja auch die Zeusabwesenheit neben der Tatsache, daß er immer alles sieht und kennt.

[168] Eine Verfahrensweise, derer sich die philosophische Theologie bis heute bedient: „Die Verneinung ist also nicht etwas, was der Bejahung von außen hinzugefügt wird, sondern bewirkt eine innere, qualitative Veränderung der auf Gott angewandten positiven Aussage" (B.Weissmahr, Philosophische Gotteslehre, p.107). D.Babuts Aufsatz „Sur la 'théologie' de Xénophane" dient dem einen Ziel, den engen inneren Zusammenhang zwischen Xenophanes' negativer und positiver Theologie herauszustellen, worin ich ihm gerne folge. Ich sehe mich allerdings außerstande, daraus die Unmöglichkeit einer nachträglichen methodischen Differenzierung beider zu schließen und, wie Babut, alle Ansätze einer positiven Fassung des Gottesbegriffs bei Xenophanes ganz in seiner polemischen „negativ-theologischen" Haltung aufzulösen. Xenophanes' negative Theologie steht mit seiner positiven Gotteslehre in starker Wechselwirkung (was seine Gotteslehre auch so relativ kompakt macht), sie saugt diese aber keineswegs gänzlich in sich auf.

Einen spürbaren Fortschritt in Richtung einer positiven Formulierung bringt erst das nächste Fragment:

οὖλος ὁρᾷ, οὖλος δὲ νοεῖ, οὖλος δέ τ' ἀκούει.

„Ganz sieht er [scil. der Gott], ganz erkennt er, ganz hört er"[169].

Das ist ein wahrlich radikaler Bruch mit jeder bisherigen anthropomorphen Gottesdarstellung, ein Bruch, so umwertend, daß er selbst heute noch auf schieres Unverständnis stoßen kann; so zum Beispiel, wenn zeitgenössische Interpreten einen solchermaßen unvorstellbar vorgestellten Gott als „Denk-, Seh-, Hör- und Intelligenzmonstrum, weitaus schrecklicher, als es die leicht unsittlichen homerischen Götter je waren" karikieren, und als „faules (da bewegungsloses) Intelligenz- und Machtmonstrum"[170] einer „Semi-Philosophie", deren Ziel es sei, einer nichtswürdigen, sich stets wandelnden Welt einen Gott, der das Symbol ihrer Negation darstellen soll, entgegenzusetzen[171]. Auch die Anschauung eines „runden Weltentiers, das gleichsam mit seiner ganzen Haut wittert"[172] könnte durch eine mißverstandene Deutung des Fragments und seiner Überlieferung evoziert werden.

Freilich ist dieser Gott des Xenophanes keineswegs zur Gänze von menschlichen oder den menschlichen analogen Eigenschaften gereinigt, denn er „sieht", „hört" und „erkennt" ja; doch handelt es sich hierbei keineswegs um eine unmenschlich-monströse Vergrößerung dieser menschlichen Eigenschaften. Vielmehr wird „ein subtilerer und tieferer Anthropomorphismus in diesem dictum, das Gott so definiert, wie es Bewußtsein definiert hätte"[173], vorgelegt: Ein Gott, in dem die Teilbarkeit in Seh-, Hör- und Denkorgane aufgehoben ist, dessen Eigenschaften und Fähigkeiten nicht auf einen Teilbereich seines Wesens beschränkt sind wie beim Menschen auf die einzelnen Sinnesorgane, sondern der das, was er tut, immer als Ganzer macht, und dessen Eigenschaften und Vermögen

---

[169] DK 21 B24. J.Mansfeld (Compatible Alternatives, Anm.83) hält eine Beeinflussung der Formulierung durch Il.III,277 (Ἥλιός θ', ὃς πάντ' ἐφορᾷς καὶ πάντ' ἐπακούεις) und Erg.267 (πάντα ἰδὼν Διὸς ὀφθαλμὸς καὶ πάντα νοήσας) für möglich. Genauso Heitsch, Xenophanes, p.152.

[170] P.K.Feyerabend, ibid., p.210f.

[171] E.Craid, The Evolution of Theology in the Greek Philosophers, p.64, in seiner Deutung des von ihm offenbar sehr parmenideisch vorgestellten xenophanischen Gottes.

[172] So ironisch und deutlich als falsche Meinung herausgestellt bei H.-G.Gadamer, Über das Göttliche im frühen Denken der Griechen, p.162.

[173] S.Deligiorgis: „[...] a deeper and subtler anthropomorphism in this dictum that defines God as it would have defined consciousness".

seinem ganzen Sein, nicht nur einem spezifischen Bereich desselben, wesentlich sind. Daher wird B24 von DK übersetzt mit „Gott ist ganz Auge, ganz Geist, ganz Ohr". (Nebenbei gesagt verdankt Xenophanes auch diesen Gedanken aller Wahrscheinlichkeit nach im Ansatz wieder epischen Vorgaben: Jedenfalls scheint bereits bei Homer die Trennung von äußerem und innerem Handlungsbereich in den Götterszenen der Ilias aufgehoben zu sein[174]). Es scheint aber gerade hier auf, in welche Richtung die xenophanische Kritik des Anthropomorphismus eigentlich zielte, und was sie eigentlich erst als philosophisch erscheinen läßt: Xenophanes will über etwas Auskunft geben, das sich sinnlicher Wahrnehmung gänzlich entzieht; der einzige Weg dahin aber war der, der weg von der Vorstellung und hin zum Denken führte, ein Weg, der den Anthropo- und Zoomorphismus und die ihnen zugrundeliegende Idee nachhaltig bekämpfen mußte, und sich mit dem nur Denkbaren, das die menschliche Vorstellungskraft übersteigt, befaßt. Dieser Schritt vom Vorstellen zum Denken läßt in Xenophanes zu Recht einen Philosophen erkennen, der über das Axiom etwa des Dichters Archilochos, „welche Dinge einem begegneten, solche hege man eben in Gedanken" (Archilochos Fragm. 132) hinauszugehen imstande ist. So mündet die negative Theologie des Xenophanes organisch in ein Beschreiten der via eminentiae, auf der von Gott nur in Superlativen gedacht werden kann als vom Größten, vom Vollkommensten, etc. Unter diesen Vorzeichen arbeitet ja auch die „Theoprepés-Methode" des Xenophanes; diese scheint doch zunächst selbst einen anthropomorphistischen Schluß vom menschlichen auf den göttlichen Bereich darzustellen. Näher betrachtet dient sie aber dazu, der Theologie des Kolophoniers auf die via eminentiae oder analogiae zu helfen.

Dieser zweite Schritt hin zu einer positiven Fassung des Göttlichen dürfte aber auch ein wenig Licht auf die innere Haltung des Xenophanes seinem Gott gegenüber werfen. R.K. Hack fällt meines Erachtens ganz richtig auf: „The attitude of Xenophanes towards his one God is the attitude of a *worshipper* who will heap

---

[174] So gibt es im homerischen Epos keine Differenz zwischen dem Wollen eines Gottes und der direkten Umsetzung dieses Willens, zwischen dem, was ein Gott denkt und den tatsächlichen Gegebenheiten usf. Auf diese (auch für DK 21 B25 wichtige) faktische Differenzlosigkeit von äußerer Handlung und innerem (emotionalem, intentionalem etc.) Bereich, das die homerischen Olympier spezifisch von den Sterblichen im Epos unterscheidet, hat u.a. H.Flashar in seinen Untersuchungen zu den Strukturprinzipien der Ilias hingewiesen; vgl. H.Flashar, Eidola, z.B. pp.9ff sowie das Strukturschema p.18. Zu weiteren epischen Vorgaben sh. Heitsch, Xenophanes, pp.152f.

every imaginable perfection upon the object of his worship"[175]. Ich glaube deshalb nicht fehl in der Annahme zu gehen (die ich später bei der Besprechung der Frage nach der Personhaftigkeit des xenophanischen Gottes nochmals näher ausführen werde), daß Xenophanes keineswegs primär als ein früher „Religionsphilosoph" angesehen werden sollte, wie das in der Forschung oft geschieht und wie auch seine psychologisch und kulturvergleichend arbeitenden mythenkritischen Fragmente nahelegen könnten. Vielmehr geht es ihm eher darum, eine Art „philosophische Religion" zu entwerfen, das heißt einen Gottesglauben, der rational und vor dem Tribunal hochstehender ethischer Maßstäbe verteidigt werden kann und daher auch philosophische Theologie ist, also Annäherung des Menschen an das Göttliche durch den Logos.

Freilich konnte auch Xenophanes' positive Theologie bereits auf älteren philosophischen Vorleistungen aufbauen: Anaximander, in dem die antike Doxographie ja den Lehrer des Xenophanes erkannt haben will, hatte schon vor ihm in seiner Rede vom Apeiron den Schritt von der anschauungsgestützten, im Beobachtungsbereich fußenden Spekulation zur reiner Überlegung entnommenen Theorie vollzogen. Xenophanes tut diesen Schritt nunmehr für die Theologie, und eröffnet zusammen mit dem Milesier dem Denken auf diese Weise unschätzbare Möglichkeiten. Was von nun an in der Philosophie an Schlüsselgedanken über den Bereich des Vorstellbaren hinausgeht, sei es das parmenideische Eine, der herakliteische Logos, die platonische Idee oder die aristotelischen Seinsprinzipien, kurz die gesamte Möglichkeit einer jeden späteren Metaphysik zehrt von diesem befreienden Schritt. Auch unter diesem Aspekt übrigens zeigt sich die Fragwürdigkeit der aristotelischen Einschätzung der Vorsokratiker als reiner „φυσιολόγοι"; den Schritt über die φύσις hinaus hin zu deren Prinzipien wagten schon die frühesten dieser Denker, und das, wie auch das Beispiel der xenophanischen Theologie vermitteln kann, durchaus gewinnbringend für das Gesamt des griechischen Denkens.

Bereits Thales hatte ja zaghaft die erste Stufe hin zur analogen Erfassung dessen, was nicht univok aussagbar ist, genommen. Xenophanes nun wandelte hart an der Grenze einer vollkommen äquivoken Auffassung von Gott und Mensch, als er, begünstigt durch seine erkenntnistheoretischen Grundlagen, die Unvereinbarkeit von Gottheit und Menschenebenbildlichkeit herausstellte. Doch dabei konnte es nicht bleiben: Von dem Moment an, da Xenophanes um eine positive Fassung

---

[175] R.K.Hack, God in Greek Philosophy, p.64. Vgl. dazu auch F.Ricken, Philosophie der Antike, p.26.

seines eigenen Gottesbilds zu ringen beginnt, entdeckt er, hierin als Dichter die weitverzweigten Möglichkeiten des „vorphilosophischen Denkvorgangs" Sprache in die Philosophie hineinnehmend, die Möglichkeiten des analogen Sprechens[176]: Der Gott „denkt" oder „plant" anders als der Mensch, eben „οὖλος"; doch andererseits ist dieses „denken" und „planen" keineswegs so äquivok zu verstehen, daß man es nicht mehr als „denken" oder „planen" mit demselben Wort, mit dem man die menschliche Eigenschaft „denken" bezeichnet, wiedergeben dürfte. Analoges Reden von Gott führt, wenn man so will, zu einer höherentwickelten Art von *gerechtfertigtem* Anthropomorphismus: „'Reden über...', das ist ja das Anthropomorphste, was wir tun können. Das ist kein Vorwurf, sondern die spezifische Dimension menschlichen Umgangs mit der Natur. Denn bei gründlicher Vermeidung *aller* Anthropomorphismen bleibt der Mund zu"[177]. Was Xenophanes bekämpft, ist die ihm platt erscheinende Menschengestaltigkeit der Götter der Volksreligion, die sich Gottheiten nach dem Ebenbild der Menschen verfertigt; was er sucht, ist die Möglichkeit, vom Gott so zu sprechen, daß der Mensch ihn denkend und zumindest ansatzweise erahnend verstehen kann, und das heißt: sich auch partiell in ihm wiederfinden kann (was, das sei nebenbei erwähnt, ja auch die ursprüngliche Intention jeder künstlerischen anthropomorphen Gottesdarstellung war und ist). Nicht die äußere Gestalt, sondern das Wesen des Menschen glaubt Xenophanes unter Umständen in einer analogen Weise auch in seinem Gott wiedererkennen und wiedererkennbar machen zu können[178].

Xenophanes' philosophische Theologie vollzieht damit einen Dreischritt, der der heutigen christlichen Theologie bei der Frage nach dem Wesen Gottes – wenn auch

---

[176] Zu Xenophanes' Teilhabe an der Entwicklung des analogen Sprechens und Denkens aus der Metapher und dem Vergleich im Epos vgl. B.Snell, ibid., p.178ff.

[177] R.Spaemann/R.Löw, Die Frage Wozu?, Anm.27 zu p.63. *Diese* Art von geistigem Anthropomorphismus rettet Xenophanes auch vor einer völlig äquivoken Auffassung vom Göttlichen. Lesher, Xenophanes, p.105, bemerkt m.E. richtig: „The contrast between divine and mortal νόος must be considered one of the leitmotifs of the Homeric epics (...) and a cardinal measure of the gulf that separates mortals from the divine". Xenophanes behält diese „cardinal measure" der Unterscheidung bei, verfällt aber dabei nicht der Versuchung, das Göttliche durch diese Unterscheidung gänzlich geistiger Annäherungsmöglichkeit zu entziehen.

[178] Dieselbe Grundeinsicht der notwendigen Ergänzung von affirmativer, den Gotteszugang schaffender, und negativer, das Gottesbild korrigierender Theologie findet sich auch sehr schön bei Nicolaus de Cusa: „Quoniam autem cultura dei, qui adorandus est 'in spiritu et veritate', necessario se fundat in positivis deum affirmantibus, hinc omnis religio in sua cultura necessario per theologiam affirmativam ascendit", und: „et ita theologia negationis adeo necessaria est quoad aliam affirmationis, ut sine illa deus non coleretur ut deus infinitus, sed potius ut creatura. Et talis cultura idolatria est, quae hoc imagini tribuit, quod tantum convenit veritati" (De docta ignorantia I, Kap.26).

abgewandelt – noch immer als methodisches Vorbild gilt: Der erste Schritt ist
dabei der der Abstreichung alles dessen, was in der Welt als defizient oder als Übel
erkannt wird: Prädikate wie Häßlichkeit, Mißgunst oder böse Absicht werden in
bezug auf die göttliche Wirklichkeit verneint (bei Xenophanes in den Fragmenten
B1, B11, B12). Zweitens wird von Gott auch alles das verneint, was zwar nicht
unbedingt als schlecht erachtet wird, doch notwendig Endlichkeit und somit eine
Beschränkung einschließt: Körperlichkeit, ein zeitlicher Beginn (Geburt), Bedürf-
nisse aller Art und so weiter (Xenophanes' Fragmente B14, B15, B16). Schließlich
als dritter Schritt der Versuch einer positiven Benennung göttlicher Eigenschaften,
jedoch mit stetem Verweis darauf, daß diese nur analog aufzufassen sind, also
wiederum im Hinblick auf Gott insofern zu verneinen, als eine „auf Endlichkeit hin-
weisende Komponente mitschwingt"; daher kann von Gott sehr wohl zum Beispiel
ausgesagt werden, „daß er erkennt, aber nicht auf die Weise wie wir das tun,
nämlich schrittweise und in ständiger Offenheit für Korrekturen"[179].

Deshalb ist Xenophanes' Gott auch noch „menschenähnlich in *geistiger* Hinsicht. Er wird als denkendes und 'personales' Wesen gedacht. Sein Gott ist noch
kein θεῖον, noch nicht das göttliche ὄν der späteren Philosophen"[180].

Daß Xenophanes die Identifikation von Gott und „Sein" (oder „All") im Sinne
eines göttlichen ὄντως ὄν vielleicht in gewisser Weise unbewußt und ungewollt
antizipiert haben mag, sie aber keinesfalls für sich selbst bereits vollzogen hat, zeigt
auch das nächste Fragment, das in seinem ursprünglichen Zusammenhang vielleicht
eine Einheit mit den letztzitierten gebildet haben könnte:

„ … sondern ohne Mühe durch eine Regung der Einsicht erschüttert er alles
(ἀλλ' ἀπάνευθε πόνοιο νόου φρενὶ πάντα κραδαίνει)" (DK 21 B25).

Das „Sein" der späteren philosophischen Tradition, das bei den Doxographen
den Gott des Xenophanes vereinnahmt, erschüttert nicht alles „durch eine Regung
seiner Einsicht", zumal der Gebrauch des Wortes νόος im Griechischen ein von
diesem νόος Differentes voraussetzt, dessen man mit Hilfe des Denkens gewahr
wird[181] und das, bringt man die Fragmente B25 und B26 zusammen, also außerhalb
des „Seins" stehen müßte, da der Gott selbst ja unbewegt ist. Nein, hier ist von
einem mächtigsten Willenszentrum, einem Gott die Rede, nicht von einem abstrakt,
belebt, oder wie auch immer gedachten „Sein". Worauf im übrigen ja auch ganz

---

[179] Vgl. B.Weissmahr, Philosophische Gotteslehre, pp.106f.

[180] O.Dreyer, Untersuchungen zum Begriff des Gottgeziemenden in der Antike, p.22.

[181] Vgl. T.Buchheim, Die Vorsokratiker, p.112 (mit interessanten antiken Belegstellen).

stark der Ursprung der Formel νόου φρενί hinweist, was sicherlich im Anschluß an die homerischen Wendungen vom νόει φρεσί (Il.IX,600) und νοέω φρεσί (Il. XXII,235) der Heroen und Götter so formuliert ist. (Auch das Fragment B134 des Empedokles, das sich ohnehin stark an unser Fragment 21 B25 anzulehnen scheint, spricht übrigens von der φρήν des θεῖον).

Das Fragment bietet aber darüber hinaus auch einen weiteren guten Anhaltspunkt, wie Xenophanes die Vorgaben des Mythos kritisierend übersteigt, um dann diese Vorlagen philosophisch zu einer eigenen Gotteslehre weiterzuentfalten. Dazu ist jedoch zunächst eine eingehendere Betrachtung des für das ebengenannte Bruchstück zentralen Ausdrucks νόου φρενί nötig:

Der νόος muß wohl als ein Erkenntnisvorgang angesehen werden, der gleichzeitig ein Absichtselement im Sinne einer aktiven, voluntativen Auseinandersetzung mit der Außenwelt impliziert: Intellekt und Absicht sind für den Griechen, der νόος sagt, offenbar nicht voneinander trennbar. Vielleicht ist „Durchdringung", oder mehr noch: „Planen" oder „Absichtsdenken" hier sogar die bessere Übersetzung für νόος. Bei Homer hat vor allem das Verbum νοεῖν diese „planende" oder „konzeptive" Konnotation. Und das durchaus in Verbindung mit φρήν: „Plane (νόει) nicht solches in deinen φρένες", mahnt Phoenix den Achilleus (Il.IX,600)[182].

Den νόος Gottes ergänzt bei Xenophanes die φρήν; und auch hier wieder dasselbe Wechselspiel zwischen rezeptiver Offenheit für Eindrücke (so insbesondere bei Homer, etwa Il.IXX,121ff) und aktivem Entschluß (zum Beispiel Il.XXIII,176: κακὰ δὲ φρεσὶ μήδετο ἔργα) im Wortgebrauch: vor allem aber wo φρήν im Instrumentalis steht, tritt ihre aktive Kraft hervor[183]. Das νόου φρενί des

---

[182] Daß diese aktive Seite des νόος neben der perzeptiven auch bei Homer auftritt, hat z.B. J.R.Warden herausgearbeitet: „The conceptual distinction has not been made. Feeling and willing, knowing and perceiving are a single complex. Knowledge is affective. Or in the words of a modern psychologist: 'Every idea is not only a state or act of knowing but also a tendency to movement'. ... The development of the sense 'plan' is in part the result of the affective element in Homeric cognition" (The Mind of Zeus, pp.4ff. Ibid. auch die Quellennachweise sowie die homerischen Belegstellen). Nach T.Buchheim, Die Vorsokratiker, p.110, bringt der νοῦς zum einen die Vielfalt einer Lage auf ihren einigenden Nenner und bezieht zum andern – in Gestalt der Sammlung zur Reaktion und Meisterung – die eigene Fähigkeit auf die herrschende Lage zurück". Vgl. dazu auch K.v.Fritz, Die Rolle des ΝΟΥΣ, pp.251ff und 261ff sowie B.Snell, ibid., p.21.

[183] Nahezu alle Übersetzungsvarianten, die N.Marinone zu φρήν angibt, stellen dieses aktive Element heraus; Marinone selbst übersetzt φρήν demgemäß als „facoltà o impulso volitivo". Zu φρήν und νόος sh. auch B.Snell, Der Weg zum Denken und zur Wahrheit, pp.41ff und 53ff. Insbesondere zum φρήν in der vorsokratischen Philosophie vgl. S.D.Sullivan, The Nature of Phren in Empedokles, in: Capasso (Ed.), Studi di filosofia preplatonica, pp.119-136. Darin, daß φρενί in Xenophanes' B25 als instrumentalis zu deuten ist (und nicht etwa als dativus loci, was

Xenophanes will also offenbar besagen, daß das Denken, die geistige Fähigkeit oder Tätigkeit des Gottes erstens Grund für die „Erschütterung" oder „Bewegung" von allem ist (aktives Element), und daß zweitens dieses „Erschüttern" nicht willkürlich geschieht, sondern aufgrund einer Einsicht, einer gedanklichen Durchdringung der Welt (rezeptives Element).

Wenn der Gott des Xenophanes also alles νόου φρενί in Bewegung bringt, so heißt das kaum etwas anderes, als daß Xenophanes in seiner offensichtlichen Weiterentwicklung des homerisch-hesiodischen Zeus gewissermaßen vor die milesische göttliche ἀρχή zum Gedanken eines durch eigenen Willen (insofern wir das intentionale Moment berücksichtigen) welt- und wohl auch schicksallenkenden Gottes zurückfindet. Bei Hesiod (Theog. 836-843) läßt Zeus, nachdem er eine Situation realisiert hat (νοεῖν), die Erde beben. Und auch der homerische Zeus kann alles in Bewegung setzen, und zwar wie Xenophanes' Gott ohne selbst in Bewegung zu geraten; im achten Buch der Ilias fordert er die übermütig gewordenen Olympier zu einer Kraftprobe in einer Art „Tauziehen" heraus, das ihn als den größten der Götter erweisen soll, und sagt dabei:

„Auf, ihr Götter, versucht es, damit ihr es alle erkennt,
Eine goldene Kette befestigt oben am Himmel;
Hängt euch alle daran, ihr Götter und Göttinnen alle:
Dennoch zöget ihr nie vom Himmel herab auf den Boden
Zeus, den Ordner der Welt, wie sehr ihr auch strebtet und ränget!
Aber sobald auch mir im Ernst es gefiele zu ziehen,
Selbst mit der Erde zöge ich euch empor und mit dem Meer,
Und die Kette darauf um das Felsenhaupt des Olymp
Bände ich fest, daß schwebend das Weltall hinge in der Höhe!"[184]

Xenophanes tut also auch in seinen Fragmenten B23 und B25 wieder kaum etwas anderes, als dieses im Mythos vorgegebene und im griechischen Denken allgemein äußerst präsente Bild, das Homer hier zeichnet, ins Rationale zu

---

dem οὖλος von B24 gefährlich widersprechen würde, wie Lesher, Xenophanes, p.108 anmahnt), gehe ich (neben vielen anderen) mit S.M.Darcus, The Phren of the Noos, p.26 überein, und auch in der von ihr erkannten Interaktion von φρήν und νόος (ibid., p.28).

[184] Il.VIII,18ff, Übersetzung im Anschluß an Hans Rupé. Was die Übersetzung hier mit „Weltall" wiedergibt, heißt im Urtext wie in Xenophanes' Fragment B25 τὰ πάντα. Daß und in welcher Hinsicht τὰ πάντα bei Homer tatsächlich den gesamten Kosmos meint, zeigt anschaulich z.B. das von G.S.Kirk herausgegebene Werk „The Iliad. A Commentary" ad loc. im Anschluß an die Deutung der Homerscholien.

übersetzen, auszuarbeiten und philosophisch weiterzuentwickeln: Nicht mit physischer Kraft (die Homer, wie etwa aus Od.VIII,147 ersehbar, noch als am rühmlichsten galt) bewegt sein Gott das Weltganze, sondern „durch seinen tätigen Willen, der von seiner alles durchdringenden Einsicht ausgeht"[185]. Andererseits ist aber der Gott letztendlich identisch mit seinem νόος (denn οὖλος νοεῖ sagt Xenophanes in Fragment B24) und somit wohl durchaus als reine (vielleicht sogar immaterielle) Kausalität zu verstehen[186]: „νόος is mind usurping the identity of its possessor" interpretiert J.R. Warden das Verhältnis von νόος und Gott bei Xenophanes und verweist auf die Wurzeln dieser „Usurpation" bei Homer[187].

– Wenn auch nicht als reine Kausalität im deistischen Sinne des aristotelischen Ersten Bewegers übrigens. Vielmehr glaubt Xenophanes, sein Gott könne durch Bitten und Gebet dazu gebracht werden, sozusagen punktuell und ad hoc kausal ins innerweltliche Geschehen, ja sogar ins menschliche Denken und Bewußtsein einzugreifen, wie Fragment B1 (vv.15f) zeigt. Das Schlüsselwort zum Verständnis göttlichen Wirkens in der Welt ist wohl „κυβερνᾶν" (also „lenken, steuern", vor allem etwa eines Schiffes durch den Steuermann), ein Ausdruck, der in den erhaltenen Xenophanesfragmenten selbst zwar nicht vorkommt, wohl aber etwa bei Pindar und Heraklit: „Der νόος des Zeus lenkt (κυβερνᾶι) die Schicksale der Menschen, die ihm lieb sind" sagt der Dichter, und Heraklit (DK 22 B41) mahnt, „den Gedanken (γνώμη) zu verstehen, der alles auf jede Weise steuert (ἐκυβέρνησε)". Auch Platon überliefert im Philebos (28d) die Ansicht seiner (wie aus 28c zu entnehmen ist: philosophischen) „Vorgänger" vom Weltganzen, nämlich

---

[185] So K.v.Fritz, ibid., p.291 in seiner etwas eigenwillig deutenden, aber sicher sinngemäß richtigen Übersetzung von νόου φρενί. Zum Gedanken des bewegenden νόος und Willen des Gottes vgl. übrigens auch Theognis 142/Bergk: „θεοὶ δὲ κατὰ σφέτερον πάντα τελοῦσι νόον" sowie Semonides 1,1f Bergk: „Der weithin donnernde Zeus hält das Ziel von allem, was ist und richtet es auf welche Weise er will". Wie einflußreich und präsent das Bild der goldenen Kette des Gottes, an der die ganze Welt hängt, bei den antiken Schriftstellern war, zeigt u.a. die Studie P.Lêvêques, Aurea catena Homeri (für unseren Zusammenhang v.a. pp.9ff).

[186] Sh. R.K.Hack, ibid., pp.62ff. S.M.Darcus versucht in ihrem Aufsatz „The Phren of the Noos in Xenophanes" eine Gestalthaftigkeit des xenophanischen Gottes aus der Tatsache abzuleiten, daß νόος und φρήν ursprünglich in der Vorstellung noch ganz an Sinnesorgane gebunden waren. V.a. φρήν, bei Homer noch oft als „Lunge" oder „Zwerchfell" zu verstehen, lasse an eine Kreis- oder Kugelgestalt dieses Gottes denken, wie sie uns in der Doxographie überliefert ist. Dagegen gehe ich hier davon aus, daß bei Xenophanes (wie B24 zeigt) νόος und φρήν bereits als unabhängig von physischen Organen anzusehen sind. Darcus' Interpretation ist allzu gewaltsam und dient eher der Apologie eines offenkundigen doxographischen Fehlers.

[187] J.R.Warden, The Mind of Zeus, pp.7-10.

daß „der νοῦς und eine wunderbare Einsicht es ordne und lenke (διακυβερνᾶν)"[188]. Es liegt daher meines Erachtens unausweichbar nahe, auch bei Xenophanes diesen Gedanken einer göttlichen „Steuerung" der Welt anzunehmen. Denn auch das dem Xenophanes wohlvertraute Weltbild Hesiods kannte ja keine absichtslose Entwicklung, sondern hatte den sich stets durchhaltenden wohlüberlegten Plan des Zeus als Grundlage des Werdens angesetzt. Die Gebetszeile aus Fragment B1,14f kann, so will mir scheinen, nur sinnvoll sein, wenn der xenophanische Gott nicht nur als anfängliche strukturgebende Bewegungsquelle des Alls gesehen wird, sondern vielmehr in Nähe zur mythischen Auffassung des lenkenden Zeus, wie Hesiod und Pindar sie uns vorstellen und wie sie auch Homer durchaus kennt (etwa Il.II,330 und XIX,90) als Gott, dessen Wille sich im Werden der Welt weiterhin durchsetzt wie der Wille des Steuermanns im Kurs des von ihm gelenkten Fahrzeugs.

Der Primat des Denkens, das nach Fragment B25 „alles erschüttert", über die physische Gewalt ist übrigens auch sonst ein Thema bei Xenophanes, etwa wenn er, wie in Fragment B2 gesehen, die höhere Würde und größere Nützlichkeit seiner σοφίη mit der vergleichbar nutzlosen, aber prestigiösen Muskelkraft der Athleten kontrastiert. In B25 wird dem Gott „ein Verstehen und Wirken in einem maximal erweiterten Sinne zugeschrieben"[189], und damit beginnt ein langer Prozeß des Nachdenkens über die göttliche Bewegungsquelle des Kosmos, die schließlich in Aristoteles' Überlegungen zum unbewegten Beweger enden sollte (näheres im entsprechenden Kapitel der vorliegenden Arbeit). Übrigens kann auch der homerische Zeus vieles allein durch seinen Willen, ohne Einsatz physischer Gewalt bewirken: Wenn Zeus „Gewährung nickt mit der Braue", so hat er den zugestimmten Gedanken schon so gut wie in die Tat umgesetzt (zum Beispiel Il.I,524ff, VIII,175 und 245). Guido Calogero hat deshalb die Konjektur κρααίνει zu dem im Fragment B25 in der Form, wie es uns überliefert ist, auftauchenden κραδαίνει vorgeschlagen. Κρααίνειν heißt „vollbringen" oder „in die Tat umsetzen" und ist

---

[188] Dazu auch Warden, ibid., pp.12f. Guthrie, HGPh Bd.I, Anm.1 zu p.382, nimmt an, κραδαίνειν sei bei Xenophanes gleichbedeutend verwendet wie κυβερνᾶν bei Anaximander und später Diogenes von Apollonia. Leider führt Guthrie keine philologische Stütze für diese Vermutung an.

[189] J.Mansfeld, Vorsokr., Anm.1 zu p.210. Durchaus zulässig und interessant scheint mir der Vergleich mit Anaxagoras' weltlenkendem Nous zu sein, dem „Selbstherrscher" (αὐτοκρατές), der nach DK 59 B12 „von allem alle Kenntnis und größte Kraft hat", also der Größte ist, weil er der Mächtigste ist, und der Mächtigste, weil er allumfassende Erkenntnis hat. Anklänge an Xenophanes sind hier m.E. unüberhörbar: vgl. dazu auch J.H.Lesher, Mind's Knowledge and Powers of Control in Anaxagoras DK B12, Anm.7 zu p.127.

so auch bei Homer (etwa Il.I,41 und 504, V,508 oder Od.V,170) verwendet und dem νοεῖν, dem „Absichtsdenken" als dessen Durchführung komplementierend gegenübergestellt. Auch im Fragment B111 des Empedokles (also in unmittelbarer zeitlicher Nähe zu Xenophanes) kommt das Verb κραίνειν / κρααίνειν in dieser Verwendung von „etwas erfüllen" oder „vom Wort in die Tat umsetzen" vor: μούνωι σοὶ ἐγὼ κρανέω τάδε πάντα. Darin, daß bei Xenophanes diese Entgegenstellung von νοεῖν und κρααίνειν in Gott aufgehoben ist und entfällt, erkennt Calogero aktive xenophanische Homerkritik; seine Konjektur ließe sich mithin genauso gut als Verarbeitung homerischer Vorgaben interpretieren wie das „Erschüttern" der Erde durch Zeus, auf das die konventionelle Leseweise κραδαίνει anspielen würde. Als Stütze seiner Interpretation führt Calogero auch die Verse 91-103 aus Aischylos „Schutzflehenden" an, die (darin kann man Calogero wohl recht geben) wahrscheinlich auf das Fragment B25 des Xenophanes Bezug nehmen und die folgendermaßen lauten:

> „Vorstürzt siegend und nicht in den Staub, wenn sie gereift in Zeus' Haupt, die
> Tat der Vollendung (κρανθῇ πρᾶγμα τέλειον);
> Denn hinzieht sich versteckt
> Seines Willens Pfad, rings schattendicht, zu erschaun unmöglich.
> Hinabgestürzt hoch von hochgetürmten Hoffnungen der Menschenwahn.
> Gewalt wappnet nimmer niemand
> Ungestraft den Ewigen hoch
> Droben; ein Gedanke schon, ein Blick,
> Dort von den heiligen Thronen kann alles zumal vernichten."[190]

Zentraler Gedanke ist auch hier das Umsetzen des göttlichen Willens in die Tat, wofür Aischylos in v.92 (und ähnlich später nochmals in v.596) κράνω, eine Spielart von κρααίνειν verwendet, und in v.102 ἐκπράττειν, was ebenfalls als Synonym zu κρααίνειν gelten kann.

Bleibt zu klären, wie es Calogero zufolge zur Verformung des ursprünglichen κρααίνει zu κραδαίνει in DK 21 B25 kommen konnte? Calogero mutmaßt hier zwei Gründe: Simplicius, bei dem das Fragment überliefert ist, hatte erstens Homers durch Zeus' Nicken verursachtes Beben des Olymp aus Il.I,530 im Kopf, und zweitens war ihm der Ausdruck κραδαίνειν geläufig, der zu seiner Zeit noch

---

[190] Nach der Übersezung von J.G.Droysen.

als terminus technicus für seismische Bewegungen Verwendung fand; das archaische κρα(α)ινειν hingegen war im Sprachgebrauch bereits ausgestorben[191].

Die Konjektur Calogeros ist sicherlich interessant und seine Beobachtungen liegen ganz auf der Linie dessen, was in der vorliegenden Untersuchung bisher zu Xenophanes' Theologie, ihren Quellen und Absichten erarbeitet werden konnte. Ich möchte also alles in allem *dem Geist* von Calogeros Interpretation und Korrekturvorschlag folgen; denn ob Xenophanes selbst nun „κραδαίνει" oder „κρααίνει" gedichtet hat, fest steht, daß er letzten Endes ausdrücken wollte, daß der νόος des Gottes sich als in allem mit Absicht bewegend und also gemäß einem göttlichen Plan wirksam erweist[192].

Der göttliche νοῦς wird somit bei Xenophanes zum sich durchhaltenden Einheitsgrund des Werdens und Weltgeschehens, zur Grundlage des ἐόν[193]. Der Gedanke des hinter den ὄντα sich verbergenden immateriellen Einen, das das All strukturiert, tritt zuerst für uns faßbar bei Xenophanes in seiner Rede vom νοῦς zu Tage, er liefert das erste greifbare Direktzitat eines Philosophen, das den Weltgrund nicht im Stofflichen sucht (wie die Milesier), und Heraklit und Parmenides werden, indem sie ihm darin folgen, diesen Gedanken unwiderrufbar für den weiteren Gang der griechischen Philosophiegeschichte sanktionieren.

Ein abschließendes Kuriosum möchte ich in diesem Kontext nicht unerwähnt lassen: das Wort νόος könnte unter Umständen mit νεύειν in etymologischem Zu-

---

[191] G. Calogero hat seine in den dreißiger Jahren erstmals veröffentlichte These im Laufe der Zeit immer wieder neu vorgestellt, zuletzt in dem überarbeiteten Aufsatz „Senofane, Eschilo e l'onnipotenza di Dio" in seinen „Scritti minori di filosofia antica" (insbes. pp.35ff und 47ff), den ich hier vor allem zu Rate ziehe, weil er auch auf Kritiken zu seiner Konjektur eingeht. So z.B. pp.36ff, wo eine längere semantische und metrische Untersuchung die Konjektur κρααίνει mit Verweis auf einige Nebenformen des Verbs stützt. Auch E.Heitsch, Xenophanes, pp.143ff steht Calogeros Konjektur anscheinend nicht von vornherein ablehnend gegenüber. Zur Kritik an Calogero vgl. z.B. M.Untersteiner, Senofane, pp.CLXIXff sowie D.Babut, Sur la 'théologie' de Xénophane, pp.418ff, die beide die lectio difficilior κραδαίνει verteidigen.

[192] Auch deshalb ist jedenfalls die Konjektur Calogeros der diametral entgegengesetzten Verständnisvariante F.M.Cornfords (Principium Sapientiae, p.147), J.H.Leshers (Xenophanes, p.107) und M.Untersteiners (Senofane, p.LXXIV) vorzuziehen, die das κραδαίνει tatsächlich nur als weitgehend ziel- und grundloses seismisches Erschüttern verstehen und diesem göttlichen Bewegen jedes Ordnungsvorhaben und jede Absicht absprechen wollen. Dagegen wird unsere Interpretation insbesondere des Fragments B1 im Anschluß an unser Verständnis des νόου φρενί bei Xenophanes zeigen, daß der Gott des Xenophanes nicht nur planend in die Natur eingreift, sondern darüber hinaus auch ordnend und leitend sogar in das menschliche Bewußtsein.

[193] Vgl. dazu auch B.Wisniewski, La philosophie de Xénophane. Er sieht im νόος des Xenophanes eine „raison universelle" der Welt und weist auf die Parallelen zu Heraklits Logosspekulation hin. Näheres sh. im entsprechenden Kapitel zu Heraklits Xenophanesrezeption.

sammenhang stehen, was nichts anderes heißt als „nicken"[194]. Handle es sich nun hierbei um eine gültige Etymologie oder nicht, es will jedenfalls scheinen, als sei die explizite Willenserklärung, die sich beim homerischen Zeus durch gewährendes Nicken kundtut, das ja alleserschütternde Macht hat (Il.I,530), bei Xenophanes zur allesvollbringenden Einsicht des Gottes geworden.

Pantheismus?

Der – in Ciceros Worten – deus neque natus umquam et sempiternus des Xenophanes nimmt also offenbar aktiv am Weltgeschehen teil. Doch auf welche Weise?

Aristoteles gibt eine Antwort, indem er Gott und materielle Welt bei Xenophanes identifiziert sieht: (Ξενοφάνης) ... εἰς τὸν ὅλον οὐρανὸν ἀποβλέψας τὸ ἕν εἶναί φησι τὸν θεόν (Met.986b 9ff)[195]. Aristoteles hatte offenbar beobachtet, daß sich Xenophanes' Kosmologie stärker als die der Milesier an die konkreten Erscheinungen hielt und vielleicht daraus seine Auslegungsvariante konstruiert (die

---

[194] K.v.Fritz, ibid., p.273 und H.Frisks Griechisches Etymologisches Wörterbuch verwerfen diese Möglichkeit, obwohl diese Etymologie nach von Fritz immerhin auch „ernsthafte Betrachtung" verdient. Eine ganz andere Etymologie des Wortes νόος gibt z.B. W.Schadewaldt, Die Anfänge der Philosophie bei den Griechen, pp.163f. Übrigens scheint es mir, wissenschaftliche Etymologie hin oder her, doch so zu sein, daß Xenophanes mit den Begriffen eine Art „suggestiver Etymologie" betreibt, die beim Hörer das homerische νεῦμα unbewußt evozieren soll, wenn er hier von der erschütternden Kraft des göttlichen νόος hört. (Ähnliches nehme ich auch für das Anlauten von κραδαίνειν an κρααίνειν in Fragment B25 an, was Calogeros Konjektur dann vielleicht wirklich obsolet machen würde; auch das ἠέλιος ὑπεριέμενος aus Fragment B31 scheint doch ganz stark auf das epische Helios-Epitheton Ὑπερίων hinzuweisen und somit ebenfalls auf die Freude des Kolophoniers an sprachlicher oder auch nur phonetischer Anspielung auf bekanntes episches Wortgut und seinen Gebrauch). Xenophanes wäre ein schlechter Dichter (zumal ein schlechter satirischer Dichter) gewesen, hätte er dieses Anlauten des einen Ausdrucks an den anderen nicht für seine Zwecke verwendet.

[195] Daß Aristoteles mit dem „Einen" hier das Universum, also das „All-Eine" meint, ergibt sich aus Met. 986b 10 (περὶ τοῦ παντὸς ὡς μιᾶς οὔσης φύσεως ἀπεφήναντο); auch der οὐρανός (hier noch durch ὅλος verstärkt!) kann an dieser Stelle wie in anderen philosophischen Texten auch (sh. Platons Timaios 32b oder Politikos 269d sowie bei Aristoteles selbst z.B. De caelo 278b und Met. 990a) wohl plausiblerweise nur das All meinen: πᾶς οὐρανὸς ἢ κόσμος (Timaios 28b). Sh. dazu auch M.Untersteiners Deutung als „l'intero universo" (ibid., p.XLV). Vielleicht war οὐρανός die urprüngliche Bezeichnung für das All, die dann (unter pythagoreischem Einfluß?) zugunsten von κόσμος verdrängt wurde: vgl. Taylor, A commentary to Plato's Timaeus, p.65 zu Tim.28b. Noch Xenophon kennt die Bezeichnung „Kosmos" eher als Fachterminus der Philosophen: „Der – von den Wissenschaftlern so genannte – 'κόσμος'" (Mem.I,1,11).

moderne Interpreten übrigens mitunter teilen[196]), Xenophanes habe, während die Milesier den Kosmos aus einer Ur-Sache entstehen ließen, die sie für göttlich erklärten, den Kosmos selbst, die Summe aller konkreten Erscheinungen, hinter die er in seiner Kosmogonie nicht mehr nach einem weiteren materiellen Grund fragend zurückgeht, göttlich gemacht.

Im Anschluß an Aristoteles haben die meisten Interpreten geglaubt, Xenophanes habe in einem mehr oder weniger streng durchgeführten Pantheismus Gott und Welt gleichgesetzt; doch spricht viel dafür, daß es sich hierbei um eine doxographische verfälschende Interpretation der ursprünglichen xenophanischen Standpunkte handeln muß[197]. Xenophanes, so darf man annehmen, war kein Pantheist, was auch sein Angriff gegen die Vergöttlichung der Naturerscheinungen nahelegt (siehe oben Fragment B32). Es kann aber immerhin festgestellt werden, daß Xenophanes seinen „einen", unsichtbaren und bewegungslosen Gott der sichtbaren Welt, deren Werden auf zwei ἀρχαί und die Bewegung zwischen diesen beiden Polen zurückgeht, bewußt entgegensetzt[198]. Andererseits ist aus den Fragmenten auch nicht eindeutig beweisbar, daß Xenophanes zwischen außerweltlichem Gott und greifbarem Kosmos einen klar scheidenden Einschnitt oder „Sprung" sieht.

Was den heutigen Betrachter bei der Untersuchung griechischer Theologie immer wieder und oft vorschnell einen Pantheismus vermuten läßt, ist die Verwendung von „Gott", θεός als Prädikatsbegriff im Griechischen: Während die uns noch eher gewohnte jüdisch-christliche Theologie ihre Gottesbestimmungen nach dem Schema „Gott ist dies oder jenes oder so oder so" trifft, sagt der Grieche stets „dies oder jenes ist Gott"[199] – bekannt etwa aus Euripides' „auch das Wiedersehen

---

[196] So z.B. Guthrie, HGPh Bd.I, p.383.

[197] Vgl. H.F.Cherniss, Aristotle's Criticism of Presocratic Philosophy, Anm.15 auf p.220. Desweiteren z.B. H.Schwabl, ibid., 1525, der sich mit Jaeger, Lumpe und Reinhardt gegen die Annahme einer Identifizierung von Gott und Welt bei Xenophanes wendet, wie sie z.B. Zeller, Burnet, Deichgräber und Nestle vortragen. Die entgegengesetzte Ansicht eines Pantheismus oder Panentheismus bei Xenophanes hat mitunter seltsame Blüten getrieben. So identifiziert B.Wisniewski, La concepcion de Dieu chez Xénophane, den Gott des Xenophanes im Anschluß an MXG 997b1 als „l'être-dieu" und erklärt sich das Auftreten weiterer Götter damit, daß der (oder das?) être-dieu „par suite s'infiltre dans les choses réelles ... . On pourrait donc interpréter oἱ θεοί comme un dieu reparti parmi une infinité des choses et objets réels" (p.101) - eine Interpretation, die dem xenophanischen Fragment B32 diametral entgegensteht.

[198] So S.Zeppi, Intorno als pensiero di Senofane, passim. Ähnlich KRS p.172.

[199] Vgl. K.Kerényi, Antike Religion, pp.195f und 210f (dort auch einige der prominentesten antiken Belege für die prädikative Verwendung von θεός). In diesem Zusammenhang fällt bei Kerényi auch der Hinweis, daß es im Griechischen keinen Vokativ für θεός gibt (erst im Neuen Testament taucht die Form θέε auf); bei der Anrufung Gottes muß immer dessen Eigennamen

ist ein Gott" (Helena 560) oder Sophokles' „gute *phronesis* ist eine große Gottheit" (Fragment 922). Doch ist gerade in den Direktfragmenten des Xenophanes nirgends die prädikative Verwendung von θεός vorzufinden. Im Gegenteil scheint Xenophanes in seiner Ablehnung der Vergöttlichung der Naturerscheinungen (wie in Fragment B32) dem gängigen „x ist Gott"-Schema doch kategorisch zu widersprechen. In denselben Rahmen gehört auch, daß (obwohl Xenophanes der erste Philosoph ist, in dessen Direktfragmenten sich das Wort θεός findet) das Adjektiv θεῖος, mit dessen Hilfe von einem Subjekt, einem Ding oder sogar einem Zustand Göttlichkeit ausgesagt werden könnte, und das in unmittelbarar zeitlicher Nähe zu Xenophanes' Gedichten bei Heraklit auftaucht, bei dem Kolophonier nirgends verwendet wird.

Wer dem Xenophanes im Anschluß an die hellenistischen Doxographen einen streng durchgeführten Pantheismus anhängen will, muß sich aber letztlich auch noch folgender Anfrage stellen: Wie läßt sich zusammen denken, daß nach Xenophanes

(1) Gott selbst unbewegt ist (B26: ἐν ταὐτῷ μίμνει κινούμενος οὐδέν)

(2) Gott alles bewegt (B25: πάντα κραδαίνει)

und

(3) Gott selbst alles (τὰ πάντα[200] oder das ἕν-πάντα im Anschluß an Aristoteles' Formulierung ὅλος οὐρανός) sein soll.

Alles, also: der „Gott" wäre dann gleichzeitig bewegt und unbewegt, ein Widerspruch, der dem Xenophanes eigentlich selbst aufgefallen sein müßte. Wie Guthrie[201] bemerkt hat, hilft es auch nichts, wenn man „Bewegung", κίνησις für diesen Zusammenhang in Lokomotion und Werden unterscheidet: Die Unterscheidung ist in der voraristotelischen Philosophie nirgends belegt; außerdem schließen Xenophanes' Direktfragmente ohnehin beide Arten der κίνησις im Göttlichen aus: Werden (21 B14) genauso wie Ortsbewegung (B26). Mindestens eine der drei Aussagen also muß zugunsten der anderen beiden als falsch ausscheiden, und es dürfte nicht so abwegig sein, hier weder auf (1) noch auf (2), die xeno-

---

gebraucht werden. Es wäre daher interessant und für die xenophanische Theologie aufschlußreich zu erfahren, wie Xenophanes seinen namenlosen Gott angerufen haben mag.

[200] So in A31,28: τὸ γὰρ ἓν καὶ πᾶν τὸν θεὸν ἔλεγεν, in A34: unum esse omnia ... et id esse deum; oder in A35: δογματίσαντα δὲ μόνον τὸ εἶναι πάντα ἓν καὶ τοῦτο ὑπάρχειν θεόν.

[201] HGPh Bd.I, pp.381ff. Auch bliebe das Problem trotzdem weiterbestehen, wie Aristoteles (Phys.257b) zeigt.

phanische Direktzitate darstellen, sondern auf (3) zu verzichten[202], was ja lediglich spätere Interpretation und erweiternde Umdeutung ist im Anschluß an Aristoteles' Bemerkung, „Xenophanes habe zum Himmelsgewölbe aufgeblickt und erklärt, das All-Eine sei Gott". Auch im Hinblick auf die oben angesprochene Verwendung des Gottesbegriffs bei Xenophanes darf übrigens ein leiser, aber bestimmter Zweifel an der Glaubwürdigkeit dieser Aristotelesstelle geäußert werden: sie folgt genau dem „x ist Gott"-Schema, das die xenophanischen Direktfragmente insgesamt so tunlichst zu vermeiden scheinen. Schließlich war in Zusammenhang mit Fragment B25 bereits davon die Rede, daß der νοῦς im Griechischen auf ein ihm differentes Gegenüber verweist, auf das er sich beziehen kann[203]. Wenn der Gott aber kraft seines νοῦς bewegt, selbst ganz νοῦς ist (οὖλος νοεῖ) und endlich auch selbst noch unbewegt sein soll, so bleibt wohl keine Möglichkeit mehr für die Annahme eines Pantheismus bei Xenophanes.

Ich schließe mich also der Meinung an, daß „Xenophanes' god, like Aristotle's Unmoved Mover, must be spatially outside the πάντα, the more so as he is immobile and the πάντα moving"[204]. Auch Hermann Fränkel zeigt, daß das „Aufblicken zum Himmel" des Xenophanes aristotelische Interpolation sein muß und ersieht aus DK 21 A31, daß noch Theophrast keine xenophanische Identifikation von Gott und τὰ πάντα, dem All nachweisen kann, sondern daß dieser Pantheismus der theophrastischen Tradition „durch konstruktive Umdeutung zugeschoben wurde"[205]. Fränkel stellt abschließend fest: „Xenophanes hat aus Frömmigkeit, um

---

[202] Der Widerspruch ist leider nur verhältnismäßig wenigen Xenophanesexperten aufgefallen. Als Ausnahme neben KRS (p.172) darf hier W.Röd gelten, der ibid., p.79 ein ähnliches Argument anlauten läßt. Ebenso W.Bröcker, Die Philosophie vor Sokrates, p.82f, O.Gigon, ibid., p.184, und M.C.Stokes, One and Many, p.75. Schließlich stellt auch noch H.A.T. Reiche, Empirical Aspects of Xenophanes' Theology, p.89, fest, es bestehe eine „unresolved contradiction between Aristotle's claim that the moving ὅλος οὐρανός served Xenophanes as the model of his theology and the clear fact that Xenophanes conceived of that God as immobile". Vielleicht hatte sich der Widerspruch auch schon antiken Interpreten aufgedrängt: Dies mag der Grund sein, warum MXG (977b 9/10) den Gott des Xenophanes explizit gleichzeitig bewegt und unbewegt nennen muß.

[203] Ganz eindeutig ist diese Tatsache bei Anaxagoras zu greifen: Bei ihm ist der weltlenkende νοῦς gänzlich getrennt von und unvermischt mit den Dingen (vgl. DK 59 B12 sowie die Untersuchung bei T.Buchheim, Die Vorsokratiker, v.a. p.214 und J.H.Lesher, Mind's Knowledge and Powers of Control in Anaxagoras B12).

[204] H.A.T. Reiche, ibid., p.87.

[205] In DK 21 A31,26ff sieht sich Simplicius, der die These der Identifikation von Gott und Sein bei Xenophanes vertritt, gezwungen, folgendes einzugestehen: Theophrast gab zu, daß Xenophanes' Untersuchung über das Eine (also über Gott, wenn man Simplicius Vorgaben folgt)

Gott erdenrein zu machen, ihn aus der Welt herausgedrängt. Dafür hat er auch, aus ebenso entschiedner Weltlichkeit, unsere Welt von jeder Transzendenz frei gemacht"[206], was einen bemerkenswerten Grundzug der xenophanischen Kosmologie ausmachen würde, die so mit Xenophanes' theologischen Interessen ineinandergreift.

Ein letztes Indiz – leider schwerlich mehr als ein Indiz – gegen die Annahme eines Pantheismus bei Xenophanes übernehme ich dann noch dankbar von Egon Friedell: Pantheistisch gedachte Gottheiten haben für gewöhnlich keine sittlichen Eigenschaften; sie sind moralisch indifferent wie das Naturganze, mit dem sie gleichgesetzt werden. Gerade die ethische Komponente zeichnet aber den Gott des Xenophanes aus, der ja sozusagen als sittlicher Gegenentwurf zu den unsittlichen Göttern des Mythos gedacht war. Es dürfte wohl tatsächlich einiges dafür sprechen, daß ein Gottesbild, das aus dem θεοπρεπές-Gedanken und der Feststellung, was dem Gott nach menschlichen Maßstäben ansteht und was nicht, erwachsen ist, kaum mit der Vorstellung, dieser Gott sei im Grunde genommen nur eine andere Bezeichnung für den „gesamten Himmel" oder die Natur als ganze, zusammenpaßt[207].

Wenn auch eine pantheistische Interpretation des Xenophanes also unhaltbar ist, so muß man sich doch auf der anderen Seite in aller Ehrlichkeit mit der Feststellung begnügen, daß Xenophanes das Verhältnis von Gott und Welt weitgehend offenläßt[208]. Kein erhaltenes Direktfragment gibt dazu eine klärende Stellungnahme und wir können der falschen Pantheismusthese keinen positiven, durch ein Direktfragment gestützten Alternativentwurf entgegensetzen, der über das allgemeine Bewegen νόου φρενί hinausgeht. Die ja auch für die Erkenntniskritik des Kolophoniers grundlegende xenophanische Verwerfung der Mantik[209] könnte allerdings als weiteres Indiz dafür herhalten, daß der Philosoph

---

sei eine andere als die über die Natur: φησιν ὁ Θεόφραστος ὁμολογῶν ἑτέρας εἶναι μᾶλλον ἢ τῆς περὶ φύσεως ἱστορίας τὴν μνήμην τῆς τούτου δόξης.

[206] H.Fränkel, Dichtung und Philosophie des frühen Griechentums, p.382 Anm.18 und p.383. Ähnlich schon früher K.Reinhardt, Parmenides, p.116.

[207] Den grundlegenden Gedanken für diese These entnehme ich E.Friedell, Kulturgeschichte Ägyptens, p.297, wo sie sich allerdings in ganz anderem Zusammenhang, nämlich bei der Besprechung des vermutlichen Gottesbildes Echnatons, findet.

[208] J.Mansfeld bemerkt ibid., p.210 dazu: „Die alte Streitfrage, ob wir uns diesen Gott identisch mit der Welt zu denken haben, erscheint mir im Hinblick darauf, daß es sich hier durchaus um eine negative Theologie handelt, als unfruchtbar". Vgl. den ähnlichen Schluß in KRS p.172.

[209] Sollte „Mantik" tatsächlich mit μαίνομαι, also „rasen", „schwärmen", „wahnsinnig sein" o.ä. in etymologischem Zusammenhang stehen, so wird auch klar, warum Xenophanes in seinem

die göttliche Einflußnahme in innerweltliche Angelegenheiten für menschlich unergründbar hielt[210]. Zur Beurteilung von Sinn oder Unsinn des Orakelwesens mag Xenophanes auch die berühmte Iliasstelle XII,243 (εἷς οἰωνὸς ἄριστος, ἀμύνεσθαι περὶ πάτρης) angeregt haben. Außer Xenophanes selbst halten übrigens auch Hekataios, Alkmaion und zahlreiche andere Wissenschaftler menschliche

---

Selbstverständnis als Philosoph (die meisten anderen antiken Philosophen folgen ihm allerdings darin nicht – prominente Ausnahmen sind allein Cicero und Epikur) die Mantik ablehnt: Die Abkehr des philosophischen Denkens vom inspirierten, rasenden, gottgebeutelten Erkenntnisweg der Dichter und Seher hin zum rationalen, jederzeit nachvollziehbaren und streng begründend verfahrenden Vernunftgebrauch des wissenschaftlichen Denkens läßt für den Kolophonier keine Toleranz mehr gegenüber dem mantischen Anspruch des „rasenden" Erkenntnisgewinns zu. Zum Verhältnis Philosoph-Mantis insgesamt sh. F.Pfeffer, Studien zur Mantik in der Philosophie der Antike.

[210] Vgl. dazu neben DK 21 B52, sehr beachtenswert, K.Jaspers, Xenophanes, in: Die großen Philosophen (Nachlaß Bd.I), p.17, und H.Schwabl, ibid. Eine Konjektur A.Lebedevs („A new Fragment of Xenophanes," in: Studi di Filosofia Preplatonica, pp.13-15; vgl. dazu G.Giangrande, On Hexameters ascribed to Xenophanes, und D.Sider, Rezension zu J.H.Leshers „Xenophanes of Colophon" in AJP 115, pp.458f) scheint in neuerer Zeit der Pantheismusthese neuen Auftrieb geben zu können: Lebedev mutmaßt, das folgende Fragment „ignoti poetae" aus dem De-anima-Kommentar des Johannes Philoponus (188.26 in der Standardausgabe Vitellis,, in Gentili/Pratos „Poetae eligiaci" auf p.145 als „dubium" des Kolophoniers geführt) müßte in Wirklichkeit Xenophanes zugeschrieben werden:

πάντα θεοῦ πλήρη, πάντῃ δέ οἵ εἰσιν ἀκουαί·
καὶ διὰ πετράων καὶ ἀνὰ χθόνα καί τε δι᾽ αὐτοῦ
ἀνέρος ὅττι κέκευθεν ἐνὶ στήθεσσι νόημα.

(„Alles ist voll vom Gott [von Göttern] und sein [ihr] Gehör ist überall:
Durch Felsen hindurch und über die Erde dahin und durch den Mann selbst,
welchen Gedanken auch immer er in der Brust verbirgt").

Lebedev will hier eine typisch xenophanisch-pantheistische Kritik (auch Stil und Vokabular seien typisch xenophanisch) verfehlter polytheistischer Vorstellungen erkennen und eine polemische Korrektur des thalesischen πάντα πλήρη θεῶν. Ich möchte dazu anmerken, daß aber weder die recht allgemein gehaltene Wortwahl des Bruchstücks unmißverständlich auf xenophanischen Stil hinzuweisen in der Lage, noch Lebedevs Lesart θεοῦ für θεῶν (wie bei Vitelli und den meisten anderen) unumstritten ist. Doch selbst wenn das Bruchstück dem Xenophanes zweifelsfrei zugeordnet werden könnte, wäre die Annahme eines Pantheismus daraus noch immer nicht zwingend abzuleiten. Wie die πάντα-πλήρη-Aussage zu verstehen ist, wird nämlich im Fragment anschließend genau ausgeführt: Gott (oder die Götter) *erfährt* alles, sein *Wissen* (sein „Hören") von den Dingen ist universal und reicht überall hin, was gegenüber den (richtig gedeuteten) Aussagen der Fragmente B24 und 25 nicht viel Neues erbringt. Hier ist nicht von einer Identifikation von Gott und All die Rede, sondern von der geistigen Omnipräsenz des Göttlichen in der Welt, wie sie ja auch die christliche Theologie kennt, ohne gleichzeitig in einen Pantheismus zu verfallen: vgl. Augustinus' Conf. I,2 und I,3.

Einsicht in göttliches Wissen für unmöglich. (E.R. Dodds sieht immerhin auch DK 22 A16 und 22 B89 als Zeichen dafür, daß Heraklit der gebräuchlichen Traumdeutung zumindest den Anspruch objektiver Gültigkeit abspricht). Doch nur Xenophanes lehnt das Orakelwesen seiner Zeit wirklich radikal und in toto ab. Ich glaube nicht falsch in der Annahme zu gehen, daß neben dem gereinigten Gottesbegriff ein zweiter, biographischer Faktor für die xenophanische Ablehnung der Mantik angeführt werden kann, der für Xenophanes durchaus typisch wäre: Seine Heimat Kolophon wurde mit drei prominenten Sehern der Sage in enge Verbindung gebracht, Teiresias, Kalchas und Mopsos, soll die Grabstätten der beiden erstgenannten geborgen haben, und des letzteren Heimat gewesen sein. Sicherlich reagiert Xenophanes auch hier wieder auf die Glaubensvorstellungen seiner (hier: unmittelbaren) Mitbürger, denn es ist auf diesem Hintergrund anzunehmen, daß in Kolophon Sehertum (insbesondere wegen des nahegelegenen Orakelheiligtums des Apollon von Klaros) und Mantik blühten, und deren mitunter mißbräuchliche Praktiken den Xenophanes zum Widerspruch reizen mußten. Übrigens geriet der Glaube an mantischen Wissensgewinn um die Wende vom sechsten zum fünften Jahrhundert ohnehin in eine erste ernstzunehmende Krise[211].

Das Problem der inneren Beziehung von Gott und Welt stellte sich dem Xenophanes unserer Quellenlage nach also augenscheinlich noch nicht als sinnvoll beantwortbares. Es ist offenbar, so wurde bereits festgestellt, an eine Art von geistigem Regieren oder „Steuern" (κυβέρνησις) zu denken. Wie man sich dieses allerdings näherhin vorzustellen und welche Ziele und unmittelbaren Folgen es hat, bleibt weitestgehend unbeantwortet. Wie soll auch ein Gott, dessen Denken, Wirken und Sein eine Einheit bilden, und dessen Wille dem Menschen offensichtlich unerschließbar ist, in seinem Verhältnis zur Welt erklärbar sein? Noch über ein halbes Jahrtausend später haben christliche Theologen ähnlich lautende Anfragen unbeantwortet lassen müssen.

Wolfgang Schadewaldt hat in seinen Überlegungen über das Verhältnis der Griechen zur Welt die griechischen Denker als „Kosmoplasten" bezeichnet[212]. Mit gleichem Recht könnte man die griechische Theologie im allgemeinen „theoplastisch" nennen. Es dürfte wohl keinen griechischen Denker gegeben haben, Xenophanes vielleicht eingeschlossen, der nicht geglaubt hat, daß die plastische Fixierung des Göttlichen auf dem „Umweg" über das Schöne auch die Macht,

---

[211] Sh. dazu v.a. H.A.Shapiro, Oracle-mongers in Peisistratid Athens. Zur Geschichte der Divinisationskritik in der Antike generell auch L.Couloubaritis, L'art divinatoire et la question de la verité, E.R.Dodds, ibid., p.118, sowie A.Bernabé Pajares, ibid., pp.194 und 198f.

[212] Sh. W.Schadewaldt, Das Welt-Modell der Griechen, pp.601ff.

Souveränität und Heiligkeit der Gottheit darstellen kann[213]. Die bildenden Künstler Griechenlands hatten daher zur Zeit des Xenophanes geradezu priesterlichen Status und Charakter, und unterstanden nicht selten der Erziehungs- und Supervisionsgewalt Delphis oder anderer „Zentralheiligtümer", die die theologischen Normen für die Götterdarstellungen festsetzten.

Wogegen sich Xenophanes gewandt hatte, war ja die in jedem auch noch so gelungen erscheinenden Gottesabbild lauernde Gefahr, durch anthropomorphe Gottesdarstellungen die menschlichen Fehler und Unzulänglichkeiten in den göttlichen Bereich hineinzutragen. Die Überhöhung *positiver* menschlicher Eigenschaften in den Göttervorstellungen dürfte Xenophanes in seinem vorwiegend ethischen Ansatz (den ja unter anderem B12 und B1,15f belegen) hingegen kaum gestört haben. Daher läßt er seinen Gott auch in einer den herkömmlichen anthropomorphen Darstellungsversuchen analogen Weise denken und sehen und planen und lenken. Eben der theoplastischen Neigung des griechischen Denkens wegen konnten spätere Doxographen auch nicht glauben, Xenophanes habe seinen Gott vollkommen amorph gedacht. Das mag richtig sein[214]; insbesondere wenn man die Andeutung des Fragments B23 „οὔτι δέμας θνητοῖσι ὁμοίιος" im engeren Sinne versteht, muß man wohl davon ausgehen, Xenophanes' Gott habe eine Gestalt, δέμας, und diese werde hier mit der der Menschen kontrastiert. Denkbar und in Anbetracht des Fragments B24 durchaus plausibel wäre aber auch die Interpretationsvariante, Xenophanes wolle in diesem Nebensatz lediglich auf die Unmöglichkeit hinweisen, sich Gott irgendwie auf der Grundlage menschlicher Erfahrungswelt vorzustellen (so Heitsch) – ob Gott ein δέμας, einen „Körperbau" habe oder nicht, sei damit noch nicht entschieden.

---

[213] Weshalb die griechischen Kultbilder auch immer eher Prunkstücke, ἀγάλματα als Gottesoffenbarungen waren (sh. W.Burkert, Griechische Religion, p.288). Vgl. auch E.Heitsch, Xenophanes, p.147. Das Bilderverbot in der hebräischen Bibel entspringt einem dem griechischen Denken vollkommen fremden Empfinden: der jüdische Theologe begnügt sich nahezu ausschließlich mit dem *Hören* von Gott. Daher beginnt das „Credo" Israels mit der Aufforderung zum Hören (Deuteronomium 6,4ff); ganz anders, wie bereits im Verlauf der vorliegenden Arbeit wiederholt erwähnt, der griechische Mensch: ihm kommt es vor allem auf das Sehen an, um zu begreifen und zu glauben. Das „Sehen Gottes" als Glaubwürdigkeitszeugnis kommt dann auch erst in neotestamentarischer Zeit, und wohl kaum ohne griechischen Einfluß, im jüdisch-christlichen Denken auf: „...und wir haben Seine Herrlichkeit gesehen" (Joh 1,14) etc.

[214] Um so mehr, als auch z.B. Anaxagoras den weltformenden Nous offenbar noch als etwas Stoffliches ansah (vgl. DK 59 B12). Auch W.Jaeger geht davon aus, daß es keinen griechischen Denker gegeben hat, Xenophanes eingeschlossen, der nicht zumindest die Frage nach der μορφή des Göttlichen gestellt hat: Sh. „Die Theologie der frühen griechischen Denker", p.56.

190

Falsch ist aber sicherlich die Ansicht dieser Doxographen, Xenophanes habe sich seinen Gott „kugelförmig" (σφαιροειδής) vorgestellt. Dieser doxographischen Mißinterpretation liegen wahrscheinlich gleich mehrere falsche Prämissen zugrunde: War der xenophanische Gott vollkommen, so lag es nahe, ihn in der Gestalt einer Kugel mit ihrer perfekten Symmetrie und gleichmäßigen Zentrumsbezogenheit zu sehen, ähnlich also wie die Eleaten das Bild der Kugel in ihrer Rede vom „Einen" verwendeten. Vielleicht spielt hier aber auch noch die Vorstellung des sich kreisrund um die Erde schließenden Okeanos des mythologischen Weltbilds hinein[215]. Dazu kommt noch, daß das doxographische Schrifttum ja dem Xenophanes einen philosophischen Pantheismus unterschieben will: sind aber die Welt und das Himmelsgewölbe (der ὅλος οὐρανός) nach kanonisiertem Erkenntnisstand kugelförmig, so ist es wohl auch der mit ihnen identische Gott. Hierzu wurde aber mit Recht kritisch bemerkt, daß Xenophanes selbst wohl kaum an die Kugelgestalt der Erde und des Himmels geglaubt haben dürfte, wenn man mit DK 21 A41a davon ausgeht, er habe gelehrt, die Sonnenbahn am Himmel verlaufe nicht kreisförmig, sondern gerade[216]. Vor allem aber spricht eines der wörtlichen Fragmente des Kolophoniers, nämlich 21 B28 gegen die Annahme einer Kugelgestalt. Dieser Annahme liegt ja die Gleichsetzung von Gott und Welt bei Xenophanes zugrunde: In B28 sagt Xenophanes aber ganz klar, die Welt erstrecke sich (explizit zumindest „nach unten") ins Apeiron, ins Grenzenlose oder „Undifferenzierte" also, was ausschließt, daß Xenophanes selbst an eine Kugelgestalt der Welt geglaubt haben könnte. Auch antike Doxographen haben die Aussage des Fragments so gedeutet und explizit darauf hingewiesen, daß Xenophanes keine Grenzen und somit keine äußere Gestalt der Welt kennt (vgl. z.B. DK 21 A33).

Schließlich wollten die meisten Doxographen, aufbauend auf Platon und Aristoteles, seit jeher eine (in Wirklichkeit, wie noch zu sehen sein wird, nicht einwandfrei festzustellende) Verbindung zwischen Xenophanes und den Eleaten ziehen, die die allumfassende Perfektion des einen bewegungslosen Seins mit der Kugelmetapher zu veranschaulichen suchten[217]. Eduard Zeller, dem man sich hier

---

[215] Vgl. dazu B.Snells Auslegung, ibid., p.131. Zu Perfektion und Kugelgestalt v.a. Guthrie, HGWPh Bd.I, p.2f.

[216] Xenophanes habe gelehrt, so A41a, die Sonne bewege sich in gerader Linie dem Apeiron zu, während man der Entfernung wegen glaube, sie vollführe eine Kreisbewegung. Sh. auch O.Gigon, ibid., p.184.

[217] Vgl. DK 21 A1, 21 A29 (entspricht Platon, Sophistes 242d), 21 A30 (entspricht Met.I 5 986b 18ff), 21 A36, 28 B8 sowie H.F.Cherniss, Aristotle's Criticism of Presocratic Philosophy, Anm.15 zu p.220, W.Jaeger, ibid., p.56, und J.Barnes, The Presocratic Philosophers, pp.98ff.

durchaus anschließen kann, hat dagegen gesehen, daß aus Met.986b 18 (Ξενοφάνης οὐδὲν διεσαφήνισεν) gefolgert werden muß, Xenophanes habe sich über die Begrenztheit oder Unbegrenztheit des „Einen" nicht erklärt. Wenn man also schon eine pantheistische Identifikation von Gott und ἕν-πάντα im Anschluß an Aristoteles (und vor allem im Anschluß an dessen doxographische Nachfolger) vornimmt, so darf Gott eben gerade *nicht* kugelförmig sein[218].

Die Argumente für die Kugelgestalt des xenophanischen Gottes sind insgesamt nicht zwingend. Im Gegenteil, es zeigt sich in ihnen eher die Ratlosigkeit der späteren Doxographen, die wahrscheinlich nicht mehr ausmachen konnten, ob und wie sich Xenophanes die Gestalt seiner Gottheit gedacht haben könnte[219]. Ernst Heitsch bemerkt dazu: „Die Doxographen, die an der Kugelgestalt so interessiert sind, hätten sich zweifellos ein wörtliches Zeugnis dafür nicht entgehen lassen – wenn es eines gegeben hätte"[220]. Es ist wohl auch richtig, daß die Frage nach der Gestalt Gottes dem Xenophanes gegenüber der nach seinen perzeptiven und geistigen Fähigkeiten als zweitrangig erschien und er sie daher, falls überhaupt, nur beiläufig anschnitt, was den schlechten Informationsstand der Doxographen erklären mag. So gilt auch für diese Frage, ähnlich wie für die ihr eng verwandte des Verhältnisses von Gott und Welt, „daß der Mangel an wörtlichen Fragmenten eine Interpretation des Xenophanes ausschließt, die selbst mehr als ein δοξάζειν auf Grund von Tekmerien ist"[221].

Wieder einmal gibt also die Quellenlage für unser Problem nicht mehr her als ein weiteres non liquet: Xenophanes hütet sich vorsichtig vor einer wie auch immer gearteten wesenhaften Fixierung seines Gottes; er schweigt sich daher auch und vor allem weitgehend oder gänzlich über seine „Gestalt", falls er wirklich eine haben sollte und nicht vollkommen geistige Wirklichkeit ist (wie der christliche Doxograph Clemens von Alexandrien annahm[222]), aus.

---

[218] Sh. E.Zeller, ibid., pp.631ff.

[219] Selbst B.Snell, der ja im Anschluß an die A-Fragmente zu Xenophanes am Doxographicum des „kugelgestaltigen" Gottes bei Xenophanes festhält, muß einsehen, daß diese Vorstellung vom einmal von Xenophanes eingeschlagenen Weg spürbar abweicht: ibid., p.131.

[220] Heitsch, Xenophanes, p.145.

[221] K.Deichgräber, Xenophanes περὶ φύσεως, p.31.

[222] Der Clemenstext lautet ziemlich lakonisch: „Xenophanes von Kolophon lehrt, daß der Gott einer und unkörperlich (ἀσώματος) ist, und fährt fort: [es folgt das Frgm. B23]", Stromateis V,109. Vgl. auch B.Snell, ibid., p.131. Tatsächlich spricht einiges aus den xenophanischen Direktfragmenten für Clemens' ἀσώματος: Das οὖλος in Frgm.24 etwa, aber auch B21,2, wo die menschliche Vorstellung, der Gott habe ein δέμας, d.h. einen Körperbau, doch offenbar abgelehnt wird (vgl. Heitsch, Xenophanes, p.151). Über eine geistige Gestalt, das Wesen, εἶδος oder ἰδέα das Gottes schweigt sich Xenophanes hingegen aus (in B15,4 heißt ἰδέα lediglich Abbild,

192

Der personale Gott:

Bleibt noch eine Eigenheit des xenophanischen Gottesbildes zu erwähnen, die sich in der Geschichte der griechischen Philosophie so schnell oder vielleicht sogar überhaupt nicht mehr wiederfinden wird: Die personhaften Züge der Gottheit in der xenophanischen Theologie. Ein bislang nicht eingehender beachtetes Fragment soll hier eine erste Annäherung an diesen eigenartigen Zug der xenophanischen Theologie ermöglichen (DK 21 B1; Vers 20 ist verderbt tradiert):

„Denn jetzt sind rein der Boden und die Hände aller
Und die Becher; geflochtene Kränze legt einer um,
Ein anderer reicht in einer Schale wohlduftendes Salböl;
Ein Mischkrug steht da, voll von Frohsinn,
Und anderer Wein ist bereit, der niemals auszugehen verheißt,   5
Mild, in irdenen Gefäßen, blumenduftend;
In der Mitte verstreut Weihrauch heiligen Duft;
Kühl ist das Wasser, süß und klar;
Bereit liegen goldgelbe Brote, und der festliche Tisch
Ist mit Käse und dickem Honig beladen;   10
Der Altar in der Mitte ist völlig mit Blumen bedeckt,
Gesang erfüllt den Saal mit festlicher Freude.
Zuerst aber müssen frohgestimmte Männer den Gott preisen
Mit ehrfurchtsvollen Erzählungen und reinen Themen,
Unter Spenden und mit der Bitte, das Rechte   15

---

vorgestelltes Bild, imago). Eine kuriose Deutung hat H.A.T.Reiche zur Diskussion gestellt: den „chronomorphen Gott". Xenophanes' Gott wäre demnach die allesregierende Zeit, die in allem herrscht, alles einen Anfang und ein Ende nehmen läßt, also Kriterium von Werden und Vergehen ist und gleichzeitig „a controlling agency" und das „least common multiple" der ὄντα. Als diese Vorstellung bedingend nennt Reiche den mythischen „Webstuhl der Zeit" (und zitiert zur Veranschaulichung Goethes Faust I,5 vv.13f). Tatsächlich mag hier die „spinnende" Moira (ähnlich wie bei Anaximander) eine gewisse inspirierende Rolle gespielt haben. Ich zitiere Reiches Theorie (die ich sonst nicht weiter verfolge) hier aber überhaupt nur deshalb, weil die Zeit-Metapher ein anschauliches Beispiel dafür bietet, wie man sich Xenophanes' Gott gleichzeitig am Weltgeschehen teilhabend und in den Dingen wirkend und andererseits darüberstehend und beherrschend vorstellen kann. Gegenüber anderen Eigenschaften des xenophanischen Gottes bleibt diese Interpretation allerdings weitgehend auf der Strecke. Vgl. H.A.T. Reiche, Empirical Aspects of Xenophanes' Theology, pp.96ff.

Verwirklichen zu können – das nämlich ist eher zur Hand,
Ist nicht Vermessenheit; trinken aber so viel, daß,
Wer kein Greis, ohne Begleiter nach Hause gelangt.
Von den Männern soll man aber den loben, der nach dem Trunk Rechtes
vorträgt,
?(Was ihm die Tradition liefert und was er selbst zum Thema 'Arete' bei-
steuert,)?   20
Indem er nicht etwa handelt von Kämpfen der Titanen, Giganten
Und Kentauren, Fabeln der Früheren,
Oder von heftigen Parteiungen; daran ist nichts Nützliches.
Vor den Göttern aber soll man gute Ehrfurcht haben".

Von Interesse ist hier vor allem der zweite Teil des Bruchstücks (vv. 13ff):

χρὴ δὲ πρῶτον μὲν θεὸν ὑμνεῖν εὔφρονας ἄνδρας
εὐφήμοις μύθοις καὶ καθαροῖσι λόγοις,
σπείσαντάς τε καὶ εὐξαμένους τὰ δίκαια δύνασθαι   15
πρήσσειν· ταῦτα γὰρ ὦν ἐστι προχειρότερον,
οὐχ ὕβρις· πίνειν δ' ὁπόσον κεν ἔχων ἀφίκοιο
οἴκαδ' ἄνευ προπόλου μὴ πάνυ γηραλέος.
ἀνδρῶν δ' αἰνεῖν τοῦτον ὃς ἐσθλὰ πιὼν ἀναφαίνει,
ὡς †η μνημοσύνη καὶ τὸν ὅς† ἀμφ' ἀρετῆς,   20
οὔ τι μάχας διέπων Τιτήνων οὐδὲ Γιγάντων
οὐδὲ < > Κενταύρων, πλάσματα τῶν προτέρων,
ἢ στάσιας σφεδανάς· τοῖς οὐδὲν χρηστὸν ἔνεστιν.
θεῶν δὲ προμηθείην αἰὲν ἔχειν ἀγαθήν.

Das Ganze ist offenbar eingebettet in eine längere Symposionsbeschreibung[223],
in deren Mittelpunkt, genau wie am Anfang der theologischen Überlegungen des

---

[223] Ich gehe mit E.Heitsch, Xenophanes, p.92 davon aus, daß das νῦν γὰρ δή der ersten
Verszeile anschließend zu verstehen ist, also auf eine vorausgehende Textpassage hinweist.
Dagegen mag, wie Lesher, Xenophanes, p.54 vermutet, die letzte auf ἀγαθήν endende Verszeile
des Fragments einen würdigen Abschluß für das ganze Gedicht gebildet haben. Es ist trotzdem
auffällig, daß sich dieses Fragment relativ leicht wie ein zusammenhangloses Ganzes geradezu
symmetrisch unterteilen läßt in einen einleitenden Part der Zustandsbeschreibung, die die äußere
Reinheit, die Sauberkeit der Szene zum Gegenstand hat (vv.1-12), einer den gesamten Text in der
Mitte zäsierenden Aufforderung zum Hymnos (v.13) und einer von χρή regierten Anweisung an
die Teilnehmer des Trinkgelages, deren Thema die geistige Reinheit ist (vv.14-24); vgl.
E.Heitsch, Xenophanes, p.91, Lesher, ibid., p.51 sowie F.J.Weber, Fragmente der Vorsokratiker,
p.64. Am Rande möchte ich hier noch auf C.Bennets (God as Form, pp.156ff) Betrachtung der
Sprache des Fragments B1 und die Kontrastierung mit dem metaphorischen Sprachgebrauch

Xenophanes insgesamt, der kultisch-sakrale (vor allem die Erwähnung von Weihrauch ist auffällig[224]) und insbesondere ethische Reinheitsgedanke steht. Die im ersten Teil des Fragments gezeichnete feierliche Stimmung in ihrer frohen Vorfreude, den festlichen Düften und Gesängen und ihrem eindeutig religiösem Charakter wirkt auf uns ja geradezu adventlich oder weihnachtlich in einem vergangenen traditionellen Sinne, und bereitet auf das folgende in angemessener Weise vor. Gerade der hervorgehobene ethische Reinheitsgedanke läßt nun aber daran zweifeln, daß Xenophanes, wenn er in diesem Zusammenhang in Vers 13 vom „Gott"[225] spricht, an ein wie auch immer geartetes abstraktes Weltenprinzip, oder, wie die Milesier, an eine ἀρχή, eine Ur-Sache, sei diese nun lebendig und prokreativ vorgestellt oder nicht, denkt. „Zu einem Begriffe betet kein Mensch" stellt Wilamowitz sehr richtig fest[226] und man möchte hinzufügen: ebensowenig zu einem bloßen Abstraktum oder einer „Weltformel". Es handelt sich hier tatsächlich vielmehr um eine göttliche Realität, die durch unstatthaftes Reden oder ein Fehlen an Ehrfurcht offenkundig unangemessen behandelt oder sogar beleidigt werden kann (vv.16f und 19-24). Mehr noch: die Bitte an den Gott, er möge helfen, „das Rechte verwirklichen zu können" ist nicht nur ethisch hochentwickelt, sondern theologisch ungemein interessant. Was da beschrieben wird, ist weniger ein Bitten im herkömmlichen Sinn, also um ichbezogene Güter wie Wohlstand, Gesundheit, Ansehen oder ähnliches (worum etwa der Mensch der Homerischen Epen seine Götter angeht[227]), sondern ein vertrauendes *Gebet* an einen Gott, dem man offenbar

---

etwa bei Pindar hinweisen. Eine eingehendere Untersuchung in der von Bennet eingeschlagenen Richtung könnte weitere wertvolle sprachliche Hinweise darauf liefern, warum Xenophanes mehr als Philosoph denn als Dichter angesehen werden kann. Die verderbte Stelle aus Vers 20 haben DK und Gentili/Prato durchaus nicht unplausibel als „ὥς οἱ μνημοσύνη καὶ τόνος ἀμφ᾽ ἀρετῆς", und DK übersetzt: „so wie ihm das Gedächtnis und das Streben um die Tugend ist" (so schon Diels, poetarum philosophorum fragmenta, im kritischen Apparat: „intellego *qui potus proba exempla edat, quomodo sibi memoria et vocis intentio vigeat in virtute canenda*"). Heitsch hat zweifelsohne die lectio difficilior.

[224] Dazu H.Herter, Das Symposion des Xenophanes, pp.44ff.

[225] Guthries und Mansfelds Hinweis, es könnte hier statt dem „einen größten Gott" des Fragments B23 der Gott des Altars, von dem in diesem Fragment B1 gerade die Rede ist, gemeint sein, halte ich für philologisch interessant und als Hinweis auch gerechtfertigt, verfolge ihn aber nicht weiter. Übrigens bleibt Mansfeld dann doch mit dem Gros der Xenophanesexperten bei der Meinung, hier müsse an den θεός des Frgm.s B23 gedacht sein: Vgl. J.Mansfeld, Vorsokr., p.210 sowie Guthrie, HGPh Bd.I, p.375.

[226] U. von Wilamowitz-Moellendorf, Der Glaube der Hellenen, Bd.1, p.11.

[227] E.Heitsch hat Xenophanes' B1 dem homerischen Ideal „immer der Erste zu sein und hervorzuragen unter den andern" (Il.VI,208) entgegengestellt und dabei auf die sozialethische Komponente des Ganzen verwiesen (wohl auch im Anschluß an Frgm.B2). Xenophanes realisiert

getrost eine so hehre Aufgabe wie einen Bewußtheitseingriff zum Besseren und die Führung auf den ethisch einwandfreien Weg in die Hände legen darf. Offenbar ist dieser Gott, dessen Geist das Weltganze bewegend erfasst, für Xenophanes der Garant für eine Leistung, die von Menschen allein also augenscheinlich nicht oder nur schwerlich erbracht werden kann: Die konsequente Orientierung an übersubjektiven Werten. Ich möchte daher meinen, daß das εὔχεσθαι τὰ δικαια δύνασθαι aus v. 15 dem Geist der inneren Gebetshaltung entsprechen dürfte, die später Xenophon auch von Sokrates überliefert, der darum betete, die Götter mögen einfach das Gute gewähren, da sie selbst ja am besten wüßten, was wirklich gut sei[228].

Und dennoch ist Xenophanes' Gott ein philosophischer Gott, der durch das „Purgatorium" der negativen Theologie gegangen ist, ausgezeichnet durch geistige Ideale wie Einsicht, weltlenkendes Planen und ethische Vollkommenheit: Nicht von ungefähr stehen Nüchternheit und Reinheit der Rede und des Lobes im Vordergrund des Gedichts, und es sind dies ja auch die xenophanischen Grundsätze der Rede von Gott überhaupt. Ohne philosophisches Fragen ist dieser hier beschriebene Gott nicht denkbar. Und nicht umsonst findet sich die Aufforderung zur Mäßigkeit beim Trinken in vv. 17f (ein literarischer Topos seit Homer, der sich über Xenophanes zum Beispiel auf Heraklits Fragment B117, sicherlich auch Epicharmos' Fragment B13 und schließlich auf Platons Symposion 223d fortpflanzt): Nüchternheit bewahrt vor unvernünftigem und unverantwortlichem Reden vom Gott. Genau diese Nüchternheit des Denkens und die Möglichkeit des λόγον διδόναι sind die Grundpfeiler der xenophanischen Theologie (und das, was

---

demnach „die Selbstbehauptung nicht mehr in der freien Verfolgung eigener Interessen auf Kosten anderer, sondern sie wird gebunden an überpersönliche Instanzen und geradezu definiert als freiwillige Selbstbeschränkung" (Xenophanes und die Anfänge kritischen Denkens, p.8; ähnlich in „Xenophanes", p.94), wobei Heitsch allerdings bei Xenophanes weniger moralische als konventionelle, ständische „Instanzen" sehen will. Eine neue Deutung (die ich hier nicht weiter verfolge) hat C. Eucken, Die Gotteserfassung im Symposion des Xenophanes, p.7, gewagt: Die δίκαια meinten hier nicht „das Rechte" im täglichen Lebensvollzug. Vielmehr weise „der durch die Syntax des Satzes gegebene Bezug auf einen anderen Sinn von τὰ δίκαια. Εὐξαμένους ist ὑμνεῖν untergeordnet, das Gebet geht dem Hymnus voraus. Somit legt sich nahe, unter τὰ δίκαια das Rechte in der Durchführung des Hymnus auf den Gott zu verstehen und unter ὕβρεις die darin zu vermeidenden Frevel".

[228] Xenophon, Memorabilien, I,3,2: „ηὔχετο δὲ πρὸς τοὺς θεοὺς ἁπλῶς τἀγαθὰ διδόναι, ὡς τοὺς θεοὺς κάλλιστα εἰδότας ὁποῖα ἀγαθά ἐστι". Überhaupt erinnert vieles von dem, was im ersten Buch der Memorabilien über die Frömmigkeit des Sokrates gesagt wird, um ihn vom Asebie-vorwurf zu reinigen, an Xenophanisches, worauf weiter unten auch noch ausführlicher eingegangen werden soll.

sie philosophisch macht) im Gegensatz zu den von ihr kritisierten Gottesentwürfen. Bruno Snell konstatiert daher sehr richtig, daß, je mehr „die geistige Fähigkeit im Menschen hervortritt, je größer die Aktivität des Fragens und Forschens wird, desto mehr die praktischen Interessen hinter theoretischen zurücktreten, und der Mensch müht sich, diesem neu entdeckten Gott ähnlich zu werden, der ruhig verharrt im Sehen und Erkennen"[229].

Ich sehe mich daher kaum in die Irre gehen, wenn ich aufbauend auf den (leider nur sehr spärlichen) Andeutungen einiger weniger Xenophanesexperten die letzte interpretative Konsequenz ziehe, und die Meinung vertrete, daß Xenophanes seinen namenlosen Gott für eine personhafte Realität gehalten, und auch zu ihm gebetet und ihm geopfert hat[230], ja wohl auch andere dazu aufgefordert haben mag, dasselbe zu tun. Das Reden des Xenophanes von seinem Gott legt das unmißverständlich nahe. Am jüdisch-christlichen Gottesverständnis gemessen klingt das freilich banal und allzu gewohnt. Doch für die griechische Philosophie ist der Gedanke außergewöhnlich. Die Milesier hatten an eine göttliche ἀρχή geglaubt, ihr aber keinerlei Personalität zugesprochen; und die griechische Theologie nach Xenophanes drängt, wie zu sehen sein wird, auf die Bahn, den göttlichen Bereich durch eine Art apersonale Weltlenkformel abzudecken, angefangen von Heraklits Logos bis zu Aristoteles' unbewegtem Beweger und der stoischen feurigen Weltseele, so daß der Interpret immer mehr geneigt ist vom „Göttlichen" als vom „Gott", vom θεῖον eher als vom θεός zu sprechen. Bei Xenophanes liegt der Sonderfall vor, daß der Gott des Philosophen nicht der Frage nach dem Anfang oder dem Prinzip des Kosmos entspringt, und somit als Lückenbüßerformel für das Unerklärbare (etwa das Prinzip der Bewegung) im Weltprozeß dienen muß, sondern von der (insbesondere homerischen) Mythologie und ihren als Personen vorgestellten Göttern herkommt, sozusagen als übersteigernde und von Anthropomorphismen am Maßstab des θεοπρεπές-Gedankens gereinigte Konkretion des im mythischen Pantheon an Positivem Vorgefundenen. Xenophanes erliegt aber keineswegs der für die nachfolgenden Philosophen allzu starken Versuchung, aus dem „allgemeinen Begriff des Göttlichen, wie er im griechischen Mythos bereits

---

[229] B.Snell, ibid., p.131. Ist die Annahme zu weit hergeholt, Xenophanes kontrastiere generell seine geistige Tätigkeit, die der seines Gottes ähnlich ist, mit der ehemals rühmlicheren physischen Tätigkeit und Macht, die die Athleten (Fragm. B2!) und die Götter des Mythos (etwa Il.VIII,18ff) auszeichnen? Auch bei Herodot taucht übrigens der Gedanke der Unvereinbarkeit von Trunkenheit und Raserei mit dem Gottesdienst auf, und zwar als den Skythen, die den griechischen Dionysoskult kritisieren, in den Mund gelegt (IV,79).

[230] Vgl. K.v.Fritz, Xenophanes, 1547 und K.Ziegler, ibid., p.293 sowie W.Jaeger, ibid., p.57.

verborgen vorlag"[231], eine noch allgemeinere und abstraktere Realitätsformel, die die Welt in Gang halten soll, herauszudestillieren, sondern er erkennt eine *personhafte* Gottheit, die diesen „allgemeinen Begriff" fast gänzlich in sich allein aufsaugt. Ähnliche Tendenzen, das „allgemein Göttliche", zu dessen Erfassung der Mythos eine Vielzahl spezialisierter Gottheiten aufbieten mußte, in einer Gottheit zusammenzufassen, gab es auch schon in vorphilosophischen Zirkeln. So vielleicht vor allem wieder einmal in der Orphik, die alles Göttliche, das sie auf verschiedene Gottheiten aufgeteilt findet, offenkundig in einem Gott zusammenzuschließen bemüht war, dabei aber, ganz anders als dann Xenophanes, eher eine Art mystischer Leugnung der Differenz von „Einem" und „Vielem" verfolgte: εἷς Ζεύς, εἷς Ἅιδης, εἷς Διόνυσος[232] heißt die tiefsinnige theosophische Zauberformel dieser „ἕν-καὶ-πᾶν-Theisten". Doch erst Xenophanes führt diese und ähnliche Bestrebungen sinnvoll und rational vertretbar, auf der Grundlage seiner philosophischen, besonders gnoseologischen, negativen theologischen und kosmologischen Vorüberlegungen konsequent zu Ende.

Natürlich steht Xenophanes damit einem personalen Gottesbild, wie es später das unter ganz anderen Voraussetzungen auftretende Christentum verfechten sollte, trotz allem noch sehr fern. Sein εἷς θεὸς μέγιστος ist nicht der εἷς θεὸς δι' ἄπαντα des paulinischen Römerbriefs. Doch ist der fast singuläre Fall eines personal gedachten weltbewegenden Gottes in der Geschichte der griechischen Philosophie durchaus bemerkenswert. Bemerkenswert auch für das Verständnis des in der Philosophie sich selbst erschließenden Menschen, denn wie jede echte Theologie, so weist auch die xenophanische über die Gottesbeziehung dem Menschen seine eigene Stellung innerhalb des Weltganzen zu: Vor Xenophanes war „vor allem der Abstand der Naturphilosophie vom Mythos deutlich geworden: Hier die Erzählung von menschlicher Selbsterfahrung, wie sie im Ritus ausgeformt ist, dort der Versuch, die außermenschliche Wirklichkeit angemessen zu

---

[231] E.Zeller, Die Philosophie der Griechen in ihrer geschichtlichen Entwicklung, p.650.

[232] „Ein- und derselbe ist Zeus, Hades, Helios und Dionysos" (Fragment 239/Kern). Auf dem orphischen Derveni-Papyros heißt es (Kol.17), Zeus und Harmonia seien Namen desselben Gottes (sh. W.Burkert, Orpheus und die Vorsokratiker, p.95). So verlockend übrigens auch hier wieder einmal der Querverweis auf die Orphik ist, er sollte mit Vorsicht herangezogen werden: Die Bedenken gehen dabei auch über die weiter oben bereits einmal anmerkungsweise angeführten gegenüber unserer relativen Unkenntnis in bezug auf die Orphik und ihr ähnliche Strömungen hinaus. So bleibt hier z.B. das Alter dieses Fragments umstritten, genauso wie die Frage, ob es nicht pantheistische Vorstellungen voraussetzt (was das bei Kern ibid. angeführte Zitat aus Pseudo-Iustinus nahelegen könnte), und sich somit einer gänzlich anderen und wohl später als Xenophanes anzusetzenden Motivation verdankt.

beschreiben"[233]. So waren aus der Philosophie der Milesier, vor allem etwa eines Anaximander, „nicht nur die Götter des Mythos verschwunden, sondern auch die Menschen. Statt von der ganzen Fülle des menschlichen Lebens ist bei ihm nur noch die Rede von der Entstehung einer biologischen Spezies 'Mensch'"; bei Xenophanes dagegen eröffnet sich durch die neuentdeckte Gottesbeziehung wieder ein existentieller Zugang zur Welt des Menschen (die Worte ἀνήρ und ἄνθρωπος finden sich in einem philosophischen Text erstmals bei Xenophanes), ähnlich dem „im Mythos und im Glauben", denn „es gibt Beziehungen persönlich-emotionaler Art zu ihr und zu dem, was in ihr ist oder zu sein hat"[234].

Mit in den Bereich philosophischer Theologie, Anthropologie, Psychologie und Ethik gehört auch die Frage nach Xenophanes' Kontroverse mit den Pythagoreern. Diese dürften zwar in gewissem und für uns heute leider kaum mehr rekonstruierbarem Ausmaße direkt oder indirekt einen ideengebenden Einfluß auf den Kolophonier während seiner „unteritalischen Zeit" ausgeübt haben (was ja insbesondere Olof Gigon vermutet hat[235]), müssen dem sachlicheren Xenophanes aber wohl zu esoterisch und als den konkreten lebensweltlichen Problemen zu entfremdet erschienen sein: „He was opposed to Pythagoras' speculations about the world beyond but at home in the Here and Now"[236] meint Edelstein mit einiger Berechtigung (eine Feststellung übrigens, zu der ja auch unsere Betrachtung des xenophanischen Fragments B28 bereits geführt hatte). Xenophanes' bei Diogenes Laertios (VIII,36) überlieferte bissige Kritik an Pythagoras, vor allem an dessen Metempsychosislehre[237], zeigt sowohl Xenophanes' Kenntnis des pythagoreischen Denkens als auch die innere Tendenz seiner Ablehnung desselben:

---

[233] W.Burkert, Orpheus und die Vorsokratiker, p.104.

[234] Die Zitate sind J.Mansfeld, Vorsokr., pp.21ff entnommen, wo sie in ganz anderem Zusammenhang, und ohne jede auch nur andeutungsweise Erwähnung des Xenophanes stehen. Mansfeld ist der Gedanke einer persönlichen Gottesauffassung bei Xenophanes gänzlich fremd, und so kann ich nur hoffen, seinen Zitaten durch die Kontextveränderung nicht allzu viel Gewalt angetan zu haben.

[235] Sh. O.Gigon, ibid., pp.157ff.

[236] L.Edelstein, The Idea of Progress in Classical Antiquity, p.14.

[237] Ob Pythagoras selbst diese Lehre bereits vertreten hat, wird immer wieder bezweifelt (sh. Untersteiner, Senofane, pp.122ff); m.E. dürfte aber kein Zweifel daran bestehen, daß er sie — wenn vielleicht auch noch nicht in der Form, in der Platon sie offenbar kennenlernte — verfochten hat. Und unser Fragment B7 bietet ja sozusagen den Beweis dafür. Zum Seele-Problem in der frühen Vorsokratik und Orphik hat im übrigen G.Vlastos, Theology and Philosophy in Early Greek Thought, in: Furley-Allen, Studies in Presocratic Philosophy Vol.I, v.a. auf pp.120-129 viel Erhellendes beigetragen.

(περὶ δὲ τοῦ ἄλλοτ' ἄλλον αὐτὸν [Πυθαγόραν] γεγενῆσθαι Ξενοφάνης ἐν ἐλεγείᾳ προσμαρτυρεῖ ἧς ἀρχή·)

νῦν αὖτ' ἄλλον ἔπειμι λόγον, δείξω δὲ κέλευθον.

(ὃ δὲ περὶ αὐτοῦ φησιν οὕτως ἔχει:)

καί ποτέ μιν στυφελιζομένου σκύλακος παριόντα
φασὶν ἐποικτῖραι καὶ τόδε φάσθαι ἔπος:
„παῦσαι, μηδὲ ῥάπιζ', ἐπεὶ ἦ φίλου ἀνέρος ἐστίν
ψυχή, τὴν ἔγνων φθεγξαμένης ἀίων".

(Davon, daß er [Pythagoras] von einem [Lebewesen] zum andern wurde, liefert auch Xenophanes ein Zeugnis in einer Elegie, die beginnt:)

„Jetzt will ich mich einem anderen Thema zuwenden und den Weg zeigen ..."

(Was er aber über ihn sagt, ist folgendes:)

„Und als er einst an einem Hund, der geschlagen wurde, vorbeikam,
habe er, heißt es, Mitleid gehabt und folgendes gesagt:
'Hör auf und schlage nicht; denn es ist ja eines Freundes
Seele, die ich erkannte, als ich sie schreien hörte'" (DK 21 B7).

Vielleicht gehört in denselben thematischen Zusammenhang auch das Zeugnis des Diogenes Laertios, Xenophanes habe als erster nachgewiesen, daß die Seele Geist sei (Diog. Laer. IX,19) und daß Gott „nicht atme" (μὴ μέντοι ἀναπνεῖν, ibid.). Das mag gegen die pythagoreische Ansicht einer symbiontischen Seele[238] oder einer belebenden Weltseele gehen. Aber die Quellenlage ist hier zu schwach. Zu Diogenes Laertios' Zeiten war das Werk des Xenophanes gewiß schon verloren, und vor Diogenes wird nichts oder kaum etwas über Xenophanes' eigene Seelenlehre überliefert.

Aufgrund der ambivalenten Haltung des Xenophanes den Pythagoreem gegenüber glaubten verschiedene Interpreten bei ihm immer wieder bald dezidiert

---

[238] Allerdings überliefert Aristoteles (De anima 404a 17), auch „einige Pythagoreer" hätten die Seele für πνεῦμα gehalten. Ob Xenophanes diese Annahme aber von diesen übernimmt, oder aber von Anaximander und Anaximenes, bei denen sie auch schon ähnlich vorliegt, kann wohl nicht mehr entschieden werden.

Pythagoreisches, bald ganz und gar Antipythagoreisches vorfinden zu müssen[239]. Interessant wäre es in diesem Zusammenhang, festzustellen, wie vertrauenswürdig die Überlieferung des Diogenes Laertios (IX,20) ist, Xenophanes sei einmal in die Sklaverei verkauft, aber von zwei namhaften Pythagoreern ausgelöst worden. Die Begebenheit wäre allerdings, wie bereits DK im kritischen Apparat zu 21 A1 zu bedenken gibt, eine allzu auffällige Dublette zur Biographie Platons. Ebenfalls als interessant für den ja auch bei Gigon angesprochenen Kontext der Gotteslehre des Xenophanes und deren mögliche Inspirationsquellen halte ich die Beobachtung, daß der letzte Vers des xenophanischen Symposions (θεῶν προμηθείην αἰὲν ἔχειν ἀγαθήν) Ähnlichkeiten mit den Schlußversen des Pythagoreersymposions bei Iamblichos (Vita Pyth. 100) aufweist[240]. Dennoch tappen wir hier auf weiten Strecken im Dunkeln, und zur einwandfreien Feststellung einer Verbindung zwischen xenophanischer und pythagoreischer Theologie ist unsere Testimonienlage wieder einmal viel zu prekär und (insbesondere was das frühe Pythagoreertum betrifft) zu unsicher. Abgesehen davon hoffe ich, im Verlauf der Untersuchungen zu Xenophanes' Denken aufgezeigt haben zu können, daß die xenophanische Philosophie zur Gänze aus Aufnahme und Kritik ihrer mythischen und dichterischen Vorlagen und Vorgänger rekonstruierbar ist und den Verweis auf pythagoreische, orphische oder gar eleatische Einflüsse eigentlich gar nicht nötig hat. Die Suche nach vermeintlichen Ideengebern des Xenophanes scheint mir dabei ohnehin allzu oft auf einer gewissen Unterbewertung des Kolophoniers, seiner philosophiegeschichtlichen Stellung und seiner originellen Fähigkeiten zu fußen, die zu teilen ich keinen Anlaß sehe.

Im Gegenteil: Xenophanes schließt, und das ist seine große philosophiegeschichtliche Leistung, gewissermaßen eine ärgerliche Lücke, die der erste Schritt vom Mythos zum philosophischen Logos gerissen hatte, denn in der Tat hatte die Naturphilosophie in der Nachfolge des Thales etwas Unbefriedigendes an sich. Der

---

[239] Von Gigon war in diesem Zusammenhang schon die Rede. Daneben entdeckt z.B. F. Defradas, Le Banquet de Xénophane, Pythagoreisches in Theologie und Reinheitsvorschriften des Fragments B1 des Xenophanes, während E. del Basso, Sull'antipitagorismo di Senofane, anhand von Fragment B7 antipythagoreische Polemik bei Xenophanes herausstellt und ihre Wurzeln aufzeigt. In gewisser Weise beides zugleich nimmt Lesher, Xenophanes, p.80, an: Xenophanes habe nicht die Metempsychosenlehre attackieren wollen, die er für durchaus plausibel gehalten haben mag, sondern nur Pythagoras' Anspruch auf Sonderwissen, also den Anspruch auf Wissen darum, daß genau *dieser eine* Hund einmal sein Freund gewesen sei (was aber niemand schlechterdings begründet wissen kann). B7 würde sich also an Xenophanes' Kritik eines „von oben" inspirierten Sonderwissens, seine Kritik der Mantik (A52) sowie seine durchaus skeptische Erkenntnistheorie (B34) anschließen.

[240] Sh. H.Herter, das Symposium des Xenophanes, p.37; vgl. E.Heitsch, Xenophanes, p.99.

Kolophonier aber gewinnt dem rationalen Denken die existentielle Seite wieder, die ihm in der betont „gegenständlichen" Betrachtungsweise der ionischen Naturphilosophen verlorengegangen war, und somit eine ganze Bandbreite neuer Interessens- und Betätigungsfelder. Denn „den Milesiern gegenüber ist er der im Lebenskampf stehende Praktiker einer in große äußere Not geratenen Generation, die nicht in bedächtiger Gelehrtheit Erdkarten zeichnen kann"[241]. Erst mit Xenophanes also, und auch das stellt den Kolophonier einmal mehr ins Spannungsfeld zwischen Mythos und Philosophie, gelingt es der philosophischen Welterklärung wieder auf eher existentielle Anfragen zu antworten, und somit in wahre Konkurrenz zu Mythos und Religion zu treten.

---

[241] O. Gigon, ibid., p.161, dem ich mich im großen und ganzen anschließe. Daß allerdings auch bei den Milesiern durchaus schon der menschliche Lebensvollzug (zumindest sekundärer) Gegenstand des Interesses sein kann, hat U.Hölscher, Das existentiale Motiv der frühgrichischen Philosophie, in: Das nächste Fremde, pp.137-148, herauszustellen versucht.

3.4.3. Fazit: Die „sieben Dogmen" des Xenophanes

Was als konkret faßbare Synthese der xenophanischen Theologie übrigbleibt, hat Jonathan Barnes[242] als die „sieben Dogmen" des Xenophanes bezeichnet. Meine Wiedergabe dieser „Dogmen" weicht in Wortlaut und Reihenfolge von Barnes dort ab, wo sie unseren bislang erarbeiteten Interpretationen der xenophanischen Theologie Rechnung trägt:

- Götter sind ungeworden (DK 21 B14)
- sie sind nicht amoralisch (DK 21 B1, B11, B12)
- sie sind nicht anthropomorph (DK 21 B14, B15, B16)
- ein Gott ist der Größte (DK 21 B23)
- er denkt und erkennt „als Ganzer", i.e. mit seinem ganzen Wesen (DK 21 B24)
- er ist bewegungslos (DK 21 B26)
- er bewegt alles νόου φρενί (DK 21 B25).

Das ist übrigens, sieht man einmal ab vom Problem der aristotelischen Inferenz der Identifikation Gottes mit dem ὅλος οὐρανός, gleichzeitig alles, was die Doxographie bis einschließlich Theophrast von der Theologie des Kolophoniers zu berichten weiß[243].

---

[242] J.Barnes, The Presocratic Philosophers, pp.84f.

[243] Mit dieser Beobachtung folge ich A.Finkenberg, Studies in Xenophanes, pp.123ff, wo nach längerer Analyse der doxographischen Tradition Theophrasts Zusammenfassung der xenophanischen Rede vom Gott in eine kurze Synthese gebracht wird, die sich bei näherem Hinsehen nicht wesentlich von Barnes' sieben Dogmen unterscheidet (vgl. auch DK 21 A31). Wichtig ist hier v.a. das Teilfazit Finkenbergs, das Theophrasts Bericht eindeutig von der späteren Doxographie absetzt: „Let us repeat: Xenophanes did not provide God with spatial characteristics, nor did Theophrastus ever attempt to do so" (ibid.).

Freilich vermag diese verkürzende Zusammenfassung beim ersten Hinsehen nur wenig von der revolutionären Tiefe der xenophanischen Entwürfe zu vermitteln. Xenophanes war, wie Barnes im Blick auf die „sieben Dogmen" feststellt, kein Thomas von Aquin, und man darf von ihm keine mehrbändige systematische Summa seiner Gotteslehre erwarten. Und auch Wilamowitz stellte fest: „Wir werden in dem Rhapsoden nicht einen konsequenten Systematiker sehen dürfen, also dem System, das die [scil. doxographischen] Referate uns überliefern, und unsere Historiker der Philosophie noch weiter ausbauen, mißtrauen". Das heißt nicht, daß Xenophanes nur unzusammenhängende Zufallsäußerungen ohne einenden Grundgedanken verlauten ließ. Doch wohl erst „rückschauend fanden dann spätere Eleaten und die Peripatetiker bei Xenophanes ein System, das er mindestens bewußt nicht gehabt hatte. Es ist eben ein Unterschied, ob ein Philosoph ein einziges Buch hinterläßt wie Parmenides und Herakleitos oder sich in einem langen Leben häufig vernehmen läßt, und wenn das ein Dichter tut, wird die Gewaltsamkeit nur ärger sein, die alles in ein System zwängt"[244].

Doch immerhin ist die prima facie vielleicht banal erscheinende Synopse dieser sieben Lehrsätze bei genauerer Betrachtung erstaunlicherweise bereits so etwas wie eine Vorwegnahme der gesamten griechischen Theologie nach Xenophanes. Die Hauptgedanken der antiken Philosophie bezüglich des Gottesproblems sind hier in unerwarteter Weise bereits angelegt und präformiert: Die „Einheit" des neuplatonischen Göttlichen etwa und die bewegende Bewegungslosigkeit des aristotelischen Kosmosprinzips, der Unendlichkeits- und der Theoprepés-Gedanke, der weltlenkende νόος als Vorstufe des anaximandrischen νοῦς und des herakliteischen und stoischen λόγος, die moralische Vollkommenheit des platonischen Göttlichen, die in Konkurrenz zu Xenophanes tretende allegorisierende Theologie des Theagenes, der Homerscholien und der Stoa und anderes mehr. Es wird noch zu sehen sein, wie sich die Verbindungen zwischen Xenophanes und den späteren Denkern im einzelnen ziehen lassen.

Ich halte es daher auch keineswegs für einen Zufall, daß sich gerade diese in Barnes' „Dogmenliste" aufgeführten Fragmente zur xenophanischen Theologie erhalten haben. Zwar können wir nicht unwiderlegbar entscheiden, ob sie repräsentativ für das xenophanische Denken als Ganzes sind, aber es scheinen doch genau die wörtlichen Zitate aus den Schriften des Kolophoniers die Zeit überdauert

---

[244] U.Wilamowitz, Platon Bd.2, Anm.1 zu p.238. Allzu einseitig meint Wilamowitz allerdings, Xenophanes müsse „ganz als Dichter gefaßt werden, nicht so gar anders als Simonides" und als unsystematischer und eher disparat sich äußernder „Rhapsode, der immer kühn und geistreich in seinen Vorträgen verschiedene Gedankenreihen verfolgte" (ibid.).

zu haben, die die Grundprobleme der gesamten antiken Theologie der folgenden Jahrhunderte ansprechen und den Doxographen daher als überliefernswert galten. Grundprobleme wohlgemerkt, die Xenophanes als erster, oder doch als einer der ersten in der Geschichte, überhaupt thematisiert und in den rationalen Diskurs einführt. Man kann ihn also rechtens als den Begründer der philosophischen Theologie ansehen.

Darüber hinaus ließe sich eine ganze Anzahl von einflußreichen Gedanken aufzählen, die in der alten Theologie und Metaphysik von ungeheuerer Tragweite waren und sich, obwohl bei Xenophanes selbst nicht vorfindbar, einer „konstruktiven Mißdeutung" oder Umdeutung xenophanischer Entwürfe verdanken. Die parmenideische „Zwei-Welten-Lehre" in der Erkenntnis wurde im Zusammenhang der xenophanischen Erkenntnistheorie als ein solches Beispiel angeführt, ein weiteres bildet etwa die pantheistische Uminterpretation der Theologie des Xenophanes durch Aristoteles.

Daraus, das heißt aus der Tatsache, daß unsere „sieben Dogmen" tatsächlich eine kleine, aber weitreichende Prolepse wichtiger theologischer Hauptgedanken der Antike darstellt, läßt sich aber auch noch etwas anderes herauslesen: Sie bilden in gewisser Weise sieben Axiome, aus denen sich, wie in diesem Kapitel versucht, eine relativ geschlossene Theologie ableiten läßt. Zwar besteht kein zwingender Grund, Gigons Enthusiasmus zu teilen und der Meinung zu sein, Xenophanes' Theologie sei „eine Lehre von stärkster Geschlossenheit, wie sie später keine griechische Philosophie mehr hervorgebracht hat"[245]. Doch muß man wohl in diesen sieben xenophanischen „Vordersätzen" zur Gotteslehre (die nicht die einzigen gewesen sein müssen) mit Barnes „das Knochengerüst einer Theologie" sehen, die sich, so man den ihr eigenen Vorgaben einfühlsam folgt und sie schlüssig weiterdenkt, als „ein zusammenhängendes und eindrucksvolles Ganzes" erweist[246]. Karl Reinhart hat die Schwierigkeit dieser Vorgehensweise als einen hermeneutischen Zirkel beschrieben: Um einen antiken Denker zu begreifen, sagt er im Vorwort zu seinem „Poseidonios", bleibt oftmals „nur ein Mittel: Die Erkenntnis seiner inneren Form aus den Fragmenten seines Werks, und die Erkenntnis der Fragmente seines Werks aus seiner inneren Form"[247].

Es liegt mir fern, bei Xenophanes bereits einen expliziten Vorgriff auf euklidische oder aristotelische wissenschaftstheoretische Forderungen anzu-

---

[245] O.Gigon, ibid., p.191.
[246] J.Barnes, ibid.
[247] K.Reinhart, Poseidonios, p.2.

nehmen, oder gar den Versuch einer „axiomatischen Gotteslehre". Dennoch war ja insbesondere der Kosmologie des Kolophoniers eine ähnliche Tendenz zu entnehmen gewesen, nämlich daß sein Denken dahin strebte, möglichst viele Probleme systematisierend unter einem oder zumindest unter einigen wenigen Gesichtspunkten zusammenzuziehen, um sie dann ökonomischer behandeln, entfalten und lösen zu können. Diese doch relativ erfolgreiche Methode der Problemrückführung auf einige rational vertretbare und möglichst viele Aspekte abdeckende Grundsätze wird Xenophanes für die Gotteslehre kaum aufgegeben haben. Und so ist es zwar immerhin bemerkenswert, aber doch nicht erstaunlich, daß Xenophanes offenbar von einigen theologischen Grundgedanken ausgeht, hinter die seiner Meinung nach keiner zurück kann, die also in Xenophanes' Augen durchaus den Anspruch einer Art von Selbstevidenz (zumindest im Sinne einer „moralischen Gewißheit") erheben können. Die meisten von Barnes' „Dogmen" gehören zu diesen Grundgedanken: Die Ungewordenheit (und Unsterblichkeit) des Gottes, die Tatsache, daß er das größte und mächtigste Wesen ist, der Gedanke des Gottgeziemenden, die Unvereinbarkeit göttlicher Macht mit aus dem menschlichen Bereich ihm angedichteten Unzulänglichkeiten. Diese und ähnliche Grundeinsichten stecken die Richtung ab, in die der Kolophonier seine Gotteslehre weiterentwickeln kann. Einige dieser Weiterentwicklungen haben sich bei den Doxographen erhalten, und sie bezeugen die Tiefe und Tragweite dieses Weiterdenkens des Gottesproblems bei Xenophanes. So zum Beispiel die Identität Gottes mit seinem Denken und allen seinen Handlungen (Fragment B24), die Bewegung des Alls durch den göttlichen νόος (B25) sowie seine Macht, den Menschen dahin leiten zu können, „das Rechte zu verwirklichen" (B1,15f).

Anderes wiederum läßt sich aus der allgemeinen Richtung und dem „Knochen-gerüst" der Theologie des Xenophanes unter Hereinnahme seiner erkenntnis-theoretischen und kosmologischen Überlegungen im nachhinein von uns plausibel rekonstruieren in der Hoffnung, dabei im großen und ganzen dem Geist xeno-phanischen Denkens gefolgt zu sein: So etwa die Vorstellung einer personhaften Gottheit oder das Verhältnis dieser mächtigsten Gottheit zu den vielen anderen Göttern. Vieles konnte dabei nur durch negatives Argumentieren widerlegt, nicht aber gleichzeitig ein positiver Gegenentwurf erbracht werden: Die Frage nach der möglichen (geistigen) Gestalt des Gottes mußte zum Beispiel offengelassen werden, obwohl festgestellt werden konnte, Xenophanes habe sie sich gewiß nicht „kugelförmig" gedacht. Schließlich aber bleibt noch eine ganze Palette von Fragen (zum Verhältnis von Gott und Welt etwa oder zu Ziel und Zweck der göttlichen

Weltlenkung, ja selbst dazu, ob Xenophanes diese Probleme überhaupt angesprochen hat), auf die der ärmlichen Testimonienlage wegen in aller Ehrlichkeit überhaupt keine Antwort gegeben werden konnte. Unser eigenes Schließen aufgrund von bestimmten Tekmerien – nichts anderes stellte ja die Rekonstruktion des xenophanischen Denkens aus seinen Direktzitaten letztlich dar – wurde in diesen Fällen durch das Fehlen weiterführender Indizien verunmöglicht.

3.5. Exkurs: Ein nachträglicher Blick auf zwei Hauptprobleme der Xenophanesforschung

Die Betrachtung der Wirkungsgeschichte der theologischen Entwürfe des Xenophanes bedarf noch einiger klärender Vorbemerkungen. Deren erste betrifft die chronologische Situierung des xenophanischen Denkens in der Geschichte der griechischen Philosophie. Traditionell wurde von den hellenistischen Doxographen im Anschluß an Platon und Aristoteles Parmenides als „Hörer" oder „Schüler" des Xenophanes angesehen (DK 21 A29 und A30). Es war bereits andeutungsweise davon die Rede, und auch davon, daß berechtigte Bedenken dagegen bestehen, in Xenophanes vorschnell einen primitiven Eleaten sehen zu wollen: Die Vermengung von eleatischem „einem Sein" und dem Gott des Xenophanes ist weitgehend ungerechtfertigt und setzt eine am Maßstab der erhaltenen Fragmente nicht aufrechtzuerhaltende Ontologisierung des xenophanischen Gottes voraus. Dennoch sind andererseits einige Affinitäten zwischen Parmenides und Xenophanes unübersehbar und ohne die Vermutung, einer müsse vom anderen gewußt haben, schwer zu erklären.

1916 erschien Karl Reinhardts vielbeachtete Habilitationsschrift „Parmenides und die Geschichte der griechischen Philosophie", die mit den bislang angenommenen philosophischen Sukzessionsschemata der doxographischen Tradition brach, und nicht nur Heraklit und seine Philosophie nach Parmenides ansetzte, sondern auch Xenophanes in geistiger Abhängigkeit vom allesüberragenden Genie des Parmenides sehen wollte und somit eine lange philosophische und philologische Diskussion auslöste, die einen guten Teil des Jahrhunderts andauerte[248]. Die von

---

[248] Sh. K.Reinhardt, ibid., pp.1ff, 152ff und 201ff. Auch Thesleffs weiter oben besprochene zeitliche Bestimmung des Xenophanes läuft ja auf eine Datierung des Kolophoniers nach Parmenides hinaus. Eine längere Besprechung zu Reinhardts Werk findet sich z.B. bei W. Schadewaldt, Die Anfänge der Philosophie bei den Griechen, p.297f.

Reinhardt vorgeschlagene Sicht der Dinge stützte sich wohl allerdings auf seine unvorsichtige Überschätzung der genialen Originalität des Parmenides, die keinerlei Vorläufer oder Auseinandersetzung mit Vorläuferphilosophien zu dulden gewillt war. Textuelle Grundlage für Reinhardts Buch bildete unter anderem zum guten Teil die bereits erwähnte pseudoaristotelische Schrift MXG, deren Xenophanes-Referat Reinhardt für ein durchaus getreues Spiegelbild der xenophanischen Gedankenwelt hielt. Wenn MXG heute als pseudoaristotelisch und als Quelle für Xenophanes als größtenteils unbrauchbar erwiesen ist, so vor allem dank der Vorarbeiten Werner Jaegers auf diesem Gebiet. Bereits Hermann Diels hatte die Abfassung von MXG ins erste bis zweite Jahrhundert gelegt, worin ihm neuerdings Jaap Mansfeld in einer längeren, äußerst detaillierten Abhandlung, die die Schrift mit der pyrrhoneischen Skepsis in Verbindung zu bringen versucht, gefolgt ist[249]. Auf zwei weitere erschöpfende Diskussionen von MXG im Zusammenhang mit der Xenophanesdeutung will ich hier noch verweisen: Mario Untersteiner kommt in seinen „Testimonianze e frammenti" zu Xenophanes nach eingehender Untersuchung zu dem Schluß, MXG entstamme der Feder eines unbekannten Megarikers und sei zeitlich im ersten vorchristlichen Jahrhundert anzusiedeln; der Xenophanestraktat der Schrift gehorche im wesentlichen megarischen Interessen und Fragestellungen und arbeite diesen offensichtlich zu. Für zitierenswert halte ich auch den von Untersteiner abweichenden Schluß, den Jürgen Wiesner nach sehr gründlicher Analyse von MXG zieht, denn er resümiert und bestätigt nicht nur viele Ergebnisse der vorliegenden Arbeit zu Xenophanes' Gotteslehre, sondern bildet auch eine gute Grundlage für die Betrachtung der Wirkungsgeschichte des Xeno-phanes, die sich diesem Kapitel anschließen wird:

„Man wird also in dem MXG-Autor einen Peripatetiker des dritten Jahrhunderts annehmen dürfen; den Unterschied der drei Berichte möchte man daraus er-klären, daß der Autor für Melissos und Gorgias aus entsprechenden Aristo-telesmonographien schöpfen konnte, für Xenophanes dagegen auf eine spätere, inadäquate Tradition zurückgegriffen hat, die er formal dem voraufgehenden Melissosbericht anzugleichen versuchte. Angesichts der Entfernung der antiken Xenophanesdeutung vom Original können allein die Fragmente maßgebend sein. Diesen unbekannt sind das eleatische Prädikatraster, die dialektischen Beweise, der ontologische Aspekt, die Konzeption des Pantheismus, den erst die Inter-pretation von Aristoteles' Metaphysik 986b 24 als Gleichung von All-Einem und Gott entstehen ließ, und des Monotheismus, der nach der generellen

---

[249] J.Mansfeld, De MXG: Pyrrhonizing Aristotelianism, Rhein. Mus. 131 (1988), pp.239ff.

> Betrachtung des Göttlichen (...) bei Xenophanes (...) und der früh erfolgten Zusammenstellung von dessen Lehre mit dem eleatischen Monismus angenommen werden konnte. Der Verbindung mit den Eleaten liegt offensichtlich die Vorausnahme einiger Prädikate zugrunde, die aber (z.B. Ungewordensein, Unbewegtheit) ganz anderen Ursprung haben und auf ganz anderer Ebene stehen als dann in Parmenides' Seinslehre, der immerhin Anregungen für seinen Katalog der 'Merkzeichen' des Seins enthalten haben mag"[250].

Welcher Interpretation man sich auch anschließen mag, es dürfte wohl mittlerweile feststehen, daß MXG erst nach Aristoteles entstanden ist und, was noch schwerer wiegt, wohl auch kaum auf aristotelische, geschweige denn original vorsokratische Grundlagen zurückgeht. Der Xenophanestraktat insbesondere entbehrt fast jeden Zusammenhangs mit dem historischen Xenophanes und dient anderen, nicht aber genuin xenophanischen philosophischen Zielen und Interessen, handle es sich dabei um megarische Fragestellungen oder um die gewollte Eingliederung des Kolophoniers in einen philosophischen Strang mit Melissos und Gorgias.

Ziel der Nachforschungen Karl Reinhardts war es offenbar gewesen, die originalen Leistungen Xenophanes' und Heraklits zugunsten des Parmenides, der somit zum eigentlichen und alleinigen Wendepunkt der griechischen Philosophiegeschichte würde, abzuschwächen: Der (hier übrigens viel zu ontologisch gedeutete!) Gottesbegriff des Xenophanes wäre demnach aus dem eleatischen Seinsbegriff deduziert, die xenophanische Erkenntnistheorie ein minderwertiger Nachahmungsversuch des weiterentwickelten logischen Gebäudes der Eleaten (insbesondere dieser Gedanke ist ganz deutlich aus MXG entnommen), und Heraklit würde gegen Parmenides polemisieren, nicht umgekehrt.

In den Jahrzehnten nach Reinhardt schien es zeitweilig so, als würde sich in der Gelehrtenwelt die chronologische Reihenfolge Parmenides - Xenophanes - Heraklit unter Umständen durchsetzen können. Noch Wolfgang Schadewaldt hat in den sechziger Jahren die Vordatierung der parmenideischen Lehren vor Heraklit im Gefolge von Reinhardts Überlegungen dezidiert angenommen und verteidigt. Was die Datierung des xenophanischen Schrifttums betrifft, so hat die Forschung vor allem im Anschluß an Werner Jaeger, der die Glaubwürdigkeit der pseudoaristotelischen Schrift MXG so nachhaltig entkräftete, daß es ihm gelang, Karl Reinhardts um-

---

[250] J.Wiesner, Pseudo-Aristoteles, MXG: Der historische Wert des Xenophanesreferats, pp. 323f; zu Untersteiners MXG-Untersuchung sh. pp.XVII-CXVIII seiner Einleitung zu „Senofane. Testimonianze e frammenti". Auffällig ist, daß Untersteiner für MXG trotzdem einen relativ hohen Informationswert zur Xenophanesdeutung zu veranschlagen scheint.

wälzende Datierungsversuche auf falsche Prämissen zurückzuführen, inzwischen zu einem Ansatz vor Parmenides zurückgefunden[251]. Es darf heute als gesichert gelten, daß Xenophanes früher als Parmenides zu datieren ist, und daß Parmenides von Xenophanes (den er, im Gegensatz zu Heraklit, allerdings nie namentlich erwähnt) und seiner Philosophie wohl gewußt haben muß. Auf alle denkbaren Andeutungen und Querverbindungen, die ein Wissen des Parmenides um die xenophanische Theologie nahelegen könnten, ist hier noch nicht der Ort, einzugehen. Allein die Diskussion der Diskrepanzen und Parallelen bei beiden im poetischen Bereich oder in der Erkenntnislehre gibt ja schon ein bändefüllendes Thema ab[252]. Es wird aber im Anschluß an diesen Exkurs immerhin die Wirkungsgeschichte, die Xenophanes' Theologie im eleatischen Bereich gehabt haben dürfte, noch ausführlicher behandelt werden, ähnlich wie auch seine entscheidende Beeinflussung anderer Denker noch schlaglichtartig hervorgehoben werden soll, um eine gewisse Kontinuität xenophanischer Wirkung und Weiterentwicklung im Ganzen der griechischen Philosophiegeschichte nachzuweisen. Es sei hier vorerst nur festgehalten, daß man mittlerweile nahezu einmütig dazu zurückgekehrt ist, in Xenophanes' erkenntniskritischem und theologischem Nachdenken die Ursprünglichkeit wiederzuentdecken, die ihr durch Reinhardts Interpretation zeitweise genommen worden war. Das kann die von Reinhardt eifersüchtig verteidigte Genialität des Parmenides nicht schmälern, wie Schadewaldt richtig bemerkt hat: Die Kenntnis der xenophanischen Theologie, sowie deren Kritik oder Weiterentwicklung wären (ließen sie sich im Sinne Reinhardts nachweisen) für einen auch noch so herausragenden und originellen Denker, wie es Parmenides zweifelsohne war, keine Schande. Aber es wird dadurch einmal mehr gezeigt, welche weitreichende und folgenschwere Wirkung das xenophanische Denken explizit oder auch verborgen in der Geschichte der griechischen Geistesentwicklung hatte.

Eine zweite Bemerkung, die auch auf die gerade angesprochenen Probleme Bezug hat: Es haben sich im Laufe der Zeit in der Forschung zwei verschiedene und in sich gegensätzlich erscheinende methodische Ansätze des Verständniszu

---

[251] Vgl. W.Schadewaldt, ibid., p.298 und W.Jaeger, ibid., pp.66ff: „Dieser ganze theologische Eleat Xenophanes ist eine Chimäre" etc. Allgemein ist festzustellen, daß MXG desto schlechter als Quelle dienen kann, je älter der behandelte Philosoph ist; so wird über Anaximander z.B. vollkommen unrichtigerweise behauptet, er habe das Wasser als Substanz aller Dinge angesetzt (vgl. dazu auch E.Zellers Kritik, ibid., p.637). Wie sehr dagegen noch Schadewaldt geneigt war, wenigstens Heraklit an Parmenides anschließen zu lassen, sh. W.Schadewaldt, ibid., pp. 297, 348 und 431ff.

[252] Dazu u.a. die gnoseologischen Überlegungen von H.Fränkel, Xenophanesstudien, besonders pp.191f, die mehr Fragen und Probleme aufwerfen als beantworten.

gangs zu Xenophanes herauskristallisiert: Der eine versucht, Xenophanes' Philosophie aus ihren Wirkungen, insbesondere aber aus ihrer Nähe zum Eleatismus her zu entwickeln. Diese Variante geht im wesentlichen so vor, daß sie aus dem „eleatisierten" Xenophanes der Doxographen einiges allzu Parmenideisches wegstreicht und letztlich soviel übrig läßt, wie mit den vorhandenen B-Fragmenten des Kolophoniers (allerdings oft nur gewaltsam!) in Einklang zu bringen ist. Am Anfang dieser methodischen Richtung steht daher der Nachweis der Glaubwürdigkeit einer Verbindung der xenophanischen Lehre mit der eleatischen Tradition und der relativen Verläßlichkeit unserer doxographischen Nachrichten, oder doch zumindest der weitgehend sicheren Möglichkeit der Rekonstruktion ihres Wahrheitsgehaltes. Der Vorteil dieser Art von ex post arbeitenden Untersuchung liegt in der doch durchaus beachtlichen Fülle des von ihr bearbeiteten Materials, das sich uns durch die fleißigen Doxographen bietet (immerhin über fünfzig Testimonien auf vierzehn Seiten bei DK). Mit Hilfe dieses Sekundärmaterials läßt sich das knorrige Gerüst einer Philosophie, das uns die xenophanischen Direktzitate vor Augen führen, auffüllen und erweitern zu einer recht geschlossenen, relativ fest stehenden Einheit, die sich ziemlich gut in das Gesamt der griechischen Philosophie eingliedern läßt, allerdings vor allem deshalb, weil sie ja zum guten Teil im Hinblick auf und im Wissen um die Entwicklung dieses Gesamt rekonstruiert wurde.

Wie gesehen, folgte die vorliegende Arbeit im allgemeinen einem anderen, nämlich dem zweiten hier zu nennenden methodischen Ansatz. Dieser wurde in jüngerer Zeit entschieden vor allem durch Ernst Heitsch vertreten, dem ich darin auch größtenteils gefolgt bin. Ziel dieses Ansatzes ist es, Xenophanes so gut wie nur möglich aus den ihm zeitlich vorausliegenden Quellen zu erklären. Ausgangspunkt dieser Vorgehensweise ist es, die xenophanischen Direktzitate unter weitgehender Fortlassung ihrer doxographischen Einbindung zu betrachten und zu sehen, auf welche Gedanken, die Xenophanes selbst gekannt haben muß oder kann, in den Fragmenten jeweils positiv oder negativ Bezug genommen wird. Vor allem dem epischen Schrifttum, zu dem Xenophanes ganz offenbar in einem recht gespannten und spannendem Verhältnis stand, und der milesischen Philosophie galt hier das Augenmerk. So wurde also zum Beispiel die Bewegungslosigkeit des xenophanischen Gottes als aktive Polemik gegen Homers Götterauffassung gedeutet, ohne eleatische Argumente für die Bewegungslosigkeit des Einen heranzuziehen und sie bereits bei Xenophanes als in nuce vorfindbar anzunehmen. Auch wurde das Gottesbild des Kolophoniers im Anschluß an bereits zu Xenophanes' Zeiten (und auch früher schon) offenbar bestehende religiöse Vorstellungen als henotheistisch gedeutet und als Weiterentwicklung des Vater-Zeus-Gedankens im Epos, nicht aber als pantheistische Vorwegnahme des ontologischen Monismus der Eleaten oder als monotheistisch in einem Sinne, in dem später christliche Doxographen wie Clemens ihren eigenen Glauben präformiert sehen konnten.

Die so geführte Untersuchung hat daher auch eher die Eigenheiten und individuellen Charakterzüge der xenophanischen Philosophie im Spannungsfeld zwischen Widerspruch und Aufnahme von zeitgenössischem (vor allem mythischem) Gedankengut herausgestellt und letztlich zu zeigen vermocht, daß Xenophanes durchaus originelle Ansätze aufzuweisen hat, die über das gleichzeitige Schrifttum hinausweisen und sich nicht aus diesem allein ableiten oder erklären lassen, also als eigenständige Leistungen des Kolophoniers anzusehen sind. Das aber freilich auch etwas auf Kosten der Möglichkeit einer nahtloseren Eingliederung des Xenophanes in den Gesamtverlauf der griechischen Philosophiegeschichte.

Diese Unzulänglichkeit will das nun folgende letzte Kapitel so gut wie möglich relativieren helfen, indem es sich die philosophische „Wirkungsgeschichte" des Kolophoniers zum Thema macht. Denn die beiden methodischen Grundoptionen, von denen gerade die Rede war, bauen zwar auf gegensätzlichen Ausgangspunkten auf, sie sind aber, insbesondere was ihre Ergebnisse betrifft, nicht bis ins Letzte unvereinbar. Daher soll die Wirkungsgeschichte der xenophanischen Entwürfe im folgenden auch immer unter dem Aspekt untersucht werden, ob sich aus ihr nicht gültige Schlüsse auf die Lehre des Kolophoniers selbst, so wie sie hier vorgetragen wurde und als Grundlage der Erörterung auch der Rezeptionsgeschichte dienen wird, ziehen lassen, die das bisher Gesagte untermauern, ergänzen oder unter Umständen sogar in Frage stellen könnten.

4. WIRKUNGSGESCHICHTE

Die Begriffe „Wirkungs-" und „Rezeptionsgeschichte" gehören zweifelsohne zu den problematischeren in der Philosophiegeschichte. Allzu oft wird die Wirkung oder Aufnahme eines Gedankens nämlich so verstanden, als sei jeder Philosoph insbesondere als zweckdienlicher Vorläufer eines anderen anzusehen und seine „vorläufige" Philosophie wiederum nur als notwendige Folge eines intellektuellen Milieus, das er in mehr oder weniger gelungener Weise in eine geistige Synthese gebracht habe[1].

Im Gegensatz zu dieser Sicht der Dinge, in der alles Neue im Grunde nur als früher oder später absehbares Ergebnis eines Vorhergehenden erscheint, soll im folgenden gerade das Neuartige, Individuelle und nicht erwartet Zwangsläufige oder notwendig sich Ergebende in Übernahme und Weiterentwicklung der xenophanischen Lehren bei verschiedenen antiken Denkern Beachtung finden. Es ist dabei in der Tat auffallend, daß die Rezeptionsgeschichte dieser Lehren sich öfter überraschend verzwickt als vorhersehbar und unausweichlich gestaltet. Auch kann nicht unbedingt von einer steten Weiter- und Höherentwicklung der bei Xenophanes grundgelegten Gedanken in der Philosophiegeschichte die Rede sein. Einige fruchtbare xenophanische Ansätze deteriorieren im Gegenteil in ihrer Aufnahme bei späteren Denkern. So gilt also zumindest für die philosophiehistorische Stellung des Xenophanes, daß die unerwarteten Aspekte offenbar meist über die berechenbar kondizionierenden Elemente dominieren, innerhalb derer ein neuer Gedanke in der Geschichte jeweils aufgegriffen wird.

---

[1] Diese These (sozusagen) des δουλεύειν τοῖς πρὸ αὐτῶν τὰ ὕστερα, des Philosophen als „an outcome of his milieu" und des fast schon dominoeffektartigen Auseinanderhervorgehens von Gedanken und intellektuellen Strömungen hat viele prominente Vertreter gefunden, aus deren Reihen hier B.Russel, History of Western Philosophy, v.a. pp.7f, als Beispiel paraphrasiert wurde.

Man kann die Wirkungsgeschichte des Xenophanes auf diesem Hintergrund unter verschiedenen Gesichtpunkten betrachten, je nachdem, welche seiner Leistungen besonders herausgestellt werden soll: Als Naturphilosoph, als Theologe, als Pionier kritischen Denkens, etc. Von Xenophanes' wissenschaftsgeschichtlicher Stellung war dabei im Zusammenhang mit seiner Methodologie kurz die Rede und auch von der Aufnahme seiner kosmologischen und erkenntnistheoretischen, insbesondere skeptischen Lehren im antiken Denken. Auffällig ist, daß Xenophanes zwar offenbar ein gerne gelesener und vielzitierter Philosoph war, doch keine eigene Lehrtradition auslöste. Man hat vermutet, daß es gerade die große Bandbreite der von ihm angesprochenen Themen war, die das verhinderte: Durch sie wurde Xenophanes zwar zum willkommenen „Steinbruch" für viele nachfolgende Denker aller Gattungen und Tendenzen und ihrer Lehrgebäude, vermochte es aber gleichzeitig nicht, seinem Denken eine eindeutige Stoßrichtung zu geben, der sich später eine eigene Denktradition mit klar umrissenen Leitzielen verpflichtet fühlen konnte[2]. Übrigens bedienten sich nicht allein philosophische Denker der xenophanischen Arbeiten, sondern auch Dichter, Satiriker und vor allem die großen tragischen Autoren, deren Rückgriffe auf Xenophanisches der Forschung früh und häufig aufgefallen sind[3]. Die unmittelbarste und weitreichendste Wirkung dürfte Xenophanes insgesamt aber als philosophischer Theologe gehabt haben. Im folgenden wird daher vor allem die Rezeption der xenophanischen Gotteslehre im Altertum beleuchtet werden.

Bei der Auswahl der behandelten Philosophen mußten dabei, um den Rahmen eines gedrängten Abrisses nicht zu sprengen, gewisse Abstriche gemacht werden. Unter die hier ausgeklammerten Denker fällt – außer den großen Tragikern, auf die nicht näher eingegangen werden kann – unter anderem zum Beispiel auch Empedokles, der neben zahlreichen theologischen Anstößen vielleicht auch ein Kernstück seiner ganzen Philosophie, die Lehre von den vier weltkonstituierenden Elementen, xenophanischen Vorarbeiten oder doch zumindest xenophanischer Vermittlung

---

[2] Vgl. dazu auch J.H.Lesher, Xenophanes, p.6.

[3] Zu Xenophanes' theologischer Wirkung auf die Tragiker mag der Verweis auf Aischylos' Frgm.70, Wilamowitz' Besprechung des mutmaßlichen xenophanischen Einflusses auf Aischylos' Heliaden (Der Glaube der Hellenen, Bd.2, Anm.1 zu p.131) und v.a. Euripides' Hercules furens 1303ff (entspricht DK 21 C1) hinreichen. Besprochen finden sich die Verbindungen zu Xenophanes u.a. auch bei K.Jaspers, ibid., p.20 und J.Barnes, ibid., pp.90f. In welch unerwarteten Kontexten die Übernahme xenophanischer Gedanken manchmal aufteten kann, zeigt u.a. M.Marcovic, Euripides' Attack on Athletes, wo Euripides' Imitation der Sportlerkritik des xenophanischen Fragments B2 erläutert wird.

verdankt[4]. Ebenso ist es kaum vorstellbar, daß Anaxagoras' Nous-Philosophie gänzlich unabhängig von Xenophanes' Konzeption des göttlichen νόος gedacht werden kann; zumindest gehören Xenophanes und Anaxagoras mit ihrer Rede vom göttlichen, weltordnenden und doch weltdifferenten voῦς in ein und dieselbe philosophische Tradition[5].

Eine eingehendere Untersuchung würde auch der Einfluß xenophanischer Denkanstöße auf Sokrates und sein geistiges Umfeld erfordern: Ganz offenbar hat der Kolophonier beispielsweise dem Erkenntnispessimismus und dem (freilich weit radikaleren) theologischen Kritizismus einiger Sophisten vorgearbeitet. Nicht zuletzt mag Xenophanes' Fragment B18 die Entwicklung der sophistischen Vorstellung der Menschheitsgeschichte etwa eines Kritias oder Protagoras, die jener älteren der Epiker diametral entgegensteht, mitbeeinflußt haben.

Als erhellend für die Rezeptionsgeschichte der xenophanischen Gotteslehre könnten sich auch die Anfangskapitel von Xenophons Memorabilien bei genauerer Betrachtung erweisen: In ihnen schildert der Athener gut ein Jahrhundert nach Xenophanes' Tod die religiöse Haltung des Sokrates in dem Versuch, ihn posthum vom Vorwurf der Asebie zu reinigen. Es ist für uns dabei unerheblich, ob Xenophon hier ein getreues Bild des historischen Sokrates zeichnet. Jedenfalls beschreibt er am Beispiel des Sokrates eine theologische Grundhaltung, die seiner Leserschaft, der damaligen philosophisch gebildeten intellektuellen Oberschicht der Griechen, durchaus nicht als ketzerisch erschienen sein dürfte, sondern im Gegenteil als vernünftig, ethisch und theologisch anspruchsvoll und höchstens in

---

[4] So die These O.Gigons, Der Ursprung der griechischen Philosophie, pp.163ff: Xenophanes habe, wie Gigon aus einer (freilich stark zerstörten) Notiz des Aetius schließen will, von Erde und Wasser als den irdischen Elementen (vgl. 21 B29) gesprochen, aber mit Feuer und Luft noch zwei „außerirdische" angenommen, eine Lehre, die Gigon im Pythagoreertum grundgelegt sieht; flankiert wird diese Vermutung Gigons in gewisser Weise von einer Bemerkung des Diogenes Laertios, IX,19: (Ξενοφάνης) φησὶ δὲ τέτταρα εἶναι τῶν ὄντων στοιχεῖα. Überhaupt bringt Diogenes Empedokles gerne mit Xenophanes in Verbindung: IX,20 überliefert er ein Gespräch zwischen beiden und behauptet VIII,56, Empedokles habe nicht Parmenides, sondern Xenophanes imitiert. Was an theologischer Übernahme xenophanischer Kritik bei Empedokles noch in Direktzitaten vorhanden ist, bündelt v.a. die Aussage des Frgm.s B134. Vgl. zum Verhältnis Empedokles-Xenophanes zudem z.B. D.J.Furley, The Greek Cosmologists Vol.1, pp.87f.

[5] Auffällig ist nur, daß Aristoteles (und mit ihm die nachfolgende Doxographie) nie auf die Parallelen zwischen diesen beiden Philosophen hinweist. Ich erkläre mir das aber u.a. damit, daß Aristoteles den Anaxagoras am liebsten von der vorhergehenden vorsokratischen Tradition abkoppeln würde, wie neben Met.984b (= DK 59 A58, „Anaxagoras, der erste nüchterne Philosoph") auch z.B. Met.989 b6 (Anaxagoras sei der erste „moderne" Denker gewesen) zeigt. Vgl. dazu z.B. auch T.Buchheim, Die Vorsokratiker, pp.205ff und 218f.

216

einer offenbar keineswegs mehr anstößigen Weise unkonventionell. Aus dieser eher knappen xenophontischen Skizze einer aufgeklärten Gotteslehre im beginnenden vierten Jahrhundert spricht nun bei näherem Hinsehen viel Xenophanisches. Einiges wurde bereits im Vorübergehen angesprochen: So etwa die Aussage des xenophontischen Sokrates, die Götter sollten nicht über Gebühr mit mantischen Praktiken strapaziert werden, denn das Entscheidende behielten sie ohnehin für sich, die Menschen aber sollten sich auf ihre Erfahrung und Überzeugungen verlassen (Mem.I,1,7f), eine Aussage, die stark an Xenophanes' Ablehnung mantischen Erkenntnisgewinns (DK 21 A52) und sein Fragment B34 erinnert, das dem Menschen die Möglichkeit perfekten Wissens absprach und ihn auf den δόκος zurückverwies (dieser kontrastierende Vergleich von rein menschlicher Erkenntnis und mantischem Wissen findet sich im fünften Jahrhundert übrigens auch unter anderem bei Sophokles, Oedipus Rex 398). Ähnliches gilt für Sokrates' Kritik der Divination (Mem. I,1,3 und I,1,9). Auch der Vorwurf, die Menschen beteten irgendwelche Hölzer (Mem.I,1,14: ξύλα τύχοντα) an, könnte unter Umständen auf einer ähnlichen Kritik „xylomorpher" Gottesvorstellungen bei Xenophanes (DK 21 B17) aufbauen. Schließlich war bereits weiter oben das xenophanische Bittgebet, der Gott solle helfen, das Rechte verwirklichen zu können (B1,15), mit der inneren Gebetshaltung des xenophontischen Sokrates, nämlich den Göttern, die ja alleine darüber bescheid wüßten, was wirklich gut und recht ist, auch die Führung zum Guten und Rechten anzuvertrauen (Mem.I,3,2), verglichen worden.

Auffällig ist darüber hinaus aber auch, daß Xenophon dem Sokrates eine recht xenophanisch klingende Kritik der Dichter und Mythenerzähler in den Mund legt (Mem.I,2,56-58), genauso wie eine stark auf das Ziel der Reinheit und Nüchternheit der Rede angelegte Aufforderung zum maßvollen Trinkgenuß (z.B. Mem.I,3,5-6), die der der erhaltenen xenophanischen Fragmente B1,17 und B5 entspricht. Schließlich erinnert die xenophontisch-sokratische Charakterisierung des Göttlichen in Mem.I,4,18 (ἅμα πάντα ὁρᾶν καὶ πάντα ἀκούειν καὶ πανταχοῦ παρεῖναι καὶ ἅμα πάντων ἐπιμελεῖσθαι) stark an die Aussagen der xenophanischen Bruchstücke B24, B25 und B26.

Die Tatsache, daß Xenophon alle diese Punkte in apologetischer Absicht vorträgt, spricht für die allgemeine Akzeptanz der hier vertretenen theologischen Standpunkte in den intellektuellen Kreisen seiner Zeit und zeigt die relative Breitenwirkung der xenophanischen oder bei Xenophanes grundgelegten Lehren in ihnen.

Übrigens erinnert auch einiges von dem, was Platons Sokrates sagt, hier und da an Xenophanisches. So kann man, wie gesehen, unschwer Parallelen zwischen Apol.36d und Xenophanes' Leistungsanspruch in Fragment B2 erkennen und auch die Dichterkritik, die Platon seinem Sokrates in den Mund legt, baut ganz offenbar auf der Theologie des Kolophoniers auf. Doch davon später mehr.

Nicht weniger interessant erscheint eine denkbare Verbindung des Epikureertums mit Xenophanes. Sollte sie sich unzweideutig nachweisen lassen, so würde das unter Umständen auch Hinweise auf die Möglichkeit einer philosophischen kolophonischen Lokaltradition geben können, mit der Xenophanes unbedingt in Zusammenhang gebracht werden müßte, entweder als deren Begründer oder als ihr prominentester Vertreter: Jedenfalls zeigt die „Physik" und vor allem die Meteorologie des Kepos, die Epikur wie den Großteil seiner gesamten Lehre während seiner Zeit in Kolophon entwickelt haben dürfte[6], neben den bekannten Anklängen an Demokrit streckenweise auch auffallende Ähnlichkeiten mit der Kosmologie des Xenophanes. Auf einige wurde bereits anmerkungsweise hingewiesen: Lukrez, der hier für den Epikureismus die ergiebigste Quelle bietet, versucht De rer. nat. V,392-415 ähnlich wie Xenophanes (21 A33) eine sachliche kosmologische Auslegung des Sintflut- und Phaethon-Mythos durch die Rede vom „Krieg" der Elemente (Erde und Wasser); und auch auf die offenbaren Parallelen bezüglich der sonderbaren Inkonsistenz bei der Beantwortung der Frage nach den primären Bestandteilen organischen Lebens – Erde allein oder Erde und Wasser? – wurde bereits eingegangen (Lukrez V,805, Xenophanes' Fragmente B27 und B29)[7].

Auch anderes läßt sich bei Lukrez und Xenophanes gleichermaßen entdecken: So etwa die radikale Ablehnung der Mantik sowie die Auslegung meteorologischer Phänomene im Zeichen der Divinisationskritik (bei Xenophanes vor allem in B32, bei Lukrez die bekannte natürliche Erklärung von Blitz und Donner in II,1100ff

---

[6] Das vermuten zumindest die meisten Interpreten im Anschluß an die Vita Epikurs des Diogenes Laertios (X,1f), in der Epikur erst nach seiner kolophonischen Zeit als philosophischer Lehrer auftritt. Auch Gigon, ibid, pp.161ff hatte ja vermutet, Xenophanes habe als kosmologischer Dichter in Kolophon begonnen, bevor er in Großgriechenland zum Theologen wurde.

[7] Sh. dazu z.B. M.Gale, Myth and Poetry in Lucretius, pp.21ff, 33ff und öfter. Lukrez ist wie alle Epikureer (von denen allerdings kein anderer als Quelle so ergiebig ist) ein vergleichsweise erstaunlich sicherer Gewährsmann für das Gedankengut Epikurs, da der Kepos eine stenge Ipsissima-verba-Tradition pflegte, und seltener als andere Philosophenzirkel Gedanken des Meisters verfälscht oder auch nur verändert vortrug: vgl. dazu neben vielen anderen Arbeiten zum Thema E.Bignone, Lucrezio come interprete della filosofia die Epicuro.

und VI,160ff), und auch die eigenartige „entzündete-Wolken-Theorie" des Xenophanes taucht bei Lukrez wieder zur Deutung meteorologischer und
astronomischer Phänomene auf (VI,160f und 199f: „venti ... ignis semina
convolvunt e nubibus", etc., um nur dieses Beispiel anzuführen); ähnlich wie
Xenophanes spricht Lukrez vom Zusammenfinden „leuchtender Wolken" bei
Sonnenaufgang (V,660ff, dazu Xenophanes' 21 A40) und so weiter[8]; Epikur
bereits hatte den Mythos zugunsten des Hegens reiner Gedanken verworfen
(Diogenes Laertios X,137 = Ep. ad Men. 126) und sich somit der xenophanischen
Aufforderung zu reiner Rede statt „Fabeln der Alten" (B1,19ff) angeschlossen.

Gleichfalls wurde bereits einmal die – zugestandenermaßen wohl eher mittelbare
– Abhängigkeit der epikureischen Kritik an den traditionellen Göttern von grundlegenden Vorleistungen in Xenophanes' Mythenkritik angesprochen. Doch vieles,
was gerade über die Verbindung des Xenophanes zu dem so sehr viel späteren
hellenistischen Denkern gesagt werden kann, ist weitgehend Spekulation und mit
Vorsicht anzugehen.

Alles in allem kann man aber trotz zahlreicher Vorbehalte gegen allzu gewagte
Verbindungsversuche sagen, daß die Ansätze des Xenophanes also eine durchaus
beachtenswerte Rezeptionsgeschichte hatten. Die genaue Betrachtung einiger aus-
gewählter antiker Denker und ihrer Aufnahme und Weiterverarbeitung xenophanischer Philosophie soll das im folgenden unter verschiedenen Aspekten verdeutlichen helfen.

---

[8] Auffällig ist, daß die Epikureer die einzigen antiken Denker (mit möglicher Ausnahme
Ciceros in „De divinatione") sind, die wie Xenophanes die Mantik in toto und sogar ihrer
grundsätzlichen Möglichkeit nach ablehnen (sh. dazu z.B. F.Pfeffer, Studien zur Mantik in der
Philosophie der Antike, pp.109ff). In Lukrez' Meteorologie (Buch V und VI von De rerum
natura) finden sich häufig Parallelen zu Xenophanes' Wolkenlichtspieltheorie. Ich verzichte auf
weitere Beispiele und verweise weiter auf J.H.Lesher, Xenophanes' Scepticism, p.28 sowie
O.Gigon, Ursprung der griechischen Philosophie, pp.168ff.

4.1. Der Geißelschlag des Logos

Chronologisch am nähesten steht Heraklit von Ephesos (wohl ca. 536-470 v.Chr.) den xenophanischen Entwürfen. Daß er diese offenbar auch gekannt haben muß, zeigt die namentliche Nennung und Kritik der Lehren des Xenophanes in einem der überlieferten herakliteischen Direktzitate[9]:

„Vielwisserei lehrt nicht Verstand haben. Sonst hätte sie's Hesiod gelehrt und Pythagoras, ferner auch Xenophanes und Hekataios."

Sicherlich ist Heraklit seit jeher zu Recht als philosophischer Einzelgänger eingestuft worden. Auch seine Diktion ist stark individualistisch, unzugänglich und oft bewußt verdunkelnd oder nur andeutend, was den antiken Doxographen nicht geringen Kummer bereitete. Für den heutigen Betrachter erweist es sich hingegen mitunter als vorteilhaft, daß Heraklit seine Aussagen in eine aphorismenartig formulierende Sprache zu drängen tendiert: Auch eine Reihe zusammenhanglos überlieferter Zitate kann somit als abgeschlossenes Ganzes gewinnbringend behandelt werden[10]. Andererseits läßt sich bei allem Individualismus des Heraklit

---

[9] DK 22 B40. Von der Wirkung, die Xenophanes auch und gerade im Bereich physikalischer und meteorologischer Spekulation auf Heraklit ausgeübt haben muß, zeugen zahlreiche Zitate; als besonders auffällig dürften hier die Frgme. 22 B6, 22 A1, A11 u.a.m. gelten.

[10] U.U. ist diese sentenzenhafte Sprache mit gewissen Sympathien Heraklits den „Sieben Weisen", ihrer Weltsicht und ihren Sinnsprüchen gegenüber zu erklären (während er ja die „Volksweisen", die Dichter und Mythologen, ablehnt); vgl. dazu u.a. DK 22 B39 sowie J.Pòrtulas, Héraclito y los *maîtres à penser* de su tiempo, pp.170ff. KRS pp.184ff halten es für möglich, daß die Schrift Heraklits lediglich eine Art „Logienquelle", eine Sammlung ursprünglich mündlicher herakliteischer Apophthegma war.

und trotz seiner Kritik an Xenophanes nicht leugnen, daß der Epheser auch Xenophanisches assimiliert und für eigene Zwecke weiterverarbeitet hat.

Obwohl dabei gerade in Heraklits physikalischen Grundkonzeptionen und auch
sonst hier und da in seiner Philosophie Xenophanisches auszumachen ist[11], interessieren im folgenden in bezug auf Xenophanes von den etwa hundertneun-
undzwanzig erhaltenen Fragmenten aus Heraklits vermutlich einzigem Werk vor
allem diejenigen, die den herakliteischen λόγος betreffen. Gerade hier läßt sich
nämlich in besonderer Weise xenophanisches Denken und Spekulieren heraus-
hören, und eine Art der Weiterentwicklung xenophanischen Gedankenguts
beobachten, die als paradigmatisch für alle folgenden philosophischen Rückgriffe
auf die Theologie des Kolophoniers gelten kann.

Traditionell sieht man als den zentralen Gedanken der Philosophie Heraklits den
sogenannten „Fluß der Dinge" an, also das primäre Herausdeuten des Nicht-
bleibenden und Gegensätzlichen der in stetem Wechsel befindlichen und in sich
zerissenen Erscheinungswelt, deren Bild der Krieg[12] und das unstet flackernde ver-
zehrende Feuer ist, das am Ende auch die Weltherrschaft antreten wird[13]:

„Wechselweiser Umsatz: des Alls gegen das Feuer und des Feuers gegen das
All, so wie der Waren gegen Gold und des Goldes gegen Waren" (DK 22 B90).

---

[11] So wurde weiter oben bereits einmal im Anschluß an H.Schwabl darauf hingewiesen, daß
sich bei Heraklit und Xenophanes gleichermaßen eine spürbare Abkehr von der ἀρχή-Frage der
Milesier feststellen läßt. Interessant ist der Vergleich zwischen xenophanischen und hera-
kliteischen Ansätzen einer tendenziös relativistischen Erkenntnislehre. Zu Heraklit sh. in diesem
Zusammenhang die Frgme. 22 B9, B37, B61, B82, B83 und B111 sowie B. Snell, ibid., pp.132ff.
In stark auffälliger Weise korrespondieren Xenophanes' B1,17f und eine Anweisung seines
„geistigen Sohnes" Heraklit (so M.Marcovic, Xenophanes on Drinking-Parties and Olympic
Games, p.69) in dessen Frgm. B117. Interessant ist weiterhin die auffällige Parallele zwischen
Xenophanes' B34 und Heraklits Frgm. B78, die beide die prinzipielle Möglichkeit von
Erkenntnis zum Gegenstand haben.
[12] Auch hier ist Heraklit wieder einmal nicht ganz „Lehrer seiner selbst". Der weltkonstitutive „Krieg" der Gegensätze spielte bereits bei den älteren Ioniern eine tragende Rolle. Ich bin
mir nicht ganz schlüssig, ob etwa für dieses Bild des „Krieges" oder „Streits" auch
vorphilosophische, poetische Gedanken als Vorlage gedient haben dürften. Denkbar wäre zum
Beispiel die „kosmologische Umsetzung" der überkulturellen Beobachtung vom Übereinkommen
aller menschlichen Gemeinschaften im Grunddatum, im „Gemeinsamen" der Kriegsführung bei
Archilochos, Frgm.38 (vgl. Heraklits B80); ähnliche Anklänge finden sich ja auch in der Ilias.
Daß Heraklit die Dichtungen des Archilochos kannte und (meist kritisierend) verwertete, vermutet neben anderen auch J. Mansfeld, Vorsokr., p.235.
[13] Vgl. DK 22 B12, B49, B66, B91, B88, A1 b76, A5, A10, B31 und öfter. Die Möglichkeit
und Tragweite einer frühen ἐκπύρωσις-Lehre bei Heraklit bleibt aber weiter umstritten.

Allerdings ergibt für den Epheser als Pendant zu dieser primären Weltdeutungsrichtung das Zusammenspiel der Gegensätze als Ganzes wieder eine Harmonie, ähnlich wie das Zusammenspiel, der „Streit" verschiedener Töne zur musikalischen Harmonie führen kann, und so sieht er also

„Das widereinander Streitende zusammengehend; aus dem Auseinandergehenden die schönste Harmonie" (DK 22 B8).

Bereits Hesiod „war zu dem Axiom gekommen, daß das Geschehen sich auf einem Hintergrund abspielen müsse, der es seiner Zufälligkeit entkleide und ihm Gesetzmäßigkeit garantiere"[14]. Ähnliches war für das Geschichtsbild der ersten Historiographen festgestellt worden. Noch dringlicher setzt aber die herakliteische Philosophie der spannungsreichen Gegensätze einen legitimierenden Hintergrund, eine ἁρμονία voraus, was nichts weiter als eine andere, und zwar sehr aufschlußreiche Bezeichnung für den Logos ist. (Martin Heidegger wollte diesen Logos Heraklits daher auch ganz und gar vom Verb λέγειν in dessen Urbedeutung von „zusammensammeln" her verstanden wissen, also den Logos als das das Seiende auf sich zu Versammelnde[15]). Dabei ist ἁρμονία übrigens wunderbar vieldeutig, und ergibt in vielen möglichen Nuancierungen („Verbindung", „Klammer"[16], „Übereinkommen", „Spannungsgefüge", um nur einige deutsche Wiedergabevarianten zu nennen), nicht nur im ästhetischen Wortgebrauch, für den herakliteischen Zusammenhang Sinn.

Tatsächlich entwickelt Heraklit ein zuordnendes Einheitsprinzip, das er Harmonie oder den Logos nennt (oder ξυνόν oder νόμος), und das neben eindeutig mythischen Gottesprädikationen[17] auch mit dem Namen „Zeus" (B32) belegt wird, was die Interpreten schon früh auf ähnliche vorphilosophische henotheistische Quellen schließen ließ, wie sie bereits Xenophanes in seinen theologischen Entwürfen vorlagen: Im ewig mit sich selbst identischen Göttlichen allein treffen sich alle Gegensatzpaare, und dieser göttliche „Verklammerungs-" oder „Sammlungspunkt" ist der Einheitsgrund der Welt, nicht unähnlich dem die Welt geistig

---

[14] H. Diller, ibid., p.151.

[15] Was philologisch etwas erzwungen sein dürfte, als Deutungsversuch aber interessant; sh. M. Heidegger, Der Spruch des Anaximander, p.349.

[16] Diese Verständnisweise von ἁρμονίη als geordnetes oder ordnendes Zusammenfügen oder Verklammern verschiedener Dinge zeigt sich auch bei Homer, insbesondere in der Beschreibung des Floßbaus in Od.V,162. 248. 361 etc.

[17] Vgl. z.B. DK 22 B30 oder B114. dazu W.Röd, Philosophie der Antike 1, p.92 und O.Gigon, Der Ursprung der griechischen Philosophie, p.237.

durchdringenden θεὸς μέγιστος des Xenophanes[18]. Auch ist diese Logos-Gottheit oder der „Zeus" des Heraklit bereits sozusagen durch die xenophanische Schule gegangen, und so trägt er keine homerisch-menschlichen Züge mehr wie die Götter des Volksglaubens, den Heraklit ausdrücklich ablehnt:

„Und da beten sie auch zu den Götterbildern, wie wenn einer mit Gebäuden eine Unterhaltung pflegen wollte, weil man die Götter und Heroen eben nicht als das erkennt, was sie sind" (B5).

Sowie:

„Wenn es Götter gibt, weshalb beweint ihr sie? Wenn ihr sie aber beweint, haltet sie doch nicht mehr für Götter!" (vgl. Xenophanes' A 13!),

und schließlich:

„Sie beten zu den Götterbildern, die nicht hören, als ob sie Gehör hätten" (B127 und 128, von DK allerdings als nur zweifelhaft herakliteisch angeführt).

Auch diese Ähnlichkeiten zur xenophanischen Mythenkritik sind der Forschung schon früh aufgefallen, von der Ablehnung der anthropomorphen Götterdarstellungen angefangen, über die Kritik Homers und Hesiods (etwa in DK 22 A22, B40, B42, B57, B104), bis zur Spannung, in der Heraklits Werk die Nennung der vielen Götter, zu denen er ein vergleichbares inneres Verhältnis gehabt haben dürfte wie Xenophanes zu den Olympiern, neben seiner Auffassung vom einen Göttlichen schweben läßt (hier stehen in schönem Kontrast B11, B34, B67 und andere gegen B5, B24, B30 oder B15). Selbst die Aussage des xenophanischen Fragments B24, Menschen und Gott könnten in Einsicht und Gestalt nicht miteinander verglichen werden, hat ihren unübersehbaren Widerhall bei Heraklit (Fragment B83)[19]. Es dürfte daher kein Zweifel daran bestehen, daß Heraklits Gotteskonzeption der xenophanischen Theologie in vielerlei Hinsicht ähnlich, wenn nicht sogar (zumindest teilweise) von ihr abhängig ist.

---

[18] Vgl. H.Diller, ibid., p.149 und H. Fränkel, Heraklit über Gott und Erscheinungswelt, p.244; sh. dazu auch Platons Kritik an Heraklits Auflösung der Gegensätze im Timaios 48e ff, die sich bei Fränkel auch ausdrücklich besprochen findet: sh. ibid., p.249. Zu einer alternativen Interpretation von 22 B32 verweise ich hier auf G.Fatouros, Heraklits Gott, p.69 und Anm.20/p.70.

[19] Dazu auch W.Jaeger, Die Theologie der frühen griechischen Denker, pp.144ff.

Um jedoch diese Abhängigkeiten wie Differenzen eindeutiger herausarbeiten zu können, dürfte es aufschlußreich sein, zunächst Heraklits Einschätzung seiner eigenen Lehre kennenzulernen. Ein vielinterpretiertes Fragment, das wohl ziemlich am Anfang seiner Schrift gestanden haben muß, bietet dazu einen erleichternden Einstieg:

τοῦ δὲ λόγου τοῦδ᾽ ἐόντος αἰεὶ ἀξύνετοι γίνονται ἄνθρωποι καὶ πρόσθεν ἢ ἀκοῦσαι καὶ ἀκούσαντες τὸ πρῶτον. γινομένων γὰρ πάντων κατὰ τὸν λόγον τόνδε ἀπείροισιν ἐοίκασι πειρώμενοι καὶ ἐπέων καὶ ἔργων τοιούτων ὁκοίων ἐγὼ διηγεῦμαι, κατὰ φύσιν διαιρέων ἕκαστον καὶ φράζων ὅκως ἔχει.

„Für diesen (meinen) λόγος indessen, der da ist, kommen die Menschen nicht zum Verständnis, weder bevor sie ihn hörten, noch sobald sie ihn gehört haben. Denn obwohl alles nach diesem λόγος geschieht, gleichen sie doch solchen, die sich nicht damit befaßt haben, obgleich sie sich doch befassen mit Reden und Werken von der Art, von welcher ich es darlegen werde, indem ich jedes einzelne nach seiner natürlichen Wesensbeschaffenheit auseinanderlegen und nachweisen werde, wie es sich damit verhält.‟[20]

Heraklit spricht hier offenbar zunächst von zwei unterschiedlichen, wenn auch keineswegs voneinander grundsätzlich verschiedenen λόγοι. Einmal ist es „sein‟ Logos, seine Einsicht und Lehre also, die er in seiner Schrift verkündet, und dann – interessanterweise mit demselben Wort benannt – eine Art „umfassendes Weltgesetz‟, nach dem sich alles richtet, der λόγος τὰ ὅλα διοικοῦν (B72). Tatsächlich konvergieren die zentralen Begriffe für dieses „Weltgesetz‟ im herakliteischen Gedankengebäude: πόλεμος, θεός, σοφόν und ἁρμονία alle in der einen Vorstellung vom Logos. Wolfgang Schadewaldt unterschied weitergehend drei (wie er sie nannte) „Hypostasen‟ dieses Logos: „1. die seinsmäßige strukturelle Gesetzlichkeit, 2. den von diesem Weltlogos wirklich vernommenen und so gedachten Logos, erfaßt im *noein*, und als der so vernommene ist er dann 3. der auch gesagte und geschriebene Logos, 'dieser sein' Logos. In allen drei Hypostasen aber: *einai, noein, légein*, ist es doch derselbe Logos.‟[21] Was im Zusammenhang mit Xenophanes hier vor allem zu interessieren hat, ist zunächst die erstgenannte Bedeutung des Logos als unhintergehbare Gesetzlichkeit der Realität, als „Formel‟ der gesamten, und vordergründig offensichtlich so

---

[20] DK 22 B1 (Übersetzung nach Schadewaldt, ibid., p.356f, mit kleineren Änderungen).

[21] W. Schadewaldt, ibid., p.359. Ähnlich in jüngerer Zeit T.Hammer, Einheit und Vielheit bei Heraklit von Ephesus, pp.76ff sowie Guthrie, HGPh Bd.I,p.452.

zerrissenen, im Fluß befindlichen Wirklichkeit, als „Weltgesetz", noch nicht so sehr in der zweiten und dritten Verständnisvariante als menschlich erkennbare und dann sprachlich und vielleicht sogar gesetzlich faßbare Formel.

Es lag für die Forschung unausweichbar nahe, in der angesprochenen ersten Verständnisweise des Logosbegriffs eine herakliteische „Weiterentwicklung" des xenophanischen νόος des Gottes zu vermuten, so wie ihn uns das Fragment B25 des Xenophanes als göttliches Lenkinstrument des Kosmos vorstellt. Ich möchte mich dieser Vermutung im nachstehenden im allgemeinen anschließen, jedoch nicht ohne auf die sich daraus ergebenden Schwierigkeiten und philosophiegeschichtlichen Diskontinuitäten hinzuweisen und diese „Weiterentwicklung" eher als konstruktive Umdeutung zu charakterisieren[22]. Tatsächlich brachten und bringen immer wieder zahlreiche Arbeiten den herakliteischen Logos mit dem νόος des xenophanischen Gottes in ihrer Funktion als „raison universelle" des Weltgeschehens in Verbindung[23]. In gewisser Weise abhängig waren alle diese Arbeiten insgesamt von Olof Gigons in dieser Hinsicht bahnbrechenden in den dreißiger Jahren erschienenen „Untersuchungen zu Heraklit", die Heraklits Philosophie, insbesondere aber seine Konzeption des Logos als θεῖος λόγος (Fragment B114), als göttlichen Einheitsgrund der sichtbaren Welt, stärker von Xenophanes' Theologie abhängig machen wollten[24]. Nach Gigon steht hinter der Welt Heraklits ein klug lenkender Gott, der dem Weltgeschehen durch strategischen Einsatz der Gegensätze eine einheitliche Richtung zu geben weiß[25]. Früh jedoch meldeten sich Stimmen zu Wort, die mit großer Überzeugungskraft und Berechtigung darauf hinwiesen, daß Gigons These, Heraklits Logos sei wie der xenophanische θεός als persönliche, von der Welt geschiedene Gottheit vorzustellen, unhaltbar sei.

---

[22] Zur Vorsicht vor übergroßer Konstuktionsfreudigkeit in dieser Hinsicht mahnt u.a. K.v. Fritz, Die Rolle des ΝΟΥΣ, in: H.-G.Gadamer, Um die Begriffswelt der Vorsokratiker, pp.292ff.

[23] So z.B. B.Wisniewski, La philosophie de Xénophane.

[24] Gigons Ziel war offensichtlich eine Neubestimmung der herakliteischen Philosophie und ihrer Wurzeln nach Reinhardts Werk „Parmenides und die Anfänge der griechischen Philosophie", das eine Überwindung der allzu einseitig auf den „Fluß der Dinge" ausgerichteten Heraklitdeutung zugunsten einer engeren Beziehung von Werden und Sein bei Heraklit erbracht hatte. Vgl. dazu den Abriß zur Forschungsgeschichte zu Heraklit bei E.Kurtz, Heraklits Logos-Fragmente, pp.1-62, insbesondere pp.18f. Auffällig für den weiteren Fortgang der Heraklitforschung ist, daß, zumindest im deutschen Sprachraum, nach Gigon und Jaeger kaum mehr an eine vorwiegend theologische Deutung der herakliteischen Fragmente gedacht wurde; das wohl deshalb, weil in der Folgezeit v.a. wieder der Kosmologe, der „diesseitige" Heraklit stärker in den Mittelpunkt des Interesses rückte, und somit seine Verbindung zu den Milesiern, während Affinitäten zu Xenophanes langsam aus dem Blickfeld verschwanden.

[25] Vgl. O.Gigon, Untersuchungen zu Heraklit, pp.147ff.

Vielmehr sei der Logos eine apersonale Formel, nach der die Welt „funktioniere", und bedeute „bei Heraklit nirgends ein intelligentes Wesen, sondern den θεῖος νόμος der παλίντροπος ἁρμονίη" und sei daher nicht wie bei Xenophanes primär „das Wissende, sondern das, was den Gegenstand des eigentlichen Wissens ausmacht"[26]. Was also als (immerhin erstaunliche) Parallele zwischen diesem Logos und dem Gott des Xenophanes bleibt, ist die Tatsache, daß beide ein vernünftiges Einheitsprinzip darstellen, das dem Weltgeschehen allein eine einheitliche Richtung gibt und es auf sich hin vereint. Vielleicht kann man auch sagen, daß sich Heraklits Logos-Metaphysik in der Mitte zwischen der Auffassung Anaximanders, den die modernen Interpreten immer wieder gerne mit Heraklit in Verbindung bringen, und Xenophanes' einpendelt: Zwischen der Lehre von den notwendigen ab intrinseco vorgegebenen Funktionsweisen der Entstehung der Welt, die in der materiellen Grundstruktur der Wirklichkeit ab ovo immer schon angelegt waren, und der Vorstellung von einem die Welt als lenkbares Gegenüber durchplanenden Gott situiert sich Heraklits Logos als vernünftig in Wirkung tretender normativer Plan des Universums, nach dessen Maßgabe sich alles richten muß; er „ist nicht nur Gesetz im Sinne des Naturgesetzes, das einen invarianten Zusammenhang von Erscheinungen ausdrückt, sondern zugleich und vielleicht sogar in erster Linie Gesetz im normativen Sinne, dem als dem Gemeinsamen zu folgen ist"[27].

Damit findet sich in dieser sachlichen Weiterentwicklung oder besser: Umdeutung des xenophanischen νόος des Gottes zum herakliteischen Logos ein symptomatisches Element angelegt, das bezeichnend für die Xenophanesrezeption aller späteren griechischen Denker bleibt (weshalb Heraklit hier auch ausführlicher behandelt wird, obwohl die Xenophanesrezeption bei anderen Vorsokratikern vielleicht punktuell klarer nachvollziehbar wäre): Die Eigenschaften des xenophanischen Gottes werden jede für sich schrittweise vom ursprünglichen Gottesbild des Kolophoniers abgelöst und verselbständigt, worauf sie eine eigene philosophische Apotheose erfahren, und dann schließlich als das eigentlich Göttliche hingestellt werden. So auch der λόγος des Heraklit: Bestand der νόος bei Xenophanes nur in Funktion von der Gottheit, und diente dieser quasi als

---

[26] So W.Bröcker in seiner Rezension zu Gigon (in: Gnomon 13, Jahrgang 1937, pp.530ff, und hier insbesondere p.535) mit Verweis u.a. auf Fragment B67 und 108 des Heraklit. Vgl. auch K.v. Fritz, ibid., und W.Jaeger, Die Theologie der frühen griechischen Denker, Anm.55 zu p.144. In der Aussage sicherlich etwas zu radikal schließlich U.Hölscher, Anfängliches Fragen, pp.135f in seiner Auslegung der Bruchstücke 1, 2, 50 und 72 des Heraklit: „... nirgends erscheint der Logos als einer, der herrscht oder handelt, auch nicht als einer, der erkennt, nicht einmal als einer, der erkannt wird".

[27] W.Röd, Philosophie der Antike 1, p.88.

Instrumentarium des Weltlenkprozesses, so trennt ihn Heraklit vom Gott, dem er ursprünglich verwachsen war (vgl. DK 21 B24), ab, hypostasiert ihn, indem er ihn zur selbständigen Weltformel übersteigert, sieht in ihm, den er in seiner Sprache jetzt λόγος nennt, nunmehr das eigentliche Göttliche, und entledigt sich schließlich des somit obsolet gewordenen xenophanischen Gottes, denn während die weltlenkenden φρήν und νόος des Xenophanes noch eines sie ausübenden (wenn auch nicht von ihnen geschiedenen) Agenten bedurften, ist der Logos bei Heraklit wie gesehen (B32) bereits selber der Gott[28]. Eine oft gemachte Beobachtung scheint für diesen Zusammenhang aufschlußreich zu sein[29]: In seinem Fragment 41 bezeichnet Heraklit sein Universalprinzip, den Logos, als γνώμη, die alles lenkt. Diese Auffassung des normativen Weltgesetzes als zugrundeliegendem „Gedanken" der Welt ist deshalb so interessant, weil die γνώμη ja schon als das Höchste, sozusagen das „id quo maius nihil", angesetzt werden muß, und also nicht wie in unserem Sprachgebrauch unentbehrlich, auf etwas noch höheres, das, was den Gedanken denkt, weiterverweisen kann. Heraklit gibt hier also die Unterscheidung zwischen Denksubjekt und Gedachtem, zwischen Denktätigkeit und Denkinhalt, auf und sieht die γνώμη als selbständig denkenden ungedachten Gedanken (was wir heute vielleicht nur noch mit „Geist", „Vernunft" übersetzen könnten)[30]. Diese Vorstellung war aber in gewisser Weise bereits vorgegeben in Xenophanes' Rede vom höchsten Gott, der οὖλος νοεῖ, „als Ganzer denkt" (B25), der also nicht als verschieden von seinem Denken dargestellt wird. Nur: Der νόος war deshalb immer noch das Planen eines Gottes; der Logos, die γνώμη Heraklits ist dagegen selbst der Plan der Welt. Dieser unmöglich ganz bruchlos vollziehbare Loslösungsprozeß impliziert nun aber seinerseits zwei Konsequenzen, die Heraklit durchzuziehen sich gezwungen sehen mußte:

Deren erste ist die der Preisgabe jeder personalen Dimension des Göttlichen; zwar spricht Heraklit vom θεός in derselben Weise wie er vom λόγος spricht (vom

---

[28] In dieser stark gerafften Form der Darstellung muß natürlich da und dort unsachgemäß verkürzt werden: Xenophanes hat kein Monopol darauf, Vorläufer der Theologie Heraklits zu sein. Und natürlich ist es nicht so, daß Heraklit sich den Gott des Xenophanes vornimmt, ihn minuziös demontiert, und dann mit ausgesuchten Einzelteilen ein eigenes Weltprinzip entwickelt; vielmehr rezipiert er umdeutend eine theologische Tradition, deren eine wichtige und bekannte, aber keineswegs einzige Scharnierstelle die Philosophie des Xenophanes war. Aber auch andere Einflüsse haben Heraklit sicherlich mitbestimmt: vgl. W.Jaeger, Die Theologie der frühen griechischen Denker, pp.134ff.

[29] Zum folgenden insbesondere W.Röd, ibid., p.92.

[30] Aristoteles nimmt in Met.1075a 3f eine ähnliche Position ein und meint ebenfalls, daß sein Weltbeweger ein sich selbst denkender Geist, gleichzeitig νοῦς *und* νοούμενον sein muß.

Konvergieren beider Begriffe hin zu dem Punkt, an dem Heraklit sie – wie in B32 oder B67 – so gut wie univok zu verwenden scheint, war schon vorher andeutungsweise die Rede), jedoch ist der göttliche Bereich nun eben doch eher zur apersonalen Formel und zum von selbst funktionierenden Gesetz geworden, zum θεῖος νόμος, daß nämlich alles eins sei und das zugrundeliegende Prinzip dieser Einsmachung der Logos[31]. Während bei Xenophanes zu sehen war, daß der νόος allein schon dem griechischen Wortgebrauch nach auf ein Subjekt, das ihn ausübt (den Gott) und ein von diesem Erkenntnissubjekt Differentes, auf das er sich bezieht (so ja übrigens noch bei Anaxagoras' νοῦς), voraussetzt, ist der Logos als ein von einem Ausübenden unabhängiges und vor allem von der von ihm normierten Wirklichkeit nicht mehr unbedingt different vorzustellendes, der Welt inhärentes Einheitsprinzip zu verstehen, das das Weltgeschehen aus ihm selbst heraus bestimmt[32]. Für die Erkenntnis der „Funktionsweisen" der Wirklichkeit brachte diese – wie man sieht, nicht nur rein sprachliche, sondern auch und vor allem philosophisch und sachlich motivierte – Umbenennung des weltlenkenden νόος in den Logos einen erheblichen Fortschritt.

Doch warum entscheidet sich Heraklit für diesen „Fortschritt" vom θεός zum Logos, wenn er doch offenbar philosophiegeschichtlich gesehen zunächst gewissermaßen ein Verkümmern des xenophanischen Gottesbegriffs darstellt? Die Antwort gibt die zweite grundsätzliche Bedeutung, die λόγος bei Heraklit haben kann, nämlich „Formel" im Sinn einer aus unserer Welt und ihrer Beschaffenheit ablesbaren Naturgesetzlichkeit. Seine Definition des Logos als inwendigem Wirklichkeitsprinzip erlaubt es Heraklit nämlich nunmehr, die Erkennbarkeit des Logos aus der menschenmöglichen geistigen Durchdringung der Wirklichkeit, von der dieser Logos, ganz anders als der xenophanische Gott, ja nicht mehr unterschieden ist, zu behaupten. Das ist (wie auch Werner Jaeger bemerkt hat) der entscheidende Bruch in der Einschätzung dieses Wirklichkeitsprinzips: „sowohl Xenophanes wie Heraklit schreiben ihm weltbewegenden Geist und höchste Weisheit zu; aber erst bei Heraklit wird die geistige Tätigkeit Gottes näher bestimmt durch die Einheit der Gegensätze, die der Inhalt des göttlichen Gesetzes ist"[33]. Der Logos als ontologisches Einheitsprinzip kann also vom denkenden Menschen, dem λόγον ἔχων, in den Logos qua erkenntnistheoretische Grundeinsicht, nämlich als synoptischer Blick, der die Vielheit der Gegensätze zum „alles" zusammenschließt, und somit

---

[31] Vgl. U.Hölscher, Anfängliches Fragen, pp.135f.

[32] Die Tatsache, daß Heraklits Frgm.108 davon spricht, *das Weise* sei von allem abgesondert, widerspricht dem nicht unbedingt: sh. dazu G.Fatouros, Heraklits Gott, p.68.

[33] W.Jaeger, ibid., p.146.

gewahr wird, daß alles E/eins ist, umgemünzt werden[34]. Vielleicht glaubt Heraklit daher auch prinzipiell an die Gabe der Weissagung, die das Göttliche in den menschlichen Bereich hineinragen und in ihm erfahrbar machen läßt, während Xenophanes noch jede Mantik und ihren Sinn für den Menschen als rationales Lebewesen ablehnte[35]. Auch Uvo Hölscher hat darauf hingewiesen, daß Heraklits positive Einschätzung der Divination etwas mit diesem Grunddatum seiner Philosophie, das heißt der Einsehbarkeit in den Logos, zu tun haben muß: Heraklits Orakelfragmente (vor allem Fragment B93) sagen etwas darüber aus, wie das sich in verschiedenen wandelbaren Erscheinungsformen der Wirklichkeit verbergende Grundprinzip zu erkennen sei; nämlich als in diesen Erscheinungsformen sich zeichenhaft offenbarend und aus ihnen abzulesen. Es sei daher auch kein Zufall, daß Heraklit einen der Orakelrede nicht unähnlichen, sentenzenhaften und dunkel andeutenden Stil pflege: er sah sich tatsächlich als „Orakel" des Logos an die Menschen[36].

Es ist aber dies die zweite notwendige Konsequenz, die Heraklit in seiner Lehre zu ziehen hat: die menschenmögliche Erkennbarkeit der Inhalte des λόγος, dessen, „was die Welt im Innersten zusammenhält", an der Xenophanes in auffallend radikaler Weise noch zu zweifeln sich die Freiheit nehmen konnte, zuzugeben[37], denn

„Gemeinsam ist allen die Ensicht", ξυνόν ἐστι πᾶσι τὸ φρονέειν (B113),

und

„daher ist es Pflicht, dem Gemeinsamen (Allgemeinen) zu folgen. Aber obschon der Logos gemeinsam ist, leben die Vielen, als hätten sie eigene Einsicht" (B2).

Man merkt es Heraklit an, daß er nur sehr ungern dieses (wenn auch eher prinzipielle) Zugeständnis an den menschlichen Geist macht. Für gewöhnlich gilt ihm die große Masse der Menschen als eine Herde unwissender Tiere, die meinen,

---

[34] Vgl. dazu v.a. T.Hammer, Einheit und Vielheit bei Heraklit von Ephesus, p.119.

[35] Zu Heraklits Einschätzung der Mantik sh. u.a. die Frgme. DK 22 B92 und B93; von doxographischer Interpretation zu reinigen, aber grundsätzlich richtig wohl auch 22 A20.

[36] Sh. U.Hölscher, Anfängliches Fragen, p.140. Man beachte die Nähe dieser Deutung zur Aussage des „Methodensatzes" von Anaxagoras: ὄψις τῶν ἀδήλων τὰ φαινόμενα.

[37] Vgl. oben die Überlegungen zur xenophanischen Gnoseologie, und hier wiederum besonders Frgm. 21 B34.

sie dächten und planten selber, wo sie doch in Wirklichkeit ganz und gar vom λόγος und seinem alles einrichtenden Wirken bestimmt werden wie eine Herde von ihrem Hirten[38], und getrieben sind vom leitenden Geißelschlag des Gottes (πληγῇ τοῦ θεοῦ, B11). Immerhin muß Heraklit aber der Meinung sein, es wäre bislang mindestens einem Menschen gelungen, denkerisch zum Logos vorzustoßen: nämlich ihm, Heraklit, selbst (auch Hekataios' Buch begann ja mit einer ähnlichen Selbsteinschätzung, der berühmten Gegenüberstellung der eigenen Forschung und der falschen λόγοι πολλοί der vielen). Daher, um als Eingeweihter in die Geheimnisse und „Orakel" des λόγος den verständigeren Menschen diesen λόγος zu vermitteln, schrieb er wohl letztendlich auch sein Buch.

Diese herakliteische Einschätzung der Unfähigkeit der Masse, den Logos richtig zu erfassen, stellt übrigens eine weitere Parallele zum xenophanischen Denken dar: Wie das göttliche Einheitsprinzip Heraklits der Menge verschlossen bleibt, so hat sie bei Xenophanes keine Ahnung vom wahren Wesen des Göttlichen, wie die falschen Vorstellungen der Dichter und der Volksreligion beweisen. Symptomatisch aber auch der Unterschied in beider Einschätzung einer *grundsätzlichen* Erkennbarkeit und Einsehbarkeit in den Bereich des Göttlichen, dessen, was die Welt im Grunde lenkt und ordnet: Während Heraklit diese Einsicht der Möglichkeit nach zugibt, hält Xenophanes sie für in letzter Konsequenz unmöglich (DK 21 B34).

— Im Einleitungskapitel war davon die Rede, daß eines der Merkmale, das die griechische Philosophie vom Mythos, insbesondere dem hesiodischen, übernimmt, die Suche nach dem hypostatischen göttlichen Einheitsgrund hinter den greifbaren ὄντα ist. Gemessen am selbstgesteckten Ziel der Philosophen, dieses Substrat der Wirklichkeit und ihrer Erscheinungsformen transparent, erkenn- und ansatzweise sogar vermittelbar zu machen, erbringt der λόγος Heraklits nun tatsächlich nicht unwesentliche Vorteile gegenüber den früheren theologischen Vorstellungen des Xenophanes (die zunächst nicht welterklärend sein wollten, sondern im Ansatz primär theologischer Kritizismus waren). Xenophanes war es ja geradezu darauf angekommen, zu zeigen, wie entzogen der weltlenkende Gott in seiner Wirksamkeit jeder menschlichen Spekulation bleibt und wie vollkommen unvergleichbar (passive) menschliche und (aktiv lenkende) göttliche Einsicht in die Welt sind. Jener hingegen macht einen für das Denken der Griechen sicherlich eminent wichtigen Schritt hin zur Vorstellung, daß die hypostatische „Weltformel"

---

[38] Dieser Gedanke findet sich bei Heraklit immer wieder; vgl. vor allem DK 22 B1, B2, B72, etc.

grundsätzlich erkennbar und dem menschlichen Geist, wenn auch nur mühsam, zugänglich und auflösbar sei. Daß der ontologische Logos, die norma normans, und der erkenntnistheoretische, „sein" Logos, die norma normata, im Sinne des Fragments B1 miteinander korrespondieren[39].

Der Gewinn an Durchsichtigkeit, den Heraklits Denken somit in die Philosophiegeschichte einbringt, gab im folgenden wohl auch den Ausschlag dafür, daß alle späteren Philosophen eher der Vorstellung eines überpersonalen Weltprinzips, eines apersonalen θεῖον anhingen, als dem unsicheren und eher unzugänglichen xenophanischen θεός, der in seinen unberechenbar personhaften Zügen ja doch nur sehr schwer faßbar blieb. Vielleicht schon früher, bei Anaximander etwa, aber spätestens hier bei Heraklit „hat das oberste Weltprinzip die Position des höchsten Göttlichen übernommen, das 'alles umfaßt und alles lenkt': daher die Bestimmung des göttlichen Wissens als des alllenkenden"[40]. Insbesondere im herakliteischen Zusammenhang dürfen hier die Stoiker als gutes Beispiel solcher Denkentwicklungen gelten: Auch sie nehmen einen „Logos" als weltbeherrschende und als λόγος σπερματικός auch die Einzelvorgänge der Natur bestimmende Vernunft an, und verweisen dabei auf Heraklit als ihren geistigen Vater. Mag eine direkte Verbindung Heraklit - Stoa auch philosophiegeschichtlich unzulässig sein, die stoische Identifikation der Weltformel „Logos" mit dem Göttlichen bietet ein weiteres Paradebeispiel für die Verselbständigung des λόγος oder νόος zum Gott oder Gottesersatz im griechischen Denken[41].

Es ist im Anschluß an Hegel oftmals davon die Rede gwesen, daß der griechische Geist, wenngleich er auch stets dem Gedanken der grundsätzlichen Belebtheit der φύσις verhaftet blieb, graduell und mühsam zu einer vergegenständlichenden Betrachtungsweise der Natur als erforschbares und berechenbares Gegenüber

---

[39] Ganz ähnlich und auf den νοῦς bezogen ja später auch noch die Argumentation bei Anaxagoras, die Jaeger so zusammenfaßt: „Der Geist ist das Göttliche in uns, daher sind wir imstande, dem göttlichen Geist und seinem Weltplan nachzukommen und ihn zu begreifen" (ibid., p.187). Im Zusammenhang mit dem xenophanischen Fragment B12 habe ich versucht, darzulegen, daß bei Xenophanes in der Rede von den ἀθεμίστια ἔργα θεῶν die Vorstellung eines Gesetztes, das alle Einzelgesetze und das Verhalten sowohl der Götter als auch der Menschen normiert, vermutet werden muß. In dieser Linie hat Heraklit offensichtlich weitergedacht (vgl. Fragm.114). So stößt er vor zur Korrespondenz von normierendem und normiertem Logos und somit zum Versprechen der Einsichtsmöglichkeiten in die Funktionsweisen der Welt, das Xenophanes nie hätte geben können.

[40] U.Hölscher, Heraklit zwischen Tradition und Aufklärung, in: Das nächste Fremde, p.163.

[41] Zum stoischen Logos vgl. z.B. W.Totok, Handbuch der Geschichte der Philosophie Bd.I, pp. 271ff; die Aufnahme herakliteischen Denkens in der Stoa illustrieren gut etwa DK 22 A8 und A20.

findet. Diese Grundbewegung der Philosophie macht sich nun auch in der Gottesfrage als Versächlichungstendenz unter den bei Heraklit eben angesprochenen Vorzeichen und Zielsetzungen spürbar. Man hat in diesem Zusammenhang von der „philosophischen Entformung des Göttlichen"[42] als einer Konstante der griechischen Philosophie gesprochen, und meinte damit wohl die graduelle „reductio ad formulam" des Gottesbildes bei den Griechen, die bei Xenophanes ihren unscheinbaren Ausgang fand in dem ratlosen Schweigen über das δέμας und die μορφή Gottes, und in der anschließenden schrittweisen Demontage und einzelaspekthaften „Ausbeutung" des xenophanischen θεός mit philosophischen Mitteln einige ihrer Höhepunkte feierte. Von nun an dominieren – wenn auch vielfach gebrochen und uminterpretiert – in der antiken Philosophiegeschichte die losgelösten einsehbaren und deutbaren Einzelattribute des xenophanischen Gottes die theologischen Erwägungen: der νοῦς als ordnendes Gegenüber der geordneten Welt bei Anaxagoras und seinen Nachfolgern, die unzergliederbare Einheit als das eine und einzige Wirklichkeitsprinzip des Parmenides und der Platonischen Tradition, und die Unbewegtheit und Bewegungsinitiative in den Lehren vom Unbewegten Beweger bis auf Aristoteles und darüber hinaus, um nur die prominentesten Beispiele zu nennen; so wurde den Griechen in der Tat zunehmend „das Leben der Götter Mathematik" (Novalis), ein verstandesmäßig durchdringbares, ja nur dem Verstand als Verwandtestes sogar unmittelbarst zugängliches Paradigma der sichtbaren Welt und ihrer Entwicklungsweisen.

---

[42] W. Jaeger, Die Theologie der frühen griechischen Denker, p.57.

4.2. Xenophanes und Parmenides

My former speeches have but hit your thoughts,
Which can interpret further: only, I say,
Things have been strangely borne.

Macbeth III,6

Einer der Hauptstreitpunkte in der Xenophanesforschung ist seit jeher die Frage einer möglichen Verbindung des Kolophoniers mit Parmenides und der nachfolgenden eleatischen Tradition. Freilich war im Verlauf der vorliegenden Arbeit im Kapitel über Xenophanes' Theologie schon in gewissem Sinne eine Vorentscheidung in dieser Streitfrage gefallen: Die Untersuchung hatte gezeigt, daß Xenophanes auch gänzlich unabhängig von einer Verbindung mit Elea gesehen und interpretiert werden kann und vielleicht sogar muß. Doch auch wenn der Kolophonier nicht als ein „primitiver Eleate" betrachtet werden darf, so stellt sich doch die vielleicht reizvolle Aufgabe, seine eventuelle mittelbare Wirkung auf Parmenides und die Gründe für die doxographische Identifikation xenophanischer und eleatischer Philosophie näher zu besehen.

Wie bereits angesprochen, machte die Xenophanesdoxographie Elea zu einem geographischen Fixpunkt der Biographie des Philosophen (Diogenes Laertios IX, 18=DK 21 A1, DK 21 A13); eine „Gründung Eleas" wird zudem bei Diogenes (IX,20) unter die Schriften des Kolophoniers gezählt, und unter Umständen hat Apollodor der gleichen doxographischen Tradition folgend das Gründungsjahr Eleas als „floruit" des Xenophanes angesetzt[43]. Alle diese späteren Über-

---

[43] Daß die Existenz eines xenophanischen Gründungsgedichts über die Kolonie Elea bezweifelbar ist, wurde bereits einmal angemerkt. Gleichfalls bleibt die Verknüpfung des Gründungsjahres Eleas mit der *Akmé*-Chronologie des Apollodor umstritten.

lieferungen, die den Xenophanes mit Elea in geographischen Zusammenhang bringen, sind aber sicherlich abhängig von denjenigen, die ihn an die eleatische Lehrtradition binden wollen (so zuerst Platon im Sophistes 242cd, DK 21 A29), ungeachtet der historischen Möglichkeit, daß der weitgereiste Kolophonier durchaus auch einmal nach Elea gelangt sein mag. Die Reisebeschreibungen des xenophanischen Bios erweisen sich also für unseren Kontext einer möglichen Einordnung des Kolophoniers in die eleatische Philosophie als unbrauchbar, und so findet sich die Untersuchung letztlich zurückgeworfen auf die Frage: Wie entstand die doxographische Tradition der Identifizierung des Xenophanes mit dem Eleatismus und auf welche philosophiegeschichtlich nachweisbaren Fakten kann sie sich stützen?

Die älteste Überlieferung, die Xenophanes mit den eleatischen Philosophen in Verbindung bringen will, findet sich über hundert Jahre nach Xenophanes' Lebzeiten in Platons Sophistes 242cd, einer mittlerweile vieldiskutierten Stelle:

> (Es spricht der Fremde aus Elea:) „Jeder, scheint es, hat uns sein Geschichtchen erzählt wie Kindern. Der eine, dreierlei wäre das Seiende (τρία τὰ ὄντα), bisweilen einiges davon miteinander im Streit, dann wieder alles Freund, da es denn Hochzeiten gibt und Zeugungen und Auferziehung des Gezeugten. Ein anderer beschreibt es zwiefach (δύο δὲ ἕτερος εἰπών), feucht und trocken, oder warm und kalt, und bringt beides zusammen und stattet es aus. Unser eleatisches Volk (ἔθνος) aber vom Xenophanes und noch früher her (ἀπὸ Ξενοφάνους τε καὶ ἔτι πρόσθεν ἀρξάμενον) trägt seine Geschichte so vor, als ob das, was wir alles nennen, nur eins wäre (ὡς ἑνὸς ὄντος τῶν πάντων καλουμένων)".

Eine gewisse Vagheit der Ausdrucksweise, die hier bei Platon auffällt (ἀπὸ Ξενοφάνους *τε καὶ ἔτι πρόσθεν*), findet sich auch noch bei Aristoteles (A30: Ξενοφάνης δὲ πρῶτος τούτων ἑνίσας, ὁ γὰρ Παρμενίδης τούτου *λέγεται* γενέσθαι μαθητής)[44], verliert sich aber bei den nachfolgenden Doxographen zusehens, bis

---

[44] Die modernen Interpreten spalten sich in zwei Lager bezüglich der Frage, wen das aristotelische λέγεται hier meint: Entweder haben – wie z.B. J.Mansfeld, Aristotle, Plato, and the Preplatonic Doxography and Chronography, pp.15ff, vermutet – Aristoteles und Platon ihre philosophiegeschichtliche Deutung aus derselben Quelle geschöpft und das λέγεται bezieht sich auf diese Quelle, also z.B. vielleicht auf Hippias. Oder Aristoteles nimmt unsere Stelle aus Platons Sophistes zum Ausgangspunkt und baut sie in eine stammbaumähnliche Systematisierung der vorplatonischen Philosophie, wie er sie wohl im Dienste seiner philosophiegeschichtlichen Forschungen im Lykeion betrieben haben dürfte, ein. Das λέγεται würde sich also wie so oft deutend auf Platon und sein Umfeld beziehen. Ähnlich entwickelt ja Aristoteles

Xenophanes schließlich zum Beispiel bei Simplicius (A31) und Diogenes Laertios (A2) ganz selbstverständlich zum „Lehrer des Parmenides" und bei Clemens (A8) und Theodoret (A36) zum „Gründer der Eleatischen Schule" wird.

Der Weg nach Elea:

Die Doxographen sahen offenbar Platons und Aristoteles' Überlieferung, Xenophanes sei „einer, der die Einheit gedacht habe", ein ἑνίζων, bestätigt und brachten den Kolophonier daher bereitwillig mit der ἕν-Philosophie der Eleaten in Verbindung. Die Legitimität dieser Verbindung hängt im großen und ganzen an den Testimonien Platons und Aristoteles' und also im wesentlichen an der Beantwortung zweier Fragen:

1) Inwiefern war Xenophanes ein „Einheitsdenker" oder sogar der „πρῶτος τούτων ἑνίσας" (Met.986b)?

2) Ist der Einheitsgedanke bei Xenophanes tatsächlich als Vorläufer des eleatischen anzusehen?

ad 1): Es eröffnen sich hier nur zwei Möglichkeiten: Entweder sah Xenophanes einen materiellen Einheitsgrund der Welt, welcher, ähnlich Anaximanders Apeiron in der weiter oben gegebenen Deutung, ebenso göttlich, unbegrenzt, unteilbar, inhaltlich ununterscheidbar und homogen war wie das göttliche Eine der Eleaten. Für diese Möglichkeit gibt es allerdings keinerlei Anhaltspunkte in den xenophanischen Fragmenten und auch die Doxographie zu Xenophanes besteht darauf, er habe mehrere und bereits ausgeformte Elemente (Erde und Wasser) als materielle ἀρχαί der Welt betrachtet.

Die zweite Möglichkeit erkennt im Gott der xenophanischen Fragmente B23 bis 26 den Einheitsgedanken der Eleaten gewissermaßen theologisch präformiert. Platon spricht davon, daß das Einheitsdenken der Eleaten „mit Xenophanes *und*

---

weiter vorne (Met.983b) in Zusammenhang mit der ionischen Naturphilosophie eine wohl nicht ganz ernst gemeinte Behauptung Platons aus dem Theaitetos (180cd) weiter, wenn er sagt, es gebe Leute, die in Homer quasi einen ersten Verfechter der Lehre vom Wasser als der ἀρχή sehen; vgl. H.Cherniss, The History of Ideas, KRS p.240 sowie W.D.Ross, Aristotle's Metaphysics I, p.130. Ross macht zudem darauf aufmerksam, daß das platonische ἔθνος im Sophistes nicht mit „Schule" zu übersetzen ist, Platon also nie gesagt hat, die eleatische *Schul*tradition habe mit Xenophanes begonnen. Zum Ganzen sh. auch Fil.Pre., pp.277ff.

sogar schon früher" begonnen habe. Tatsächlich kannte Platon schon ältere, vorphilosophische Varianten des „Einheitsgedankens", denn in Nomoi 715c (=DK 1 B5) berichtet er von einem παλαιὸς λόγος, demzufolge es „einen Gott gibt, der in seinen Händen Anfang, Ende und Mitte aller Dinge hält"; – eine in orphischen Gedichten öfter wiederkehrende Lehre. Die Theogonie des orphischen Derveni-Papyrus (Kol.XII,3-6) weiß ebenfalls von einer Auflösung der gesamten Wirklichkeit im Göttlichen, denn Zeus absorbiert nach dieser Lehre die alte Welt und speit sie in neuer Ordnung wieder aus[45]. Auch Diogenes Laertios I,3 (DK 2 A4) schließlich kennt einen alten Ausspruch des Musaios, daß „ἐξ ἑνὸς τὰ πάντα γίνεσθαι καὶ εἰς ταὐτὸν ἀναλύεσθαι".

Gute Gründe sprechen für die Annahme, daß Platon eine Entwicklung des Einheitsgedankens vermutete, die grob skizziert folgendermaßen gelautet haben muß: Alles, was ist, kommt von einem Gott, nämlich Zeus („ältere Theologen": Musaios/ orphische Lehren etc.) – ein unbenannter Gott durchdringt die Welt geistig ordnend und ist somit der einheitliche Ausgangs- und Bezugspunkt des Weltgeschehens (Xenophanes, Fragmente 24 und 25) – Alles ist (das göttliche) eine Sein und außer dem einen Sein nichts (Parmenides)[46]. Nur insofern also Xenophanes ein einziges vernünftig wirkendes göttliches Prinzip annimmt und lehrt, dürfte er für Platon ein „Einheitsdenker" der Wirklichkeit gewesen sein (Aristoteles tendiert ja bereits im Anschluß daran dahin, Gott und Wirklichkeit bei Xenophanes stärker gleichzusetzen).

ad 2): Dieser freilich erst sehr nachträglich rekonstruierte Blick auf die Entwicklung des philosophischen Gedankens von der Einheit kann also durchaus zu dem vorsichtig formulierten Schluß führen, „daß es nicht ganz abwegig ist, eleatische Tendenzen in Xenophanes so zu entdecken, daß sie ihre natürliche Fundierung in einem primär theologisch bestimmten Problemhorizont erhalten"[47]. Doch im Unterschied zu Parmenides ging es Xenophanes ja nicht vorrangig um eine Erklärung der Wirklichkeit als Ausgangspunkt seiner Gotteslehre. Er war primär Theologe, Parmenides in erster Linie Ontologe. Xenophanes reagierte auf den Volksglauben seiner Zeit; Parmenides kam zum Einheitsgedanken der Wirk-

---

[45] Vgl. M.L.West, The Orphic Poems, pp.88ff und 100ff sowie T.Buchheim, Die Vorsokratiker, pp.51f und 54.

[46] Zu dieser Abfolge vgl. u.a. J.Mansfeld, Aristoteles, Plato and the Preplatonic Doxography and Chronography, pp.26f.

[47] T.Buchheim, Die Vorsokratiker, p.53.

lichkeit durch einen radikalen philosophischen Neubeginn und reine Überlegung[48]. Die Übergänge von einem zum anderen sind keineswegs unkompliziert und bruchlos zu verstehen und, wie noch zu sehen sein wird, vielerorts eher durch Diskontinuität als Kontinuität gekennzeichnet.

Warum kam es Platon und Aristoteles so sehr darauf an, Parmenides und Elea mit Xenophanes in Beziehung zu bringen? Es hätte andere Möglichkeiten gegeben: So etwa die der Verbindung Parmenides - Anaximander, dessen „Apeiron" dem parmenideischen Einen über weite Strecken sehr viel mehr zu gleichen scheint als der personale xenophanische θεὸς μέγιστος; tatsächlich kennen einige Doxographen einem anderen Überlieferungsstrang folgend, der sich gegen den platonisch-aristotelischen allerdings nicht durchsetzen konnte, Anaximander als den „Lehrer" des Parmenides. Auch John Burnet, der wohl als erster die Tradition der Vereinnahmung des Xenophanes durch den Eleatismus ernsthaft in Zweifel zog, nahm eine ganz andere Quelle der parmenideischen Philosophie an: Diogenes Laertios berichtet (IX,21), Parmenides habe den Xenophanes zwar gehört, sei ihm aber nicht gefolgt (οὐκ ἠκολούθησεν αὐτῶι). Vielmehr habe ihn der Phytagoreer Ameinias zur Philosophie gebracht, dem Parmenides nach dessen Tod als seinem Lehrer ein Denkmal habe bauen lassen, was Burnet zufolge ein schlagenderer Beweis ist als alle doxographischen Nachrichten, die Xenophanes und Parmenides zusammenbringen wollen: Das Denkmal muß über Generationen hinweg gestanden und die Verbindung Parmenides' zu Ameinias bezeugt haben[49]. Diese These vom direkten pythagoreischen Ursprung der parmenideischen Philosophe wurde in neuerer Zeit zum Beispiel von Guthrie wiederaufgenommen[50].

Für das Sukzessionsschema bei Platon und Aristoteles und ihren Nachfolgern, das Xenophanes neben anderen, früheren Theologen in die eleatische Tradition einordnen will und den Kolophonier zum Lehrer des Parmenides macht, sind wohl vor allem zwei Motivationshintergründe anzusetzen: Erstens lag vordringlich Platon (insbesondere seit der Schaffensphase seines „Parmenides", die mit einer stärkeren Hinwendung seines Sokrates zur „italischen Richtung" der Philosophie zusammenzufallen scheint[51]) wohl daran, den Eleatismus als eine möglichst alte Denkrichtung

---

[48] Sh. W.Röd, Philosophie der Antike, p.76 und KRS p.171.

[49] Was nicht heißen muß, daß Parmenides sein ganzes Leben lang Pythagoreer war; auf seine aktive Auseinandersetzung mit pythagoreischen Lehren wird auf den folgenden Seiten näher eingegangen. Vgl. J.Burnet, Early Greek Philosophy, p.170.

[50] HGPh Bd.II, p.11. Vgl. auch Heitsch, Parmenides, p.59.

[51] Vgl. J.Mansfeld, Aristotle, Plato, and the Preplatonic Doxography and Chronography, pp. 42ff.

darzustellen, um ihm somit durch die Autorität ehrwürdigen Alters mehr Gewicht zu verleihen. Diese Tendenz der zeitlichen Zurückverlagerung einer Lehre zur Autoritätssteigerung durchzieht ja die gesamte Antike bis ins Urchristentum, das eine Lehre nur dann für wirklich gesichert orthodox hielt, wenn ihr Verfechter seinen Weihestammbaum bis auf einen Apostel oder direkten Apostelschüler zurückführen konnte. Es stellt sich natürlich die Frage, inwieweit Platons Aussage im Sophistes 242cd auf diesem Hintergrund überhaupt philosophiegeschichtlich ernst genommen werden kann, bedenkt man zudem, daß er im Theaitetos 179e auch Homer und Heraklit in ein und dieselbe philosophische Tradition stellen will. Sicherlich spielt eine gewisse Portion platonische Ironie und Konstruktionsfreudigkeit in diese Aussagen mit hinein, die spätere Doxographen vielleicht allzu sehr für bare Münze zu nehmen gewillt waren[52].

Zum Zweiten wollten Platon und Aristoteles offenbar in ihrer Rückspiegelung der eleatischen Philosophie in eine remote Vergangenheit eine relativ kompakte Denkrichtung zur Darstellung bringen, die sich von einer anderen, konkurrierenden Lehrtradition der „italischen Schule" unterschied: In Met.986 a22-b8, unmittelbar vor der Besprechung der vorsokratischen „Einheitsdenker" (ἐνίζοντες), beschäftigt sich Aristoteles mit der pythagoreischen Doktrin der polaren Gegensätze, die die Weltwirklichkeit konstituieren sollen: Begrenztes - Unbegrenztes, Ungerades - Gerades, Eines - Vieles, Rechtes - Linkes, Männliches - Weibliches, Unbewegtes - Bewegtes, Gerades - Krummes, Licht - Dunkelheit, Gutes - Schlechtes, Quadratisches - „Längliches" (Ungleichseitiges?). Dagegen stellt Aristoteles im Anschluß (Met.986b) diejenigen Denker, die nicht die Differenzierung in Gegensatzpaare, sondern deren Zusammenkommen und Einheit als Grund allen Seins lehrten[53]: Xenophanes, Parmenides und Melissos. Auch in Platons Sophistes 242cd kontrastiert offenbar der eleatische Fremde die Einheitsdenker direkt mit den Gegen-

---

[52] So zumindest die opinio recepta bei den meisten Interpreten. Vgl. M.C.Stokes, One and Many in Presocratic Philosophy, pp.50ff, KRS, pp.165f, J.Burnet, Early Greek Philosophy, p.127, J.Mansfeld, Aristotle, Plato and the Preplatonic Doxography and Chronology, pp.15ff etc. Auch im Theait.179e deutet Platon, worauf Mansfeld, ibid., p.27, hinweist, eine noch ältere Tradition an, die angeblich vor Heraklit auf frühe Epiker zurückführen soll: das καὶ ἔτι πρόσθεν aus Soph. 242d hat dort seine Parallele in der Wendung καὶ ἔτι παλαιοτέρων, „und seit noch viel älteren (scil. Denkern)".

[53] Vgl. J.Mansfeld, Compatible Alternatives, p.95 sowie A.Alegre Gorri, Estudios sobre los Presocraticos, pp.64ff. Vielleicht verstand bereits Parmenides selber seine Philosophie des Einen als Abwehr der Lehre von den polaren Gegensätzen; vgl. dazu Parmenides' 28 DK 8,55-60, DK 9, DK 12,5f etc., wo einige dieser pythagoreischen Gegensatzpaare (v.a. Licht -Dunkel, männlich - weiblich) als „Meinungen der Sterblichen" dem „Weg der Wahrheit" entgegengestellt werden (sh. 28 DK 8,50ff).

satzdenkern (zu denen auch diese von Aristoteles besprochenen Pythagoreer zählen mögen). Tatsächlich scheint es ja früh eine philosophische Abwehrbewegung gegen die Scheidung der Wirklichkeit in polare Gegensatzpaare gegeben zu haben, und Heraklits Rede von der Koinzidenz der bipolaren Gegensätze in Einem ist wohl das beste Beispiel dafür. Er greift die pythagoreische Gegensatztabelle teilweise sogar wortwörtlich auf – und zwar in bewußt polemischer Weise, wie zu vermuten steht. In Wirklichkeit sei nämlich ein und dasselbe:

- „Ganzes und Nichtganzes, Einträchtiges und Zwieträchtiges, Einklang und Zwieklang, *Alles und Eines*" (DK 22 B10),
- „*Gut und Übel*" (B58),
- „*Tag Nacht*, Winter Sommer, Krieg Frieden, Sattheit Hunger" (B67),
- „*Lebendes und Totes*, Wachendes und Schlafendes und Junges und Altes" (B88),
- „Anfang und Ende" (B103).

Freilich sahen sich Aristoteles und (insbesondere) Platon außerstande, Heraklit unter die Einheitsdenker im eleatischen Sinn zu zählen[54]: Sie erkannten nicht zu Unrecht in Heraklit mit seinem verstärkten Interesse an der tangiblen Wirklichkeit vor allem den Vordenker des Wandels der Dinge und der Bewegung, der umgekehrt wie Parmenides sein System des letztendlichen Zusammenfalls der Gegensätze von der konkreten sichtbaren Welt ansetzend her entwickelte, also nicht von vornherein sub specie unitatis. Die Wahl fiel daher keinesfalls zufällig auf Xenophanes und einige ältere theologische Strömungen, die tatsächlich das Weltgeschehen von einem vernünftigen göttlichen Einheitsgrund ausgehend verstanden. Mit ihm konnte man einen „italischen" Philosophen vorweisen, der unter die „Denker der Einheit" relativ mühelos eingereiht werden konnte, nämlich insbesondere als erster, der die Lehre von der allem zugrundeliegenden Einheit (im Gott) mit philosophischen Mitteln aufstellte und verteidigte[55].

Der Weg und die Wahrheit:

Es ist wohl nicht nur von ungefähr immer wieder behauptet worden, mit Parmenides nehme die vorsokratische Philosophie einen unübersehbaren Neu-

---

[54] Sh. auch J.Mansfeld, ibid., pp.28f.

[55] Vgl. M.C.Stokes, One and Many in Presocratic Philosophy, pp.52ff (mit möglicher Erklärung, warum Platon die Milesier nicht als Vorläufer des Parmenides ansehen konnte) und Guthrie, HGPh Bd.I, p.368.

anfang[56]. Auch der mit Parmenides etwa gleichaltrige Heraklit versuchte wohl mehr oder weniger zur selben Zeit einen Neuansatz des Denkens, wobei er so weit wie möglich von früheren philosophischen Vorleistungen (insbesondere der „Kosmologen") absehen wollte und ganz als „niemands Schüler" (Diogenes Laertios IX,1) den Ansatz wählte, „sich selbst zu durchforschen" (DK 22 B101). Ähnlich, aber sowohl in Methode wie Ergebnis weit radikaler, Parmenides: Dieser verläßt willentlich jeden anderen Erkenntnisweg als den der reinen Überlegung (DK 28 B7) und nabelt sich vorsätzlich ab von den Meinungen seiner Zeitgenossen (B6), den Denkgewohnheiten und den Sinnesdaten, auf die Heraklit sich offenbar noch als weitgehend sichere Erkenntnisquelle stützte (DK 22 B5). Parmenides versucht sich also auf dem Weg (der Methode) des Zweifels bis hin zu einer „tabula rasa" des bloßen Denkens, dem reinen λόγῳ κρίνειν (DK 28 B7).

Was sich dem Denken aber als erstes und Grundlegendstes bietet, ist das Sein[57], und es bietet sich ihm nie etwas, das nicht ist. Das ist die erste und fundamentalste Einsicht, die sich Parmenides auf dem von ihm gewählten Weg darstellt. Er kann also, um es zunächst vorsichtig auszudrücken, eine unauflösbare innere Korrespondenz zwischen Denken und Sein feststellen (τὸ γὰρ αὐτὸ νοεῖν ἐστίν τε καὶ εἶναι, DK 28 B3), ähnlich wie bei Heraklit ja bereits eine enge Korrespondenz zwischen dem Logos als Weltgesetz und dem Logos als menschlichem Erfassen dieses

---

[56] Sh. z.B. Guthrie, HGPh Bd.II, p1: „Presocratic philosophy is divided into two halves by the name of Parmenides", oder, weit radikaler, J.Mansfeld, Myth, Science, Philosophy, p.59: „The first true-blue philosopher ... is Parmenides", vgl. ders., Vorsokr., p.284; J.Barnes, The Presocratic Philosophers, p.155: „Parmenides of Elea marks a turning-point in the history of philosophy", etc. Für K.Reinhardt war diese auffallende Originalität des Parmenides ja seinerzeit der Ausgangspunkt seiner gewaltigen Umdatierung der gesamten griechischen Philosophiegeschichte geworden, in der Parmenides zum vorläuferlosen Iniziator der gesamten Disziplin wurde.

[57] Ich greife hier zur Verständnishilfe des Gemeinten auf ähnlichlautende und auf vergleichbarem Wege gewonnene Grundsätze der scholastischen Philosophie zurück: vgl. Thomas von Aquin, S.Th. I-II,55, 4 ad 4 und De veritate I,1: „Illud autem quod primo intellectus concipit quasi notissimum et in quod conceptiones omnes resolvit est ens". Es ist jedoch dabei für Parmenides zu beachten. daß er dieses „Sein" oder „sein" nicht bloß als Begriff faßt (wie das für Thomas hier gelten mag), sondern sicherlich der Überzeugung ist, das Sein selbst mit seinem λόγος zu treffen. Wie dieses nicht nur begriffliche Sein von Parmenides gefaßt wird und ob er (was sehr fraglich ist) klar zwischen den verschiedenen Verständnisweisen von „εἶναι" differenzierte, das ja nun wirklich der Ernstfall eines Wortes ist, das πολλαχῶς λέγεται (Met. 1028a), „auf vielfache Weise ausgesagt wird", bleibt weiterhin unentschieden oder vielleicht sogar unentscheidbar, und ist für unseren philosophiegeschichtlichen Zusammenhang der Frage einer Verbindung von Xenophanes und Parmenides auch nur von minderem Belang. Zu verschiedenen Interpretationsweisen vgl. E. Heitsch, Parmenides, pp.103ff, KRS pp.245f, oder den Aufsatz von W.F.Wyatt, The Root of Parmenides.

Weltgesetzes zu beobachten war. Auf der Grundlage dieser Feststellung der truglosen Korrelation von Sein und Denken und ausgehend allein von dem Identitätsprinzip „Sein ist, Nicht-sein ist nicht" entwickelt Parmenides in einer Reihe deduktiver Schlüsse und – für den Eleaten vordringlich wichtig – im Medium reinen Denkens mit Hilfe des Satzes vom Widerspruch und vom ausgeschlossenen Dritten einen Katalog der Attribute des Seins, der nun in der Tat im Wortlaut stark, für viele Interpreten zu stark, um nur zufällig zu sein, an eine Reihe von Eigenschaften erinnert, die Xenophanes seinem Gott zuschrieb: Ungeschaffen und unvergänglich ist das parmenideische εἶναι (DK 28 B8,4 und 8,27f sowie 8,40; vgl. dazu Xenophanes' B14 und A13), ebenso stets als unteilbare Ganzheit zu denken (DK 28 B8,5 und 8,23; vgl. Xenophanes' B24), unbewegt (DK 28 B8,26 und 8,40; vgl. Xenophanes' B26) und eins (DK 28 B8,6). Diese auffälligen Ähnlichkeiten in der Diktion waren wohl der Grund dafür, daß sich bereits die antike Doxographie größtenteils auf die Seite Platons und Aristoteles' schlug, und in Xenophanes einen ersten unvollkommenen Eleaten, den vom Schüler übertroffenen Meister des Parmenides sah.

Ich möchte im folgenden argumentieren, daß die Ähnlichkeiten in der Terminologie zwischen Xenophanes und Parmenides aber eher äußerlich bleiben und in der Sache verschiedene und ganz unterschiedlich entstandene Dinge bezeichnen. Dennoch wird dieser Interpretationsvorschlag hoffentlich auch zeigen können, wie und warum Parmenides, trotz aller Unterschiede zu Xenophanes' Philosophie, dessen Terminologie bewußt und gezielt teilweise aufgreift.

Es war bereits weiter oben davon zu sprechen, daß für Xenophanes und Parmenides zwei vollkommen verschiedene Motivationshintergründe des Denkens angesetzt werden müssen: theologische und mythenkritische für den einen, ontologische für den anderen. Betrachtet man nun die gleichlautenden Gottes- und Seinsattribute in beider Philosophien auf dem Hintergrund dieser verschiedenen Ausgangsfragestellungen, dann wird deutlich, wie verschieden sie auch gemeint sind: So bezeichnet bei Xenophanes die „Unbewegtheit" vor allem die Macht und Erhabenheit des höchsten Gottes, der es – im Gegensatz zu den homerischen Olympiern – nicht nötig hat, durch punktuelle Anwesenheit ins Weltgeschehen einzugreifen, sondern der wie der Göttervater Zeus des mythischen Weltbilds unverrückbar thront und doch alles sieht und beherrscht. Ein bei Xenophanes erst sekundär hinzutretendes Moment, nämlich die „Unbewegtheit" auch als „Werdelosigkeit" zu begreifen, ist bei Parmenides dagegen schon die dominierende Verständnisweise, in der Unbewegtheit vom Sein ausgesagt wird. Keinesfalls aber war die Bewegungslosigkeit des xenophanischen Gottes, das ἐν ταὐτῷ μίμνει κινούμενος οὐδέν, das heißt das „Bleiben am selben Ort", in Fragment B26, wie bei Parmenides (DK 28 B8,29) so motiviert, daß es außer dem Unbewegten nichts gebe, wohin Bewegung überhaupt stattfinden könnte (B8,5ff)[58]. Ebenso ist die unteilbare Ganzheit des Gottes bei Xenophanes als Identität von Denken und Handeln zu verstehen (DK 21 B24), bei Parmenides hingegen (eher im Sinne des anaximandrischen Apeiron) als Unzergliederbarkeit der einen und einzigen Gesamtwirklichkeit des Seins (DK 28 B8,22ff)[59].

Am auffälligsten aber dürfte der Unterschied im Gebrauch des Einheitsattributs sein: Die „Einheit", von der in Xenophanes' Theologie zu sprechen war, bedeutete nirgends die ausschließliche Einzigkeit der Gottheit. Xenophanes war, wie festgestellt werden konnte, weder Monotheist noch ein Pantheist, der sich seine Gottheit als mit der Gesamtwirklichkeit koextensiv vorstellte. Immerhin jedoch kann eine weiterführende Interpretation der xenophanischen Fragmente 23 bis 26 wie gesehen dahin führen, im größten unter allen Göttern, von dem Xenophanes spricht, einen die Welt vernünftig lenkenden und durchdenkenden Geist zu erkennen, der, hinsichtlich der Weltordnung dem herakliteischen Logos nicht unähnlich, also der Welt als beherrschendes Einheitsprinzip zugrundeliegt. Ganz anders dagegen Parmenides in seiner Rede vom Einen, ἕν (DK 28 B8,6): Das Einssein des Seins meint hier (einmal die Unmöglichkeit von Nichtsein eingestanden) ganz klar Einzigkeit, Ein-und-Alles-Sein. Die Tatsache des Einsseins beschränkt sich auch nicht auf einen Einzelaspekt des Seins (etwa den der Weltherrschaft, die wohl Xenophanes, vielleicht im Anschluß an ein homerisches Sprichwort[60], durchaus als nur einem zustehend konzipiert hat), sondern das Einssein ist dem parmenideischen εἶναι wesentlich und unabdingbar, εἶναι und ἕν sind synonyme Bezeichnungen derselben Wirklichkeit, neben der es keine andere gibt.

Als eine interessante Weiterentwicklung und Umgestaltung xenophanischer Ansätze erweist sich aber auch Parmenides' Rede vom νόος und νοεῖν: Bei Heraklit war zu beobachten, daß sich der göttliche weltlenkende νόος zum Logos entwickelte, der nicht nur Wirklichkeitsprinzip, sondern auch menschliche Einsicht in dieses eine Prinzip ist. Parmenides bringt diese Entwicklung vom νόος des Gottes, der alles durchdringt, zum „νοῦς, der der Gott in jedem von uns ist"[61], zuende. Wie

---

[58] Vgl. F.J.Weber, Fragmente der Vorsokratiker, p.72.

[59] Vgl. zu den Seinsprädikaten u.a. auch F.M.Cornford, Plato and Parmenides, pp.38ff mit Hin-weis auf Parallelitäten und Unterschiede zum Urstoff der Milesier.

[60] Il.II,205: οὐκ ἀγαθὸν πολυκοιρανίη· εἷς κοίρανος.

[61] Nach Euripides Fragment 1018; vgl. Guthrie, HGPh Bd.II, p.18.

bereits oben angedeutet, ist durch die innere Korrespondenz von Sein und Denken (DK 28 B3) „der *nous* selbst schon auf Einheit aus: d.h. hebt sie erst heraus inmitten und trotz der Zerstreuung der Faktoren und hält sie fest durch seine Sammlung, ähnlich wie auch der eine mächtigste Gott des Xenophanes alles in der Einigkeit seiner Sammlung erbeben macht und so ebenfalls in seiner Macht behält"[62]. In der Tat erkennt der denkende Mensch bei Parmenides ganz wie der mit Hilfe des νόος die Welt bis an ihre Grenzen durchdringende Gott des Xenophanes „mit der Vernunft (νόῳ) gleichermaßen die entferntesten Dinge, die durch sie fest gegenwärtig sind" (ὅμως ἀπεόντα νόῳ παρεόντα βεβαίως)[63].

Diese schrittweise Umwandlung des göttlichen Denkens, das die Wirklichkeit bedingt, in menschliches Denken, das mit der einzigen Wirklichkeit, dem Sein, unauflösbar verbunden ist, verweist auf eine weitere Parallele zwischen Xenophanes, Heraklit und Parmenides: Offenbar war Xenophanes in seiner Lehre von den falschen Auffassungen der meisten Menschen vom Göttlichen und dem Zweifel daran, ob menschlicherseits überhaupt Erkenntnis möglich sei, den Einschätzungen Heraklits, nämlich daß die Menge zu wahrer Einsicht unfähig sei, und Parmenides' vorausgegangen, der sich von einer von den meisten für wahr gehaltenen Scheinwirklichkeit lossagte und den einzigen, der Menge weitgehend verschlossenen πιστὸς λόγος, den „Weg der Wahrheit" verfolgte (DK 28 B 8,50). Wie Heraklit (und ganz anders als Xenophanes' Fragment B34) vertritt Parmenides aber immerhin die prinzipielle *Möglichkeit* wahrer Erkenntnis, und zwar allein im Be-reich reinen Denkens (der „Evidenz", wie Heitsch ἀλήθεια hier übersetzt[64]). Und ähnlich wie Heraklit sieht sich der Eleate als einer der wenigen im Besitz der Wahrheit. Mit keinem Wort läßt er, wie noch Xenophanes, der aus einer ganz anderen Selbsteinschätzung heraus lediglich „Diskussionsbeiträge" zur Debatte stellte, Zweifel daran aufkommen, daß seine Lehre als unbezweifelbar wahr zu gelten hat[65]. Immerhin mag Parmenides in seiner sich der Seinslehre anschließenden

---

[62] T.Buchheim, Die Vorsokratiker, p.114 (mit leichten eigenen Korrekturen).

[63] DK 28 B4,1 (Übersetzung Heitsch), vgl. dazu Heitsch, Parmenides, p.101.

[64] Sh. E.Heitsch, Parmenides, pp.90ff: „Tatsächlich bietet die deutsche Sprache für die Übersetzung des Wortes ἀλήθεια kein Wort, das den drei Anforderungen entspricht: (1) die Etymologie des griechischen Wortes – wenigstens annäherungsweise – wiederzugeben, und dann einen möglichen Charakter sowohl (2) von Dingen als auch (3) von Aussagen zu bezeichnen. Vielleicht aber ist das eingebürgerte Wort 'Evidenz' geeignet, doch wenigstens die Anforderungen (2) und (3) zu erfüllen" (p.93).

[65] Zum Verhältnis von δόξα und ἀλήθεια bei Parmenides und Xenophanes sh. auch E.Heitsch, Parmenides, pp.76ff. Ich möchte wenigstens anmerkungsweise darauf aufmerksam machen, daß Parmenides überall dort, wo er fehlbare Meinungen und Methoden sieht, von den „Meinungen

Kosmologie teilweise dem Geist der xenophanischen Fragmente B34 und B35, die für das wissenschaftliche Arbeiten mit glaubwürdigen Hypothesen plädierten, gefolgt sein, wenn er, ähnlich wie vor ihm der Kolophonier, nun darangeht, eine zwar keineswegs (nämlich dem Bereich des „Seins" vorbehaltene) absolute Sicherheit beanspruchende, aber doch eben immerhin plausible Erklärung der sichtbaren Welt zu bieten. Doch selbst da unterscheidet sich Parmenides wieder auffallend von Xenophanes, der ja in seinem „dichterischen" Erkenntnispessimismus nie für sich in Anspruch nahm, die beste Lösung eines Problems vortragen zu können: Parmenides scheint sich dagegen sehr sicher zu sein – und die Vermutung liegt nahe, daß diese Sicherheit dem erlangten Wissen um die unwandelbare Wahrheit im Seinsbereich als fixem Richtpunkt zu verdanken ist – daß er imstande ist, die plausibelste aller zu bietenden Erklärungen über den Kosmos zu geben (DK 28 B8,60f). Die Kosmologie des Parmenides ist also keinesfalls nur ein „Anhängsel" seiner Seinslehre, wenn sie auch an Sicherheit und Tragweite der Ergebnisse nicht mit ihr konkurrieren kann[66]. Auch hier, das heißt in der Frage der Erkenntnismöglichkeiten des Menschen, ist wie bei fast allen bisher dargelegten Beispielen der Aufnahme xenophanischen Wortlauts und Denkens bei Parmenides deshalb darauf hinzuweisen, daß sich Parmenides von der Lehre des Xenophanes bereits spürbar weiter entfernt hat als noch Heraklit, wenn auch dieser wortwörtliche Anklänge an den Kolophonier weitgehend vermissen läßt[67].

Es dürfte also klar geworden sein, daß Parmenides zwar xenophanische Ansätze aufgreift und sie für seine Zwecke verwendet, doch das macht aus Xenophanes noch lange keinen Eleaten. Es läßt sich kaum ein xenophanischer Gedanke in der eleatischen Philosophie nachweisen, den Parmenides nicht von Grund auf konstruktiv und in klarer Absichtshaltung umgedeutet (so etwa den Gedanken der Einheit oder der Unbewegtheit) oder sogar ins Gegenteil verkehrt hat (man vergleiche zum Beispiel die Auffassung vom νόος bei Xenophanes und dem parmenideischen νοῦς sowie die weiter oben im Xenophaneskapitel bereits einmal angesprochene

---

der Sterblichen" redet, βροτοί oder θνητοί also genauso verwendet wie Xenophanes: „Sterblichkeit" und „Fehlbarkeit" der Erkenntnis korrespondieren bei beiden in engem Maße.

[66] Zu den möglichen Inhalten dieser Kosmologie sowie zur Wirkungsgeschichte dieser kosmogonischen Spekulationen vgl. z.B. KRS pp.254ff.

[67] Ob das Motiv, daß der Philosoph einen alternativen Erkenntnis-„weg" oder „Pfad" (κέλευθος) aufzeigt, schon in Xenophanes' Anspruch, „einen anderen Pfad zu weisen" (B7,1) auftaucht und bei Heraklit und Parmenides wiederaufgenommen wird in der Rede von den Erkenntnispfaden, will ich wegen der schwachen und mehrdeutigen Quellenlage bei Xenophanes hier nicht entscheiden. Vgl. dazu aber P.Rosati, Eraclito, in: Studi di filosofia preplatonica, p.52. Zum Bild des „Weges" sh. auch Heitsch, Parmenides, pp.85ff.

Unterscheidung der Wissensbereiche bei beiden Philosophen). Und so muß wohl mit Werner Jaeger der Schluß gezogen werden, daß, ungeachtet der durchaus nicht unplausiblen Möglichkeit, daß Parmenides den Xenophanes „gehört" haben mag, „dieser ganze theologische Eleate Xenophanes eine Chimäre"[68] ist, ein aus verschiedenen der Wirklichkeit entsprechenden Einzelaspekten nachträglich zusammengeflicktes imaginäres Wesen, und daß der historische Xenophanes somit in letzter Konsequenz vielleicht nicht sehr viel mehr Eleate war als zum Beispiel Hegel Marxist.

Warum aber greift Parmenides den xenophanischen Wortlaut so offensichtlich auf, wenn er doch in der Sache anderes meint? Die plausibelste Antwort ist wohl, daß der Eleate allenthalben bewußt Anlehnung an das theologische Sprachgut seiner Zeit sucht und es auf das „Sein" anwendet[69]. Bereits das Proömium des parmenideischen Lehrgedichts (DK 28 B1) greift ja den Sprachstil früherer Dichter (so etwa vor allem vielleicht Hesiods[70]) auf, ohne sich inhaltlich von deren Lehren abhängig zu machen. Auch mag Parmenides durchaus vom esoterischen Sprachstil bestimmter mystagogischer oder pythagoreischer Zirkel Gebrauch gemacht haben: Die Rede vom „richtigen" und „falschen" Weg zeugt unter Umständen in diese Richtung weisend von der Verwertung religiöser und mystagogischer Symbolik[71]. Und auch dort, wo er sich Xenophanes' Vokabular zu eigen macht, schließt er sich ja mittelbar der älteren Diktion der Mythologen an, die Xenophanes stets kritisch verarbeitet und für seine Zwecke partiell umgedeutet (seltener: umformuliert) hatte.

Doch ist es auch wieder nicht so, daß Parmenides lediglich aus ästhetischen Gründen und ohne jede inhaltliche Motivation sprachlich archaisiert: Er hatte offenbar in seinem „einen Sein" genauso wie die Milesier in ihrer einen zugrundeliegenden materiellen Wirklichkeit, der ἀρχή, für sich das wahrhaft Göttliche erkannt, das deshalb göttlich war, weil es allein vollkommene Autarkie und Totalität aufweisen konnte[72]. Daher die Formulierung der Seinsattribute in gesucht theologischen Begriffen, die er vom als Einheitslenker der Welt verstandenen Gott

---

[68] W.Jaeger, Die Theologie der frühen griechischen Denker, p.67.

[69] Vgl. dazu u.a. die detaillierte Untersuchung von H.Pfeiffer, Das Parmenideische Lehrgedicht in der epischen Tradition.

[70] So A.Mourelatos, The Route of Parmenides, pp.4ff, W.Jaeger, ibid., pp.110ff, und KRS p.244.

[71] Sh. wiederum z.B. W.Jaeger, ibid., pp.117f, aber auch E.Heitschs Interpretation des „Weges", Parmenides, pp.85ff.

[72] Vgl. nochmals U.Hölscher, Das existentiale Motiv der frühgriechischen Philosophie, in: Das nächste Fremde, p.145, sowie W.Jaeger, ibid., pp.107f und 197.

des Xenophanes her kannte und vielleicht noch persönlich vorgetragen gehört haben mag.

Dafür, daß Parmenides bewußt um episch-religiöse und damit theologische Wortwahl bemüht ist, spricht neben der dichterischen Form auch der in suggestiver Formulierung gehaltene Aufgriff des Gedankens vom Geziemenden oder vom „moralischen Müssen", der stark an den Gedanken des Gottgeziemenden bei Xenophanes erinnert. Parmenides erwähnt in seinem Gedicht häufig, was man vom Sein aussagen darf oder muß: Es ist davon die Rede, was im Bereich des Seins θέμις ist (DK 28 B8,32), genauso wie bei Xenophanes (DK 21 B12) davon, was im göttlichen Bereich gegen die θέμις verstößt, und Dike (DK 28 B8,14f), Ananke (8,30f) und Moira (8,37f) wachen darüber, daß nichts die Perfektion des parmenideischen Seins stört[73]. Es dürfte insbesondere in diesen Formulierungen auffallen, daß Parmenides religiöse Ausdrucksweise auch dort sucht, wo sie der Sache nach unserem heutigen Empfinden gemäß gar nicht nötig wäre: Die Eigenschaften des Seins, über die Dike, Ananke und Moira so eifersüchtig wachen, hat der Eleate durch rationale Beurteilung (λόγῳ κρίνειν, B7,5) und stringente vernünftige Überlegung für sich als unwiderlegbar so und nicht anders, eben als evident, begriffen und festgestellt. Eigentlich sind es ja die einsichtigen Vernunftgründe für die innere Struktur des Seins, die diese Attribute des Seins festlegen, nicht die Gottheiten (selbst wenn sie hier apersonal gemeint sein sollten). Sichtbar wird dies auch dort, wo Parmenides davon spricht, was θέμις oder χρεών / χρεόν (8,11 und 8,45) sei, wenn man vom Sein redet: Beide Begriffe bezeichnen ja vor allem auch einen ethischen Imperativ, ein „Sein-Sollen"[74] und sind dazu gebraucht, darauf hinzuweisen, was man unter diesem mitschwingenden ethischen Aspekt über das Sein nicht sagen darf oder soll, ganz so, als ob der Widerspruch gegen die stringente Argumentation gleichzeitig als eine Art Pietätlosigkeit oder moralische Verfehlung anzusehen sei, und also ähnlich wie bei Xenophanes (DK 21 B1,13) zu verstehen, wenn er sagt, zuerst müsse man (χρή) den Gott mit reinen Reden loben. Ähnliches gilt schließlich für πείθω / πειθώ und δέχεσθαι, vom

---

[73] Sh. dazu u.a. Guthrie, HGPh Bd.II, p.35, A.Mourelatos, pp.25ff und H.Pfeiffer, pp.107ff.

[74] Zu θέμις sh. weiter oben das zu Xenophanes' B11 und 12 Angeführte. Zur Bezeichnung eines Sein-Sollens durch χρεών/χρεόν vgl. neben G.Redard, Recherches sur XPH, XPHΣΘAI, und E.Heitsch, Parmenides, p.114 (οὐ χρεών ἐστιν, „es ist verboten"), v.a. die Untersuchung zu χρή bei Mourelatos, The Route of Parmenides, pp.277f, dort auch die antiken (insbesondere zu Parmenides gleichzeitigen) Belegstellen sowie eine Diskussion verschiedener philologischer Untersuchungsergebnisse zum Thema. Aufschlußreich für den engen inneren Zusammenhang von Denken, moralischer Forderung und Sprachstil bei Parmenides schließlich auch Mourelatos, ibid., pp.45f.

Überzeugen und Überzeugtwerden durch die Seinslehre: Das eine Wort bezeichnet ein Überzeugen, doch keineswegs primär durch zwingende Argumentation, sondern durch interpersonales Vertrauen und Zutrauen (πειθώ steht mit πίστις in Zusammenhang), das andere (etymologisch mit δεξιός und lateinisch „decet" verwandt) drückt die innere Zustimmung zu einer konventionellen Regelung, auch einer ethischen Norm, aus[75].

Es sollte in diesem Zusammenhang letztlich auch nicht übersehen werden, daß der gesamte Lehrteil des parmenideischen Gedichts als göttliche Unterweisung an die Menschen dargestellt ist: Nicht Parmenides ist es, der diese Unterweisung erteilt, sondern gewollt wird im Proömium eine Göttin als Lehrerin aller folgenden – eigentlich als evident dargestellten! – Wahrheiten eingeführt. Jaap Mansfeld hat hier geradeheraus von der „logischen Funktion der Göttin" gesprochen, die persönlich „die Gewähr übernimmt, daß die Prämissen wahr sind"[76]. Parmenides will offenbar seine Lehren bewußt auch als „von oben", religiös sanktioniert vortragen und sich darin an die älteren Dichterkonventionen (wie etwa die berühmten Musenanrufungen) und ihre theologischen Implikationen anschließen[77].

Es darf also im großen und ganzen der Schluß gezogen werden, daß Parmenides, obwohl er in seinem Lehrgedicht xenophanischen Wortlaut in augenfälliger Weise aufnimmt, Xenophanes inhaltlich und philosophiegeschichtlich nicht unbedingt näher steht als zum Beispiel Heraklit, der doch ausdrücklich gegen Xenophanes polemisiert und der Doxographie als unabhängiger Einzelgänger galt. Parmenides hat, da er das Sein seiner Philosophie als göttlich in obengenanntem Sinne ansetzte, in der Beschreibung dieses Seins theologische Wortwahl gesucht und sich dabei an die Gegebenheiten theologischer Sprachgestaltung seiner Zeit gehalten. Immerhin kann dabei festgestellt werden, daß er auf seiner Suche vor allem bei Xenophanes und dessen Gedichten fündig wurde, was dafür spricht, daß er vielleicht in Xenophanes' Schriften gewisse Wahrheitselemente (im Sinne seiner eigenen Entwürfe) zumindest ansatzweise und auf eine theologische Betrachtungsweise beschränkt vorfinden konnte, die sich bis zu einem gewissen Grad widerstandsloser als die Vorstellungen anderer Denker in sein eigenes Werk ein-

---

[75] Dazu auch wieder Mourelatos, ibid., pp.136-142.

[76] J.Mansfeld, Die Offenbarung des Parmenides und die menschliche Welt, pp.61f und 88f.

[77] Zum Ganzen E.Heitsch, Parmenides, pp.63ff sowie A.Mourelatos, ibid., insbes. pp.39ff.

gliedern ließen. Nüchtern betrachtet reicht das jedoch nicht aus, in Xenophanes den Lehrer des Parmenides sehen zu wollen, oder sogar den Begründer der eleatischen Hairesis.

4.3. Platonische Theologie

Es liegt fast schon in der Natur der Sache begründet, daß sich mit zunehmendem zeitlichen Abstand die direkte Aufnahme xenophanischen Gedankenguts bei den antiken Denkern langsam verliert. Einerseits waren die Fragestellungen und Probleme – spätestens seit Parmenides – andere geworden, andererseits war auch vieles, was Xenophanes gelehrt hatte, binnen kurzer Zeit zum weithin unwidersprochenen Gemeinplatz der Philosophie geworden und ohne explizite Namensnennung oder Kennntis der Werke teilweise bereits „in den Blutkreislauf der Gemeinschaft" (Jaeger), oder doch zumindest der gebildeteren Schicht dieser Gemeinschaft, übergegangen: Die Mythenkritik etwa oder die Ablehnung des Anthropomorphismus genauso wie einige elementare ethische Grundforderungen für die Theologie, die beanspruchte Anerkennung für die nützliche Tätigkeit der Philosophen und Wissenschaftler und nicht zuletzt eine gewisse skeptische Grundhaltung.

Schon gut hundert Jahre nach Xenophanes läßt sich daher kaum mehr ein griechischer Denker ausmachen, der sich noch aktiv mit xenophanischen Anstößen unmittelbar auseinandersetzt. Vielleicht ist Platon, der im folgenden Gegenstand der Untersuchung sein wird, der letzte Philosoph, der aus Fragestellungen und Motivationen heraus, die den xenophanischen nicht unähnlich waren, den Kolophonier und seine Schriften noch einmal aus der Versenkung hervorholt, um sich direkt mit ihnen zum Zwecke der Verwertung für die eigene Lehre zu befassen. Platon mag dabei in mancherlei Hinsicht auf Xenophanes zurückgegriffen haben, vielleicht auch was Wortwahl und sprachliche Gestaltung einiger seiner theologischen Passagen betrifft[78]. Allerdings sind diese Rückgriffe im allgemeinen

---

eher sporadisch und punktuell gehalten. Die eine Hinsicht jedoch, in der man in Platon wohl zu Recht immer wieder einen Nachfolger xenophanischen Denkens erkannt hat, ist die theologische Homerkritik.

In einem seiner Fragmente spricht Timon von Phleious von Xenophanes als dem Ὁμηροπάτης, dem „Homerbetrampler"[79]. Tatsächlich war Xenophanes der Archeget einer ganzen Reihe von „Homerbetramplern", die im Anschluß an ihn unter denselben (also meist ethischen) Vorzeichen die Mythenkritik, und vor allem die Attacken gegen Homer und Hesiod, weiterbetrieben. Wohl bereits zu Lebzeiten des Xenophanes[80] bildete sich als Antwort auf die xenophanischen Vorstöße gegen die Mythologen eine Lehrtradition der Homerapologie heraus, die auf den Spuren ihres Initiators Theagenes von Rhegion eine Ehrenrettung der großen Epen durch allegorische Deutung vornahm. Auch diese Dichterallegorese hatte, ähnlich wie Xenophanes' Mythenkritik, wohl eine vordringlich moralische und religiöse Motivation und versuchte auf ihre Weise das Prinzip des „Gottgeziemenden" zu beachten: „πάντῃ γὰρ ἠσέβησεν, εἰ μηδὲν ἠλληγόρησεν" führt Heraklides seine Homerallegoresen ein[81]. Beide Traditionsstränge konnten in der Folgezeit namhafte Philosophen für sich gewinnen: Dieser zum Beispiel Anaxagoras, Demokrit, eine ganze Anzahl bekannter Sophisten, Aristoteles und schließlich eine gesamte Philosophenschule, die Stoa. Jener dagegen etwa Heraklit und als prominentesten Vertreter eben Platon, der sich in der παλαιὰ διαφορὰ φιλοσοφίᾳ τε καὶ ποιητικῇ ganz in die Nachfolge des Xenophanes stellt[82].

Der locus classicus, in dem Platon als Homerkritiker in der Tradition des Xenophanes auftritt, ist natürlich die berüchtigte und vieldiskutierte Passage über die Dichterzensur gegen Ende des zweiten und zu Anfang des dritten Buchs der Politeia (von Interesse für unsere Absichten also etwa 376d bis 392a). Ihr innerer Zusammenhang mit der xenophanischen Philosophie war wiederholt Thema der Platonauslegung; dennoch hoffe ich, im nachstehenden die eine oder andere Er-

---

genes Laertios (III,9ff) und seine Gewährsmänner als Inspirationsquelle für gewisse platonische Grundgedanken kennen, zustandegekommen.

[79] Timon Frgm.60 (DK 21 A35). Zu Lesart und Deutung sh. R.Pfeiffer, History of Classical Scholarship, Anm.3 zu p.9, dem ich hier im wesentlichen gefolgt bin.

[80] Vgl. R.Pfeiffer, ibid., p.9.

[81] Vgl. dazu J.Adam, The Republic of Plato, Vol.I, Anm. zu 378d, dort auch die Heraklides-Stelle.

[82] Sh. wiederum R.Pfeiffer, ibid., v.a. pp.57ff und 68f. Zum ganzen Zusammenhang auch R. Harriot, Poetry and Criticism before Plato, sowie E.E.Sikes, The Greek View of Poetry, v.a. pp.73ff. Zu Heraklits Homerkritik u.a. B42, die öfter mit Platons Ausweisung der traditionellen Dichter und ihrer Werke aus dem Idealstaat in Verbindung gebracht wird.

250

gänzung zu den bisher vorliegenden Ergebnissen bieten zu können. Schon die Einbettung im Dialogganzen, in der uns Platons Dichter- und Mythenkritik referiert wird, ist für unseren Kontext von größter Wichtigkeit:

Es geht um die rechte Erziehung der „Wächter" des vom platonischen Sokrates im Dialog gezeichneten Idealstaatswesens, und hier vor allem um die „musische" Erziehung und ihre „Reden", ihre λόγοι, also sozusagen ihre Inhalte oder ihren Gegenstand (376e). In diesen Inhalten entdeckt Sokrates vieles, was in bezug auf die Götter als unschicklich, hinsichtlich des pädagogischen Ziels, gute und fähige „Wächter" großzuziehen als kontraproduktiv angesehen werden muß. Da die Schlechtigkeit der von den großen Dichtern dargestellten Gottheiten den Heranzubildenden weder als Vorbild noch als Ausrede dienen dürfe (378bc), seien deshalb die schadhaften Götterdarstellungen der Mythologen zu verwerfen und ihre Werke zu zensieren.

Schadhaft sind diese Darstellungen aber in zweifacher Hinsicht: erstens, weil sie erzieherischen Schaden anrichten, indem sie die Götter nicht als vorbildlich, sondern als lasterhaft hinstellen. Zweitens aber, weil sie ein unrichtiges Bild von den Göttern zeichnen, das der Wahrheit in keiner Weise entspricht (377e). Dieses den ganzen weiteren Passus bis zum Ende des zweiten Buchs beherrschende Problem der Dichotomie zwischen dem wahren Göttlichen und den inadäquaten Vorstellungen von ihm, wie sie die Mythologen und der Volksglaube nach Platons Meinung verbreiten, war ja auch der Ausgangspunkt der xenophanischen Mythenkritik gewesen (Fragmente B14-17 und B23,2)[83]. Die fehlerhaften Vorstellungen über die Götter, die diesem πρῶτον ψεῦδος nach Platon und Xenophanes entwachsen, ergeben eine erstaunliche kleine Synopse zwischen den Fragmenten des Vorsokratikers und der doch erheblich späteren Politeia:

Die alten Dichter haben unwahre Mythen zusammengedichtet (377d).	Homer und Hesiod haben Unwahres über die Götter verbreitet (B11 und B12).
Das ist verderblich, weil alle von Jugend an nach den Dichtern lernen (377a-d).	Alle aber haben von Anfang an nach Homer gelernt (B10).

---

[83] Vgl. O.Gigon, Gegenwärtigkeit und Utopie, p.199: „Die Erfindungen der Dichter müssen der Wirklichkeit ähnlich sein. Für das griechische Verständnis der Dichtung ist diese 'Ähnlichkeit' geradezu der Schlüsselbegriff. ... Die Erfindung bleibt an die Wirklichkeit gebunden. Freilich taucht da eine Schwierigkeit auf: ... was wir über die Götter wissen, ist wenig".

In Wirklichkeit aber stellen Götter einander nicht nach, führen keinen Krieg und streiten nicht gegeneinander (378bc), und Gott betrügt nicht (380d).

Götter stehlen nicht und betrügen nicht (B11 und B12).

Die Erzählungen von Gigantenkämpfen sind abzulehnen (378c).

Die Erzählungen von Gigantenkämpfen sind abzulehnen (B1,21).

Gott ist unbewegt und unverändert (380e).

Gott ist ohne jede Bewegung (B26).

Gott nimmt keine ihm wesensfremde Gestalt an (380d), auch keine menschliche (381de).

Gott ist nicht anthropo-, noch zoo- (noch xylo-) morph (B14-17).

Die Erzählungen vom Ehebruch von Göttern sind zu zensieren (390c).

Götter sind keine Ehebrecher (B11 und B12).

Soweit die augenfälligen punktuellen Parallelen[84], die bei beiden Philosophen unter der Leitvorstellung entstanden waren, das Göttliche nicht seinem Wesen ungemäß darstellen zu lassen (379a). Es gibt aber auch andere, in denen eine stärkere platonische Weiterentwicklung einiger allgemeiner Standpunkte des Xenophanes vorzuliegen scheint: So zum Beispiel in 380d und 382e die Vorstellung vom θεὸς ἁπλοῦς, der einfach ἕν τε ἔργῳ καὶ ἐν λόγῳ ist, also wie der „als ganzer denkende" und dadurch weltbewegende Gott der xenophanischen Fragmente 24 und 25 eine untrennbare Einheit im Denken und Handeln darstellt. Gleichfalls spricht sich Platon im Zuge dieser Überlegungen strenger als in anderen Dialogen gegen den inspirierten und „rasenden" Weg der Gotteserkenntnis etwa der Wahrsager und Dichter aus, ein Vorbehalt mantischem Erkenntnisgewinn gegenüber, den die Doxographie glaubhaft auch von Xenophanes zu erzählen weiß (A52; man ver-

---

[84] Die Textkritik hat v.a. in der sich anschließenden Passage zu Anfang des dritten Buchs der Politeia immer wieder Vorarbeiten älterer Philosophen vermutet, die der Homerkritik eine Grundlage oder vielleicht sogar einen Katalog anstößiger Stellen geschaffen haben sollen. Auch O. Gigon kann sich Platon nicht vorstellen, „wie er gewissermaßen mit dem Rotstift die Homerischen Epen durchliest und sich die anstößigen Stellen herausschreibt" und nimmt an, „daß Platon hier eine handbuchartig angelegte ältere Polemik gegen die Unsittlichkeit der Dichter schon vorgefunden und für seine Zwecke nur überarbeitet hat" (Gegenwärtigkeit und Utopie, p.210).

gleiche bei Platon Politeia 382e: οὐδεὶς μαινομένων θεοφιλής)[85]. Als ein weiteres Beispiel unpassender Erzählungen über die Götter nennt Platon schließlich explizit die blutige Geschichte von Sturz und Entmannung der alten Götterpotentaten durch die nachfolgenden bei Hesiod (377e-378a mit Bezug auf Theog.180ff); dieselbe Geschichte zieht auch Sextus Empiricus als Beispiel heran, wo er Xenophanes' Klage über die unschickliche Darstellung der Götter bei Hesiod überliefert (DK 21 B12), was schon weiter vorne zur Vermutung Anlaß gab, Sextus paraphrasiere dabei lediglich original xenophanischen Wortlaut. Und auch Olof Gigon meint hinsichtlich der Beispielwahl Platons in der Kritik Hesiods: „Wir werden kaum fehlgehen in der Vermutung, daß diese brutale Geschichte schon von Xenophanes von Kolophon als besonders anstößig gebrandmarkt worden sein dürfte"[86]. Interessant wäre es auch zu wissen, ob ein weiterer Hauptpunkt in Xenophanes' Mythenkritik die Anprangerung der Götterschlachten in der Ilias (zum Beispiel Il.XX,1-74 und XXI,385-513) war. Jedenfalls gehen Pindar (Ol. IX,43) und Platon (378bc) auf das Problem ein, und auch Theagenes von Rhegion scheint ja seine wohl als Antwort auf Xenophanes zu nehmende Homerallegorese auf die Götterschlachten angewendet zu haben. Platon führt in 378e (wie schon ähnlich im Phaidros 229d) sozusagen Xenophanes' Sache weiter und erteilt der gegen den Kolophonier antretenden Dichterallegorese eine Absage: Selbst wenn diese Erzählungen, wie eben die Theomachie, die er hier explizit anführt, einen verborgenen Sinn hätten[87], so sei es dennoch nicht πρὸς ἀρετήν, diese Geschichten zu erzählen.

Überhaupt ist das μυθολογεῖν πρὸς ἀρετήν (378e), genauso wie das ἀναφαίνειν ἀμφ' ἀρετῆς bei Xenophanes (B1,19f), das übergreifende Moment in der Mythenkritik bei Platon. Denn neben dem Gedanken des „Gottgeziemenden", der den Ausgangspunkt für die Rede vom Göttlichen darstellt, ist es vor allem auch die Vorstellung von der Nützlichkeit und sozialen Brauchbarkeit, die die Dichtung von den Göttern in ihrem Vorbildcharakter für die Menschen haben sollte: Platon hält die mythischen Vorstellungen für denjenigen entgegengesetzt, die in einem idealen

---

[85] Sh. dazu auch A.Bortolotti, La religione nel pensiero di Platone, pp.17f.

[86] O.Gigon, Gegenwärtigkeit und Utopie, p.200. Einen späten Nachhall hat diese Polemik gegen die Kronosgeschichte offenbar noch bei Gregor von Nyssa, der in De virginitate 3 die mythischen Erzählungen von παιδοφονίαι, τεκνοφαγίαι und ähnlichen naturwidrigen Handlungen der Götter und Heroen kritisiert.

[87] Die Allegorese verstand die Götterschlacht als Sinnbild für den kosmogonischen Kampf der Elemente und Naturkräfte oder auch nur als anthropomorphisierte Beschreibung des Aufeinandertreffens von Naturgewalten (in Stürmen, Bränden und Fluten), für die die einzelnen Götter stünden.

Staatswesen vorherrschen müssen (377b), das sich ja nicht auf Raub, Betrug, Verstellung und Ehebruch gründen darf; und auch Xenophanes läßt eine ähnliche Motivation anlauten, wenn er sagt, in den alten Erzählungen von Kämpfen der Giganten und Kentauren und heftigem Zwist (στάσις, also eigentlich, wie bei DK, „Bürgerkrieg") sei nichts Nützliches oder Schickliches (οὐδὲν χρηστὸν ἔνεστιν; B1, 23)[88], und man solle reine Reden pflegen, die nützlich und gut sind und zur ἀρετή der Männer beisteuern (B21,20-25). Unter diesem selben Gesichtspunkt kann Platon dann sogar fordern, man solle die unzensierten Mythen selbst dann nicht vortragen, wenn sie wahr wären[89]. Nicht zu Unrecht hat man wohl daher in Platons abschließendem Resümee über die Rolle der Dichtkunst im Staate, daß nämlich „nur Hymnen an die Götter und Loblieder auf treffliche Männer" (607a) zuzulassen seien, eine Aufnahme der xenophanischen Verse vermutet, man müsse den Gott in Hymnen preisen und καθαροὶ λόγοι zum Vortrag bringen, nicht aber die anstößigen Mythen der Alten, die er als „Erfindungen" (πλάσματα) bezeichnet, Platon hingegen schlichtweg als „Lügen"[90].

Bei Xenophanes war zu beobachten gewesen, daß die Kritik der verfehlten Gottesvorstellungen von Mythos und Volksglauben letztenendes nach einer Formulierung von positiven Gegenstandpunkten verlangte und nach einer eigenen Theologie, die der Kritik ein festes Fundament bieten konnte: Die negative Theologie bedurfte der Ergänzung durch positive Richtlinien und somit einer eigenen theologischen Grundhaltung wie sie die Fragmente B 23 bis B26 des Xenophanes ja auch anlauten lassen. Denselben Weg von der Mythenkritik zum positiven Gegenstandpunkt geht auch Platon in seiner Theologie der Politeia: Die Kritik an den Dichtern durfte um ihrer Glaubwürdigkeit und Durchschlagskraft willen nicht nur sporadisch und disparat bleiben. Platon stellt deshalb zwei allgemeine Richtlinien zum Vortrag von Göttergeschichten (τύποι περὶ θεολογίας, 379a) auf, die

---

[88] Χρηστόν scheint mir hier durchaus ambivalent gebraucht zu sein: Neben der geläufigen moralischen Verständnisweise dominiert hier die pragmatische, die der Kontext suggeriert: Zum Ziel der Weckung von ἀρετή ist es unangebracht, von der στάσις (sei sie nun von Göttern oder Menschen gesagt) zu erzählen. Diese Stelle B1,23 hat ihre Entsprechung bei Platon (378bc), der ebenfalls im Krieg der Götter gegeneinander einen Anreiz oder eine Rechtfertigung für Bürgerzwist und -krieg befürchtet. Vgl. dazu zusätzlich R.Harriot, ibid., pp.114ff (dort auch z.B. der Bezug zu ähnlichlautenden Aussagen bei Pindar).

[89] 378a; vgl. A.Bortolotti, La religione nel pensiero di Platone, p.28.

[90] Sh. zu diesem verschärften Ton bei Platon z.B. G.F.Else, Plato and Aristotle on Poetry, p.19. Vgl. aber auch Guthries kleinen Exkurs über die Bedeutung von Lügen hier und sonstwo in der Politeia (HGPh Bd.IV, p.457).

man getrost als „Grundlegung der platonischen Theologie bezeichnen darf"[91], und als deren vielleicht wichtigster Vorläufer Xenophanes genannt werden muß[92]. Wie Xenophanes sich nämlich von den verkehrten Gottesvorstellungen seiner Zeitgenossen bewußt absetzte, so betont jetzt auch Platon, daß seine theologischen Richtlinien anders seien als die landläufige Meinung (ὡς οἱ πολλοὶ λέγουσιν, 379c). Diese geläufigen Meinungen über die Götter haben aber „keine andere Quelle als die Gesetze und die Dichter" (365e); gegen diese traditionellen Erkenntisquellen der Gotteslehre setzt Platon nunmehr ganz in der theologischen Tradition des Xenophanes die praktische und theoretische Vernunft als Kriterien der Rede vom Gott, ethische „selbstevidente" Grundforderungen und einsichtige Vernunftgründe, nach denen auch das Wesen des Göttlichen beurteilt werden kann[93]. So ergeben sich für Platon seine zwei grundlegenden τύποι περὶ θεολογίας:

(1) Der Gott ist gut und Ursache allein des Guten (und muß auch so dargestellt werden): 379a-380c.

(2) Der Gott ist wahrhaftig (truglos) und unwandelbar (und muß auch so dargestellt werden): 380d-383c.

Der erste Grundsatz wendet sich gegen den Glauben der Vielen, der Gott sei die Ursache *aller* Dinge. Platon hält dagegen, das Göttliche sei nur Ursache des Guten, niemals aber des Schlechten (379b: κακῶν ἀναίτιον) und nur deshalb als wirklich gut zu bezeichnen; begründet wird diese Ansicht im folgenden nicht mehr, sie wird als selbstevident, oder besser (und gleich „xenophanisch") gesagt: als einzige gottgeziemende Möglichkeit unwidersprochen hingenommen[94]. Übrigens aber taucht dieser theologische Standpunkt bei Platon nicht als erstem auf: vorbereitet findet er sich unter anderem in der homerischen „Theodizee" der Odyssee (I,32ff); und auch Xenophanes' innere Haltung beim Gebet (B1,15ff) wird man sich wohl daraus

---

[91] O.Gigon, ibid., p.204. Mit Solmsen und anderen gehe ich davon aus, daß Platon hier somit auch eine eigene, von der Ideenlehre unabhängige Theologie entworfen hat. Freilich bleibt die Frage, ob diese Theologie mehr war als nur eine pia fraus zum Nutzen des Staates, während vielleicht die Ideenlehre die „wahre Theologie" darstellte. Allgemein will ich mich aber angesichts verschiedener „Theologien" (hier der Politeia, des Demiurgen im Timaios, der Ideenlehre) mit der simplen Feststellung begnügen, „dat Plato von 'God' spreekt op verschillend metafysisch niveau" (de Vogel, Plato's gedachten over God, in: Theoria, pp.146ff).

[92] Sh. F.Solmsen, Plato's Theology, pp.39ff.

[93] Vgl. G.F.Else, ibid., pp.18ff.

[94] Sh. G.F.Else, ibid., p.21.

erklären dürfen, daß auch er das Tun des Gottes nur für Gutes zuständig sehen wollte[95].

Die Darlegung der zweiten theologischen Richtlinie, die vom εἶδος beziehungsweise der μορφή des Göttlichen in Wahrheit und in der Vorstellung der Menschen handelt, ist die Passage, in der am vielleicht deutlichsten Platons Nähe zur xenophanischen Theologie und Mythenkritik, insbesondere zur Aussage der Fragmente 14 bis 17, spürbar wird. Wie der Kolophonier sagt sich Platon los von der Vorstellung der Dichter (und bildenden Künstler), Götter würden ihnen wesensfremde Gestalten haben oder annehmen. Offen bleibt freilich bei Platon wie bei Xenophanes die Beantwortung der Frage, welche Gestalt dem Gott denn dann wesentlich sei? Beide legen keine μορφή des Göttlichen fest und bescheiden sich mit der vorsichtigen, aber doch immerhin erstaunlichen ähnlichlautenden Aussage, Gott sei einfach (ἁπλοῦς) in allem, was er denkt und tut (382e), und er denke-bewege und perzipiere immer ganz und als einer (B24).

Man muß wohl annehmen, daß erst Platons Weiterentwicklung einer methodisch verneinenden Gotteslehre und ihrer Anwendung auf die Ideen (so etwa im Symposion 211ab auf die Idee des Schönen) die Tradition der negativen Theologie, wie sie mit Xenophanes begonnen hatte, endgültig sanktionierte[96]. Zur verwirrenden Vollendung gebracht findet sie sich in der Diskussion der Eigenschaften des eleatischen „Einen" in der ersten Hypothese des platonischen „Parmenides" (137c-142a). Und wie dieser Dialog nicht folgenlos blieb für die spätere Geschichte des Platonismus, so konnte auch die negative Theologie und ihre gleichzeitige Verwiesenheit auf positive Ergänzungen nicht ohne philosophiegeschichtliche Konsequenzen bleiben. Die xenophanischen Lehren waren dabei aber, vor allem wohl ihres unsystematischen Charakters und ihrer mit der Zeit veralteten Problemstellungen wegen, selten mehr als ein recht fragmentarisches Leitfossil der philosophiegeschichtlichen Ursprungsforschung der Platoniker, und ihre theologischen Ansätze flossen wenn, dann nur im Zuge der späteren Parmenidesrenaissance konstruktiv als eleatisch mißgedeutet in das System der Platon-

---

[95] Xenophanes bittet ja darum, der Gott solle helfen, das Rechte zu tun (τὰ δίκαια δύνασθαι), denn darin liege keine ὕβρις (worauf auch immer τὰ δίκαια sich beziehen mag). Anders in den Fällen, in denen darum gebetet wird, die Götter mögen zum eigenen Nutzen des Betenden jemand anderem Schaden zufügen (so z.B. bei Homer: Il.VI,305f und öfter. Vgl. dazu auch E.Heitsch, Xenophanes, p.93).

[96] Vgl. z.B. W.C.Greene, Moira, p.376. Ähnlich wirkungsreich später die Anwendung der negativen Theologie bei Plotin auf das „Eine" (z.B. Enn.VI,9,3-11). Die Aufnahme, Umformung und Weiterentwicklung dieser negativen Theologie im christlichen Denken beschreibt bündig z.B. J. Pelikan, Christianity and Classical Culture, pp.40ff.

nachfolger ein, wie denn überhaupt eine zunehmende Eleatisierung dem Xenophanes eine bedeutendere philosophiegeschichtliche Stellung erst einbrachte. Mehr als der ganz allgemein gehaltene Hinweis auf eine freilich vielfach gebrochene und verfälschte Tradition einer formal im wesentlichen gleichbleibenden, inhaltlich aber stark veränderlichen und verschieden motivierten Anwendung des Gedankens der methodisch eingesetzten negativen Theologie von Xenophanes über Platon (der den Kolophonier offenbar eleatisch deutet) auf den Platonismus vermag hier nicht gegeben zu werden. Es bedürfte wohl langer und mühseliger Studien, die vermutlich ohnehin wenigen und eher dünn gezogenen Verbindungslinien, die den späteren theologischen Platonismus noch in irgendeiner Weise konkret nachweisbar auf Xenophanes den Kolophonier, nicht den „Eleaten", zurückverweisen, aufzudecken und zu erläutern. Wie beschwerlich, aber auch wie gewinnbringend eine Untersuchung in dieser Richtung sein kann, hat vor nicht allzu langer Zeit Jaap Mansfeld in einer äußerst detaillierten und philologisch minuziös vorgetragenen Arbeit gezeigt[97], in der er den gewollten Rückgriff der mittelplatonischen Theologie (bei Eudoros und Alkinoos) auf xenophanisches Erbe nachzeichnet und darstellt, welche Attraktivität gerade das enge und oft ununterscheidbare Miteinander von negativer und affirmativer Theologie bei Xenophanes (das Aristoteles in Met.986b als undifferenziert beklagte) auf die platonische „Henologie" in der Tradition des Parmenidesdialogs hatte. Bemerkenswert ist, daß diese von Mansfeld untersuchte Wiederentdeckung und -verwertung des (zunächst aristotelisch interpretierten) Xenophanes durch Eudoros vielleicht dazu führte, daß auch ein gesteigertes Interesse am originalen Xenophanes wiedererwachte, und daß somit bei den christlichen Theologen mittel- und neuplatonischer Prägung schon wieder erstaunlich nahe am Wortlaut der xenophanischen Originaltexte paraphrasiert wird[98].

---

[97] J.Mansfeld, Compatible Alternatives: Middle Platonist Theology and the Xenophanes Reception.

[98] Vgl. ibid., pp.122ff zu Irenaeus' „Adversus haereses" und Clemens' „Stromateis". Freilich werden die Kirchenväter nicht mehr direkt aus den xenophanischen Schriften abgelesen haben können (obwohl sich bei Clemens ja noch original xenophanischer Wortlaut – vielleicht aus Theophrast? – zitiert findet); doch sind ihre Quellen offenbar oft näher an den Originaltexten als die vieler anderer Doxographen.

5. SCHLUSSBEMERKUNG:
DIE TRADITION DER LEHRE VOM UNBEWEGTEN BEWEGER

Zum Abschluß möchte ich eine Art Resümee der zurückliegenden Untersuchungen zu Xenophanes mit einem (zwar keineswegs erschöpfenden und nur
sehr kurzgefaßten) Ausblick auf einen weit über die Antike hinaus äußerst wirkungsreichen Gedanken, der ebenfalls in der Tradition xenophanischer Philosophie
steht, zu verbinden suchen. Es ist dies der Gedanke vom Ersten Unbewegten
Beweger, der bei Aristoteles vor allem im siebten und achten Buch der „Physik"
und im zwölften der „Metaphysik" seine klassische Darstellung gefunden hat.

Das aristotelische Argument für den Erstbeweger und sein Gang sind zu bekannt, als daß es an dieser Stelle einer ausführlichen Rekapitulation bedürfte. Es sei
hier lediglich darauf verwiesen, daß Aristoteles sich bemüht, seinen Nachweis der
Existenz eines ersten unbewegten Bewegenden aus einsichtigen Gründen heraus,
die von jedermann nachvollzogen werden können und auf kein explizites theo-
logisches oder philosophiegeschichtliches Vorwissen irgendwelcher Art zurückgreifen, stringent durchzuführen[1]. Der eingängige Grundsatz, aus dem der ganze
Argumentationsgang entfaltet wird, lautet, daß alles Bewegte von einem anderen
bewegt wird, solange es nicht in sich selbst ein Bewegungsprinzip habe: ἅπαν τὸ
κινούμενον ἀνάγκη ὑπό τινος κινεῖσθαι. εἰ μὲν οὖν ἐν ἑαυτῷ μὴ ἔχει τὴν ἀρχὴν

---

[1] Was auch Guthrie, HGPh Bd.VI, p.257, bemerkt: „He reached the notion of an unmoved
mover by what in his eyes was a piece of strictly inductive reasoning". Ob das dem Aristoteles
letztlich überzeugend gelungen ist, bildet nicht den Gegenstand der vorliegenden Untersuchung;
ich lasse mich im folgenden ganz auf Aristoteles' Vorgaben ein und interpretiere immanent. Die
vielleicht immer noch beste und hilfreich weiterführende Zusammenfassung der aristotelischen
Theologie in der Met. bringt D.Ross, Aristotle, pp.184-194. Zur Kritik der Möglichkeit, so wie
Aristoteles für die Notwendigkeit einer ersten absoluten Bewegungsursache zu argumentieren,
verweise ich an dieser Stelle außer auf Ross lediglich weiter auf J.R.Bambrough, Reason, Truth
and God, pp.91-97, insbesondere pp.94ff.

τῆς κινήσεως, φανερὸν ὅτι ὑφ' ἑτέρου κινεῖται (Phys.241b). Dies und die Anfangslosigkeit der Zeit, des „Abfolgegaranten" des aristotelischen Kausalitätsbegriffs[2], eimal eingestanden, erklärt Aristoteles die Unmöglichkeit aktiver Selbstbewegung (257a ff). Wenn aber nichts sich selbst in Bewegung setzten kann und Bewegung ständig auf ein Differentes, das bewegt, weiterverweist, so muß nach Aristoteles, um einen vitiösen infiniten Regreß zu vermeiden (den Grundsatz dafür bietet Met. 1070a 4), notwendig ein erstes Bewegendes angenommen werden, das selbst weder selbstbewegt noch von einem anderen in Bewegung gebracht und somit Urquell aller Bewegung ist (Phys.256a bis 259a). Auch wird in der „Physik" dargelegt, warum dieser Erstbeweger nur einer sein kann[3]. Offenbar ist dieser erste unbewegte Beweger des Aristoteles, das πρῶτον κινοῦν ἀκίνητον, nicht innerhalb der Welt zu suchen, denn in dieser gibt es nur Bewegtes, angefangen vom Fixsternhimmel, dem ersten bewegten Beweger (Phys.259b, Met.1072a 19ff), bis hinunter zu den unzähligen im Werden und in Bewegung befindlichen Dingen unserer alltäglichen Umgebung, den „sublunaren Substanzen".

Man hat diese Lehre vom Unbewegten Beweger, speziell in ihrer Darstellung im zwölften Buch der „Metaphysik" zu Recht immer als die Theologie des Aristoteles betrachtet: Das in sich ruhende erste Bewegungsprinzip, das jenseits der sichtbaren Welt steht (οὐσία καὶ ἀκίνητος καὶ κεχωρισμένη τῶν αἰσθητῶν, Met.1073a4), ist tatsächlich der philosophische Gott des aristotelischen Systems (1072b). Andererseits ist diese Vorstellung vom göttlichen Weltbeweger nicht erst mit Aristoteles zum Gegenstand griechischer Theologie geworden und also nicht ab ovo ad mala aristotelisch in dem Sinne, daß wir in der „Physik" und ihren Untersuchungen zur Bewegung im Kosmos die genuine Geburtsstunde des Gedankens vom ersten unbewegt Bewegenden vor uns glauben dürften. Aristoteles selbst verweist trotz seiner in sich geschlossen und selbständig gehaltenen Argumentation dankbar zurück auf seine Vorgänger, aus deren uralten mythischen Erzählungen abzulesen sei, ὅτι θεοὺς ᾤοντο τὰς πρώτας οὐσίας εἶναι (Met.1074 b 9). Tatsächlich geht Aristoteles hier vor wie seinerzeit Xenophanes in bezug auf die mythischen Vorgaben: Zwar seien die anthropomorphen mythischen Götterbilder falsch, doch

---

[2] So u.a. in Met.1072b 30ff, wo Aristoteles nicht nur die logische, sondern auch gerade die zeitliche Priorität des Aktes vor der Potenz zu beweisen sucht.

[3] Phys.259a 8, wohl auch als ein Seitenhieb auf die Vielheit der Ideen bei Platon zu werten. Nicht zu Unrecht ist Aristoteles' Argumentation an dieser Stelle mit William von Ockhams Postulat „entia non sunt multiplicanda praeter necessitatem" verglichen worden (sh. Guthrie, HGPh Bd.VI, p.244). Um so erstaunlicher erscheint unter diesem „Rasiermesser" die nachträglich in die Met. eingeschobene Forderung mehrerer unbewegter Beweger (vgl. unten Anm.8).

weisen Volksreligion und Mythos einen theologisch verwertbaren wahren Kern auf, und den gilt es freizulegen, philosophisch zu festigen und zu bewahren[4]. Auch seine Darlegung, daß es „etwas Unbewegtes und Ruhendes außerhalb des Bewegten (des Alls) geben muß, das kein Teil von jenem ist" („Bewegung der Lebewesen" 699b) führt Aristoteles mit einem Homerzitat ein (700a), das genauso bei Xenophanes als plausibelste Inspirationsquelle und Vorlage für den Gedanken vom unbewegten göttlichen Bewegungsursprung der Welt angenommen werden muß: Die Iliasszene des die Welt in einer Kraftprobe zu sich heranziehenden Zeus (Il. VIII,18ff).

Insbesondere weiß sich Aristoteles aber in der Schuld seiner philosophischen Vorgänger. Und wenn er an dieser Stelle auch nur einige wenige Namen lobend erwähnt, so besteht doch kein Zweifel darüber, daß er hier neben vielen anderen ungenannten Vordenkern auch den Xenophanes aufgegriffen und dessen Theologie weitergeführt hat. Denn daß es erst mit Xenophanes ein philosophisch-theologisches Unbeweglichkeitspostulat für die göttliche Wirklichkeit gegeben hat[5], dem sich auch Aristoteles verpflichtet fühlte, dürfte genauso unbestritten sein wie die initiative Schlüsselstellung, die dem Kolophonier in bezug auf einen anderen theologischen Gedanken zukommt, dessen Richtigkeit Aristoteles bei seinen Vorgängern ausdrücklich hervorhebt: Daß nämlich der unbewegte Erstbeweger oder der Gott reiner νοῦς ist (Met.1072b 26ff) und ewig bewegt (in Aristoteles' Worten: reine ἐνέργεια[6] ist: 1074b 26ff), ist eine Vorstellung, die nicht nur auf den von Aristoteles hier wie so oft angeführten Anaxagoras zurückgeht, sondern viel weiter hinaus über Empedokles bis auf Xenophanes[7]. Auch darin, daß (zunächst[8]) nur eine

---

[4] Vgl. dazu auch De Caelo 284a. Ebenfalls aufschlußreich in diesem Zusammenhang sind die Bemerkungen bei J.R.Bambrough, Reason, Truth and God, pp.41f.

[5] Sh. dazu F.Solmsen, Aristotle's System of the Physical World, p.229.

[6] Interessant die Begründung der Vereinnahmung des Anaxagoras für diesen aristotelischen Gedanken: ὁ νοῦς γὰρ ἐνέργεια, 1072a 5).

[7] Vgl. Anaxagoras' Frgme. B12 und B13, Empedokles' B134 und Xenophanes' B25. Zum Ganzen wieder Solmsen, ibid., p.243. Auch J.H.Lesher, Mind's Knowledge and Powers of Control in Anaxagoras B12, p.133, bemerkt mit Verweis auf Xenophanes' B25: „Contrary to the impression given by Aristotle's well known remark, Anaxagoras was not the first presocratic thinker to hold that the universe operated under the influence of a supremely powerful intelligence".

[8] Der berühmte Einschub Kap.8 im zwölften Buch der Met., wo Aristoteles mehrere erste Beweger annimmt, ist wohl nachträglich, wenn auch noch von Aristoteles selbst, hinzugefügt (vgl. W.Jaeger, Aristoteles, pp.370ff, dem alle weiteren Interpreten in dieser Annahme gefolgt sind). Der Vergleich des ersten Kosmosbewegers aus der Physik und der Erstfassung der Metaphysik, der sozusagen der Monarch der vielen untergeordneten Erstbeweger ist, mit dem monarchisch über den anderen Götter stehenden xenophanischen Gott ist viel zu naheliegend und verlockend,

einzige erste Bewegungsquelle für alles angenommen wird (Phys.259a) und diese als unwandelbar (Met.1074b 26f), stellt sich Aristoteles in eine Tradition, die zweifelsohne von Xenophanes herrührt.

Kein Wunder also, daß die Interpreten in Xenophanes' Gott immer wieder einen Vorläufer des aristotelischen Erstbewegers erkannten[9]. Tatsächlich möchte auch ich mich auf die Seite derer schlagen, die in der xenophanischen Theologie diesen später so wirkungsreichen Gedanken des Aristoteles angelegt sehen. Wie aber inzwischen schon mehrmals zu beobachten war, so ist auch für diesen Fall festzustellen, daß es der Wirkungsgeschichte des Xenophanes eigentümlich ist, daß niemals klar gezogene und gradläufige Linien von ihm aus auf andere zuführen, und daß er nie wirkliche Schüler, sondern immer nur mittelbare „Nachfolger", oder besser: Umdeuter gefunden hat. Auch für Xenophanes' θεὸς μέγιστος und Aristoteles' ersten unbewegten Beweger sind die Übereinstimmungen eher im Grundsätzlichen des Gedankens zu erkennen. In der expliziten Ausformung desselben Gedankens jedoch treten beider theologische Auffassungen bereits weit auseinander. Zwar schließt sich Aristoteles bei der Frage danach, wie sich die Bewegungsiniziative des Erstbewegers auswirkt, zunächst noch seinen philosophischen Vorläufern (und damit vielleicht auch dem primären Sinn von Xenophanes' Fragment B25) an in der Meinung, daß die Ortsbewegung die erste der Bewegungsweisen sei, ὅτι ἡ κατὰ τόπον πρώτη τῶν κινήσεων (Phys.265b 16, dazu auch 261a 31 - b 26), doch will er – und das ist wohl die große Innovation in den Überlegungen – den in diesem Sinne erstbewegenden νοῦς nun nicht mehr wirkursächlich in Tätigkeit sehen wie seine Vorgänger[10], sondern finalursächlich, also

---

als daß ich mich traute, ihn hier als ernstzunehmende philosophiegeschichtlich zu rechtfertigende Parallele zu verfolgen.

[9] Z.B. W.Jaeger, Die Theologie der frühen griechischen Denker, p.58.

[10] Es besteht wohl kein Zweifel daran, daß Xenophanes seinen „erschütternden" Gott als „wirkursächlich" waltend verstand. Interessant ist die Geschichte der Entdeckung der Ursachenformen, die Aristoteles im ersten Buch der Met. (insbesondere 984a) gibt: Zuerst habe man nur nach τὰς ἐν ὕλης εἴδει ἀρχάς gesucht, danach sich gefragt ὅθεν ἡ ἀρχὴ τῆς κινήσεως (in der Nähe zu dieser „Entwicklungsstufe" ist wohl Xenophanes zu sehen), und dann habe Anaxagoras die Finalursache gefunden (vgl. dazu auch W.Theiler, Zur Geschichte der teleologischen Naturbetrachtung, pp.2ff). In 1075b 8ff hingegen kritisiert Aristoteles Anaxagoras' νοῦς, weil er wirkursächlich die Welt lenkt, während das Ziel, das mit dieser Lenkung angesteuert wird, offenbar außerhalb des νοῦς liegen muß, was Anaxagoras stark in die Nähe zu einer Zweiprinzipienlehre bringt (womit Aristoteles anscheinend die Kritik Platons an Anaxagoras aus dem Phaidon aufgreift). Zu diesem Problem auch H.F.Cherniss, Aristotle's Criticism of Presocratic Philosophy, p.234, der seinerseits darzustellen versucht, daß Anaxagoras' νοῦς dem aristotelischen Erstbeweger bereits nähergestanden haben muß, als Aristoteles selbst einzugestehen bereit sei (auch dazu vgl. nochmals W.Theiler, ibid.).

„gleich einem Geliebten" (ὡς ἐρώμενον) bewegend, wie es so schön ausgedrückt bei ihm heißt (1072 b3). Und das Neutrum ἐρώμενον weist auch auf einen weiteren markanten Unterschied hin, der schon anderswo in der Verwertungsgeschichte des xenophanischen Gottesbildes immer wieder aufgetaucht war: Aristoteles' Unbewegter Beweger ist eigentlich ein unpersonales unbewegtes Bewegungs*prinzip*, eben ein κινοῦν ἀκίνητον, ein erstes Bewegendes, und das innere Verhältnis des Aristoteles diesem ersten Bewegenden gegenüber läßt sich nicht mit der wohl zweifelsohne tief gläubigen Haltung des Xenophanes seinem personhaften göttlichen Lenker der Welt gegenüber vergleichen.

Wolfgang Schadewaldt hat versucht, die philosophiegeschichtlichen Ursprünge dieser teleologischen Erstursache des Aristoteles zu rekonstruieren, und hat dabei neben Xenophanes, dem auch er wohl zu Recht und trotz aller Unterschiede im Einzelnen einen wichtigen Platz in der Entwicklung der Theologie des Aristoteles einräumt, vor allem auf Eudoxos von Knidos verwiesen, dessen auf die astronomischen Bewegungen übertragene Theorie des Luststrebens aller Dinge, ἔλλογα καὶ ἄλογα[11], als Bewegungsursache dem Aristoteles den letzten Anstoß zum Gedanken des finalkausal wirkenden unbewegten Bewegers des Kosmos gegeben haben soll[12]. Schadewaldts Thesen sind nicht unwidersprochen geblieben[13], doch zeichnen sie bei allen Fragwürdigkeiten im Detail immerhin ein wohl durchaus adäquates Bild der großen Entwicklungslinien, die von den frühen mythischen Spekulationen bis zu Aristoteles' erstem Weltbeweger führen. Mit Hinblick auf die Geschichte des Erstbewegergedankens in der Philosophie vor Aristoteles, an der wie gesehen Xenophanes wesentlichen Anteil gehabt haben dürfte, kann man sich daher wohl Schadewaldts abrundendem Rückblick anschließen, daß die grundlegenden Thesen „also bereitlagen, die die Denker, Eudoxos wie Aristoteles, nur in

---

[11] Vgl. auch F.Lassere, Die Fragmente des Eudoxos von Knidos, p.154.

[12] Sh. W.Schadewaldt, Das Welt-Modell der Griechen, und: Eudoxos von Knidos und die Lehre vom unbewegten Beweger, in: HuH, pp.601ff und 635ff; Eudoxos war im übrigen übergangsweise Scholarch der platonischen Akademie, während Aristoteles dort studierte, und nannte den teleologischen Erstbeweger seiner „hedonistischen Kosmologie" das „Göttliche". Auch eine Kritik der partikularen Unzulänglichkeiten der Götter des Volksglaubens findet sich bei Eudoxos; allerdings läuft seine Ehrenrettung der Mythen von Xenophanes und Platon abweichend eher auf eine allegorische Deutung als Naturkräfte hinaus. Zu weiteren Schlüsselfiguren in dieser Tradition des Erstbewegergedankens, insbesondere zu Anaxagoras, Platon selbst und Diogenes von Apollonia, vgl. W.Theiler, ibid., die einschlägigen Kapitel.

[13] Vgl. F.Lassere, ibid., p.155 (dort aber auch der Hinweis auf weitere Verfechter von Schadewaldts Thesen zum Thema).

neuem Sinne mit umfassenderen Begründungen aufzunehmen und in denkerisch gereinigter Form neu hinzustellen hatten"[14].

Eine Vielzahl dieser Entwicklungslinien kreuzen sich freilich in Xenophanes von Kolophon. Dieser war im Verlauf der vorliegenden Arbeit auch immer wieder, gemäß ihres Vorhabens, als wichtiger Schnittpunkt von mythischer Tradition und beginnender philosophischer Überlegung vorgestellt worden. Insbesondere für die philosophische Theologie sollte dabei der Nachweis erbracht werden, daß Xenophanes' philosophiehistorische Tat in einer kritischen Übersetzung rational verwertbaren mythischen Gedankenguts in die Philosophie seiner Zeit hinein zu sehen ist. Er nahm dabei einen gänzlich anderen Weg als vor ihm die Milesier oder der etwa gleichzeitige Pythagoras, der offenbar eher die geistige Nähe zu mystischen und geheimbündnerischen religiösen Zirkeln suchte, und versuchte seine philosophischen Standpunkte aus der Auseinandersetzung mit der homerischen und hesiodischen Mythenwelt, die er nur teilweise kritisierend verwarf, zum andern Teil hingegen weiterverarbeitend aufgriff, zu gewinnen. Wie er im „Berufsleben" als Rhapsode und Homerkritiker zugleich auftrat, so zeigen ihn seine Fragmente als selbständigen und innovativen Geist innerhalb der mythischen, aber auch dichterischen und wissenschaftlichen Traditionen, in die er sich einordnen läßt. Es muß ihm als Verdienst angerechnet werden, daß er somit in die Philosophie nicht unbedeutende neue Fragestellungen einbrachte und ihr in vielen offenen Belangen nicht zuletzt methodischer Art den Weg wies.

Freilich trug sein Denken, eben weil es so stark an der Schwelle vieler Entwicklungen stand, und das Xenophanes selbst vielleicht gerade wegen dieses innovativen und initiativen Zuges (bei aller moralischen Gewißheit, die aus seinen Zeilen spricht) am liebsten nur als Hypothese oder „Diskussionsbeitrag" gesehen hat, noch stark den Charakter des Vorläufigen. Die Lehren des Kolophoniers verlangten förmlich nach Weiterverarbeitung und Ergänzung, und so wurde Xenophanes dank dieser Vorläufigkeit ja dann auch zum Wegbereiter vieler wichtiger philosophischer Traditionen, von denen in dieser Arbeit nur einige exemplarisch berücksichtigt werden konnten. Es fiel dabei auf, daß das relativ friedvolle In- und Miteinander verschiedenster Fragestellungen, Grundpositionen, methodischer Vorgehensweisen und Traditionsstränge, wie es in Xenophanes Werk offenbar vorlag und wie es Aristoteles ihm zum Vorwurf machte, die nachfolgenden Denker in ihrer Verwertung und Weiterentwicklung dieser Vorgaben vor allem zu stärkerer Systematisierung, Differenzierung und eindeutigerer Stellungnahme reizen mußte.

---

[14] W. Schadewaldt, Eudoxos von Knidos und die Lehre vom unbewegten Beweger, p.651.

So wurde – wie gesehen – namentlich der Gott der xenophanischen Philosophie schrittweise seiner zum Teil noch stark mythischen Eigenheiten entkleidet und langsam zum gänzlich apersonalen Göttlichen, dem θεῖον der späteren Theologie, wobei insbesondere die Herausstellung einiger zur Welterklärung dienlicher Einzelaspekte, die Xenophanes seinem Gott noch alle mehr oder weniger zusammenhanglos und vor allem im Hinblick auf eine positive Fundierung seiner Kritik am Mythos zugesprochen hatte, zum Grundprinzip wurde. Unter diesem Gesichtspunkt betrachtet hatte das Denken des Kolophoniers in gewisser Weise die Funktion eines Prismas für die griechische Philosophie: es nahm neben vielen anderen Vorgaben insbesondere die bis in seine Zeit offenbar recht kompakt und gebündelt dastehende homerisch-hesiodische Mythentradition auf, analysierte sie und entließ für die Nachfolger die Möglichkeit, gesonderte (vor allem theologische) Aspekte dieses Traditionsdepositums einzeln zu behandeln und verwertend philosophisch weiterzuentwickeln. Xenophanes' Lehren sollten damit, ohne eine eigene klar als xenophanisch erkennbare philosophische Schule zu begründen, zu einer Scharnierstelle vieler prominenter Traditionen in der griechischen Theologie, aber auch in der Erkenntnislehre werden; dies allerdings oft genug in ihrer späteren Mißdeutung als primitiver oder Ur-Eleatismus. Die Inbeschlagnahme für diesen bestimmten und so kontroversen Zweig der griechischen Philosophie hat dem Dichter aus Kolophon vielfach zu großer Popularität verholfen, ihn aber gleichzeitig in gewisser Weise um seine verdiente philosophiehistorische Stellung gebracht und sein Werk lange Zeit fast schon in Vergessenheit geraten lassen; dieser fiel es dann wiederum nur deshalb nicht gänzlich anheim, weil man seinen Autor für jemanden hielt, der er in Wirklichkeit wohl gar nicht war: der Lehrer des Parmenides.

ANHANG: IM TEXT NICHT ZITIERTE FRAGMENTE

DK 21 B6:

πέμψας γὰρ κωλῆν ἐρίφου σκέλος ἤραο πῖον
ταύρου λαρινοῦ, τίμιον ἀνδρὶ λαχεῖν,
τοῦ κλέος Ἑλλάδα πᾶσαν ἐφίξεται οὐδ' ἀπολήξει
ἔστ' ἂν ἀοιδάων ἦι γένος Ἑλλαδικῶν.

„Denn du, der du das Schenkelstück eines Zickleins schicktest, hast die fette Keule
                                                                                        erhalten
eines gemästeten Ochsen, angemessen für einen Mann,
dessen Ruhm über ganz Hellas reichen und nicht vergehen wird,
solange es griechische Lieder gibt."

DK 21 B9:

ἀνδρὸς γηρέντος πολλὸν ἀφαυρότερος

„Viel schwächer als ein alternder Mann."

DK 21 B42:

καὶ <κ'> ἐπιθυμήσειε νέος νῆς ἀμφιπόλοιο

„Und Lust würde bekommen ein Junger nach einer jungen Magd."

266

BIBLIOGRAPHIE:

(Kommentierte Fragmentsammlungen, die den griechischen Originaltext nicht oder nur sporadisch wiedergeben, sind unter „Sekundärliteratur" aufgeführt)

Texte und Textsammlungen antiker und mittelalterlicher Werke:

Aeschyli Tragoediae, (Ed. L. West), Stuttgart 1990.

Aischylos: Sämtliche Tragödien (Ed. H. Friedrich u.a.), München 1977.

Ancient Near Eastern Texts (Ed. J.B. Pritchard), Princeton [2]1955.

Apolonio Díscolo: Síntaxis (Ed. V. Bécares Botas), Madrid 1987.

Apollonios Alexandrini De constructione (Ed. I. Bekker), Berlin 1817.

Archilochos, Gedichte (Ed. M. Treu), München [2]1979.

Aristophanes: ΝΕΦΕΛΑΙ/The Clouds (Ed. W.J.M. Starkie), Amsterdam 1966 (reprint der Ausgabe von 1911).

Aristoteles: Werke in deutscher Übersetzung (Eds. E. Grumach und H. Flashar), Berlin 1958ff.

Aristotelis Opera (Ed. I. Bekker), Berlin [2](Ed. O. Gigon) 1960 und 1961.

‐ : Metafisica. Edición trilingüe (Ed. V. García Yerba), Madrid [2]1987.

- : Metaphysik I (Ed. W.D. Ross), Oxford 1953.

Athenaios: Dipnosophistae (Ed. G. Kaibel), Stuttgart 1962.

Aurelius Augustinus: Confessiones (Ed. L. Verheijen) / Corpus Christianorum
Series Latina XXVII , Brepols 1981.

- : De civitate Dei (ad fidem quartae editionis 1928-29, Eds. B. Dombart et A.
Kalb) / Corpus Christianorum Series Latina XLVII und XLVIII, Brepols
1960.

M. Tullius Cicero: Gespräche in Tuskulum / Tusculanae Disputationes (Ed. K.
Büchner), München 1984.

- : Tusculanae Disputationes (Ed. M. Pohlenz), Amsterdam 1965 (Nachdruck der
1. Auflage Stuttgart 1957).

- : Academica (Ed. J.S. Reid), Hildesheim 1966.

- : De divinatione (Ed. A.S. Pease), Darmstadt 1963.

- : De legibus libri tres (Ed. J. Davies u.a.), Hildesheim/New York 1973.

- : De natura deorum (Ed. A.S. Pease), 2 Bde., Darmstadt 1968.

- : De oratore (Ed. W. Kroll), Berlin 1913.

Das Alte Testament, Einheitsübersetzung, Stuttgart 1974.

Denys d'Halicarnasse: Thucydide / Seconde lettre à Ammée (Ed. G. Aujac), Paris
1991.

Diogenes Laertios: Leben und Meinungen berühmter Philosophen (Ed. O. Apelt),
Hamburg 1967.

Diogenis Laertii De clarorum philosophorum vitis (Ed. C.G. Lobet), Paris 1878.

Doxographi Graeci (Ed. H. Diels), Berlin/Leipzig [2]1929.

Epicorum veterorum Fragmenta (Ed. A.Kinkel), Leipzig 1877.

Euripides: Tragoediae (Ed. G. Herrmann), Leipzig 1877.

Die Fragmente der griechischen Historiker (Ed. F. Jacoby), Leiden 1957.

Die Fragmente der Vorsokratiker (Ed. H. Diels und W. Kranz), Dublin/Zürich ^{10}1972.

Fragmente der Vorsokratiker (Ed. F.J. Weber), Paderborn 1988.

Gregor von Nyssa: De Virginitate, in: Patrologia Patrorum Graecorum 46 (Ed. J.-P. Migne), Paris 1863.

Hebrew Old Testament (ed. N.H. Snaith), London/Oxford ^{2}1960.

Herodot: Historien (ed. W. Marg), München/Zürich 1973 (Bd.I) und 1983 (Bd.II).

- : Herodoti Historiae (Ed. C. Hude), Oxford ^{3}1927.

Hesiod: Theogonia, Opera et Dies, Scutum, Fragmenta selecta (Ed. F. Solmsen), Oxford ^{2}1983.

- : Sämtliche Werke (Ed. W. Marg), München/Zürich ^{2}1984.

Hippokrates: Opera omnia (Ed. E. Litteré), Amsterdam 1961 und 1962 (Nachdruck versch. Auflagen Paris 1839ff).

Homeri Opera (Ed. T.W. Allen), 5 Bde., Oxford, versch. Auflagen und Nachdrukke 1962ff.

- : Ilias (Ed. K. Bayer, M. Faltner u.a.), München/Zürich 1983.

- : Odyssee (Ed. K. Bayer, M. Faltner u.a.), München/Zürich 1982.

Homerische Hymnen, (Ed. M. Faltner u.a.) München/Zürich ^{4}1979.

Lyra Graeca (Ed. J.M. Edmonds), London 1963ff.

Orphicorum Fragmenta (Ed. O. Kern), Berlin 1922.

Parmenides, Die Fragmente (Ed. E. Heitsch), München/Zürich ^{2}1991.

Parmenides of Elea: Fragments (Ed. D. Gallop), Toronto 1984.

Pindar: Oden griech. und dt. (Ed. E. Dönt), Stuttgart 1986.

Platon: Platons Werke in acht Bänden griechisch und deutsch, versch. Hg., Darmstadt 1971ff.

Platonis Opera (Ed. J. Burnet), versch. Auflagen und Nachdrucke Oxford 1900ff.

Platons Staat (Ed. J. Adam), Vol.I, Cambridge 1965 / Originalausgabe: J. Adam: The Republic of Plato Vol.I, London 1902.

Plotins Schriften (Ed. R.Harder u.a.), Hamburg 1956ff.

Poetarum elegiacorum testimonia et fragmenta (Eds. B. Gentili und C. Prato), Bd. 1 Stuttgart ^{2}1988, Bd.2 Stuttgart 1985.

Poetae Lyrici Graeci (Ed. T. Bergk), Leipzig 1853.

Poetae Melici Graeci (Ed. D.L. Page), Oxford 1962.

Poetarum philosophorum fragmenta (Ed. H. Diels), Berlin 1901.

Thomas von Aquin: Opera Omnia (versch. Hg.), Rom 1882ff.

Thukydides: Geschichte des Peloponnesischen Krieges (Ed. Landmann), München ^{3}1981.

Thukydidis Historiae (Ed. H.S. Jones), Oxford ^{16}1966 (Bd.I) und ^{13}1963 (Bd.II).

Timone di Fliunte: Silli (Ed. M. Di Marco), Roma 1989.

Tragicorum Graecorum Fragmenta (Ed. A. Nauck, Suppl. von B. Snell), Hildesheim 1964.

M. Untersteiner: Senofane. Testimonianze e Frammenti. Firenze ^{2}1967.

C.J. de Vogel: Greek Philosophy. A Collection of Texts. Vol.I: Thales to Plato. Leiden ^{3}1963.

Die Vorsokratiker I (Ed. J. Mansfeld), Stuttgart 1983.

Xenophanes, Die Fragmente (Ed. E. Heitsch), München/Zürich 1983.

Xenophanes of Colophon: Fragments. A Text and Translation with a Commentary (Ed. J.H. Lesher), Toronto 1992.

Xenophon: Memorabilia (Ed. C. Hude), Stuttgart 1969.

Sekundärliteratur:

Gesamtdarstellungen vorsokratischer Philosophie:

A. Alegre Gorri: Estudios sobre los Presocráticos, Barcelona ^{2}1990.

J. Barnes: The Presocratic Philosophers Vol.I, London 1979.

W. Bröcker: Die Geschichte der Philosophie vor Sokrates, Frankfurt ^{2}1986.

T. Buchheim: Die Vorsokratiker, München 1994.

J. Burnet: Early Greek Philosophy, London 1963 (reprint der 4. Auflage 1930).

- : Greek Philosophy. Thales to Plato. London 1964.

E. Caird: The Evolution of Theology in the Greek Philosophers. Vol.I. New York ^{2}1968.

G. Calogero: Scritti minori di filosofia antica, Roma 1985.

M. Capasso (Ed.): Studi di Filosofia Preplatonica, Napoli 1985.

W. Capelle: Die Vorsokratiker, Stuttgart 1968.

E. Cassierer: Die Philosophie der Griechen von den Anfängen bis Platon, in: M. Dessoir (Ed.): Lehrbuch der Philosophie, Berlin 1925.

H.F. Cherniss: Ancient Forms of Philosophic Discourse, in: Selected Papers, Leiden 1977, pp.14-35.

- : The Characteristics and Effects of Presocratic Philosophy, in: D.J. Furley and R. E. Allen (Eds.): Studies in Presocratic Philosophy Vol.I, London 1970, pp.1-28.[*]

- : The History of Ideas and Ancient Greek Philosophy, in: Studies in Intellectual History, Johns Hopkins University Press 1953, pp.22-47.[*]

F.M. Cleve: The Giants of Pre-Sophistic Philosophy. An Attempt to Reconstruct their Thoughts, Vol.I. The Hague 1969.

F.M. Cornford: Before and after Socrates, Cambridge [9]1972.

C. Eggers Lan/V.E. Julía: Los Filósofos Presocráticos, Madrid 1986.

D. Furley: The Greek Cosmologists, Vol.I: The formation of the atomic theory and its earliest critics, Cambridge 1987.

- /R.E. Allen (Eds.): Studies in Presocratic Philosophy Vol.I. The Beginnings of Philosophy, New York 1970.

O. Gigon: Der Ursprung der griechischen Philosophie von Hesiod bis Parmenides, Basel [2]1968.

- : Studien zur antiken Philosophie, Berlin 1972.

T. Gomperz: Griechische Denker Bd.I, Berlin 1963 (Nachdruck der Auflage von 1922).

W.K.C. Guthrie: A History of Greek Philosophy, Vols. I-III. Cambridge 1962ff.

E. Hussey: The Presocratics. London 1972.

W. Jaeger: Die Theologie der frühen griechischen Denker, Stuttgart 1964.

G.B. Kerferd: Recent Work on Presocratic Philosophy, in: American Philosophical Quarterly (2), 1965, pp.130ff.

---

[*] Auch erschienen in Cherniss' „Selected Papers", Leiden 1977; im Text jedoch nach der Originalausgabe zitiert.

J. Kerschensteiner: Kosmos. Quellenkritische Untersuchungen zu den Vorsokratikern, München 1962.

G.S. Kirk/J.E. Raven/M. Schofield: The Presocratic Philosophers, Cambridge 1983.

A.P.D. Mourelatos (Ed.): The Pre-Socratics, New York 1974.

F. Nietzsche: Die Philosophie im tragischen Zeitalter der Griechen, in: Sämtliche Werke Bd.I, München 1967-1977.

- : Die Geburt der Tragödie aus dem Geist der Musik, in: Sämtliche Werke Bd.I, München 1967-77.

- : Die vorplatonischen Philosophen (Vorlesungen 1872, 1873 und 1876), in: Nietzsches Werke Bd.XIX, Leipzig 1913, pp.125ff.

L. Paquet u.a.: Les Présocratiques: Bibliographie Analytique (1979-1980). Montréal/Paris 1988 (Bd.1) und 1989 (Bd.2).

W. Pleger: Die Vorsokratiker, Stuttgart 1991.

C. Ramnoux: Études Présocratiques, Paris 1970.

G. Reale: Storia della filosofia antica. Vol.I: Dalle origini a Socrate. Milano ^{3}1979.

M. Ring: Beginning with the Pre-Socratics, Mountain View/California 1987.

W. Röd: Die Philosophie der Antike 1. Von Thales bis Demokrit. München 1976.

E. Sandvoss: Geschichte der Philosophie Bd.1, München 1989.

W. Schadewaldt: Die Anfänge der Philosophie bei den Griechen, Frankfurt 1978.

F. Schleiermacher: Vorlesungen über die Geschichte der Philosophie (1819-1823), aus: F. Schleiermachers sämtliche Werke, Dritte Abteilung, vierten Bandes erster Teil (Ed. H. Ritter), Berlin 1839.

L. Sweeney: Infinity in the Presocratics, The Hague 1972.

K.-H. Volkmann-Schluck: Die Philosophie der Vorsokratiker. Der Anfang der abendländischen Metaphysik (Ed. P. Kremer). Würzburg 1992.

J.B. Wilbur: The Worlds of the Early Greek Philosophers, Buffalo 1979.

E. Zeller: Die Philosophie der Griechen in ihrer geschichtlichen Entwicklung, Erster Teil, Bd.I, Darmstadt 1963 (Nachdruck der 6. Aufl. 1919, Ed. W. Nestle).

S. Zeppi: Studi sulla filosofia presocratica, Firenze 1962.

Zur Quellenforschung und Doxographie:

J. Barnes: The Presocratics in Context, in: Phronesis XXXIV (1989), pp.327-344.

H.F. Cherniss: Aristotle's Criticism of Presocratic Philosophy, Baltimore 1935.

H.-G. Gadamer: Heideggers „theologische" Jugendschrift. In: Dilthey-Jahrbuch Bd.6, 1989, pp.228-234.

M. Heidegger: Phänomenologische Interpretationen zu Aristoteles (Anzeige der hermeneutischen Situation), ed. H.-U.Lessing, in: Dilthey-Jahrbuch Bd.6, Göttingen 1989, pp.235-274.

P. Kingsley: Empedocles and his Interpreters: The Four-Element Doxography. In: Phronesis XXXIX (1994), pp.235-254.

A.V. Lebedev: Philosophie et culture, in: Actes du XVIIe congrès mondial de philosophie III (Ed. V. Cauchy), pp.813-817, Montmorency 1988.

S. Makin: How can we find out what Ancient Philosophers said?, in: Phronesis XXXIII (1988), pp.121-133.

J. Mansfeld: Myth, Science, Philosophy: A Question of Origins, in: W.M. Calder III u.a. (Eds.): Hypatia. Festschrift H.E. Barnes, Boulder Colorado 1985, pp.45-65.[*]

- : Aristotle, Plato and the Preplatonic Doxography and Chronography, in: G. Cambiano (Ed.): Storiografia e dossografia nella filosofia antica, Torino

---

[*] Auch erschienen in Mansfelds Aufsatzsammlung „Studies in the Historiography of Greek Philosophy", Assen 1990; im Text jedoch stets nach der Originalausgabe zitiert.

1986, pp.1-59.[*]

- : Cratylus 402a-c: Plato or Hippias?, in: L. Rosetti (ed.): Atti del Symposium Heracliteum 1981, Vol.I, Roma 1983, pp.43-55.[*]

- : Aristotle and Others on Thales, or the Beginnings of Natural Philosophy. With Some Remarks on Xenophanes, in: Mnemosyne 38, 1985, pp.109-129.[*]

C. Osborne: Rethinking Early Greek Philosophy: Hippolytus of Rome and the Presocratics. London 1987.

- : Sources of Significance in Hippolytus's Account of Greek Philosophy, in: Apeiron XXVII (1994), pp.225-242.

A. Patzer: Der Sophist Hippias als Philosophiehistoriker, Freiburg/München 1986.

R. Pfeiffer: History of Classical Scholarship from the Beginnings to the End of the Hellenistic Age, Oxford 1968.

R. Rorty: The Histography of Philosophy: Four Genres, in: R. Rorty a.o.: Philosophy in History, Cambridge 1984.

J.G. Stevenson: Aristotle as Historian of Philosophy, in: Journal of Hellenistic Studies 94, 1974, pp.138-143.

L. Wittgenstein: Tractatus logico-philosophicus, Frankfurt 1966.

G. Wohlfahrt: „Also sprach Herakleitos": Heraklits Fragment B52 und Nietzsches Heraklit Rezeption. Freiburg/München 1991.

Zum Verhältnis und Übergang „Mythos" - „Logos" und zur Mythenkritik:

A.W.H. Adkins: Moral Values and Political Behaviour in Ancient Greece. From Homer to the End of the Fifth Century. London 1972.

A. Bernabé Pajares: Fragmentos de Epica Griega Arcáica, Madrid 1979.

---

[*] Auch erschienen in Mansfelds Aufsatzsammlung „Studies in the Historiography of Greek Philosophy", Assen 1990; im Text jedoch stets nach der Originalausgabe zitiert.

C.M. Bowra: Tradition and Design in the Iliad, Oxford 1963.

W. Bröcker: Theologie der Ilias, Frankfurt 1975.

E. Brunner-Traut: Gelebte Mythen, Darmstadt 1981.

W. Burkert: Griechische Religion der archaischen und klassischen Epoche, Stuttgart 1977.

- : Orpheus und die Vorsokratiker, in: Antike und Abendland XIV, 1968, pp.93-114.

- : Platon oder Pythagoras? Zum Ursprung des Worts „Philosophie", in: Hermes 88, 1960, pp.159-176.

- : Weisheit und Wissenschaft. Studien zu Pythagoras, Philolaos und Platon. Nürnberg 1962.

M. Clagett: Greek Science in Antiquity, London 1957.

F.M. Cornford: From Religion to Philosophy. A Study in the Origins of Western Speculation. New York 1957.

- : Greek Religious Thought, New York 1969 (reprint).

- : Principium Sapientiae (Ed. W.K.G. Guthrie), New York 1965.

T. De Quincey: Confessions of an English Opium-Eater and Other Writings (Ed. G. Lindop), Oxford [3]1990.

A. Diemer: Was heißt Wissenschaft?, Meisenheim/Glan 1964.

H. Diller: Hesiod und die Anfänge der griechischen Philosophie, in: Antike und Abendland Bd.II, Hamburg 1946, pp.140-151.

E.R. Dodds: The Greeks and the Irrational, Berkeley/Los Angeles 1951.

M.I. Finley: Ancient History. Evidence and Models. London 1985.

- : Die Griechen, München 1976.

H. Fränkel: Dichtung und Philosophie des frühen Griechentums, München [2]1962.

- : Wege und Formen frühgriechischen Denkens, München [2]1960.

E. Friedell: Kulturgeschichte Ägyptens und des Alten Orients, München [6]1992.

- : Kulturgeschichte Griechenlands, München [6]1992.

K. Gloy: Das Verständnis der Natur Bd.1, München 1995.

G.W.F. Hegel: Vorlesungen über die Philosophie der Weltgeschichte Bde.II-IV, Hamburg [4]1976.

- : Vorlesungen zur Geschichte der Philosophie, Stuttgart [4]1965.

G.L. Huxley: Greek Epic Poetry from Eumelos to Panyassis, London 1969.

W. Jordan: Ancient Concepts of Philosophy, London 1990.

K. Kerényi: Antike Religion, München 1971.

- (Ed.): Die Eröffnung des Zugangs zum Mythos, Darmstadt 1967.

- : Griechische Grundbegriffe, Zürich 1964.

G.S. Kirk: Myth. Its Meaning and Functions in Ancient and Other Cultures, Cambridge 1970.

F. Krafft: Geschichte der Naturwissenschaften I: Die Begründung einer Wissenschaft von der Natur durch die Griechen, Freiburg 1971.

F. von Kutschera: Wissenschaftstheorie. Grundzüge der allgemeinen Methodologie der empirischen Wissenschaften, 2 Bde., München 1972.

G.E.R. Lloyd: Early Greek Science, London 1970.

W. Nestle: Vom Mythos zum Logos, Stuttgart 1975 (Nachdruck der Ausgabe Stuttgart 1942).

- : Griechische Geistesgeschichte, Stuttgart 1944.

O. Neugebauer: The Exact Sciences in Antiquity. Providence 1957.

M. Nilsson: Geschichte der griechischen Religion, Bd.I, München [3]1967.

F. Pfister: Die Religion der Griechen und Römer, Leipzig 1930.

F. Preisigke: Logos, in: RE XIII, 1035-1081.

G. Raddatz/K. Witte: Homeros, in: RE VIII, 2188-2247.

R. (von Ranke-) Graves: Griechische Mythologie, Quellen und Deutung, Hamburg 1987.

- /Raphael Patai: Hebräische Mythologie, Hamburg 1990.

S. Sambursky: Das physikalische Weltbild der Antike, Zürich/Stuttgart 1965.

A. Schurr: Einführung in die Philosophie, Stuttgart 1977.

W.A. Shibles: Models of Ancient Greek Philosophy, London 1971.

B. Snell: Die Entdeckung des Geistes, Göttingen ^{6}1986.

- : Gesammelte Schriften, Göttingen 1966.

- : Der Weg zum Denken und zur Wahrheit. Studien zur frühgriechischen Sprache. Göttingen 1978.

A. Stückelberger: Einführung in die antiken Naturwissenschaften, Darmstadt 1988.

J.P. Vernant: Les origines de la pensée grecque, Paris ^{4}1990.

- : Mortals and Immortals. Collected Essays. Princeton 1991.

- /P. Vidal-Naquet: La Grèce ancienne. Vol.1: Du mythe à la raison. Paris 1990.

G. Vico: La scienza nuova, Milano 1988.

F.J. Weber: Platons Apologie des Sokrates, Paderborn ^{5}1990.

W. Wightman: The Growth of Cientific Ideas, Edinburgh 1966.

U. von Wilamowitz-Moellendorf: Der Glaube der Hellenen, 2 Bde., Darmstadt ^{2}1955.

A. Wolf: Mythos, in: RE XVI, 1374-1411.

X. Zubiri: Naturaleza, Historia, Dios. Madrid 1978.

Zu den Milesiern:

C.J. Classen: Anaximander, in: RE Suppl. XII, 1970.

- : Anaximander zwischen Tradition und Neuschöpfung, in: Hermes 90, 1962, pp.159-172.

- : Thales, in: RE Suppl.X, 1965, 930-947.

S. Eitrem: Moira, in: RE XV, 2449-2497.

H. Fränkel: Das homerische Gleichnis, Göttingen ^{2}1977.

M. Heidegger: Holzwege, Frankfurt 1950.

U. Hölscher: Anfängliches Fragen, Göttingen 1968.

- : Das nächste Fremde (Eds. J.Latacz und M. Kraus), München 1994.

K. Popper: Back to the Presocratics. In: Conjectures and Refutations. London ^{4}1972, pp.136-165. (Ebenfalls erschienen in D. J.Furley / R. E. Allen: Studies in Presocratic Philosophy, pp.130-153).

H. Schwabl: Weltschöpfung, in: RE Suppl. IX 1962, 1513-1532.

C.G. Starr: Individual and Community, Oxford 1986.

M.L. West: Ab ovo. Orpheus, Sanchuniathon, and the Origins of the Ionian World Model. In: The Classical Quarterly XLIV (1994), pp.289-307.

- : Early Greek Philosophy and the Orient, Oxford 1971.

L.Y. Zhmud: „All is Number"? Basic doctrine of Pythagoreism reconsidered. In: Phronesis 34 (1989), pp.270-292.

Zur ionischen Historiographie:

K.v. Fritz: Die griechische Geschichtsschreibung, Bd.I.: Von den Anfängen bis Thukydides, Berlin 1967.

A.W. Gomme: A Historical Commentary on Thukydides, Vol.I, Oxford [3]1966.

S. Hornblower (Ed.): Greek Historiography, Oxford 1994.

O. Lendle: Einführung in die griechische Geschichtsschreibung, Darmstadt 1992.

K. Meister: Die griechische Geschichtsschreibung, Stuttgart 1990.

L. Pearson: Early Ionian Historians, Westport 1975 (reprint).

K. Reinhardt: Vermächtnis der Antike. Gesammelte Essays zur Philosophie und Geschichtsschreibung, Göttingen [2]1966.

W. Schadewaldt: Hellas und Hesperien Bd.I, Zürich 1970.

D.L. Toye: Dionysius of Halicarnassus on the First Greek Historians, in: American Journal of Philology 116 (1995), pp.278-302.

Zu Xenophanes:

E. del Basso: Sull'antipitagorismo di Senofane. Logos (Napoli) 7, 1975, pp.163-176.

C.M. Bowra: Xenophanes, Fragment 3, in: Classical Quarterly 35 (1941), pp.119-126.

G. Bréton: Essai sur la poésie philosophique en Grèce: Xénophane, Parménide, Empédocle. Paris 1882.

K. Deichgräber: Xenophanes περὶ φύσεως, in: Rhein.Mus. 87 (1938), pp.1-31.

S. Deligiorgis: Between Philosophy and Literature: Perspectives on Xenophanes, in: Platon 25, 1973, pp.258ff.

M. Eisenstadt: The Philosophy of Xenophanes of Colophon (Dissertation on Microfilm), Austin/Texas 1970.

D. Fehling: Materie und Weltbau in der Zeit der frühen Vorsokratiker, Innsbruck 1994.

A. Finkenberg: Studies in Xenophanes, in: Harvard Studies in Classical Philology Vol.93 (1990), pp.103-167.

K.v. Fritz: Xenophanes, in: RE IX A2, 1967, 1541-1562.

B. Gentili: Poetry and Its Public in Ancient Greece, Baltimore 1988.

W.A. Heidel: Hecataeus and Xenophanes. In: American Journal of Philology 64, 1943, pp.257-277.

F. Heinimann: Nomos und Physis, Darmstadt ²1965.

E. Heitsch: Xenophanes und die Anfänge kritischen Denkens, Mainz/Stuttgart 1994.

H. Herter: Das Symposion des Xenophanes, in: Wiener Studien 69 (1956), pp.33-48.

U. Hölscher: Anfängliches Fragen, Göttingen 1968.

- : Das nächste Fremde (Eds. J.Latacz und M. Kraus), München 1994.

L.W.H. Hull: Historia de la filosofia de la ciencia, Barcelona 1961.

W.Jaeger : Paideia, Berlin 1934-1947.

K. Jaspers: Die großen Philosophen. Nachlaß Bd.I, München 1981.

- : Die großen Philosophen I, München 1959.

G.S. Kirk (General Ed.): The Iliad: A Commentary, 6 Bde, 1985-93.

R. Laurenti: Aristotele: I Frammenti dei Dialoghi, Tomo I, Napoli 1987.

J. Lorite Mena: Jenófanes y la crisis de la objetividad griega, Bogotá 1986.

A. Lumpe: Die Philosophie des Xenophanes von Kolophon, München 1952.

H. Maehler: Die Auffassung des Dichterberufs im frühen Griechentum, Göttingen 1963.

M. Marcovic: Euripides' attack on athletes, in: Ziva Antika 27, 1977, pp.51-54.

J. Mansfeld: Theophrastus and the Xenophanes Doxography, in: Mnemosyne 40, 1987, pp.286-312. [*]

- : De Melisso Xenophane Gorgia: Pyrrhonizing Aristotelianism, in: Rhein.Mus. 131, 1988, pp.238-276. [*]

M. Marcovich: Xenophanes on Drinking-Parties and Olympic Games, in: Studies in Greek Poetry, Atlanta 1991, pp.60-84.

N. Marione: Lessico di Senofane, Hildesheim/New York 1972.

A. Modrze: Milon von Kroton, in: RE XV, 1672-1676.

J.H. Molyneux: Simonides. A Historical Study. Wauconda/Ill. 1992.

M. Nilsson: Griechische Feste von religiöser Bedeutung, Leipzig 1906.

K. Popper: Auf der Suche nach einer besseren Welt, München 1984.

- : Back to the Presocratics. In: Conjectures and Refutations. London [4]1972, pp.136-165. (Ebenfalls erschienen in D.J. Furley/R.E. Allen: Studies in Presocratic Philosophy, pp.130-153).

- : Logik der Forschung, Tübingen [5]1973.

W. Raberger: Aufklärung und Aufklärungsresistenz, in: Theologie der Gegenwart 1995/1, pp.13-32.

---

[*] Auch erschienen in Mansfelds Aufsatzsammlung „Studies in the Historiography of Greek Philosophy", Assen 1990; im Text jedoch stets nach der Originalausgabe zitiert.

E. Rindone: Rapporti tra ΜΥΘΟΣ e ΛΟΓΟΣ: Senofane di Colofone. In: Aquinas 20, 1977, pp.380-408.

P. Roth: διέπω bei Xenophanes, in: Hermes 118 (1990), pp.118-121.

D.T. Runia: Xenophanes on the Moon: A Doxographicum in Aetius, in: Phronesis XXXIII (1988), pp.245ff.

H. Schwabl: Weltschöpfung, in: RE Suppl. IX 1962, 1513-1532.

J. Seibert: Die politischen Flüchtlinge und Verbannten in der griechischen Geschichte, Darmstadt 1979.

D. Sider: Rezension zu J.H. Lesher, Xenophanes of Colophon, in: American Journal of Philology 115 (1994), pp.457-461.

E.E. Sikes: The Greek View of Poetry, London 1969 (reprint der ersten Auflage von 1931).

B. Snell: Die Entdeckung des Geistes, Göttingen [6]1986.

- : Gesammelte Schriften, Göttingen 1966.

- : Der Weg zum Denken und zur Wahrheit. Studien zur frühgriechischen Sprache. Göttingen 1978.

R. Spaemann/R. Löw: Die Frage Wozu?, München 1981.

P. Steinmetz: Xenophanesstudien, in: Rhein. Museum 109, 1966, pp.13-73.

H. Thesleff: On Dating Xenophanes, Helsingfors 1957.

A. Toynbee: The Greeks and their Heritages, Oxford 1981.

J. Wiesner: Pseudo-Aristoteles, MXG: Der historische Wert des Xenophanesreferats, Amsterdam 1974.

N. Yalouris u.a. (Eds.): Athletics in Ancient Greece, Athens 1977.

S. Zeppi: Intorno al pensiero di Senofane, in: Rivista critica di Storia della Filosofia 16 (1961), pp.385-398.

K. Ziegler: Xenophanes von Kolophon, ein Revolutionär des Geistes, in: Gymnasium 72, 1965, pp.289-302.

Speziell zur xenophanischen Erkenntnislehre:

D. Babut: L'idée de progrès et de la relativité du savoir humain selon Xénophane, in: Revue de Philologie 51 (1977), pp.217-228.

V. Brochard: Les Sceptiques Grecs, Paris ^{2}1959.

F. Decleva Caizzi: Senofane e il problema della conoscenza. In: Rivista di Filologia e d'Instruzione Classica N.S.52, 1974, pp.145-164.

B.C. Dietrich: Oracles and Divine Inspiration, in: Kernos 3 (1990), pp.157-174.

E.R. Dodds: The Ancient Concept of Progress, Oxford 1973.

L. Edelstein: The Idea of Progress in Classical Antiquity, Baltimore 1967.

H. Fränkel: Xenophanesstudien, in: Hermes 60, 1925, pp.174-192.

L. Groarke: Greek Scepticism: Anti-Realist Trends in Ancient Thought. Montreal, 1990.

E. Heitsch: Das Wissen des Xenophanes, in: Rhein. Museum 109, 1966, pp.193-231.

- : Wege zu Platon. Beiträge zum Verständnis seines Argumentierens, Göttingen 1992.

F. von Kutschera: Das Fragment 34 von Xenophanes und der Beginn erkenntnistheoretischer Fragestellungen, in: Akten des 7. Internationalen Wittgenstein Symposiums (Eds. P. Weingartner und J. Cermak), Wien 1983.

- : Grundfragen der Erkenntnistheorie, Berlin 1981.

J.H. Lesher: Xenophanes' Scepticism, in: Essays in Ancient Greek Philosophy Vol. II, pp.20-41. Albany 1983.

- : Xenophanes on Inquiry and Discovery: An Alternative to the Hymn to Progress' Reading of Fr.18, in: Ancient Philosophy 11 (2), 1991, pp.229-248.

A.P.D. Mourelatos: The Real, Appearences and Human Error in Early Greek Philosophy, in: Review of Metaphysics 19 (1965), pp. 346-365.

H.-G. Nesselrath: Ungeschehenes Geschehen. „Beinahe-Episoden" im griechischen und römischen Epos, Stuttgart 1992.

M. O'Brien: Xenophanes, Aeschylus and the Doctrine of Primeval Brutishness, in: Classical Quarterly 35 (1985), pp.264-277.

K. Popper: Logik der Forschung, Tübingen ⁵1973.

F. Ricken: Antike Skeptiker, München 1994.

- : Philosophie der Antike, Stuttgart 1988.

E. Suárez de la Torre: Parole de poète, parole de prophète: Les oracles et la mantique chez Pindare. In: Kernos 3 (1990), pp.347-358.

W. Graf Uxkull-Gyllenband: Griechische Kultur-Entstehungslehren, New York 1976 (Nachdruck der Erstauflage, Berlin 1924).

H.-D. Voigtländer: Der Philosoph und die Vielen, Wiesbaden 1980.

H.M. Zellner: Scepticism in Homer? In: The Classical Quarterly XLIV (1994), pp. 308-315.

Zur Theologie des Xenophanes:

D. Babut: Sur la „théologie" de Xénophane, in: Revue Philosophique de la France et de l'Etranger CLXIV (1974), pp.401-440.

J.R. Bambrough: Reason, Truth and God, London 1979.

C. Bennet: God as Form. Essays in Greek Theology. Albany 1976.

C. Corbato: Studi senofanei, in: Annali triestini XXII (1952).

L. Couloubaritis: L'art divinatoire et la question de la verité, in: Kernos 3 (1990), pp.113-122.

S.M. Darcus: The *Phren* of the *Noos* in Xenophanes, in: Symbolae Osloenses 53 (1978), pp.25-39.

J. Defradas: Le Banquet de Xénophane, in: Revue des Études Grecques 75 (1962), pp.344-365.

O. Dreyer: Untersuchungen zum Begriff des Gottgeziemenden in der Antike, Hildesheim 1970.

M. Eisenstadt: Xenophanes' Proposed Reform of Greek Religion, in: Hermes 102 (1974), pp.142-150.

C. Eucken: Die Gotteserfassung im Symposion des Xenophanes, in: Würzburger Jahrbücher für Altertumswissenschaft 19 (1993), pp.5-18.

R. Falus: La démonstration de l'idée de dieu chez Xénophane, in: Acta antiqua academiae scientiarum Hungaricae 19, 1971, pp.233ff.

P.K. Feyerabend: Eingebildete Vernunft. Die Kritik des Xenophanes an den Homerischen Göttern, in: H. Lenk (Ed.): Zur Kritik der wissenschaftlichen Rationalität. Festschrift für K.Hübner, Freiburg/München 1986, pp.205-223.

H. Flashar: Eidola. Kleine ausgewählte Schriften. Berlin 1989.

K.v. Fritz: Die Rolle des NOYΣ, in: Um die Begriffswelt der Vorsokratiker (Ed. H.-G. Gadamer), Darmstadt 1968, pp.246-363.

H. Funke: Art. „Götterbild", in: Reallexikon für Antike und Christentum Bd.XI, pp.659-828.

H.-G. Gadamer: Über das Göttliche im frühen Denken der Griechen, in: Gesammelte Werke Bd.6, Tübingen 1985, pp.154-170.

G. Giangrande: On Hexameters Ascribed to Xenophanes, in: Orpheus 2 (1981), pp.371-373.

W.C. Greene: Moira. Fate, Good, and Evil in Greek Thought. Gloucester/Mass. 1968.

C. Habicht: Gottmenschentum und griechische Städte, München 1956.

R.K. Hack: God in Greek Philosophy to the Time of Socrates, Princeton 1969.

H.A. Harris: Greek Athletes and Athletics, London 1964.

E. Hornung: Der Eine und die Vielen, Darmstadt 1971.

W. Jaeger: Die Theologie der frühen griechischen Denker, Stuttgart 1964.

W. Kullmann: Deutung und Bedeutung der Götter bei Euripides, in: Innsbrucker Beiträge zur Kulturwissenschaft Heft 5 (Ed. S. Posch), Innsbruck 1987, pp.7-22.

J.H. Lesher: Mind's Knowledge and Powers of Control in Anaxagoras B12, in: Phronesis XL (1995), pp.125-142.

P. Lêvêque: Aurea catena Homeri, Paris 1959.

E. Lippolis: Gli eroi di Olimpia. Lo sport nelle società greca e magnogreca. Taranto 1992.

M. Müller: Vorlesungen über den Ursprung und die Entwicklung der Religion, London 1878 (deutsche Ausgabe1880).

M.P. Nilsson: Homer and Mycenae, London 1933.

F. Pfeffer: Studien zur Mantik in der Philosophie der Antike, Meisenheim 1976.

R. Pfeiffer: History of Classical Scholarship from the Beginnings to the End of the Hellenistic Age, Oxford 1968.

W. Poetscher: Zu Xenophanes, Frgm.23. In: Emerita 32, 1964, pp.1-13.

J. Pòrtulas: Heráclito y los *maîtres à penser* de su tiempo, in: Emerita LXI, 1993, pp.159-176.

H.A.T. Reiche: Empirical Aspects of Xenophanes' Theology, in: Essays in Ancient Greek Philosophy Vol.I. Albany 1971, pp.88-110.

K. Reinhardt: Parmenides und die Geschichte der griechischen Philosophie, Frankfurt ^{2}1959.

H.A. Shapiro: Oracle-Mongers in Peisistratid Athens, in: Kernos 3 (1990), pp.335-345.

A.E. Taylor: A Commentary on Plato's Timaeus, Oxford 1962 (reprint).

C.J. de Vogel: Theoria. Studies over de Griekse wijsbegeerte, Assen 1967.

J.R. Warden: The Mind of Zeus, in: Journal of the History of Ideas XXXII (1971), pp.3-14.

B. Weissmahr: Philosophische Gotteslehre, Stuttgart 1983.

B. Wisniewski: La conception de Dieu chez Xénophane, in: Prometheus XX (1994), pp.97-103.

B. Wisniewski: La philosophie de Xénophane, in: Studi Internazionali di Filosofia N.S. 37 (1965), pp.167-171.

Zur Wirkungsgeschichte des Xenophanes:

J. Barnes: Aristoteles, Stuttgart 1992.

E. Bignone: Lucrezio come interprete della filosofia di Epicuro, in: Italia e Grecia, Firenze 1939, pp.121ff.

A. Bortolotti: La religione nel pensiero di Platone dalla Repubblica agli ultimi scritti, Firenze 1991.

K. Brinkmann: Aristoteles' allgemeine und spezielle Metaphysik, Berlin 1979.

W. Bröcker: Rezension zu Gigons „Untersuchungen zu Heraklit", in: Gnomon 13 (1937), pp.530-535.

H.F. Cherniss: Rezension zu Gigons „Untersuchungen zu Heraklit", in: American Journal of Philology 56 (1935), pp.415ff.

F.M. Cornford: Plato and Parmenides, London ^{5}1964.

R.M. Dancy: Two Studies in the Early Academy, Albany 1991.

G.F. Else: Plato and Aristotle on Poetry (Ed. P. Burian), Chapel Hill/London 1986.

G. Fatouros: Heraklits Gott, in: Eranos 92 (1994), pp.65-72.

H. Fränkel: Heraklit über Gott und Erscheinungswelt, in: Wege und Formen frühgriechischen Denkens. München 1955, pp.237-250.

K.v. Fritz: Die Rolle des ΝΟΥΣ, in: Um die Begriffswelt der Vorsokratiker (Ed.
H.-G. Gadamer), Darmstadt 1968, pp.246-363.

H.-G. Gadamer: Plato und die Dichter, in: Platons dialektische Ethik, Hamburg
1968, pp.179-204.

- : Platon und die Vorsokratiker, in: Kleine Schriften III, Tübingen 1972, pp.14-
26.

- : Zur Vorgeschichte der Metaphysik, in: Um die Begriffswelt der Vorsokratiker
(ed. H.-G. Gadamer), Darmstadt 1968, pp.364-390.

K. Gaiser (Ed.): Das Platonbild. Zehn Beiträge zum Platonverständnis. Hildesheim
1969.

M. Gale: Myth and Poetry in Lucretius, Cambridge 1991.

O. Gigon: Gegenwärtigkeit und Utopie, Zürich/München 1976.

- : Untersuchungen zu Heraklit, Leipzig 1935.

F.P. Hager (Ed.): Metaphysik und Theologie des Aristoteles, Darmstadt 1969.

T. Hammer: Einheit und Vielheit bei Heraklit von Ephesus, Würzburg 1991.

R.M. Hare: Platon, Stuttgart 1990.

R. Harriot: Poetry and Criticism before Plato, London 1969.

F. Hultsch: Eudoxos von Knidos, in: RE VI, I, 941ff.

S. Imhoof: Heraclite - philosophe et theologien? in: Studia Philosophica 45 (1986),
pp.152ff.

W. Jaeger: Aristoteles. Grundlegung einer Geschichte seiner Entwicklung, Berlin 1955.

- : Studien zur Entstehungsgeschichte der Metaphysik des Aristoteles, Berlin 1912.

H. Karpp: Untersuchungen zur Philosophie des Eudoxos von Knidos, Würzburg 1933.

E.. Kurtz: Heraklits Logos-Fragmente, Hildesheim 1971.

F. Lassere (Ed.): Die Fragmente des Eudoxos von Knidos, Berlin 1966.

J. Mansfeld: Die Offenbarung des Parmenides und die menschliche Welt, Assen 1964.

- : Compatible Alternatives: Middle Platonist Theology and the Xenophanes Reception, in: R. van den Broeck et al. (Eds.): Knowledge of God in the Greco-Roman World, Leiden 1988, pp.92-117. [*]

A.P.D. Mourelatos: The Route of Parmenides, New Haven/London 1970.

J. Pelikan: Christianity and Classical Culture, New Haven 1993.

H. Pfeiffer: Die Stellung des Parmenideischen Lehrgedichts in der Tradition, Bonn 1975.

J. Pòrtulas: Heráclito y los *maîtres à penser* de su tiempo, in: Emerita LXI, 1993, pp.159-176.

G. Redard: Recherches sur XPH, XPHΣΘAI: Étude semantique. Paris 1953.

K. Reinhardt: Parmenides und die Geschichte der griechischen Philosophie, Frankfurt [2]1959.

- : Poseidonios, München 1921.

D. Ross:Aristotle (Ed. J.L. Ackrill), London [6]1995.

E.N. Roussos: Heraklit-Bibliographie, Darmstadt 1971.

W. Schadewaldt: Hellas und Hesperien Bd.I, Zürich 1970.

---

[*] Auch erschienen in Mansfelds Aufsatzsammlung „Studies in the Historiography of Greek Philosophy", Assen 1990; im Text jedoch stets nach der Originalausgabe zitiert.

H.G. Schmitz: Die teleologische Textur, in: Gymnasium 101 (1994), pp.93-203.

H.R. Schwyzer: Plotinos. München 1978.

F. Solmsen: Plato's Theology, London 1942.

- : Aristotle's System of the Physical World. A Comparison with his Predecessors. Ithaca/N.Y. 1960.

W. Theiler: Zur Geschichte der teleologischen Naturbetrachtung bis auf Aristotles, Berlin ²1965.

W. Totok: Handbuch der Geschichte der Philosophie Bd.I, Frankfurt 1964.

H.J. Waschkies: Von Eudoxos zu Aristoteles, Amsterdam 1970.

M.L. West: The Orphic Poems, Oxford 1983.

U. von Wilamowitz-Moellendorf: Platon, Berlin ²1920.

M.R. Wright: Presocratics and Sophists, in: Phronesis 38 (1993), pp.106-110.

Nachschlagewerke:

H. Bonitz: Index Aristotelicus, Graz 1955.

L. Brandwood: A Word Index to Plato, Leeds 1976.

H. Frisk: Griechisches etymologisches Wörterbuch, 2 Bde., Heidelberg 1960 und 1961.

Lexikon der Alten Welt (Eds. C. Andersen, O. Gigon u.a.), Zürich/München 1965.

Lexikon des frühgriechischen Epos (Eds. B. Snell , W. Bühler u.a.), Bde. I & II, Göttingen 1979 und 1991).

Λεξικὸν τῆς προσοκρατικῆς φιλοσοφίας / Lexicon of Presocratic Philosophy
    (Ed. Academy of Athens, Research Center for Greek Philosophy), Athen
    1988.

H. Merguet: Handlexikon zu Cicero, Hildesheim 1962.

- : Lexikon zu den philosophischen Schriften Ciceros, 2 Bde. Hildesheim/New
    York 1961ff.

Der Kleine Pauly, Lexikon der Antike (ed K.Ziegler und W.Sontheimer), München
    1979.

H. Perls: Lexikon der Platonischen Begriffe, Bern 1975.

E. Peters: Greek Philosophical Terms. A Historical Lexicon. New York/London
    1967.

J. Ritter/K. Gründer u.a. (Eds.): Historisches Wörterbuch der Philosophie, Darm-
    stadt/Basel 1974ff.

J. Rumpel: Lexikon Pindaricum, Hildesheim 1961.

H.J. Sandkühler (Ed.): Europäische Enzykopädie zu Philosophie und Wissen-
    schaften, 4 Bde., Hamburg 1990.

W. Smith (Ed.): Dictionary of Greek and Roman Geography Vol.I, London 1854.

J. Speck (Ed.): Handbuch wissenschaftstheoretischer Begriffe, 3 Bde., Göttingen
    1980.

H. Stephanus: Thesaurus Graecae Linguae, Graz 1954 (reprint).